# Bauen und Ökonomie

Herausgegeben von
Universitätsprofessor Dr. Dietrich-Alexander Möller
und
Universitätsprofessor Dr.-Ing. Wolfdietrich Kalusche

Lieferbare Titel:

*Kalusche*, Projektmanagement für Bauherren und Planer, 2. Auflage

*Möller*, Planungs- und Bauökonomie, Band 1:
Grundlagen der wirtschaftlichen Bauplanung, 5. Auflage

*Möller · Kalusche*, Planungs- und Bauökonomie, Band 2:
Grundlagen der wirtschaftlichen Bauausführung, 5. Auflage

*Möller · Kalusche*, Übungsbuch zur Planungs- und
Bauökonomie, 5. Auflage

*Oelsner*, Praxis der Planungs- und Bauökonomie

# Übungsbuch zur Planungs- und Bauökonomie

von

## Dr. Dietrich-Alexander Möller

Universitätsprofessor für Bauökonomie
und Computergestütztes Entwerfen

und

## Dr.-Ing. Wolfdietrich Kalusche

Universitätsprofessor für Planungs-
und Bauökonomie

Architekten und Wirtschaftsingenieure

5., völlig überarbeitete und erweiterte Auflage

Oldenbourg Verlag München

Bibliografische Information der Deutschen Nationalbibliothek

Die Deutsche Nationalbibliothek verzeichnet diese Publikation in der Deutschen
Nationalbibliografie; detaillierte bibliografische Daten sind im Internet über
<http://dnb.d-nb.de> abrufbar.

© 2009  Oldenbourg Wissenschaftsverlag GmbH
Rosenheimer Straße 145, D-81671 München
Telefon: (089) 4 50 51- 0
oldenbourg.de

Lektorat: Wirtschafts- und Sozialwissenschaften, wiso@oldenbourg.de
Herstellung: Anna Grosser
Coverentwurf: Kochan & Partner, München
Gedruckt auf säure- und chlorfreiem Papier
Gesamtherstellung: Kösel, Krugzell

ISBN 978-3-486-59021-0

V

# Vorwort zur 5. Auflage

Unser Konzept, die Grundlagen der Planungs- und Bauökonomie in Lehrbuchform mit einem ergänzenden Übungsband den angehenden Architektinnen und Architekten sowie allen anderen interessierten Lesern zu vermitteln, hat sich – wie das Erscheinen des vorliegenden Übungsbuches in 5. Auflage zeigt – bewährt.

Seit Redaktionsschluss der 4. Auflage dieses Buches ergab sich auf Grund verschiedener Änderungen von Normen und Vorschriften ein erheblicher Aktualisierungsbedarf. Hierbei sind in erster Linie die neuen Ausgaben der

*DIN 276-1:2008-12, Kosten im Bauwesen – Teil 1: Hochbau*
*DIN 277 Grundflächen und Rauminhalte von Bauwerken im Hochbau*
*DIN 277-1:2005-02, Teil 1: Begriffe, Ermittlungsgrundlagen*
*DIN 277-2:2005-02, Teil 2: Gliederung der Netto-Grundfläche*
*DIN 277-3:2005-04, Teil 3: Mengen und Bezugseinheiten*
*DIN 18 960:2008-02, Nutzungskosten im Hochbau* sowie der
*Vergabe- und Vertragsordnung für Bauleistungen (VOB) 2006*

zu nennen.

Die Vertiefung besonders wichtiger Themen und die Abrundung durch ergänzende Themen haben bereits in der 3. Auflage zu einer Aufteilung des Lehrbuches in zwei Bände geführt. Diese inhaltliche Erweiterung hat auch in dem Übungsbuch ihren Niederschlag gefunden. In bewährter Zusammenarbeit haben die beiden Autoren mit ihren Lehrstühlen an der Technischen Universität Dresden und an der Brandenburgischen Technischen Universität Cottbus eine Vielzahl neuer Übungsaufgaben entwickelt. An dieser Stelle ist vor allem

Frau Dipl.-Ing. Ingeborg Dusatko

zu danken, die in den letzten Jahren an der BTU Cottbus in verdienstvoller Weise zahlreiche Aufgaben in der Lehre weiterentwickelt und ergänzt hat.

Neben ihr ist für die kritische Durchsicht des gesamten Buches oder einzelner Aufgaben den wissenschaftlichen Mitarbeiterinnen und Mitarbeitern

am Lehrstuhl in Dresden

Dipl.-Ing., Dipl.-Wirtsch.-Ing. Robert Bauer
Dipl.-Ing. Ulrike Mickan
Dipl.-Ing. Knuth Pietsch

und am Lehrstuhl in Cottbus

Dipl.-Ing., Dipl.-Wirtsch.-Ing. (FH) Franziska Bartsch

herzlich zu danken.

In das Übungsbuch sind einige amüsante, nicht unkritische Karikaturen zum Baugeschehen eingefügt. Die Verfasser der Karikaturen sind die Architekten Ernst Hürlimann und Gabor Benedek. Für ihre freundliche Unterstützung und Zustimmung zum Abdruck der Karikaturen sind wir beiden sehr dankbar.

Dietrich-Alexander Möller                    Wolfdietrich Kalusche

VI

# Vorwort zur 1. Auflage

Dieses Übungsbuch stellt eine Ergänzung zum Lehrbuch „Planungs- und Bauökonomie – Wirtschaftslehre für Bauherren und Architekten" dar und soll der Vertiefung der dort behandelten grundlegenden Kenntnisse sowie zur Kontrolle des Lernerfolges dienen.

Die hier vorgestellten Übungsaufgaben entstanden in ihren Anfängen am Fachbereich Architektur der Bergischen Universität - Gesamthochschule - Wuppertal und im vollen Umfang an der Fakultät für Architektur der Universität Karlsruhe. Hier wurde die Lehre im Fach Planungs- und Bauökonomie von den beiden Verfassern in den Jahren 1983 bis 1988 gemeinsam getragen.

Ein wesentlicher Teil dieser Lehre besteht aus der Vermittlung und Interpretation von Verfahren, Vorschriften, Normen usw., wobei sich das Arbeiten mit Fallbeispielen, die die Verfasser aus ihrer praktischen Erfahrung als Planer und Berater einbringen konnten, als anschaulich und dem Lehr- und Lernziel angemessen erwiesen hat. Im Hinblick auf die notwendigen praktischen Berufskenntnisse des Architekten liegen die Schwerpunkte der Lehre bei solchen Fragestellungen, die mit dem Entwurf, der Konstruktion und der Ausführungsorganisation in unmittelbarem Zusammenhang stehen und wirtschaftliche Entscheidungen besonders erfordern.

Viele Hundert Architekturstudenten haben mit diesen Übungsaufgaben Planungs- und Bauökonomie gelernt und wenden die Kenntnisse inzwischen im Berufsalltag direkt oder indirekt an. Ihre konstruktiven Fragen, für die wir immer dankbar waren, haben zu einer steten didaktischen Verbesserung des Lehrstoffes geführt.

Neben den Verfassern haben an der Entwicklung von Übungsaufgaben die ehemaligen und derzeitigen Mitarbeiter des Lehr- und Forschungsgebietes Planungs- und Bauökonomie (in zeitlicher Reihenfolge)

Dr.-Ing. Wolfgang Tonne
Dipl.-Ing. oec. Andreas Edel
Dipl.-Ing. Ulrike Weber
Dipl.-Ing. Mario Widmann
Dipl.-Ing. Thomas Haug

mitgewirkt. Für ihre Beiträge sei ihnen herzlich gedankt.

Mit besonderem Dank seien die folgenden Kollegen erwähnt, die das Übungsbuch insgesamt oder teilweise durchgesehen und unsere Arbeit mit Anregungen und Verbesserungsvorschlägen unterstützt haben:

Prof. Wilhelm Beisel, Universität Karlsruhe
Prof. Dr.-Ing. Claus Jürgen Diederichs,
  Bergische Universität - Gesamthochschule - Wuppertal
Prof. Dr.-Ing. Wolfram Keil, Gesamthochschule Kassel
Prof. Dr. Karlheinz Pfarr, Technische Universität Berlin
Prof. Wolfgang Stroh, Fachhochschule für Technik Stuttgart.

Unser abschließender Dank gilt Frau cand. arch. Annegret Liedvogel und Frau cand. arch. Nathalie Vincent, vor allem aber Herrn cand. arch. Michael Aschenbrenner, die mit großer Sorgfalt die Textverarbeitung und Zeichnungserstellung besorgt haben.

Dietrich-Alexander Möller                    Wolfdietrich Kalusche

# Inhaltsverzeichnis

Seite

| | | |
|---|---|---|
| Vorwort zur 5. Auflage | | V |
| Vorwort zur 1. Auflage | | VI |
| Inhaltsverzeichnis | | VII |
| Abbildungsverzeichnis | | IX |
| Abkürzungsverzeichnis | | XIII |

| | | |
|---|---|---|
| 1. | Einführung | 1 |
| 2. | Arbeitsanleitung | 3 |
| 3. | Aufgaben und Lösungen zum Band 1 | 4 |
| 3.1 | Planungs- und Baubeteiligte | 4 |
| 3.2 | Planung | 12 |
| 3.3 | Beurteilung der Vorteilhaftigkeit | 29 |
| 3.3.1 | Nutzen-Kosten-Untersuchungen | 29 |
| 3.3.2 | Verfahren der Investitionsrechnung | 50 |
| 3.4 | Grundflächen und Rauminhalte | 89 |
| 3.5 | Kosten | 114 |
| 3.5.1 | Kosten im Hochbau | 114 |
| 3.5.2 | Nutzungskosten im Hochbau und Lebenszykluskosten | 139 |
| 3.6 | Erträge und Erlöse | 159 |
| 3.7 | Ökologisches und kostengünstiges Bauen | 163 |
| 3.8 | Baufinanzierung | 166 |
| 3.9 | Honorarordnung für Architekten und Ingenieure (HOAI) | 176 |

| | | |
|---|---|---|
| 4. | Aufgaben und Lösungen zum Band 2. | 199 |
| 4.1 | Organisation der Bauplanung und -ausführung | 199 |
| 4.2 | Bauplanung | 203 |
| 4.3 | Vergabewesen | 211 |
| 4.4 | Ausführung | 241 |
| 4.4.1 | Baustelleneinrichtung | 241 |
| 4.4.2 | Ablauf- und Terminplanung | 246 |
| 4.4.3 | Bauüberwachung | 265 |
| 4.4.4 | Kostenplanung im Zuge der Bauausführung | 273 |
| 4.4.5 | Bauabrechnung | 277 |
| 4.4.6 | Besondere Bedingungen der Bauausführung | 280 |
| 4.5 | Baunutzung | 284 |

| | |
|---|---|
| Literaturverzeichnis | 289 |
| Stichwortverzeichnis | 297 |

# Abbildungsverzeichnis

Seite

3-1    Drei hinsichtlich der Baukosten zu vergleichende Einfamilienhäuser.... 14
3-2    Berechnungsobjekt zur Ermittlung des Kosteneinflusses der Bauweise 15
3-3.1   Kostenminimale Gebäudeform .............. 21
3-3.2   Kostenminimale Gebäudeform ............. 22
3-3.3   Kostenminimale Gebäudeform .............. 23
3-3.4   Kostenminimale Gebäudeform .............. 24
3-4    Kosten von Dächern ...... 27
3-5    Beispiel für einen Zielbaum mit drei Zielebenen.............. 30
3-6    Planungsziele (Aufgabenstellung)........ 32
3-7.1   Grundriss und Schnitt des Wohnmobils Variante 1....... 34
3-7.2   Grundriss und Schnitt des Wohnmobils Variante 2....... 34
3-7.3   Grundriss und Schnitt des Wohnmobils Variante 3....... 34
3-8    Ordinale Bewertung von drei Häusern....... 35
3-9.1   Grundriss der Mietwohnung 1....... 36
3-9.2   Grundriss der Mietwohnung 2....... 36
3-9.3   Grundriss der Mietwohnung 3....... 37
3-10   Planungsziele (Lösung)....... 38
3-11   Nutzungsmöglichkeit und wünschenswerte Eigenschaften eines
       Wohnmobils........ 42
3-12   Vorschlag für einen Zielbaum zur Nutzenermittlung eines
       Wohnmobils....... 43
3-13   Bewertung der Wohnmobilvarianten....... 44
3-14   Vorschlag für einen Zielbaum zur Nutzenermittlung eines
       Bürogebäudes........ 45
3-15   Vorschlag für einen Zielbaum zur ordinalen Nutzenermittlung einer
       Mietwohnung....... 47
3-16   Verfahrensauswahl bei der Beurteilung von Investitionen ...... 51
3-17   Aufzinsungsfaktoren ...... 54
3-18   Abzinsungsfaktoren ...... 55
3-19   Vorschüssige Rentenbarwertfaktoren ...... 56
3-20   Vorschüssige Rentenendwertfaktoren ...... 57
3-21.1 Nachschüssige Rentenbarwertfaktoren ...... 58
3-21.2 Nachschüssige Rentenbarwertfaktoren ...... 59
3-21.3 Nachschüssige Rentenbarwertfaktoren ...... 60
3-21.4 Nachschüssige Rentenbarwertfaktoren ...... 61
3-22   Nachschüssige Rentenendwertfaktoren ...... 62
3-23   Kumulierte Barwertfaktoren einer geometrischen Reihe
       nachschüssiger Zahlungen ...... 63
3-24   Vollständiger gegenseitiger Ausschluss von Investitions-
       alternativen ...... 72
3-25   Nutzungsbarwert von Wandkonstruktionen ...... 82
3-26   VOFI-Endvermögen und VOFI-Rentabilität der Festgeldanlage ......... 87
3-27   VOFI-Endvermögen und VOFI-Rentabilität der Photovoltaikanlage ... 88
3-28   Lageplan eines Einfamilienhauses............... 91
3-29.1 Einfamilienhaus - Ansicht von Süden ...... 95
3-29.2 Einfamilienhaus - Grundriss Untergeschoss............ 96
3-29.3 Einfamilienhaus - Grundriss Erdgeschoss............ 97
3-29.4 Einfamilienhaus - Grundriss Obergeschoss............ 98

3-29.5   Einfamilienhaus – Schnitt A -A.................................................. 99
3-29.6   Einfamilienhaus – Ansichten von Westen und Norden...................... 100
3-30     Ermittlung der Flächen zur Kontrolle der Einhaltung der GRZ und
         GFZ ............................................................................ 101
3-31     Ermittlung der Brutto-Grundfläche und des Brutto-Rauminhalts
         für ein Einfamilienhaus..................................................... 108 f.
3-32     Ermittlung der Netto-Grundfläche für ein Einfamilienhaus...............109 ff.
3-33     Übersicht über die Mengen und Anteile der verschiedenen
         Flächenarten................................................................... 111
3-34     Berechnung der Wohnfläche eines Einfamilienhauses...................... 112
3-35.1   Baukostendatei des BKI: Vergleichsobj. Einfamilienhaus 6100-562.... 117
3-35.2   Baukostendatei des BKI: Kostenkennw. Einfamilienhaus 6100-562.... 118
3-35.3   Baukostendatei des BKI: Vergleichsobj. Einfamilienhaus 6100-531.... 119
3-35.4   Baukostendatei des BKI: Kostenkennw. Einfamilienhaus 6100-531.... 120
3-35.5   Baukostendatei des BKI: Vergleichsobj. Einfamilienhaus 6100-502.... 121
3-35.6   Baukostendatei des BKI: Kostenkennw. Einfamilienhaus 6100-502.... 122
3-36     Gegenüberstellung von Vergleichsobjekten................................. 130
3-37     Auswahl der Kennwerte nach BRI, BGF und NF............................ 131
3-38     Hochrechnung der Kennwerte nach BRI, BGF und NF..................... 131
3-39     Schätzung der Bauwerkskosten des Einfamilienhauses anhand
         der hochgerechneten Kennwerte nach BRI, BGF und NF.................. 131
3-40     Ermittlung der Mengen der Grobelemente eines Einfamilienhauses... 132 f.
3-41     Ermittlung der Kosten des Bauwerks eines Einfamilienhauses............ 133
3-42     Ermittlung der Gesamtkosten eines Einfamilienhauses.................... 134
3-43     Kostenschätzung nach Kostenflächenarten ................................. 134
3-44     Zuordnung von Kostenarten (Aufgabenstellung)........................... 142
3-45     Barwert der Ausgaben für Instandsetzung (Aufgabenstellung).......... 145
3-46     Nutzungsbarwert (Aufgabenstellung)...................................... 146
3-47     Informationen für den Vergleich von Bodenbelägen...................... 148
3-48     Zuordnung von Kostenarten (Lösung)...................................... 149
3-49     Ermittlung der Nutzungskosten............................................ 151
3-50     Wirtschaftlichkeitsvergleich mittels Nutzungskosten...................152 f.
3-51     Barwert der Ausgaben für Instandsetzung (Lösung)....................... 155
3-52     Nutzungsbarwert (Lösung)................................................. 156
3-53     Ermittlung der Nutzungskosten von Bodenbelägen ....................... 157
3-54     Mietpreiskalkulation nach der II. BV...................................... 161
3-55     Deckungsbeitrag eines Bauträgers ........................................ 162
3-56     Effektivzins bei 5-jähriger Zinsfestschreibung in Abhängigkeit von
         Nominalzins und Auszahlungskurs......................................... 169
3-57     Finanzierungsplan........................................................... 173
3-58     Barwert der Finanzierungsvariante Hypothekendarlehen.................. 173
3-59     Barwert der Finanzierungsvariante Bankvorausdarlehen/
         Bausparvertrag.............................................................. 174
3-60     Ab 1.1.2002 gültige Honorartafel zu § 16 (1) HOAI ..................... 178
3-61     Kostendaten zur Honorarermittlung für ein Einfamilienhaus............. 179
3-62     Kostendaten eines Hochschulgebäudes zur Honorarermittlung .......... 180
3-63     Kostendaten des Berechnungsobjektes zur Honorarermittlung
         bei Teil- und Einzelleistungen............................................. 182
3-64     An die DIN 276:1981-4 zur Honorarermittlung angepasste
         Kostendaten eines Einfamilienhauses...................................... 187

4-1      Erweiterte Risiken beim Bauträger bzw. Developer und beim Total-
         unternehmer.................................................................. 202

4-2     Matrix der Unternehmenseinsatzformen............................................. 202
4-3.1   Hierarchischer Aufbau des STLB-Bau ............................................. 212
4-3.2   Leistungsbeschreibung einer STLB-Position,
        Beispiel Leistungsbereich 013 Betonarbeiten ................................... 213
4-4     Losbildung (Aufgabenstellung) ...................................................... 215
4-5     Leistungen, Nebenleistungen und Besondere Leistungen
        (Aufgabenstellung) ...................................................................... 216
4-6     Werkhalle (Grundrisse, Schnitte und Seitenansicht).......................... 217
4-7     Gegenüberstellung wichtiger Einheitspreise aus der Kosten-
        berechnung und den Angeboten....................................................... 221
4-8     Gegenüberstellung wichtiger Einheitspreise aus der Kosten-
        berechnung mit dem Angebot des Bieters 1....................................... 221
4-9     Losbildung (Lösung)..................................................................... 227
4-10    Leistungen, Nebenleistungen und Besondere Leistungen nach
        VOB/C Stand 2006 (Lösung) ......................................................... 228
4-11    Mengenermittlungen für Betonarbeiten ............................................ 229
4-12    Vorgangsliste.............................................................................. 249
4-13    Übersicht zu Terminen und Dauern und deren Bedeutung für die
        Projektbeteiligten (Aufgabenstellung).............................................. 251
4-14.1  Netzplan für eine Umbaumaßnahme................................................. 256
4-14.2  Netzplan mit neuem kritischen Weg................................................. 257
4-15    Balkenplan für eine Umbaumaßnahme.............................................. 258
4-16    Übersicht zu Terminen und Dauern und deren Bedeutung für die
        Projektbeteiligten (Lösung)............................................................ 261
4-17    Formen der Abnahme nach VOB/B .................................................. 270
4-18    Abnahmeprotokoll........................................................................ 272

# Abkürzungsverzeichnis

| | |
|---|---|
| A | Auszahlungskurs |
| a | Jahr |
| a | Bereich nach DIN 277: überdeckt und allseitig in voller Höhe umschlossen |
| AA | Ausführungsart |
| Abs. | Absatz |
| Abb. | Abbildung |
| AbfG | Abfallgesetz |
| AfA | Absetzung für Abnutzung |
| AGB | Allgemeine Geschäftsbedingungen |
| AK | Ausführungsklasse |
| AK | anrechenbare Kosten des Objekts |
| $AK_H$ | nächsthöherer Wert der anrechenbaren Kosten, der in der Honorartafel zu § 16 (1) HOAI angegeben ist |
| $AK_N$ | nächstniedrigerer Wert der anrechenbaren Kosten, der in der Honorartafel zu § 16 (1) HOAI angegeben ist |
| AT | Arbeitstage |
| AWF | Außenwandfläche |
| AWK | Außenwandkosten |
| B | Beton |
| b | Breite |
| b | Bereich nach DIN 277: überdeckt, jedoch nicht allseitig in voller Höhe umschlossen |
| BAL | Baustellenausstattungs- und Werkzeugliste |
| BauGB | Baugesetzbuch |
| BauNVO | Baunutzungsverordnung |
| BauO Bln | Bauordnung für Berlin |
| BauVorlVO | Bauvorlagenverordnung |
| BB | Baugenehmigungsbehörde |
| BbgBO | Brandenburgische Bauordnung |
| $BF_n$ | Barwertfaktor im n-ten Jahr |
| BF | Bebaute Fläche |
| BGA | Baugeräteatlas |
| BGB | Bürgerliches Gesetzbuch |
| BGF | Brutto-Grundfläche |
| BGFa | Brutto-Grundfläche, die allseitig umschlossen und überdeckt ist |
| BGI | Baugrubeninhalt |
| BGL | Baugeräteliste |
| BH | Bauherr |
| BImSchG | Bundesimmissionsschutzgesetz |
| BKI | Baukosteninformationszentrum |
| B-Plan | Bebauungsplan |
| BRI | Brutto-Rauminhalt |
| BRIa | Brutto-Rauminhalt, der allseitig umschlossen und überdeckt ist |
| BST | Baustahl |
| II. BV | Zweite Berechnungsverordnung (Verordnung über wohnungswirtschaftliche Berechnungen vom 5. April 1984) |
| BVG | Bundesverfassungsgericht |
| bzw. | beziehungsweise |

| | |
|---|---|
| c | Bereich nach DIN 277: nicht überdeckt |
| ca. | circa |
| cm | Zentimeter |
| D | Temperaturdifferenz |
| $D_i$ | Dauer der Tätigkeit i |
| DAB | Deutsches Architektenblatt |
| DAF | Dachfläche |
| DEF | Deckenfläche |
| DG | Dachgeschoß |
| d. h. | das heißt |
| Dim. | Dimension |
| DIN | Deutsches Institut für Normung e. V. bzw. DIN-Norm |
| DM | Deutsche Mark |
| DschG | Denkmalschutzgesetz |
| DVA | Deutscher Verdingungsausschuss für Bauleistungen |
| e | Preissteigerungssatz |
| e. V. | eingetragener Verein |
| EDV | Elektronische Datenverarbeitung |
| EG | Erdgeschoß |
| EnEV | Energieeinsparverordnung |
| EP | Einheitspreis |
| EStG | Einkommensteuergesetz |
| evtl. | eventuell |
| f | Preissteigerungsfaktor |
| $f_e$ | Preissteigerungsfaktor für Heizenergie |
| $f_u$ | Preissteigerungsfaktor für Instandsetzungsmaßnahmen |
| f. | folgende (Seite) |
| $fa_i$ | frühest möglicher Anfang der Tätigkeit i |
| $fe_i$ | frühest mögliches Ende der Tätigkeit i |
| ff. | folgende (Seiten) |
| F | Fläche |
| FBG | Fläche des Baugrundstücks |
| FD | Flachdach |
| FF | Funktionsfläche |
| GAEB | Gemeinsamer Ausschuß Elektronik im Bauwesen |
| Gem. | Gemeinde |
| gem. | gemäß |
| ggf. | gegebenenfalls |
| GF | Geschossfläche |
| GFZ | Geschossflächenzahl |
| GK | Grundstückskosten |
| GmbH | Gesellschaft mit beschränkter Haftung |
| GP | Grundstückspreis oder Gesamtpreis einer Leistungsposition |
| GRF | Gründungsfläche |
| GrStG | Grundsteuergesetz |
| GRZ | Grundflächenzahl |
| GZ | Anzahl der Vollgeschosse |
| h | Stunde |
| H | Honorar |
| $h_a$ | Jahresheizstunden |

| $H_H$ | Honorar, das dem nächsthöheren in der Honorartafel zu § 16 (1) HOAI angegebenen Wert der anrechenbaren Kosten entspricht |
| $H_N$ | Honorar, das dem nächstniedrigeren in der Honorartafel zu § 16 (1) HOAI angegebenen Wert der anrechenbaren Kosten entspricht |
| $H_u$ | unterer Heizwert |
| HAR | Hausanschlussraum |
| HE | Ausgaben für Heizenergie |
| Hrsg. | Herausgeber |
| HOAI | Honorarordnung für Architekten und Ingenieure |
| HV | Höhere Verwaltungsbehörde |
| $I_{B1}^{B2}$ | Preisindex für das Jahr B2 auf der Basis des Jahres B1 |
| i. Allg. | im Allgemeinen |
| i. d. R. | in der Regel |
| incl. | inclusive |
| IWF | Innenwandfläche |
| i. w. S. | im weiteren Sinne |
| K | Kelvin |
| $K_0$ | Anfangskapital |
| $K_n$ | Endkapital im Jahr n |
| kalk. | kalkulatorisch |
| KFA | Kostenflächenarten |
| Kfz | Kraftfahrzeug |
| kg | Kilogramm |
| KG | Kostengruppe |
| KGF | Konstruktions-Grundfläche |
| KGFa | Konstruktions-Grundfläche von allseitig umschlossenen und überdeckten Räumen |
| KKA | Kostenkennwert der Außenwände |
| KKT | Kostenkennwert der Haustrennwand |
| km | Kilometer |
| KW | Kapitalwert |
| l | Länge |
| l. | Liter |
| LB | Leistungsbereich |
| LBO | Landesbauordnung |
| LBO-BW | Landesbauordnung für Baden-Württemberg |
| lfd m | laufender Meter |
| LP | Leistungsphase |
| m | Meter |
| M | Maßstab |
| ME | Mengeneinheit |
| mm | Millimeter |
| Mio. | Million |
| MwSt | Mehrwertsteuer |
| n | Nutzungsdauer bzw. nachschüssig (als Index); Laufzeit |
| NatschG | Naturschutzgesetz |
| NF | Nutzfläche |
| NGF | Netto-Grundfläche |
| NGFa | Netto-Grundfläche, die allseitig umschlossen und überdeckt ist |
| NNF | Nebennutzfläche |
| Nr. | Nummer |

| | |
|---|---|
| ∅ | Durchschnitt |
| o. a. | oben angegeben |
| o. ä. | oder ähnliches |
| o. g. | oben genannt |
| off. | offen |
| OFG | Oberfläche Gelände |
| OG | Obergeschoß |
| OKD | Oberkante Dach |
| OK | Oberkante |
| p | Zinsfuß (%), Darlehenszinssatz |
| P | Preis |
| $P_X$ | Preis im Jahre X |
| p. a. | per annum (jährlich) |
| pausch. | pauschal |
| Pkw | Personenkraftwagen |
| Pos. | Position |
| Prüf. | Prüfingenieur |
| q | Zinsfaktor |
| r | Rente |
| $r_0$ | jährliche Rente zum Anfangszeitpunkt 0 |
| $RB_n$ | Barwert einer nachschüssigen Rente |
| RBF | Rentenbarwertfaktor |
| RD | Restdarlehen |
| RE | Rentenendwert |
| REF | Rentenendwertfaktor |
| s | Sparbeitrag |
| s. | siehe |
| S. | Seite |
| $sa_i$ | spätest zulässiger Anfang der Tätigkeit i |
| Sächs BO | Sächsische Bauordnung |
| $se_i$ | spätest zulässiges Ende der Tätigkeit i |
| St. | Stück |
| STLB | Standardleistungsbuch |
| s. u. | siehe unten |
| t | Tilgungssatz |
| t | Tonne |
| $t_0$ | Anfangstilgung |
| Teilfl. | Teilfläche |
| TÜV | Technischer Überwachungs-Verein |
| U | Wärmedurchgangskoeffizient (U-Wert) |
| u. a. | und andere bzw. unter anderem |
| u. ä. | und ähnliche(s) |
| UBF | unbebaute Fläche |
| UG | Untergeschoß |
| UK | Unterkante |
| usw. | und so weiter |
| u. U. | unter Umständen |
| u. v. m. | und vieles mehr |
| v | vorschüssig (als Index) |
| VF | Verkehrsfläche |
| VG | Verwaltungsgericht |

| | |
|---|---|
| VGH | Verwaltungsgerichtshof |
| vgl. | vergleiche |
| v. H. | vom Hundert |
| VHB | Vergabe- und Vertragshandbuch für die Baumaßnahmen des Bundes |
| VOB | Vergabe- und Vertragsordnung für Bauleistungen |
| VOL | Verdingungsordnung für Leistungen |
| W | Watt |
| WE | Wohneinheit |
| WF | Wohnfläche |
| z. B. | zum Beispiel |
| ZI | Zimmer |
| z. T. | zum Teil |
| z. Z. | zur Zeit |
| $\eta$ | Gesamtwirkungsgrad der Heizanlage |

# 1. Einführung

Dieses Übungsbuch, das als Ergänzung zu dem zweibändigen Lehrbuch *Planungs-
und Bauökonomie* erscheint, wendet sich insbesondere an Studierende der Architektur, aber auch an Studierende der Stadt- und Regionalplanung. Darüber hinaus ist es
für diejenigen Bauherren und Architekten gedacht, die sich bei der Lektüre des Lehrbuches zu den einzelnen Verfahren und Sachverhalten erläuternde Beispiele wün-
schen.

Dieses dreibändige Werk versteht sich als eine **Wirtschaftslehre für Bauherren
und Architekten**, da es Wirtschaftlichkeitsfragen von Bauwerken behandelt, über
die der Bauherr letztlich zu entscheiden hat und deren finanzielle Konsequenzen er
ausschließlich oder in erheblichem Umfang zu tragen hat, und weil Architekten
durch ihre Planungen die baulichen Entscheidungen ihrer Bauherren vorbereiten und
dabei Wirtschaftlichkeitsfragen untersuchen. wirtschaftliche Erkenntnisse um-
setzen müssen. In diesem Sinne ist die *Planungs- und Bauökonomie* sowohl eine
Wirtschaftslehre aus der Sicht des Bauherrn als auch eine Wirtschaftslehre des Architekten, da dieser – in seiner Funktion als Auftragnehmer des Bauherrn – auch
dessen wirtschaftliche Interessen zu vertreten hat.

Nicht Gegenstand dieses Werkes ist die Frage, wie der Architekt seine Arbeit bzw.
den Planungsbetrieb wirtschaftlich organisieren kann. Diese fällt in das Gebiet der
**Planungsbetriebslehre** und ist an anderer Stelle zu behandeln. Das Gleiche gilt für
die **Baubetriebslehre**. Die Baubetriebslehre ist eine spezielle Betriebswirtschaftslehre aus der Sicht des Bauunternehmers. Die zentrale Frage für ihn ist, wie er
Bauleistungen, die im Regelfall durch die Planung festgelegt sind, wirtschaftlich
anbietet und durchführt. Überschneidungen mit der Planungs- und Bauökonomie
ergeben sich insofern, als es natürlich im Interesse des Bauherrn ist und das Be-
mühen des Architekten sein muss, Planungsentscheidungen so zu treffen, dass sie
von der Bauwirtschaft kostengünstig umgesetzt werden können.

Die Gliederung des vorliegenden Übungsbuches ist in der Weise auf die beiden
Lehrbände abgestimmt, dass die Aufgaben zu den im Band 1 behandelten Themen
der **wirtschaftlichen Bauplanung** im Abschnitt 3 des Übungsbuches und die zu den
im Band 2 behandelten Themen der **wirtschaftlichen Bauausführung** im Abschnitt 4 des Übungsbuches zusammengefasst sind.

Allerdings beginnt der Band 1 mit den Abschnitten *1. Planungs- und Bauökonomie
als wissenschaftliche Disziplin* und *2. Gesamtwirtschaft und Bauwirtschaft*, also
einer Einführung in die wissenschaftstheoretischen und gesamtwirtschaftlichen Zusammenhänge, die als Rahmeninformation dienen und einer eingehenden Übung
anhand von Aufgaben nicht bedürfen.

Insofern beginnt der Abschnitt 3 des Übungsbuches mit dem arbeitsteiligen Prozess,
den die Planung und Ausführung eines Bauwerks darstellt. Die Koordination der
einzelnen Auftragnehmer bzw. Institutionen untereinander ist Sache des Bauherrn
bzw. seines Vertreters und vor allem des Architekten. Eine erfolgreiche Steuerung
des Planungs- und Bauprozesses setzt die Kenntnis der Funktionen und Ziele der
einzelnen an der Planung und Ausführung Beteiligten voraus (Abschnitt *3.1 Pla-
nungs- und Baubeteiligte*).

Die Planungsphase ist aus wirtschaftlicher Sicht außerordentlich wichtig, da in dieser
Phase – beginnend mit der Bedarfsplanung – die Chance, die Wirtschaftlichkeit eines

Vorhabens zu beeinflussen, am größten ist (K. Pfarr 1973, S. 18). Um diese Chance zu nutzen, bedarf es eines methodischen Vorgehens. Die Methodik der wirtschaftlichen Planung als stufenweiser Prozess der Variantenbildung, -bewertung und -auswahl gehört daher zu den grundlegenden Kenntnissen des Planers (Abschnitt *3.2 Planung*).

Zur Bewertung von Planungsvarianten stehen die Nutzen-Kosten-Untersuchungen und die Verfahren der Investitionsrechnung zur Verfügung (Abschnitt *3.3 Beurteilung der Vorteilhaftigkeit*).

Wichtige Eingabedaten bei der Anwendung dieser Verfahren sind u. a. die Grundflächen, Rauminhalte und Bezugseinheiten nach DIN 277, die Wohnfläche nach der Wohnflächenverordnung (Abschnitt *3.4 Grundflächen und Rauminhalte im Hochbau*) sowie die Kosten im Hochbau nach DIN 276-1 und die Nutzungskosten im Hochbau nach DIN 18 960 (Abschnitt *3.5 Kosten*).

Für die Durchführbarkeit von Bauprojekten, die nicht dem Eigenbedarf des Bauherrn dienen, sind ausreichende Mieteinnahmen oder Verkaufserlöse eine unverzichtbare Voraussetzung (Abschnitt *3.6 Erträge und Erlöse*).

Neben der monetären Bewertung der Einsatzfaktoren in Form von Bau- und Folgekosten sind auch die ökologischen Auswirkungen bei der Objektplanung zu berücksichtigen (Abschnitt *3.7 Ökologisches und kostengünstiges Bauen*).

Wichtiger als die Frage nach den Grundstücks- und Baukosten ist für den Bauherrn vielfach die laufende Belastung, die aus der Baumaßnahme resultiert. Sie ist in hohem Maße abhängig von der Zusammensetzung der erforderlichen Mittel: Eigenkapital, Selbsthilfe, Kapitalmarkt- und sonstige Darlehen (Abschnitt *3.8 Baufinanzierung*).

Welche Leistungen im Einzelnen zur vollständigen Planung eines Bauobjektes gehören und wie sie honoriert werden, ist in der HOAI festgelegt (Abschnitt *3.9 Honorarordnung für Architekten und Ingenieure (HOAI)*).

Im Band 2 des Lehrbuches und demzufolge im **Abschnitt 4** dieses Übungsbuches werden grundsätzliche Organisationsfragen (Abschnitt *4.1 Organisation der Bauplanung und -ausführung*) und alle weiteren Fragen behandelt, die die wirtschaftliche Bauausführung betreffen.

Hierzu gehören alle Kenntnisse, die für einen reibungslosen Ablauf des Planungs- und Bauprozesses wichtig sind. Dies betrifft die vom Architekten zu besorgende Koordination der am Bau Beteiligten und die Integration ihrer Beiträge sowie die Beachtung öffentlich-rechtlicher Fragen, die für die Genehmigungsplanung bedeutsam sind, (Abschnitt *4.2 Bauplanung*) und die privatrechtlichen Fragen rund um die Vergabe (Abschnitt *4.3 Vergabewesen*). Weiterhin zählen dazu Fragen der Baustelleneinrichtung, die Ablauf- und Terminplanung, die Bauüberwachung, die Kostenplanung im Zuge der Bauausführung und die Bauabrechnung sowie besondere Bedingungen der Bauausführung (Abschnitt *4.4 Ausführung*).

Mit der Inbetriebnahme des Bauvorhabens setzt das Objektmanagement ein, bei dem es um den wirtschaftlichen Betrieb der Immobilie geht. In der beginnenden Nutzungsphase obliegt dem Architekten die Objektbetreuung und Dokumentation. Die Nutzungsphase ist für den Bauherrn die wichtigste Phase, denn sie gibt dem Bauvorhaben seinen Sinn. Erst in dieser Phase kann sich die Wirtschaftlichkeit des Vorhabens erweisen. Grund genug – auch für den Architekten – die Objektbetreuung mit einer Erfolgskontrolle zu verbinden (Abschnitt *4.5 Baunutzung*).

# 2. Arbeitsanleitung

Das vorliegende Übungsbuch soll den Lesern, insbesondere Studierenden der Architektur und Studierenden der Stadt- und Regionalplanung, als Arbeitshilfe zum Selbststudium der Planungs- und Bauökonomie dienen. Es enthält Übungsaufgaben und deren Lösungen zu den Bänden 1 und 2 des gleichnamigen Lehrbuches.

Die **Themenabfolge** der beiden Lehrbuchbände ist – wie in der Einführung erläutert – im vorliegenden Übungsbuch beibehalten worden, so dass der Leser leicht die Übungsaufgaben zu den einzelnen Abschnitten der Lehrbücher finden wird. Allerdings ist im Übungsbuch auf eine so weitgehende Untergliederung wie in den Lehrbüchern verzichtet worden, weil es den Rahmen dieses Buches gesprengt hätte, wenn hier zu jedem Einzelabschnitt der Lehrbücher mehrere Aufgaben aufgenommen worden wären.

Jeder Abschnitt aus dem Übungsteil dieses Buches (Abschnitte 3 und 4) ist in drei Teile gegliedert.

Der erste Teil enthält eine **Kurzeinführung** in das Thema des jeweiligen Abschnittes mit Hinweis auf die wesentlichen **Lernziele** – ggf. auch eine seit Erscheinen der 5. Auflage der Lehrbuchbände erforderlich gewordene Aktualisierung. Daran schließt sich ein Verzeichnis der Übungsaufgaben dieses Abschnittes sowie die Angabe der einschlägigen Vorschriften und Normen und der für eine weitere Vertiefung zu empfehlenden Literatur an.

Der zweite Teil enthält dann jeweils die **Übungsaufgaben** und der dritte Teil die dazugehörigen **Lösungen**. Die meisten Übungsaufgaben sind als Lernkontrolle gedacht, d. h. nach sorgfältigem Studium der entsprechenden Abschnitte des Lehrbuches sollte der Leser in der Lage sein, diese Übungsaufgaben zu lösen, wobei er erforderlichenfalls die angegebenen Vorschriften und Normen hinzuziehen muss. Daneben gibt es aber auch einige Aufgaben, die eine inhaltliche Weiterführung des Lehrbuches verfolgen, an deren Lösung sich der Leser – ggf. nach Studium der empfohlenen Literatur – versuchen kann. Andernfalls kann er aber auch durch das Durcharbeiten der vorgeschlagenen Lösung den gewünschten Lernerfolg erzielen.

Alle Kostenangaben beziehen sich – soweit nichts anderes angegeben – auf das Jahr 2007 (Baupreisindizes vom November 2007). Die Nominalverzinsung wurde bei den Aufgaben zur Investitionsrechnung und ähnlichen mit 6 % p. a. angenommen.

Die Karikaturen von Ernst Hürlimann und Gabor Benedek dienen der Auflockerung und sind bewusst nicht in die Gruppe der durchnummerierten Abbildungen bzw. in das Abbildungsverzeichnis aufgenommen worden.

# 3. Aufgaben und Lösungen zum Band 1

## 3.1 Planungs- und Baubeteiligte

Zur Planung und Ausführung von Bauwerken bedarf es der arbeitsteiligen Zusammenarbeit vieler Personen und Institutionen. Zu den Planungs- und Baubeteiligten gehören regelmäßig bzw. fallweise:

(1) Bauherr(enschaft)
(2) Projektsteuerer
(3) Nutzer
(4) Architekt bzw. Entwurfsverfasser
(5) Bauleiter
(6) Sicherheits- und Gesundheits-Koordinator
(7) Fachingenieure bzw. Sonderfachleute
(8) Unternehmer
(9) Bauaufsichtsbehörden
(10) Kreditinstitute
(11) Öffentlichkeit
(12) sonstige Beteiligte (z. B. Ver- und Entsorgungsbetriebe).

Für eine erfolgreiche Gestaltung der Zusammenarbeit an einem Bauvorhaben ist es wichtig, die unterschiedlichen Funktionen und **Zielsetzungen** der einzelnen Beteiligten und die sich daraus möglicherweise ergebenden Interessenkonflikte zu kennen. Die folgenden Aufgaben sollen dazu dienen, diese Kenntnisse zu überprüfen und ggf. zu vervollständigen.

**General – Ober – Unter – Allesnehmer**
Zeichnung: Ernst Hürlimann

**Aufgabenverzeichnis**

Die im Folgenden behandelten Aufgaben beziehen sich auf Kapitel 3.1 des Lehrbuches Band 1:

1 Ziele, Aufgaben und Vertretung des Bauherrn
2 Ziele weiterer Planungs- und Baubeteiligter
3 Interessenkonflikte der Beteiligten

**Vorschriften und Normen**

Honorarordnung für Architekten und Ingenieure (HOAI)
Landesbauordnung (für das betreffende Bundesland)

**Empfohlene Literatur zur weiteren Vertiefung**

Leimböck, E., A. Iding: Bauwirtschaft – Grundlagen und Methoden, Wiesbaden 2005
Pfarr, K.: Grundlagen der Bauwirtschaft, Essen 1984
Will, L.: Die Rolle des Bauherrn im Planungs- und Bauprozeß, Frankfurt/M., Bern, New York 1985

**Aufgabe 1: Ziele, Aufgaben und Vertretung des Bauherrn**

(1) **Ziele** des Bauherrn

Die Ziele des Bauherrn resultieren zum einen aus seinen Nutzungsanforderungen und zum anderen aus der Begrenztheit seiner Mittel und Möglichkeiten.

Formulieren Sie die Ziele des Bauherrn, die der Architekt – beginnend mit der Grundlagenermittlung über die Planung und Bauüberwachung bis hin zur Objektbetreuung – beachten muss.

(2) **Aufgaben** des Bauherrn

Mit jedem Bauvorhaben kommt eine Fülle von Aufgaben auf den Bauherrn zu. Nennen Sie die wichtigsten delegierbaren und nicht-delegierbaren Bauherrnaufgaben.

(3) **Vertretung** des Bauherrn

Viele Bauherren bauen erstmalig oder sind von diesem Vorhaben fachlich bzw. zeitlich überfordert, z. B. eine Stadtverwaltung als Bauherr für ein Kongresszentrum.

Wie kann sich der Bauherr bei der Erfüllung seiner Aufgaben entlasten?

**Aufgabe 2: Ziele weiterer Planungs- und Baubeteiligter**

Nennen Sie die wichtigsten Ziele, die

    die Nutzer
    der Architekt
    die Fachingenieure
    die Bauunternehmer
    die Bauaufsichtsbehörden und
    die Finanzierungsinstitute

im Rahmen ihrer Mitwirkung an einem Bauvorhaben verfolgen.

**Aufgabe 3: Interessenkonflikte der Beteiligten**

Wo sehen Sie die wesentlichen **Interessenkonflikte** zwischen den in Aufgabe 1 und 2 genannten **Planungs- und Baubeteiligten**?

## Lösung zu Aufgabe 1: Ziele, Aufgaben und Vertretung des Bauherrn

### (1) Ziele des Bauherrn

Die Ziele, die ein Bauherr verfolgt, hängen u. a. davon ab, ob er selbst das Bauvorhaben nutzen wird oder ob es von Dritten (Nutzer, siehe Aufgabe 2) genutzt werden soll.

Nach § 15 HOAI hat der Architekt in Zusammenarbeit mit dem Bauherrn und ggf. den Nutzern die Aufgabenstellung zu klären (Grundlagenermittlung), die Zielvorstellungen abzustimmen und einen planungsbezogenen Zielkatalog zu erstellen (Vorplanung).

Hierbei geht es vor allem um folgende Ziele:

- **Funktionale Ziele**
  Das geplante Gebäude muss die aus den vorgesehenen Nutzungsprozessen resultierenden funktionalen Anforderungen (Raumbedarf, Sicht- und Wegebeziehungen, Raumklima, Lichtverhältnisse usw.) erfüllen.

- **Gestalterische Ziele**
  Der Bauherr hat mehr oder weniger bestimmte Vorstellungen von der Form des Gebäudes und der Innenräume sowie von der Farbe und der Beschaffenheit der sichtbaren Bauteile. Ist der Bauherr nicht auch der spätere Nutzer, dann treten diese Ziele oft in den Hintergrund.

- **Kostenziele**
  Die Grundstücks- und Baukosten sowie die Folgekosten bzw. die daraus resultierende Belastung sollen möglichst gering sein, keinesfalls aber eine bestimmte Obergrenze übersteigen. Die Folgekosten, die auf Dritte (Nutzer) umlegbar sind, werden hierbei oft vernachlässigt.

- **Zeitliche Ziele**
  Der Bauherr hat meistens konkrete Vorstellungen, wann das Gebäude (spätestens) bezugsfertig sein soll.

- **Ziele der Mängelfreiheit**
  Bei Bauschäden, die während der Mängelbeseitigungsfristen auftreten, soll die Frage nach dem Verursacher möglichst unstrittig sein.

### (2) Aufgaben des Bauherrn

Der Bauherr hat zur Vorbereitung, Überwachung und Ausführung eines genehmigungspflichtigen bzw. nicht verfahrensfreien Bauvorhabens einen geeigneten Planverfasser, geeignete Unternehmer und einen geeigneten Bauleiter zu bestellen. Weiterhin obliegen ihm die nach den öffentlich-rechtlichen Vorschriften erforderlichen Anzeigen an die Bauaufsichtsbehörde (niedergelegt in den einzelnen Landesbauordnungen, z. B. LBO-BW § 42(1); SächsBO § 53(1); BauOBln § 54(1) und BbgBO § 47(1)). Als Initiator einer Gefahrenquelle unterliegt der Bauherr mit seiner Baustelle ferner der Verkehrssicherungspflicht.

8                                3.1 Planungs- und Baubeteiligte

Neben diesen öffentlich-rechtlichen Aufgaben gibt es eine Fülle weiterer Bauherrnaufgaben. Ein Teil von ihnen, insbesondere die Projektleitungsaufgaben,
ist in aller Regel nicht delegierbar.

Zu den Aufgaben des Bauherrn in seiner Funktion als Auftraggeber von Planungs- und Bauleistungen gehören insbesondere:

- Festlegen der Projektziele, z. B. Qualitätsvorstellungen
- Aufstellen eines Organisations- und Terminplanes für die Bauaufgabe
- Abschluss von Verträgen zur Verwirklichung der Projektziele
- Koordination und Steuerung der Projektbeteiligten mit mehreren Fachbereichen
- Prüfen der Planungsergebnisse auf Einhaltung der Planungsvorgaben
- Untersuchung von Zielkonflikten und Entscheidung zur Fortschreibung der
  Projektziele
- Ermittlung der vollständigen Kosten bzw. ihre Ergänzung im Hinblick auf die
  Finanzierung.

Zwischen diesen Bauherrnaufgaben und den Grundleistungen der Objektplanung nach § 15 HOAI gibt es keine Überschneidungen. Anders verhält es
sich mit den Besonderen Leistungen der Objektplanung, bei denen es sich z. T.
um delegierbare Bauherrnaufgaben handelt, wie z. B.: Betriebsplanung, Aufstellen eines Raumprogramms, Wirtschaftlichkeitsberechnung, Aufstellen, Überwachen und Fortschreiben eines Zahlungsplanes, Aufstellen, Überwachen und
Fortschreiben von differenzierten Zeit-, Kosten- und Kapazitätsplänen usw.

(3) **Vertretung des Bauherrn**

Der Bauherr kann sich u. a. entlasten durch die Einschaltung eines

- **Generalplaner**s, **Generalunternehmer**s bzw. **Totalunternehmer**s oder
  eines **Projektsteuerer**s.

Bei Einschaltung eines Generalplaners gibt es auf der Planerseite nur den Generalplaner als Vertragspartner des Bauherrn. Der Generalplaner beauftragt in
der Regel weitere Planer, ohne dass es zu einer Rechtsbeziehung zwischen diesen und dem Bauherrn kommt. Dadurch entfällt ein erheblicher Steuerungsund Koordinierungsaufwand für den Bauherrn. Entsprechendes gilt für den
Generalunternehmer und den Totalunternehmer, wobei der Totalunternehmer
die gesamte Planung und Ausführung im Auftrag hat.

Der Projektsteuerer übernimmt Funktionen des Bauherrn bei der Steuerung von
Projekten mit mehreren Fachbereichen (HOAI § 31), ohne dass die Rechtsbeziehungen zwischen dem Bauherrn und den Planern bzw. Unternehmern
aufgehoben werden.

Die AHO-Fachkommission Projektsteuerung/Projektmanagement hat eine
Untersuchung zum Leistungsbild, zur Honorierung und zur Beauftragung von
Projektmanagementleistungen in der Bau- und Immobilienbranche vorgelegt,
die in Fachkreisen weitgehende Anerkennung findet.

Die Leistungen der Projektsteuerung sind in der HOAI § 31 als zusätzliche,
d. h. mit dem Architektenhonorar nach § 16 HOAI nicht abgegoltene Leistungen ausgewiesen.

**Lösung zu Aufgabe 2: Ziele weiterer Planungs- und Baubeteiligter**

Die **Nutzer** sind vor allem an hohen funktionalen, gestalterischen und gesundheitsförderlichen Qualitäten der zu schaffenden Räume interessiert. Soweit sie einen finanziellen Beitrag (Kapitalbeitrag, Miete, Heizkosten u. a.) leisten müssen, soll dieser möglichst gering sein.

Der **Architekt** möchte einen guten funktionalen, gestalterischen sowie ökologisch und sozial verantwortbaren Beitrag zu unserer gebauten Umwelt leisten und damit zugleich seinen Bauherrn (auch in wirtschaftlicher Hinsicht) zufrieden stellen. Auf der anderen Seite ist der Architekt als Büroinhaber darauf angewiesen, ein ausreichendes Einkommen zu erzielen und seine Zahlungsfähigkeit sicherzustellen.

Die **Fachingenieure** verfolgen in Bezug auf ihre Fachgebiete vergleichbare Ziele wie der Architekt. Dabei stehen meist technische Aspekte im Vordergrund.

Die **Bauunternehmer** streben vor allem danach, einen angemessenen bzw. größtmöglichen Gewinn zu erzielen. Zur Sicherung des langfristigen Betriebserfolges ist eine möglichst mängelfreie Leistungserbringung ebenso zu verfolgen wie soziale Zielvorstellungen (z. B. Sicherung der Arbeitsplätze).

„Die **Bauaufsichtsbehörden** haben bei der Errichtung, Änderung, Nutzungsänderung und Beseitigung sowie bei der Nutzung und Instandhaltung von Anlagen darüber zu wachen, dass die öffentlich-rechtlichen Vorschriften eingehalten werden, soweit nicht andere Behörden zuständig sind. Sie können in Wahrnehmung dieser Aufgaben die erforderlichen Maßnahmen treffen." (SächsBO § 58 (2), MBO § 58 (2)). Dabei geht es um die Wahrung öffentlicher Interessen, insbesondere um die Abwendung von Gefahren und Verunstaltungen. Für den Vollzug der Bauordnung und der damit zusammenhängenden öffentlich-rechtlichen Vorschriften ist die untere Bauaufsichtsbehörde sachlich zuständig, soweit nichts anderes bestimmt ist. Zuständig ist sie insbesondere für die Erteilung der Baugenehmigung, für die öffentlich-rechtliche Bauüberwachung und – soweit vorgesehen – für die Bauabnahmen. Für die Genehmigung von örtlichen Bauvorschriften ist in der Regel die höhere Bauaufsichtsbehörde zuständig.

Die **Finanzierungsinstitute** haben vorrangig monetäre Ziele im Auge, wie die Sicherung des eingesetzten Kapitals und eine möglichst hohe Verzinsung. Es gibt aber auch Institute, die die Kapitalvermittlung unter Verfolgung sozialer Ziele betreiben (z. B. Gemeinschaftsbank für Leihen und Schenken: Förderung von Wohnraum für Behinderte und Nichtbehinderte, von Freien Schulen und Kindergärten, von atomstromfreien Elektrizitätswerken und ähnlichen Projekten).

**Lösung zu Aufgabe 3: Interessenkonflikte der Beteiligten**

**(1) Interessenkonflikte aus der Sicht des Bauherrn**

Zwischen Nutzern, die nicht an den Kosten beteiligt sind, und dem Bauherrn entstehen Konflikte hinsichtlich der sinnvollen Abwägung von Anforderungen und daraus resultierenden Kosten.

Mangelhafte Erfüllung der Aufgaben, Termin- und Kostenüberschreitungen sowie Honorarfragen bieten Konfliktstoff zwischen dem Bauherrn und dem Architekten bzw. den Fachingenieuren.

Die Frage der vom Unternehmer zu erbringenden Leistung (normale Art und Güte) und der angemessenen Vergütung sind häufig umstritten. Auch mangelnde Termineinhaltung seitens des Unternehmers wird vielfach beklagt.

Vor allem Anträge auf Genehmigung von Abweichungen von technischen Bauvorschriften, Ausnahmen von baurechtlichen Vorschriften und Befreiungen von zwingenden Vorschriften bilden den Konfliktstoff gegenüber den Bauaufsichtsbehörden.

Meinungsverschiedenheiten zwischen dem Bauherrn und den Finanzierungsinstituten kann es u. a. bezüglich der Höhe der Beleihungsgrenze, des Ausmaßes der Zinsanpassung, der Anpassungsmaßnahmen bei Zahlungsschwierigkeiten und der Vorfälligkeitsentschädigung geben, wenn der Bauherr sein Darlehen vorzeitig zurückzahlen will.

### (2) Interessenkonflikte aus der Sicht der Nutzer

Die Nutzer kommen – sofern es sich nicht um die Familie des Bauherrn handelt – im Allgemeinen nur mit dem Bauherrn, beim partizipatorischen Planen auch mit dem Architekten, in Berührung. Oft sind die Nutzer in der Planungsphase nicht bekannt und beklagen später die mangelhafte Berücksichtigung ihrer Interessen.

### (3) Interessenkonflikte aus der Sicht des Architekten

Eine gute Zusammenarbeit mit dem Bauherrn und – soweit bekannt – mit den Nutzern ist von großer Bedeutung. Wichtig ist, dass auch der Bauherr seine Aufgaben (Planungsvorgaben, Prüfung der Planung, Entscheidungen) richtig und rechtzeitig erledigt. Zum Konflikt muss es kommen, wenn der Bauherr in Gestaltungsfragen diktierend eingreifen will (was ihm als Auftraggeber rechtlich zusteht). Dem können in speziellen Fällen urheberrechtliche Ansprüche des planenden Architekten entgegenstehen.

Die Abhängigkeit des Architektenhonorars von den anrechenbaren Kosten (HOAI § 10 ff.) führt zu dem Problem, dass der Architekt für erfolgreiche Kostenreduzierungsbemühungen mit einer Honorarminderung „bestraft" wird Es besteht jedoch die Möglichkeit, vor Planungsbeginn schriftlich ein **Erfolgshonorar** zu vereinbaren für besondere Leistungen, die zu einer wesentlichen Kostensenkung ohne Verminderung des Standards führen. Das Erfolgshonorar kann bis zu 20 vom Hundert der vom Auftragnehmer durch seine Leistungen eingesparten Kosten betragen (§ 5 (4a) HOAI).

Es ist nicht immer leicht, Fachingenieure in ein Projekt zu integrieren. Technokratisches, nur auf das jeweilige Fachgebiet ausgerichtetes Denken kann die Planungsarbeit erschweren.

Der Architekt vertritt den Bauherrn (soweit dazu bevollmächtigt) gegenüber den Bauunternehmern und den Bauaufsichtsbehörden, woraus sich die aus der Sicht des Bauherrn beschriebenen Konflikte ergeben.

### (4) Interessenkonflikte aus der Sicht der Fachingenieure

Probleme mit dem Architekten ergeben sich insbesondere dann, wenn dieser die Koordination mit den Fachingenieuren nur unzureichend wahrnimmt. Für das Verhältnis der Fachingenieure zu den Bauunternehmern bzw. den Bauauf-sichtsbehörden gilt dasselbe wie bei dem Architekten.

**(5) Interessenkonflikte aus der Sicht der Bauunternehmer**

Die Bauunternehmer wollen die Auftragsabwicklung aus ihrer jeweiligen Sicht optimieren. Dazu benötigen sie entsprechende Vorlaufzeiten vor Arbeits-beginn, präzise Leistungsbeschreibungen, rechtzeitig übergebene Ausführungs-pläne und gute Voraussetzungen für ihre Baustelleneinrichtung. Diese Be-dingungen sind nicht immer erfüllt.

**(6) Interessenkonflikte aus der Sicht der Bauaufsichtsbehörden**

Konfliktträchtig sind immer Baumaßnahmen, die mit den geltenden baurecht-lichen Vorschriften nicht vereinbar sind, bei denen aber der jeweilige Bauherr oder Architekt überzeugt ist, dass diese nicht nur in privater, sondern auch in öffentlicher Hinsicht vorteilhaft sind.

**(7) Interessenkonflikte aus der Sicht der Finanzierungsinstitute**

Die Finanzierungsinstitute schätzen pünktlich zahlende Kreditnehmer. Um Zinseinnahmen zu erlangen, liegt es im Interesse der Kreditinstitute, Kredite zu vergeben. Bei der Kreditvergabe geht das jeweilige Kreditinstitut aber auch das Risiko ein, dass der Kredit nehmende Bauherr eventuell sein Projekt nicht er-folgreich zu Ende führt und den Kredit nicht vollständig zurückzahlen kann.

12

# 3.2 Planung

„Planung ist die gedankliche Vorbereitung zielgerichteter Entscheidungen." (G. Wöhe 2005, S. 96) Diese allgemeine Formulierung „Vorbereitung zielgerichteter Entscheidungen" ist hier gewählt, weil Gegenstand einer Planung sowohl ein Gebäude als auch ein Produktionsprozess, eine Karriere, eine Reise und vieles andere sein kann, wobei die Gebäudeplanung stets Teil einer umfassenderen Planung ist. Wenn z. B. ein Betrieb eine Ausweitung seiner Produktion plant, muss dazu der entsprechende Einsatz von Personal, Material, Maschinen und ggf. auch Gebäuden geplant werden. Im übertragenen Sinne gilt dies auch für die Planung eines privaten Wohnhauses. Bauplanung muss daher immer im Kontext mit der jeweils angestrebten Entwicklung des Betriebes bzw. der Lebensweise des Eigenheimbauherrn gesehen werden.

In Anlehnung an die o. g. Definition ist unter **wirtschaftlicher Planung** die gedankliche Vorwegnahme eines zukünftigen Handelns zu verstehen, wobei durch Bildung und Auswählen von Varianten ein Planungsziel unter Maximierung der Output-Input-Relation (Nutzen-Kosten-Relation, Rendite, o. ä.) erreicht werden soll. Wirtschaftliche Planung – und dasselbe gilt für das Entwerfen – berücksichtigt in expliziter Weise wirtschaftliche Zielgrößen während des gesamten Planungsprozesses, sie führt aber nicht zu einem prinzipiell anderen Planungsablauf.

Wirtschaftliche Planungsergebnisse können durch Orientierung an Leitbildern und durch systematisches Vorgehen schrittweise erarbeitet werden. Systematisches Entwerfen besteht – ausgehend von einer Aufgabenstellung in Form eines Raum- und Funktionsprogramms – aus einem schrittweise und detaillierter werdenden Prozess der Variantenbildung, Variantenbewertung und -auswahl (siehe Lehrbuch Bd. 1, Kapitel 3.4.1, S. 50).

Die im Folgenden behandelten Aufgaben sollen zum einen zur Festigung der Begriffsabgrenzungen und der Kenntnis der prinzipiellen Vorgehensweise bei der wirtschaftlichen Planung beitragen. Zum anderen sollen sie zur Bildung von Leitbildern für die wirtschaftliche Planung anregen und auf Verbesserungsmöglichkeiten des Nutzen-Kosten-Verhältnisses hinweisen – auch dies im Sinne von Anregungen ohne Anspruch auf Vollständigkeit.

**Aufgabenverzeichnis**

Die folgenden Aufgaben beziehen sich auf die Kapitel 3.2 bis 3.4 des Lehrbuches Band 1:

1 Bedarfsplanung
2 Begriffe wirtschaftlicher Planung
3 Strategien und Vorgehensweisen bei der wirtschaftlichen Planung
4 Kostenminimale Gebäudeform
5 Kosteneinfluss der Bauweise
6 Baukosteneinsparung im Kellerbereich
7 Konstruktions-Grundfläche und Geschossfläche
8 Wirtschaftliche Gesichtspunkte bei Treppen
9 Wirtschaftliche Gesichtspunkte bei Dächern
10 Wirtschaftliche Gesichtspunkte bei der Gebäudetechnik

**Vorschriften und Normen**

DIN 276-1:2008-12, Kosten im Bauwesen – Teil 1: Hochbau
DIN 277, Grundflächen und Rauminhalte von Bauwerken im Hochbau
DIN 277-1:2005-02, Teil 1: Begriffe, Ermittlungsgrundlagen
DIN 277-2:2005-02, Teil 2: Gliederung der Netto-Grundfläche
DIN 277-3:2005-04 ,Teil 3: Mengen und Bezugseinheiten
DIN 18 205:1996-04, Bedarfsplanung im Bauwesen

**Gebäudegliederung nach Grobelementen**
Quelle: Baukostenberatungsdienst der Architektenkammer Baden-Württemberg
1981

**Empfohlene Literatur zur weiteren Vertiefung**

Engel, H.: Methodik der Architekturplanung, Berlin 2002
Höfler, H., L. Kandel, A. Linhardt: Bauen mit dem Rechenstift – Baukosten sparen beim Eigenheim – ein Ratgeber (4. Auflage der „Baukosten-Sparfibel") Karlsruhe 1994
Isphording, S., H. Reiners: Der ideale Grundriss, Beispiele und Planungshilfen für das individuelle Einfamilienhaus, München 2006
Joedicke, J.: Angewandte Entwurfsmethodik für Architekten, Stuttgart 1976
Pfarr, K.: Handbuch der kostenbewußten Bauplanung – Ansätze zu einem den Planungs- und Bauprozeß begleitenden Kosteninformationssystem, Wuppertal 1976
Zwicky, F.: Entdecken, Erfinden, Forschen im morphologischen Weltbild, Glarus 1989

**Aufgabe 1: Bedarfsplanung**

Was ist unter Bedarfsplanung im Bauwesen zu verstehen?

**Aufgabe 2: Begriffe wirtschaftlicher Planung**

In der aktuellen Diskussion fallen immer wieder die Begriffe

- flächensparendes Bauen      - Kostenkennwert      - Einheitspreis.
- kostengünstiges Bauen        - Einzelkosten
- wirtschaftliches Bauen       - Gemeinkosten

Beschreiben Sie, was unter dem jeweiligen Begriff zu verstehen ist.

**Aufgabe 3: Strategien und Vorgehensweisen bei der wirtschaftlichen Planung**

Ansätze zur wirtschaftlichen Planung münden all zu oft in einzelne Maßnahmen, oder es werden einzelne Gesichtspunkte der wirtschaftlichen Planung isoliert betrachtet. Das Ergebnis solcher Vorgehensweisen dient oft nicht einer umfassenden Verbesserung von Entwurfs- oder Konstruktionslösungen. Für den Planer ist es daher wichtig, das gesamte Spektrum der Strategien wirtschaftlicher Planung vor Augen zu haben.

Beschreiben Sie die verschiedenen Strategien anhand von Beispielen.

**Aufgabe 4: Kostenminimale Gebäudeform**

Ein Bauherr hat den Entwurf eines Einfamilienhauses in drei Varianten in Auftrag gegeben. Beim Entwurf steht die Kubatur des Gebäudes im Vordergrund. Es sollen nur rechteckige Grundrisse entworfen werden. Die Grundfläche des Gebäudes (zugleich Brutto-Grundfläche) soll 144 m² betragen. Ein Grundstück in ausreichender Größe ist vorhanden.

Der Architekt legt dem Bauherrn folgende drei Entwürfe vor:

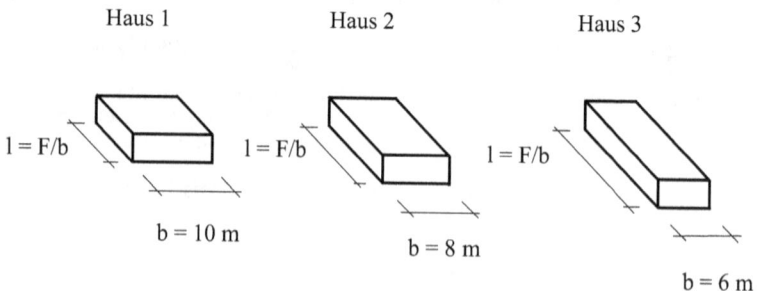

Haus 1            Haus 2            Haus 3

$l = F/b$         $l = F/b$         $l = F/b$

b = 10 m          b = 8 m           b = 6 m

**Abb. 3-1** Drei hinsichtlich der Baukosten zu vergleichende Einfamilienhäuser

Unabhängig von der Gebäudeproportion sollen die Kosten für die Gründungs-
fläche 150 €/m² und die für die Dachfläche 200 €/m² betragen. Außenwände kosten 750 €/lfd. m (einschließlich erforderlicher Türen und Fenster). Für die Innenwände sind 100 €/m² BGF anzusetzen.

(1) Welche der drei Varianten verursacht die geringsten Kosten (der Baukonstruktionen)?

(2) Gibt es eine andere optimale Variante? Wenn ja – wie würde diese aussehen
und wie hoch wären hier die Minimalkosten?

(3) Wie hoch sind die minimalen Kosten des Gebäudes und wie stellen sich die
Außenmaße desselben dar, wenn der Bauherr ein Doppelhaus errichten lässt
mit 144 m² Grundfläche je Haus (Kosten der zweischaligen Haustrennwand
600 €/lfd. m)?

(4) Vergleichen Sie die Kosten des kostengünstigsten Einzelhauses mit denen der
Doppelhaushälfte und ermitteln Sie den prozentualen Unterschied.

(5) Wie verändert sich die Optimallösung von (3), wenn die Außenwände
1.000 €/lfd. m kosten?

(6) Wie verändert sich die Optimallösung von (2), wenn für jeden lfd. m Gebäudebreite zusätzlich (zu den Kosten für die seitlichen Abstandsflächen) 660 €
Grundstückskosten anfallen?

### Aufgabe 5: Kosteneinfluss der Bauweise

Ausgehend von **freistehenden Einfamilienhäusern** (offene Bauweise) ist der
Einfluss der Reihung (geschlossene Bauweise) auf die Kosten des Bauwerks überschlägig zu ermitteln. In welchem Umfang verändern sich die Kosten des Bauwerks bei folgenden Abmessungen des freistehenden Gebäudes, wenn die Außenwandfläche (AWF) 200 €/m² und die zweischaligen Haustrennwände (= Innenwandfläche IWF) 150 €/m² kosten?

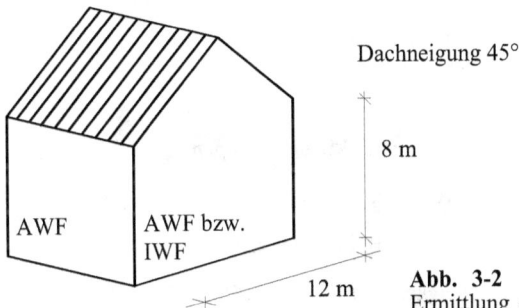

Dachneigung 45°

8 m

AWF    AWF bzw.
       IWF

12 m

**Abb. 3-2** Berechnungsobjekt zur
Ermittlung des Kosteneinflusses der
Bauweise

Wie hoch sind, ausgehend von Kosten des Bauwerks für das freistehende Einfamilienhaus in Höhe von 170.000 €, die Kostenunterschiede absolut und prozentual

(1) im Falle eines Doppelhauses?

(2) im Falle eines Reihen-Mittelhauses?

(3) Welche weiteren Einflüsse sind darüber hinaus zu berücksichtigen?

## Aufgabe 6: Baukosteneinsparung im Kellerbereich

Die Nicht-Unterkellerung oder **Teil-Unterkellerung** von Wohngebäuden gilt als Baukostenspartipp. Tatsächlich können bei Einfamilienhäusern etwa 10.000 bis 20.000 € durch Verzicht auf eine Voll-Unterkellerung eingespart werden.

Welche Nachteile – vor allem im Hinblick auf Nutzflächen und Funktion – ergeben sich aus einer solchen Maßnahme?

## Aufgabe 7: Konstruktions-Grundfläche und Geschossfläche

Die Ausnutzbarkeit von Grundstücken ist in der Baunutzungsverordnung (BauNVO) geregelt. Aus der im Bebauungsplan festgelegten Geschossflächenzahl ergibt sich die auf einem Baugrundstück zulässige Geschossfläche. Die Geschossfläche ist nach den Außenmaßen der Gebäude in allen Vollgeschossen zu ermitteln. Damit ist die Konstruktions-Grundfläche nach DIN 277 in Vollgeschossen Teil der Geschossfläche.

(1) Wie verändert sich die Geschossfläche, wenn bei einem Gebäude mit 2 Vollgeschossen und mit quadratischem Grundriss von 10 m x 10 m (jeweils von Innenkante Außenwand bis Innenkante Außenwand gemessen) die Außenwanddicke von 36,5 cm auf 24 cm reduziert wird?

(2) Um wie viel vermindert sich dabei die erforderliche Grundstücksfläche, wenn die Geschossflächenzahl 0,4 beträgt?

## Aufgabe 8: Wirtschaftliche Gesichtspunkte bei Treppen

Die anteiligen Baukosten von Treppen können beeinflusst werden über:

(1) die Größe der Treppe (gemessen z. B. in $m^2$ Deckenfläche DEF)

(2) die Einheitspreise in Abhängigkeit vom Standard (€/$m^2$ DEF)

(3) die Einheitspreise in Abhängigkeit von der Art der Fertigung (€/$m^2$ DEF bzw. €/Stück)

Welche praktischen Entwurfs- und Konstruktionsvarianten von Treppen sollten im Hinblick auf eine kostengünstige bzw. wirtschaftliche Planung von z. B. Reihenhäusern berücksichtigt werden?

## Aufgabe 9: Wirtschaftliche Gesichtspunkte bei Dächern

Dachflächen bilden zusammen mit den Außenwandflächen die Umhüllungsfläche (über Erdreich) jedes Gebäudes. Sowohl die Kosten des Bauwerks als auch das Maß an Nutzbarkeit (Nutzflächen, lichte Geschosshöhe, Netto-Rauminhalt) lassen sich durch die Gebäudegeometrie, besonders die Form des Daches, und das Verhältnis von Außenwand- und Dachflächen beeinflussen. Welche **Dachform** ist als besonders wirtschaftlich anzunehmen?

## Aufgabe 10: Wirtschaftliche Gesichtspunkte bei der Gebäudetechnik

Die anteiligen Baukosten für Gebäudetechnik (Kostengruppe 400 nach DIN 276-1) sind bestimmt vom technischen Ausstattungsgrad der jeweiligen Gebäude in Abhängigkeit von deren spezieller Nutzung. Sie machen im Durchschnitt bei Wohngebäuden und Bauten der Bildung etwa 15 – 20 %, bei Gewerbebauten etwa 15 – 25 % und bei Gesundheitsbauten, Sportbauten und Gebäuden für Lehre und Forschung etwa 25 – 35 % der Kosten des Bauwerks (Kostengruppen 300 und 400 nach DIN 276-1) aus.

(1) In welchem Planungsstadium können die Kosten für die Gebäudetechnik am ehesten beeinflusst werden?

(2) Nennen Sie im Zusammenhang mit der Gebäudetechnik bei unterschiedlichen Nutzungsarten (Wohnungsbau, Verwaltungsbau u. a.) Planungsentscheidungen, die die Baukosten erheblich beeinflussen.

(3) Welche wirtschaftlichen Folgen ergeben sich aus dem hohen Installationsgrad eines Gebäudes? Besonders interessant sind hierbei Nutzungsarten, die sowohl mit geringem als auch mit hohem Installationsgrad ausgeführt werden können wie z. B. Verwaltungsgebäude.

**Lösung zu Aufgabe 1: Bedarfsplanung**

Gebäude dienen – wie andere Güter auch – der Befriedigung von Bedürfnissen der Menschen. Diese Bedürfnisse können existenzieller Natur sein, dem allgemeinen Wohlstand der Gesellschaft entsprechen oder eher als luxuriös einzustufen sein. Ob sie sich befriedigen lassen, hängt im hohen Maße von den Mitteln des jeweiligen Individuums ab. Ein wesentlicher Teil der baulichen Bedarfsplanung besteht daher darin, die Bedürfnisse der späteren Nutzer eines Gebäudes mit deren finanziellen Möglichkeiten abzugleichen und so den tatsächlichen Bedarf zu ermitteln.

In diesem Sinne ist in der DIN 18 205:1996-04, *Bedarfsplanung im Bauwesen* die Bedarfsplanung als ein Prozess definiert, der darin besteht,

„–  die Bedürfnisse, Ziele und einschränkenden Gegebenheiten (die Mittel, die Rahmenbedingungen) des Bauherrn und wichtiger Beteiligter zu ermitteln und zu analysieren ...
–  alle damit zusammenhängenden Probleme zu formulieren, deren Lösung man vom Architekten erwartet."

**Lösung zu Aufgabe 2: Begriffe wirtschaftlicher Planung**

Zunächst ist festzuhalten, dass die erstgenannten Begriffe oft als Schlagworte von Politik und Werbung gebraucht werden – und zwar nicht immer in ihrer eigentlichen Bedeutung. Dem Wortsinn nach ist unter den sieben Begriffen Folgendes zu verstehen:

Beim **flächensparenden Bauen** wird zum einen versucht, durch Verdichtung der Bebauung (z. B. Teppichbebauung) sparsam mit dem knapper werdenden Bauland umzugehen. Zum andern ist man um eine möglichst weitgehende Reduzierung der Grundflächen innerhalb der Gebäude (Minderung des Verkehrsflächenanteils, des Konstruktions-Grundflächenanteils u. a.) bemüht. Beide Maßnahmen wirken sich kostenreduzierend aus, sofern diese Flächenreduzierungen nicht durch aufwendigere Maßnahmen kompensiert werden müssen.

Im Allgemeinen wird unter **kostengünstigem Bauen** die Erstellung von Bauten zu relativ niedrigen Baukosten (Erstausgaben der Investition) verstanden. Bei richtiger Interpretation des Begriffs *kostengünstig* sind auch alle über die gesamte Nutzungsdauer des Bauwerks bis zu seiner Beseitigung anfallenden Kosten (Verzehr von Gütern und Dienstleistungen) zu berücksichtigen, d. h. sowohl die Baukosten als auch die Folgekosten sind niedrig zu halten.

**Wirtschaftliches Bauen** berücksichtigt Nutzen bzw. Ertrag und Kosten in gleicher Weise. Während kostengünstiges und flächensparendes Bauen oft mit Nutzungseinbußen verbunden ist (kleine Wohnungen, einfacher Standard, kleine Gärten), die bei dieser Betrachtungsweise vernachlässigt werden, ist bei der Frage nach der Wirtschaftlichkeit einer Baumaßnahme von dem Nutzen-Kosten-Verhältnis auszugehen.

Allerdings wird im allgemeinen Sprachgebrauch unter wirtschaftlichem Bauen nur die monetäre Effizienz des Bauens gesehen. Pfarr verwendet in diesem Zusammenhang den Begriff der **kostenbewussten Bauplanung** (Pfarr 1976, S. 9), womit ein – gemessen an dem erzielbaren Nutzen – sparsamer, kostenbewusster Einsatz von Boden, Baustoffen, Arbeit u. a. angesprochen ist.

Ein **Kostenkennwert** ist ein Wert, der das Verhältnis von Kosten zu einer Bezugs-
einheit (z. B. €/m² BGF; Grundflächen oder Rauminhalte nach DIN 277 Teil 1 bis 3)
darstellt. Wichtig ist eine möglichst ausführliche Erläuterung des Kostenkennwertes.
Kostenkennwerte werden in der Planung und beim Gebäudemanagement ange-
wendet. Sie dienen der Entscheidungsfindung bei verschiedenen Lösungsmöglichkeiten. Kostenkennwerte werden z. B. durch das BKI (Baukosteninformationszentrum Deutscher Architektenkammern GmbH) dokumentiert und veröffentlicht.

**Einzelkosten** (auch bezeichnet als Einzelkosten der Teilleistungen) sind die Kosten, die dem Erzeugnis oder Kostenträger direkt und verursachungsgerecht zugeordnet werden können. Sie werden auch als direkte Kosten bezeichnet. In den
Einzelkosten sind keine Zuschläge für Gemeinkosten enthalten. Zu den Einzelkosten gehören z. B. die Lohn-, Material-, Geräte- und Schalungskosten sowie die
Transport- und Fremdleistungskosten bzw. Nachunternehmerleistungen.

**Gemeinkosten** sind die Kosten, die nicht direkt dem Erzeugnis bzw. Kostenträger
zuzuordnen sind. Sie werden jedoch für den Herstellungsprozess bzw. für die Leistungserbringung benötigt. Hierzu gehören z. B. im Planungsbüro die Miete, Energiekosten, Rechentechnik und Software. Weiterhin ist zu unterscheiden zwischen
echten und unechten Gemeinkosten. Unechte Gemeinkosten können theoretisch
einem Kostenträger direkt zugerechnet werden. Aufgrund des zu großen Auf-
wandes werden die jedoch als Gemeinkosten erfasst. Als Beispiel können hierfür
im Planungsbüro Papier bzw. auf der Baustelle Nägel und Schrauben genannt
werden.

Der **Einheitspreis** (EP) legt die Vergütung für eine Position (Ordnungszahl) des
Leistungsverzeichnisses als Preis je Mengeneinheit in Form eines geometrischen
Maßes (m, m², m³ usw.), eines Gewichtes (kg, t usw.), einer Zeiteinheit (Stunde,
Tag usw.) oder eines Stückes fest (entsprechend der Mengenermittlung nach
VOB/C für den jeweiligen Leistungsbereich). Der Vergütungsanspruch des Auftragnehmers errechnet sich aus dem Produkt von Menge und Einheitspreis (Einheitspreisvertrag), wobei die ausgeführte Menge nachgewiesen werden muss (vgl.
auch § 2 Nr. 2 VOB/B). Die Gemeinkosten sind – umgelegt auf die Einzelkosten
– im EP berücksichtigt. Der Gesamtpreis (GP) ist der Positionspreis, alle Positi-
onspreise addiert ergeben dann den Preis für den jeweiligen Leistungsbereich bzw.
auch das Los.

z. B.   Auszug aus dem Leistungsverzeichnis des Leistungsbereiches
        013 Betonarbeiten

| Pos. | Menge | Leistungstext | EP (€/ME) | GP (€) |
|---|---|---|---|---|
| 3 | 1000 m³ | Streifenfundamente in C20/25 herstellen | 125,- | 125.000,- |

**Lösung zu Aufgabe 3: Strategien und Vorgehensweisen bei der wirtschaftli-
chen Planung**

Wirtschaftlichkeit im weiteren Sinne resultiert aus dem Verhältnis von Nutzen zu
Kosten. Daraus leiten sich die beiden Hauptstrategien – Nutzenerhöhung und Kostensenkung – ab (siehe Lehrbuch, Band 1, Abbildung 3-6, S. 53).

Der Nutzen kann u. a. erhöht werden durch eine Verbesserung der Erfüllung funktionaler Anforderungen (z. B. Freiraumbezug, kurze Wege, bessere Möblierbarkeit, verbesserter Schallschutz), Verbesserung der Gestaltung und verbesserte Erfüllung ökologischer Anforderungen (z. B. geringere Bodenversiegelung, Dachbegrünung).

Die Bau- und Folgekosten können gesenkt werden durch Mengenreduzierung (Verringerung von Grundstücksflächen, Kubatur, Hüllflächen und Konstruktionsabmessungen) und durch Verwendung von Elementen bzw. Materialien mit niedrigeren Einheitspreisen (billigeres Bauland, fertigungsgerechte und rationalisierungsfreundliche Planung).

Darüber hinaus können Kosteneinsparungen noch durch Substitutionseffekte erzielt werden (Grundrissvarianten: Reduzierung der teuren Außenwandfläche zu Lasten der kostengünstigeren Innenwandfläche, Baukostenerhöhung durch verbesserten Wärmeschutz mit der Folge geringerer Heizenergiekosten).

**Lösung zu Aufgabe 4: Kostenminimale Gebäudeform**

(1) Auswahl der kostengünstigsten unter drei gegebenen Varianten

Die Brutto-Grundfläche, die Gründungs- und die Dachfläche der drei Entwürfe sind unabhängig von der Grundrissform 144 m² groß. Deshalb betragen – unter den getroffenen Annahmen – bei allen Varianten die

| | | |
|---|---|---|
| Kosten der Gründung | 144 m² · 150 €/m² = | 21.600 € |
| Kosten der Innenwände | 144 m² · 100 €/m² = | 14.400 € |
| Kosten des Daches | 144 m² · 200 €/m² = | 28.800 € |

Kosten der Gründung, der Innenwände und des Daches     = 64.800 €

F = Grundfläche = 144 m²   b = Hausbreite   l = Hauslänge = F/b
KKA  = Kostenkennwert der Außenwände  = 750 €/lfd. m
Kosten der Außenwände = 2 · (b + F/b) · KKA

**Haus 1**

| | |
|---|---|
| Kosten der Außenwände = 2 · (10,0 m + 14,4 m) · 750 €/lfd. m | = 36.600 € |
| Kosten der Gründung, der Innenwände und des Daches | = 64.800 € |
| Kosten der Baukonstruktionen | **= 101.400 €** |

**Haus 2**

| | |
|---|---|
| Kosten der Außenwände = 2 · (8,0 m + 18,0 m) · 750 €/lfd. m | = 39.000 € |
| Kosten der Gründung, der Innenwände und des Daches | = 64.800 € |
| Kosten der Baukonstruktionen | **= 103.800 €** |

**Haus 3**

| | |
|---|---|
| Kosten der Außenwände = 2 · (6,0 m + 24,0 m) · 750 €/lfd. m | = 45.000 € |
| Kosten der Gründung, der Innenwände und des Daches | = 64.800 € |
| Kosten der Baukonstruktionen | **= 109.800 €** |

Von den drei vorgeschlagenen Varianten ist das Haus 1 das kostengünstigste.

(2) Kostenminimales Einzelhaus

Die Suche nach dem Kostenminimum kann als ein Problem der Differential-
rechnung aufgefasst werden. Dank der Technik der Tabellenkalkulation findet
man die Lösung häufig schneller, indem man die Hausbreite schrittweise vari-
iert und dabei die jeweiligen Baukosten computergestützt ermittelt.

$$\text{Außenwandkosten} = 2 \cdot (b + F/b) \cdot KKA$$
$$\text{Außenwandkosten'} = 2 \cdot (1 - F/b^2) \cdot KKA = 0$$
$$1 - F/b^2 = 0$$
$$1 = F/b^2$$
$$b^2 = F$$
$$b = \sqrt{F}$$
$$b = \sqrt{144}$$
$$b = 12{,}0 \text{ m}$$

Kosten der Außenwände $= 2 \cdot (12{,}0 \text{ m} + 12{,}0 \text{ m}) \cdot 750$ €/lfd. m $\quad = \quad 36.000$ €
Kosten der Gründung, der Innenwände und des Daches $\qquad\qquad = \quad 64.800$ €

Kosten der Baukonstruktionen $\qquad\qquad\qquad\qquad\qquad\qquad = 100.800$ €

| Breite (m) | Kosten der Baukonstruktionen (€) |
|---|---|
| 6,00 | 109.800 |
| 7,00 | 106.157 |
| 8,00 | 103.800 |
| 9,00 | 102.300 |
| 10,00 | 101.400 |
| 11,00 | 100.936 |
| 12,00 | 100.800 |

b

F/ b        12 m

12 m

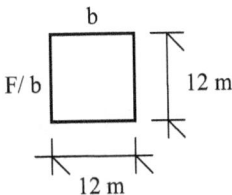

**Abb. 3-3.1** Kostenminimale
Gebäudeform

Dass in diesem Fall der quadratische Grundriss zur kostenminimalen Lösung
führt, dürfte allgemein bekannt sein. Interessant an der obigen Variation der
Gebäudebreite ist, dass die Kosten für die Gebäudeproportion 8 m x 18,00 m
(und umgekehrt) die der quadratischen Gebäudeform nur um 3.000 € oder
3,0 % übersteigen, was zeigt, dass in diesem Bereich der Kosteneinfluss der
Gebäudeproportion relativ gering ist.

(3) Kostenminimales Doppelhaus

Durch das Zusammenfügen von zwei Gebäuden werden zwei Außenwände durch
eine zweischalige Haustrennwand ersetzt. Diese Einsparung ist am größten, wenn

man die beiden Gebäude längsseitig und bündig aneinanderfügt. Unterschiedliche Proportionen der beiden Gebäude-Grundflächen sind nicht kostenminimal.

Die Brutto-Grundfläche, die Gründungs- und die Dachfläche sind doppelt so groß wie bei Frage (1) und kosten daher 129.600 €.

KKA = Kostenkennwert der Außenwände = 750 €/lfd. m
KKT = Kostenkennwert der Haustrennwand = 600 €/lfd. m

$$\text{Wandkosten} = (4b + 2F/b) \cdot KKA + F/b \cdot KKT$$
$$\text{Wandkosten'} = (4 - 2F/b^2) \cdot KKA - F/b^2 \cdot KKT = 0$$
$$4KKA - 2F/b^2 \cdot KKA - F/b^2 \cdot KKT = 0$$
$$4KKA - (2KKA + KKT) \cdot F/b^2 = 0$$
$$(2KKA + KKT) \cdot F/b^2 = 4KKA$$
$$b^2 = (2KKA + KKT) \cdot F/4KKA$$
$$b = \sqrt{(2KKA + KKT) \cdot F/4KKA}$$
$$b = \sqrt{(2 \cdot 750 + 600) \cdot 144/(4 \cdot 750)}$$
$$b = 10{,}04 \text{ m}$$

Kosten der Außenwände = (4 · 10,04 m + 2 · 14,34 m) · 750 €/lfd. m = 51.630 €
Kosten der Haustrennwand = 14,34 m · 600 €/lfd. m = 8.604 €
<u>Kosten der Gründung, der Innenwände und des Daches</u> = 129.600 €
Kosten der Baukonstruktionen = 189.834 €

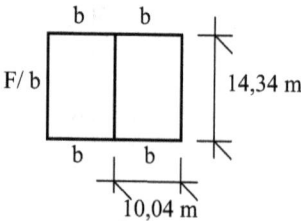

| Breite (m) | Kosten der Baukonstruktionen (€) |
|---|---|
| 6,00 | 198.000 |
| 8,00 | 191.400 |
| 9,00 | 190.200 |
| 10,00 | 189.840 |
| 10,10 | 189.840 |
| 11,00 | 190.091 |
| 12,00 | 190.800 |

**Abb. 3-3.2** Kostenminimale Gebäudeform

Infolge der Einsparung – Haustrennwand statt zwei Außenwänden – verschiebt sich die Optimalproportion vom Quadrat zum länglichen Rechteck.

(4) Vergleich Doppelhaushälfte mit Einzelhaus

Kostengünstigstes Einzelhaus 100.800 €
Kostengünstigste Doppelhaushälfte 94.917 €
**Ersparnis gegenüber dem Einzelhaus** **5,8 %**

(5) Einfluss der Verteuerung der Außenwände

KKA = Kostenkennwert der Außenwände = 1.000 €/lfd. m
KKT = Kostenkennwert der Haustrennwand = 600 €/lfd. m

$$\text{Wandkosten} = (4b + 2F/b) \cdot KKA + F/b \cdot KKT$$

$$\text{Wandkosten}' = (4 - 2F/b^2) \cdot KKA - F/b^2 \cdot KKT = 0$$

$$4KKA - 2F/b^2 \cdot KKA - F/b^2 \cdot KKT = 0$$

$$4KKA - (2KKA + KKT) \cdot F/b^2 = 0$$

$$(2KKA + KKT) \cdot F/b^2 = 4KKA$$

$$b^2 = (2KKA + KKT) \cdot F/4KKA$$

$$b = \sqrt{(2KKA + KKT) \cdot F/4KKA}$$

$$b = \sqrt{(2 \cdot 1000 + 600) \cdot 144 /(4 \cdot 1000)}$$

$$b = \mathbf{9,67\ m}$$

Kosten der Außenwände = (4 · 9,67 m + 2 · 14,89 m) · 1.000 €/lfd. m = 68.460 €
Kosten der Haustrennwand = 14,89 m · 600 €/lfd. m     = 8.934 €
<u>Kosten der Gründung, der Innenwände und des Daches</u>     = 129.600 €

Kosten der Baukonstruktionen      = **206.994 €**

| | Breite (m) | Kosten der Baukonstruktionen (€) |
|---|---|---|
| | 6,00 | 216.000 |
| | 8,00 | 208.400 |
| | 9,00 | 207.200 |
| | 9,60 | 207.000 |
| | 9,70 | 206.998 |
| | 10,00 | 207.040 |
| | 12,00 | 208.800 |

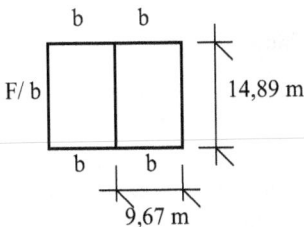

**Abb. 3-3.3** Kostenminimale Gebäudeform

Die Verteuerung der Außenwände wirkt sich in der Breite an vier Gebäudeseiten, längsseits aber nur an zwei Seiten aus. Dadurch wird die Optimalproportion der beiden Gebäude noch länger als bei Aufgabe 3 (3).

(6) Einfluss der Grundstückskosten

GP = Grundstückspreis = 660 €/lfd. m

Außenwandkosten + zusätzliche Grundstückskosten

$$AWK + zGK = 2 \cdot (b + F/b) \cdot KKA + b \cdot GP$$

$$(AWK + zGK)' = 2 \cdot (1 - F/b^2) \cdot KKA + GP = 0$$

$$2KKA - 2F \cdot KKA/b^2 + GP = 0$$

$$2KKA + GP = 2F \cdot KKA/b^2$$

$$b^2 = 2F \cdot KKA / (2KKA + GP)$$

$$b = \sqrt{2F \cdot KKA / (2KKA + GP)}$$

$$= \sqrt{2 \cdot 144 \cdot 750 / (2 \cdot 750 + 660)}$$

$$b = 10,00 \text{ m}$$

| | |
|---|---:|
| Kosten der Außenwände = $2 \cdot (10,0 \text{ m} + 14,4 \text{ m}) \cdot 750$ €/lfd. m | = 36.600 € |
| zusätzliche Grundstückskosten = $10,0 \text{ m} \cdot 660$ €/lfd. m | = 6.600 € |
| <u>Kosten der Gründung, der Innenwände und des Daches</u> | <u>= 64.800 €</u> |
| Kosten der Baukonstruktionen | **= 108.000 €** |

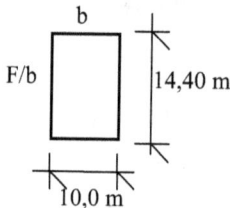

Der Einfluss der zusätzlichen Grundstückskosten, die von der Gebäudebreite b abhängig sind, sie also ,verteuert', führt zu dieser schmaleren, vom Quadrat abweichenden Grundrisslösung.

**Abb. 3-3.4** Kostenminimale Gebäudeform

**Lösung zu Aufgabe 5: Kosteneinfluss der Bauweise**

Ausgehend von einem **freistehenden Einfamilienhaus** (offene Bauweise) wird der Einfluss der Reihung auf die Kosten des Bauwerks überschlägig ermittelt.

(1) Im Falle der Anordnung des Einfamilienhauses als Doppelhaus werden zwei Seitenflächen, die bisher Außenwandflächen waren, als **eine** Haustrennwand ausgebildet und zu 50 % (also 75 €/m²) jeder Doppelhaushälfte zugerechnet.

| | |
|---|---:|
| $12 \text{ m} \cdot 8 \text{ m} + 12 \text{ m} \cdot 6 \text{ m} / 2 = 96 \text{ m}^2 + 36 \text{ m}^2$ | = 132 m² |
| <u>Differenz der Kostenkennwerte: 200 €/m² - 75 €/m²</u> | <u>= 125 €/m²</u> |
| **Kostendifferenz je Doppelhaushälfte** | **= 16.500 €** |

(2) Beim Mittelhaus werden **je** zwei Außenwände in Haustrennwände umgewandelt, so dass sich die Kostendifferenz verdoppelt:

Kostendifferenz je Mittelhaus        $2 \cdot 16.500$ € = 33.000 €

Die Einsparungen, bezogen auf 170.000 € Kosten des Bauwerks beim freistehenden Einfamilienhaus, betragen für das Doppelhaus (1) 16.500 € oder 9,7 % und für ein Reihen-Mittelhaus (2) 33.000 € oder 19,4 %.

(3) Zum Beispiel ist weiterhin zu berücksichtigen, dass die seitlichen Abstandsflächen beim Doppelhaus auf einer Seite und beim Mittelhaus auf beiden Seiten entfallen, was bei gegebener Grundstückstiefe zu einer nicht unerheblichen Einsparung an Grundstücks- und ggf. auch Erschließungskosten führt.

**Lösung zu Aufgabe 6: Baukosteneinsparung im Kellerbereich**

Bei Nicht-Unterkellerung eines Einfamilienhauses werden die Netto-Grundflächen des Gebäudes erheblich (ein Viertel bis zur Hälfte) verkleinert, bei **Teil-Unterkellerung** entsprechend weniger.

Bisher im Keller vorgesehene Nutzungen wie Heizung, Hausanschluss und Abstellmöglichkeiten sind an anderer Stelle mit mindestens 15 m² vorzusehen. Dies kann durch entsprechende Ersatzräume im Erdgeschoss oder durch Kleingebäude im Garten erfolgen, was die im Keller erzielte Kosteneinsparung teilweise aufhebt.

In jedem Fall stellt der Verzicht auf die **Unterkellerung** eine Nutzeneinbuße dar, denn ein Teil der Kellerflächen hätte der Erweiterung des zum Wohnen nutzbaren Raumes (z. B. durch späteren Ausbau zu einem Hobbyraum) dienen können. Diese innere Erweiterbarkeit des Gebäudes entfällt bei Nicht-Unterkellerung.

**Lösung zu Aufgabe 7: Konstruktions-Grundfläche und Geschossfläche**

(1) a  = Gebäudelänge abzüglich Dicke der Außenwände d = Außenwanddicke
GF = Geschossfläche   GZ = Anzahl der Vollgeschosse

$$GF = GZ \cdot (a + 2 \cdot d)^2$$

Gebäude 1
mit Außenwanddicke 36,5 cm
$GF_1 = 2 \cdot (10{,}0 \text{ m} + 2 \cdot 0{,}365 \text{ m})^2$
$\quad = 230{,}27 \text{ m}^2$

Gebäude 2
mit Außenwanddicke 24,0 cm
$GF_2 = 2 \cdot (10{,}0 \text{ m} + 2 \cdot 0{,}24 \text{ m})^2$
$\quad = 219{,}66 \text{ m}^2$

Die Geschossfläche reduziert sich um:   $GF_{Diff} = GF_1 - GF_2 = \textbf{10{,}61 m}^2$.

(2) Damit reduziert sich die erforderliche Grundstücksfläche um

10,6 m² / 0,4 = **26,53 m²**.

**Lösung zu Aufgabe 8: Wirtschaftliche Gesichtspunkte bei Treppen**

Die anteiligen Baukosten für die Treppen können unter drei Gesichtspunkten beeinflusst werden:

(1) Größe der Treppe

Treppen mit kürzeren Lauflängen (Auftritte, Podeste) senken die Bauteilkosten (Treppen sind pro m² DEF teurer als Geschossdecken) und erhöhen bei gleicher Netto-Grundfläche die Nutzfläche. Diese Kosteneinsparung kann nicht nur über eine Veränderung der Gebäudeerschließung, des Treppengrundrisses oder des Steigungsverhältnisses, sondern auch durch Verringerung der Geschosshöhe (unter Beachtung der LBO) erfolgen. Als Nebeneffekt werden dann die Kosten des Bauwerks auch über die verminderten Mengen der Außen- und Innenwandflächen gesenkt.

Bei Flächeneinsparungen von ca. 2 m² pro Geschoss ergeben sich bei 2 1/2- bis
3-geschossigen Reihenhäusern insgesamt Grundflächenreduzierungen, die mit
5.000 € – 7.500 € pro Einfamilienhaus bewertet werden können.

(2) Einheitspreise in Abhängigkeit vom Standard

Die **Einheitspreise** der Treppen hängen auch vom Ausbaustandard (Bodenbeläge, Behandlung der Unteransicht u. a.) ab. Bezieht man die anteiligen Baukosten für Treppen auf die einzelnen Treppenstufen, dann ergibt sich für:

- Holztreppen mit Wangen                           ca. 190 €/Stufe
- Betontreppen mit Fliesen-/Platten-Belag          ca.  80 €/Stufe
- Betontreppen mit Betonwerkstein-Belag            ca. 125 €/Stufe

(3) Einheitspreise in Abhängigkeit von der Art der Fertigung

Holz- oder Stahl-Holz-Konstruktionen sind als Fertigteiltreppen erhältlich; neben
den vergleichsweise teureren vor Ort geschalten, bewehrten und betonierten
Massivtreppen haben sie als zusätzlichen Vorteil ein geringeres Eigengewicht.

Fertigteiltreppen kosten ca. 2.700 € – 9.000 € je nach Material, Abmessungen
und Hersteller.


**Lösung zu Aufgabe 9: Wirtschaftliche Gesichtspunkte bei Dächern**

Die Wirtschaftlichkeit einer **Dachform** kann nur im Zusammenhang mit der Gebäudegeometrie, den Kosten der Dachkonstruktion und der aus der Dachform resultierenden Nutzungsmöglichkeit des Dachgeschosses (z. B. Wohnräume) beurteilt werden.

Im Allgemeinen gilt eine kompakte Bauweise in Verbindung mit einer Nutzung des
Dachgeschosses als vorteilhaft. Bei einer Gebäudetiefe von 10 bis 12 m stellt das ge-
neigte Satteldach mit ca. 35 bis 45 Grad Dachneigung die wirtschaftlichere Lösung
dar; flachere oder steilere Neigungen erfordern einen höheren Aufwand bei gleicher
Nutzung.

Genauere Aussagen lassen sich mit Hilfe der Abbildung 3-4 treffen. Aus dieser
Abbildung lassen sich die Kosten des Daches pro m² Wohnfläche in Abhängigkeit
von den Kosten der Dachfläche (€/m²) für Flachdächer und Satteldächer (45 Grad)
bei 1- bis 3-geschossiger Bauweise ablesen.


**Lösung zu Aufgabe 10:  Wirtschaftliche Gesichtspunkte bei der Gebäude-
technik**

(1) Die Baukosten können am ehesten in den ersten Leistungsphasen (1. Grundlagenermittlung und 2. Vorplanung) beeinflusst werden. Dies gilt auch für die
Gebäudetechnik, da in Abhängigkeit vom Installationsgrad (Anzahl Elemente,
Zentralisierung oder Dezentralisierung der Elemente) bei gleicher Nutzfläche,
gleichem Gebäudevolumen sehr starke Unterschiede für die anteiligen Baukosten der Kostengruppe *400 Bauwerk – Technische Anlagen* möglich sind.

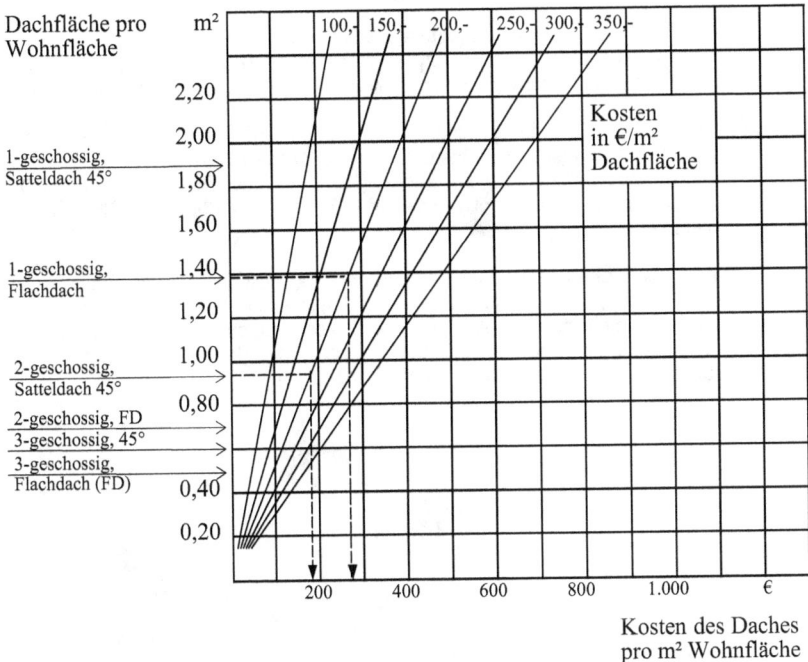

**Abb. 3-4** Kosten von Dächern
Kostenstand der Beispiele (gestrichelte Linien): 2007

Quelle: H. Höfler, L. Kandel, A. Linhardt: Bauen mit dem Rechenstift, 1994, S. 87

(2) Folgende alternative Entscheidungsmöglichkeiten können als Beispiele für erhebliche Beeinflussungen von Baukosten genannt werden:

Wohngebäude: Die zentrale oder dezentrale Anordnung von Nassräumen (Küche, Bad, WC) bestimmt Anzahl und Länge von Wasser- und Abwasserleitungen. Die Kosten für einen zweiten Installationsstrang sind mit ca. 500 € je Geschoss anzusetzen. Innen liegende WC-Räume und Bäder erfordern eine künstliche Entlüftung. Passivhäuser werden meist mit einer kontrollierten Lüftung und einer Wärmerückgewinnungsanlage ausgestattet.

Verwaltungsgebäude: Die anteiligen Kosten für die Gebäudetechnik bei Verwaltungsgebäuden mit Zellen- oder Gruppenraumbüros, die nicht klimatisiert sind, liegen bei etwa 150 €/m² BGF, bei solchen mit Großraumbüros aufgrund der notwendigen Klimatisierung bei etwa 350 €/m² BGF und mehr. Die Mehrkosten, die sich aus erhöhter Gebäudetechnik (Kostengruppen *440 Starkstromanlagen* und *430 Lufttechnische Anlagen*) ergeben, sind direkt aus der Planungsentscheidung für das eine oder andere Raumkonzept abzuleiten.

(3) Schwerwiegender als solche Unterschiede bei den Baukosten (die über die Nutzungszeit als Kapitalkosten und Abschreibung angesetzt werden) sind Betriebskosten und Instandsetzungskosten gerade bei Elementen der Gebäudetechnik.

So können für Verwaltungsgebäude je nach Art der Klimatisierung (vollständig
natürlich oder vollständig künstlich) die **Betriebskosten** vor allem wegen des
unterschiedlichen Energieverbrauchs (Kostengruppe *316 Strom* nach DIN
18 960) zwischen jährlich etwa 35 €/m² BGF und etwa 60 €/m² BGF oder mehr
schwanken.

Da praktisch alle Installationen eine kürzere Lebensdauer als die Baukonstruktionen eines Gebäudes haben, ergeben sich bei häufiger Instandsetzung oder
bei ein- bis mehrmaligem Austausch z. B. von Elementen der Raumlufttechnik
Unterschiede bei den Instandsetzungskosten, die die Unterschiede bei den
Baukosten weit übertreffen (doppelt bis mehrfach).

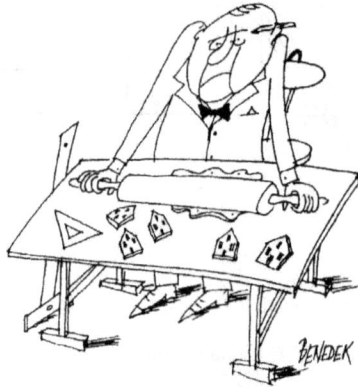

**Arbeitsplätzchen**
Zeichnung: Gabor Benedek

# 3.3 Beurteilung der Vorteilhaftigkeit

Zur Lösung einer Planungsaufgabe werden Vorschläge – als Einzelvorschlag oder als Lösungsvarianten – erarbeitet. Um die Planungsentscheidungen treffen zu können, müssen diese Lösungsvorschläge auf ihre Vorteilhaftigkeit bzw. Wirtschaftlichkeit hin untersucht werden. Hierfür sind die Verfahren zur Beurteilung der Vorteilhaftigkeit anzuwenden.

Will man bei dieser Beurteilung sowohl monetäre als auch nicht-monetäre Größen mittels einer systematischen Methode berücksichtigen, so ist ein Verfahren der **Nutzen-Kosten-Untersuchungen** zu wählen. Dagegen sind die Verfahren der **Investitionsrechnung** heranzuziehen, wenn man sich auf die monetären Größen beschränkt.

## 3.3.1 Nutzen-Kosten-Untersuchungen

Der Nutzen von Gebäuden kann sehr vielfältig sein und ganz unterschiedlich bewertet werden. Einerseits gehen der Investor und die Nutzer mit ganz unterschiedlichen Maßstäben an die Beurteilung von Gebäuden heran, und andererseits sind Bauwerke stets auch von öffentlichem, d. h. gesellschaftlichem Belang. Sie sind stets eingebunden in eine natürliche Umgebung und stellen unter Umständen eine ökologische Belastung dar. Vollständige gesellschaftliche und ökologische Bewertungssysteme gibt es nicht. Dennoch besteht das Interesse, diese Belange zu berücksichtigen.

Für die gleichzeitige Erfassung monetärer wie nicht-monetärer Aspekte (Umweltverträglichkeit, gesellschaftlicher Nutzen, individueller Nutzen) werden Vorgehensweisen an einfachen Beispielen oder Teilen von Gebäuden vorgestellt, die jedoch nicht automatisch dem Anwender zu richtigen Ergebnissen verhelfen. Die Richtigkeit einer Entscheidung kann nur am Maße ihrer Akzeptanz bei den Beteiligten abgelesen werden.

Alle Verfahren sind als Hilfsmittel zu verstehen. Die Lösungen zu den folgenden Aufgaben zeigen die mögliche Verknüpfung und den Vergleich von Zielen bzw. deren Erreichungsgraden an. Sie sind nur als beispielhaft zu verstehen und beanspruchen keine Allgemeingültigkeit. Der Bearbeiter kann durchaus zu anderen Auswahlentscheidungen und zu sehr viel differenzierteren Beurteilungen gelangen – dies insbesondere dann, wenn mehrere Beteiligte ihre Ziele und Wertvorstellungen einbringen.

Infolge der bei den Nutzen-Kosten-Untersuchungen im Rahmen einer Wirtschaftlichkeitsentscheidung gebotenen Berücksichtigung monetärer und nicht-monetärer Größen hat man es mit mehrdimensionalen **Zielsystemen** zu tun. Bei solchen Zielsystemen müssen entweder alle Zielgrößen – ungeachtet ihrer Verschiedenheit – gleichnamig gemacht werden (Nutzwertanalyse, Kosten-Wirksamkeits-Analyse, Aufgabe 4 und 5) oder man versucht unter Wahrung der unterschiedlichen Dimension der **Zielgrößen** zu einer Vorteilhaftigkeitsaussage zu gelangen (**Ordinale Nutzenermittlung** und **paarweiser Vergleich**, Aufgaben 6 und 7).

In jedem Fall sollte Ausgangspunkt der Nutzenbeurteilung die Aufstellung eines Zielsystems sein, wobei es sich anbietet, die Ziele in Form eines **Zielbaumes** zu ordnen (siehe Abbildung 3-5).

Alle Ziele, die jeweils am Ende eines Zielbaumastes angeordnet sind, werden bei der Einzelbeurteilung herangezogen (Ausnahme: die unabdingbare Forderung nach der sicheren Konstruktion). Da in der Regel nicht allen Zielen die gleiche Bedeutung zukommt, muss eine Gewichtung erfolgen. Dabei gibt man bei der kardinalen Vorgehensweise dem **Globalziel** z. B. die Gewichtung 1 und verteilt die Gewichtung der **Oberziele** so, dass ihre Summe wiederum 1 ergibt. Das Gewicht eines jeden Oberziels verteilt man dann vollständig auf die zu diesem Oberziel gehörenden **Unterziele** usw. Zur besseren Übersichtlichkeit sollte man schließlich die Gewichte aller Ziele auf der jeweils untersten **Zielebene** auf den kleinsten gemeinsamen Nenner bringen. Die Summe aller Zähler muss dann gleich diesem Nenner sein.

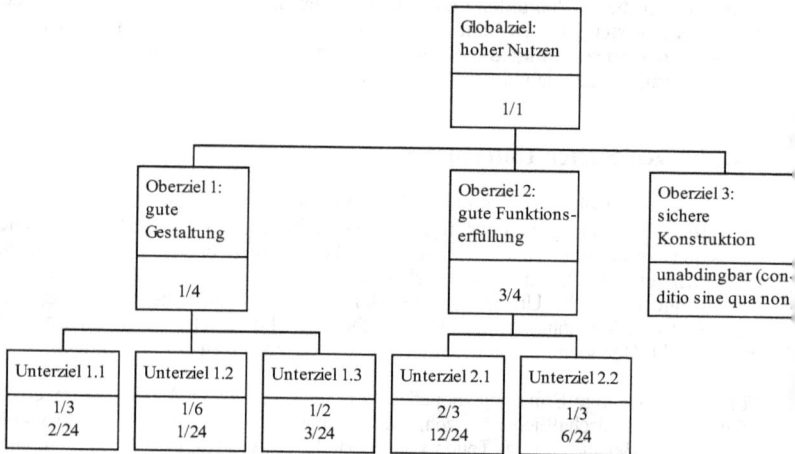

**Abb. 3-5** Beispiel für einen Zielbaum mit drei Zielebenen

Die Bewertung, d. h. die Feststellung des **Zielerreichungsgrades** erfolgt anhand von **Merkmalen**. „Das Mittel, um Zustände oder Ereignisse zu beschreiben, sind Merkmale." (J. Joedicke, Stuttgart 1976, S. 29)

Bei der **kardinalen Bewertung** wird zur Feststellung des Zielerreichungsgrades ein Punktesystem verwendet, z. B. in Form der folgenden Transformationsskala:

Ziel voll erfüllt      : 1

Ziel zum Teil erfüllt : 0,5

nicht erfüllt          : 0

Bei messbaren Merkmalen, wie z. B. der Entfernung zwischen zwei Räumen, kann auch eine Transformationskurve eingesetzt werden.
Durch Multiplikation der gewählten Punktzahl mit der Gewichtung des betreffenden Zieles ergibt sich das Teilurteil, und die Summe aller Teilurteile führt zur Gesamtpunktzahl, die der Auswahlentscheidung zugrunde zu legen ist.

**Aufgabenverzeichnis**

Die folgenden Aufgaben beziehen sich auf das Kapitel 3.5.1 des Lehrbuches Band 1:

1 Monetäre und nicht-monetäre Zielgrößen
2 Merkmalskatalog zur Standort- und Grundstücksbeschreibung
3 Standortfaktoren als Entscheidungskriterien für ein Projekt
4 Kardinale Nutzenermittlung am Beispiel eines Wohnmobils
5 Zielbaum für ein Bürogebäude
6 Paarweiser Vergleich
7 Ordinale Nutzenermittlung am Beispiel einer Mietwohnung

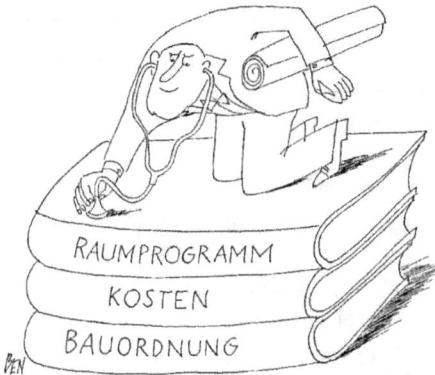

Zeichnung: Gabor Benedek

**Empfohlene Literatur zur weiteren Vertiefung**

Diederichs, C. J.: Kostensicherheit im Hochbau, Essen 1984
Diederichs, C. J.: Entwicklung eines Bewertungssystems für ökonomisches und ökologisches Bauen und gesundes Wohnen, Wuppertal 2000
Institut für Grundlagen der modernen Architektur (Hrsg.): Bewertungsprobleme in der Bauplanung, Stuttgart 1972
Joedicke, J.: Angewandte Entwurfsmethodik für Architekten, Stuttgart 1976
Meyer, P.: Wohnbauten im Vergleich – Aumatt II, Zürich 1992
Pfeiffer, M. (Hrsg.): Architektur- und Ingenieurmanagement – Ganzheitliches Planen, Bauen und Bewirtschaften, 2004
Wiegand, J., K. Aellen, Th. Keller: Wohnungs-Bewertungs-System – Ausgabe 1986, in: Schriftenreihe Wohnungswesen des Bundesamtes für Wohnungswesen, Bern 1994
Zangemeister, Chr.: Nutzwertanalyse in der Systemtechnik, München 1976

**Aufgabe 1: Monetäre und nicht-monetäre Zielgrößen**

Die Planung oder auch nur die Auswahl von Gebäuden, Möbeln usw. ist von unterschiedlichsten Zielvorstellungen geprägt. Gerade bei Gruppenentscheidungen (Teamarbeit) und dort, wo die Interessen zahlreicher Betroffener – vor allem, wenn diese noch nicht bekannt sind – zu berücksichtigen sind, muss versucht werden, möglichst mit objektivierbaren oder mindestens kollektiv abgestimmten Kriterien zu arbeiten.

So hat eine Arbeitsgruppe, die sich aus Grundstückseigentümern, Bauherren, Kapitalgebern, Architekten und einem Bauunternehmer zusammensetzt, versucht, Planungsziele für eine gemeinsame Wohnbebauung zu erarbeiten und ist zunächst zu folgender Auflistung gekommen:

| Zielvorstellungen der Gruppe | monetär | nicht-monetär | Sonder-fall |
|---|---|---|---|
| Die Gebäudeentwürfe sollen das geplante Budget nicht überschreiten. | | | |
| Die Wohnanlage soll kinderfreundlich sein. | | | |
| Die Pflege der Grünanlagen soll wenig Aufwand erfordern. | | | |
| Die Gebäude sollen energiesparend sein. | | | |
| Die Wohnräume sollen gut möblierbar sein. | | | |
| Der Architekt möchte bei der Planung seine Idealvorstellungen von Wohnungsbau verwirklichen. | | | |
| Die Bestimmungen der Landesbauordnung sollen eingehalten werden. | | | |
| Zu jeder Wohnung soll ein Garten gehören. | | | |
| Einige Bauherren wollen Selbsthilfe leisten. | | | |
| Die Wohnungsgrößen sollen veränderbar sein. | | | |
| Die Wohnanlage soll sich gut in die Umgebung einfügen. | | | |
| Die Gebäude sollen weitgehend aus Holz erstellt werden. | | | |
| Konstruktion und Materialwahl sollen den Instandsetzungsaufwand gering halten. | | | |
| Es sollen ausreichend Stellplätze für Kraftfahrzeuge (nach LBO) vorhanden sein. | | | |

**Abb. 3-6:** Planungsziele (Aufgabenstellung)

Diese spontan und bisher ungeordnete Sammlung von Vorstellungen ist noch nicht für die Bewertung von Planungsvorschlägen brauchbar.

(1) Ordnen Sie diese Vorstellungen nach monetären und nicht-monetären Zielgrößen sowie Sonderfällen.

(2) Erläutern Sie die schwierig zuzuordnenden Fälle bzw. Sonderfälle.

(3) Welche nicht-monetären Zielgrößen können exakt gemessen werden? Machen Sie Vorschläge zur Messung dieser Zielgrößen.

## Aufgabe 2: Merkmalskatalog zur Standort- und Grundstücksbeschreibung

Bei der Aufstellung der Ziele zur Beurteilung von Entwurfsvorschlägen, aber auch bei der Grundstücksauswahl ist es wichtig, sich zugleich Klarheit darüber zu verschaffen, anhand welcher **Merkmale** die Erreichung der einzelnen Ziele beurteilt werden kann. Findet man kein Merkmal, an dem man die Zielerreichung messen kann, dann kann das betreffende Ziel nicht zur Beurteilung herangezogen werden.

Stellen Sie bitte einen Merkmalskatalog zur Standort- und Grundstücksbeschreibung für ein Stadthotel auf und geben Sie für jedes genannte Merkmal beispielhaft eine oder mehrere denkbare Merkmalsausprägungen an.

## Aufgabe 3: Standortfaktoren als Entscheidungskriterien für ein Projekt

Nennen Sie einige wesentliche Standortfaktoren für ein Ferienhotel, welche für die Akzeptanz durch die Feriengäste und als Entscheidungskriterien für ein solches Projekt von Bedeutung sind.

## Aufgabe 4: Kardinale Nutzenermittlung am Beispiel eines Wohnmobils

Sie möchten in den kommenden Semesterferien mit zwei Freunden eine Exkursion nach Griechenland unternehmen. Für Fahrt und Aufenthalt suchen Sie ein vielseitig verwendbares Wohnmobil. Es stehen Ihnen dafür 4.000 € (Investitionsausgabe) zur Verfügung.

(1) Nennen Sie die Ihnen einfallenden Nutzungsmöglichkeiten und wünschenswerten Eigenschaften (Ziele) des Fahrzeuges. Beachten Sie bitte die besonderen Bedingungen und Anforderungen, die sich aus der Art der geplanten Nutzung ergeben.

(2) Ordnen Sie Ihre Ziele in Form eines Zielbaumes.

(3) Sie suchen einen Gebrauchtwagenhändler auf und finden dort drei Fahrzeuge (Kaufpreis jeweils 4.000 €), die Sie in die engere Wahl ziehen. Aufgrund der Informationen des Händlers und Ihrer Beobachtungen auf dem Verkaufsgelände und während der Probefahrt stellen sich die Fahrzeuge folgendermaßen dar:

Variante 1:  Kleinbus, 8 Jahre alt, 95.000 km, Höchstgeschwindigkeit 120 km/h, gute Beschleunigung, Bodenblech teilweise durchgerostet, weitgehend abgefahrene Reifen, starkes Motorgeräusch, Farbe postgelb, vollständige Campingeinrichtung, Wagen aus 3. Hand.

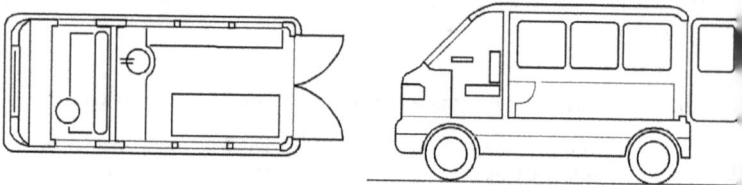

**Abb. 3-7.1** Grundriss und Schnitt des Wohnmobils Variante 1

Variante 2:  Ehemaliger Lieferwagen, 6 Jahre alt, 110.000 km, Höchstgeschwindigkeit 110 km/h, geringe Beschleunigung, Unfallwagen, mittleres Fahrgeräusch, auffällige Farbgebung mit Werbeschriftzug, viel Laderaum, keine Einrichtung, Wagen aus 3. Hand.

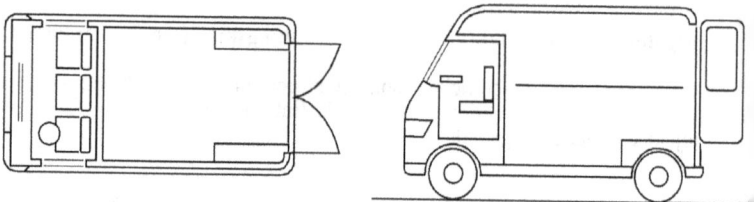

**Abb. 3-7.2** Grundriss und Schnitt des Wohnmobils Variante 2

Variante 3:  Ehemaliger Rettungswagen, 10 Jahre alt, Austauschmotor mit 15.000 km, Höchstgeschwindigkeit 140 km/h, sehr hohe Beschleunigung, zahlreiche Rostlöcher, geringes Fahrgeräusch, Farbe weiß, gute Kopfhöhe im hinteren Bereich, Stereoradio, eingebaute Spüle und Kleiderschrank, zahlreiche Vorbesitzer.

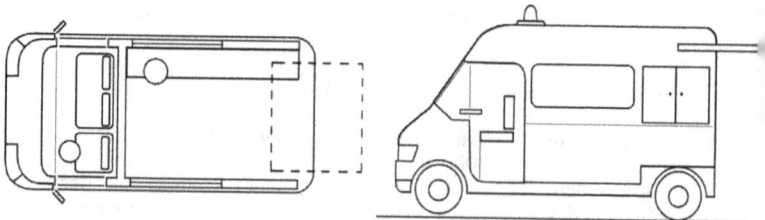

**Abb. 3-7.3** Grundriss und Schnitt des Wohnmobils Variante 3

Der Kraftstoffverbrauch ist bei allen Fahrzeugen etwa gleich. Bewerten Sie die drei Varianten und treffen Sie eine Auswahlentscheidung.

**Aufgabe 5: Zielbaum für ein Bürogebäude**

Im Zuge der Erweiterung eines Export-Import-Großhandelshauses ist ein neues Bürogebäude geplant. Am Stadtrand ist in verkehrsgünstiger Lage ein entsprechendes Baugrundstück vorhanden.

Als beratender Architekt haben Sie gemeinsam mit dem Firmeninhaber und einem Arbeitnehmervertreter ein Raumprogramm erarbeitet. Drei Kollegen sind jeweils mit der Ausarbeitung eines Vorentwurfs – Leistungsumfang und Vergütung gemäß HOAI § 15 und 16, Leistungsphase 2 – beauftragt worden.

Bei der Besprechung der Vorentwürfe kommen Sie in der Diskussion über die gestalterischen und funktionalen Ziele (Nutzungsqualitäten) zu keinem Ergebnis. Als Vorbereitung für die nächste Besprechung beabsichtigen Sie, für die Nutzer einen Zielbaum mit ca. 10 Kriterien vorzubereiten.

Wie kann dieser Zielbaum aussehen? Machen Sie einen Vorschlag!

**Aufgabe 6: Paarweiser Vergleich**

Ein Kaufinteressent ist zu folgender ordinaler Beurteilung von drei zum Verkauf angebotenen Häusern gekommen:

| Beurteilungskriterium | Gewichtung | Bewertung | | |
|---|---|---|---|---|
| | | Haus 1 | Haus 2 | Haus 3 |
| Erfüllung des Raumbedarfs | sehr wichtig | + | o | + |
| Beziehung Essen - Küche | wichtig | o | o | o |
| Beziehung Schlafraum - Bad | wichtig | - | + | + |
| Beziehung Eingang - Gästezimmer | weniger wichtig | - | o | - |
| äußere Gestaltung | sehr wichtig | o | + | + |
| Raumproportionen | wichtig | + | + | o |
| Orientierung Wohnraum | weniger wichtig | o | - | o |
| Belastung (€/Monat) | | 2.000 | 1.600 | 1.800 |
| + sehr gut   o gut   - wenig befriedigend | | | | |

**Abb. 3-8** Ordinale Bewertung von drei Häusern

Wie kommt man mittels paarweisen Vergleichs zur Auswahlentscheidung?

**Aufgabe 7: Ordinale Nutzenermittlung am Beispiel einer Mietwohnung**

Eine mit Ihnen befreundete Familie sucht eine neue Mietwohnung. Nach längeren Nachforschungen werden drei zur Zeit leer stehende Wohnungen in einem Neubaugebiet gefunden.

Wohnfläche

| | |
|---|---|
| Garderobe (1a) | 5,2 m² |
| Flur (1b) | 5,8 m² |
| Wohnraum (3) | 22,5 m² |
| Küche mit Essplatz (5, 2) | 10,4 m² |
| WC (7a) | 4,0 m² |
| Bad (7b) | 4,7 m² |
| Kinderzimmer (8) | 13,3 m² |
| Elternschlafzimmer (9) | 20,5 m² |
| | 86,4 m² |

Kaltmiete          490 €/Monat

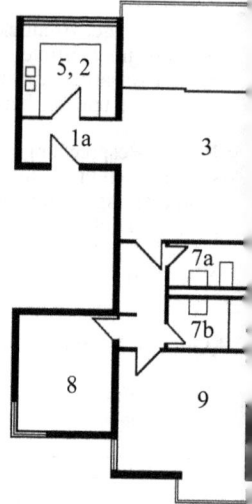

**Abb. 3-9.1** Grundriss der Mietwohnung 1

Wohnfläche

| | |
|---|---|
| Garderobe (1a) | 5,7 m² |
| Flur (1b) | 6,5 m² |
| Flur (1c) | 1,6 m² |
| Essplatz (2) | 8,5 m² |
| Wohnraum (3) | 19,2 m² |
| Küche (5) | 6,8 m² |
| WC (7a) | 3,1 m² |
| Bad (7b) | 4,3 m² |
| Kinderzimmer (8a) | 9,2 m² |
| Kinderzimmer (8b) | 11,4 m² |
| Elternschlafzimmer (9) | 16,8 m² |
| | 93,1 m² |

Kaltmiete          525 €/Monat

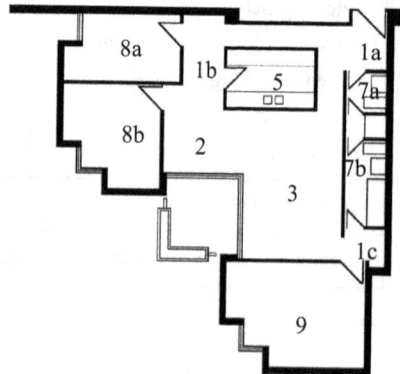

**Abb. 3-9.2** Grundriss der Mietwohnung 2

**Wohnfläche**

| | |
|---|---|
| Garderobe (1a) | 3,3 m² |
| Flur (1b) | 7,3 m² |
| Essplatz (2) | 8,4 m² |
| Wohnraum (3) | 24,0 m² |
| Küche (5) | 6,8 m² |
| Bad (7a) | 5,3 m² |
| WC (7b) | 2,8 m² |
| Kinderzimmer (8) | 13,0 m² |
| Elternschlafzimmer (9) | 18,1 m² |
| Abstellraum (10) | 1,6 m² |
| | 90,6 m² |

Kaltmiete        560 € /Monat

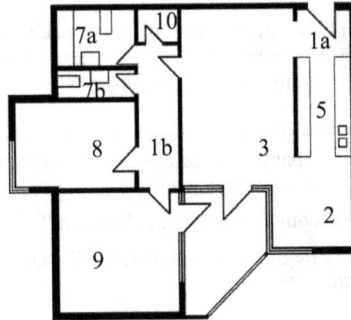

0 1 2 3 4 5

**Abb. 3-9.3** Grundriss der Mietwohnung 3

Quelle der Wohnungsgrundrisse:

H. Deilmann, J. C. Kirschmann, H. Pfeiffer: Wohnungsbau – The Dwelling – L' habitat, 1974, S. 72, 108, 114

Allen Wohnungen ist ein Keller von je 4 m² zugeordnet. Die Standortqualitäten sind in allen Fällen als gleichwertig einzustufen.

**Die Familienmitglieder**

Mutter  : halbtags berufstätig, Liebhaberin klassischer Musik
Vater   : Technischer Angestellter, Modelleisenbahner, Blumenzüchter
Tochter : 6-jährig, sehr lebhaft, malt gern, hält Kleintiere
Sohn    : 15-jährig, Schüler, Leseratte, Liebhaber von lauter Musik

kommen in der Diskussion über gemeinsame Zielsetzungen und Qualitäten (Zielerreichung) der Wohnungen zu keinem Ergebnis.

Als angehender Architekt werden Sie gebeten, bei der Auswahlentscheidung beratend tätig zu sein.

Bestimmen Sie die Vorteilhaftigkeit mit Hilfe der ordinalen Nutzenermittlung.

**Lösung zu Aufgabe 1: Monetäre und nicht-monetäre Zielgrößen**

(1) Ordnung der Vorstellungen nach monetären und nicht-monetären Zielgrößen:

| Zielvorstellungen der Gruppe | monetär | nicht-monetär | Sonder-fall |
|---|---|---|---|
| Die Gebäudeentwürfe sollen das geplante Budget nicht überschreiten. | Baukosten | - | - |
| Die Wohnanlage soll kinderfreundlich sein. | - | Nutzen | - |
| Die Pflege der Grünanlagen soll wenig Aufwand erfordern. | Folge-aufwand 1) | - | - |
| Die Gebäude sollen energiesparend sein. | Folge-aufwand 2) | - | - |
| Die Wohnräume sollen gut möblierbar sein. | - | Nutzen | - |
| Der Architekt möchte bei der Planung seine Idealvorstellungen vom Wohnungsbau verwirklichen. | - | - | persönl. Ziel des Architekten |
| Die Bestimmungen der Landesbauordnung sollen eingehalten werden. gung | - | - | rechtl. Rahmen-bedin- |
| Zu jeder Wohnung soll ein Garten gehören. | - | Nutzen | - |
| Einige Bauherren wollen Selbsthilfe leisten. | Belastung | Nutzen 3) | - |
| Die Wohnungsgrößen sollen veränderbar sein. | - | Nutzen 4) | - |
| Die Wohnanlage soll sich gut in die Umgebung einfügen. | - | Nutzen 5) | - |
| Die Gebäude sollen weitgehend aus Holz erstellt werden. | - | Nutzen 6) | - |
| Konstruktion und Materialwahl sollen den Instandsetzungsaufwand gering halten. | Folge-aufwand 7) | - | - |
| Es sollen ausreichend Stellplätze für Kraftfahrzeuge (nach LBO) vorhanden sein. | - | - | rechtl. Rahmen-bedin-gung 8) |

**Abb. 3-10** Planungsziele (Lösung)

(2) Erläuterung der schwierig zuzuordnenden Fälle bzw. Sonderfälle

1) Die Pflege der Grünanlagen gehört zum Folgeaufwand von Baumaßnahmen. Ob sie von den Bewohnern selbst oder von einem Gärtner durchgeführt wird, ändert nichts daran, dass sie über den erforderlichen Zeitaufwand und den Einsatz von Gartengeräten, Wasser, Neupflanzungen u. a. bewertet werden kann.

Die DIN 18 960:2008-02, *Nutzungskosten im Hochbau* enthält deshalb unter der Kostengruppe *300 Betriebskosten* die Untergruppe *342 Reinigung und Pflege von Pflanz- und Grünflächen*. Ihr Anteil an den gesamten Nutzungskosten ist vergleichsweise gering.

2) Der **Energieverbrauch** für Gebäude – bei Wohngebäuden in erster Linie für Heizenergie – verursacht neben dem Kapitaldienst und den Instandsetzungsmaßnahmen den Hauptanteil am Folgeaufwand. Die Energiekosten werden in der DIN 18 960 in der Untergruppe *310 Versorgung* unter *312 Öl, 313 Gas, 314 feste Brennstoffe, 315 Fernwärme und 316 Strom* aufgeführt. Natürlich ist jede Energieeinsparung auch mit einem hohen ökologischen Nutzen verbunden.

3) Die **Selbsthilfe** ist eine besondere Form der Finanzierung, sie ist den Eigenmitteln zuzurechnen. Die Baukosten werden durch einen Selbsthilfeanteil nicht gesenkt, da auch die Selbsthilfe kostenmäßig bewertet werden kann und muss. Für viele Bauherren bringt die Selbsthilfe einen Nutzen in Form der Freude am Mitwirken und der höheren Identifikation mit dem Ergebnis des teilweise selbstgebauten Gebäudes mit sich.

4) Die Qualität der Wohnungen, wozu im Wesentlichen auch ihre Veränderbarkeit bei wachsenden oder sich verkleinernden Bewohnergruppen gehört, ist zunächst einmal ein reiner Nutzenaspekt. Monetäre Gesichtspunkte können dann hinzukommen, wenn z. B. nicht mehr von den ursprünglichen Nutzern benötigte Räume an andere vermietet werden können. In diesem Fall wären unter den monetären Größen Mieteinnahmen ansetzbar.

5) Die Einfügung der Wohnanlage in die Umgebung ist in erster Linie ein städtebaulicher Gesichtspunkt, bestimmt von daher aber auch die Qualität der Wohnanlage aus der Sicht der nutzenden Gruppe.

6) Die Wahl der Baustoffe hat meistens Einfluss auf die Kosten des Bauwerks sowie auf den Folgeaufwand. Aus der Sicht der Nutzer orientieren sich Wünsche nach bestimmten Materialien an deren gestalterischen und wohnmedizinischen Wirkungen. Insofern sind die Eigenschaften des Baustoffes Holz hier unter Nutzengesichtspunkten zu sehen.

7) Die **Instandsetzung** von Gebäuden – bei Wohngebäuden in erster Linie für die der Witterung ausgesetzten Außenwand- und Dachflächen – gehört mit dem Kapitaldienst und dem Heizenergieverbrauch zu den Hauptanteilen am Folgeaufwand. Alle Maßnahmen zur Bewahrung und Wiederherstellung des Soll-Zustandes von Gebäuden werden in der DIN 18 960 unter der Kostengruppe *400 Instandsetzungskosten* zusammengefasst.

8) Durch die jeweilige Landesbauordnung (LBO) wird ein ausreichendes Angebot an Stellplätzen gefordert. Hierdurch wird also keine eigene Qualität der Wohnanlage begründet. Allerdings können fehlende Stellplätze zu hohen Ablösebeträgen führen, die monetär bewertet, d. h. den Baukosten zugeschlagen werden müssen.

Die Ordnung der Zielvorstellungen nach monetären und nicht-monetären Zielgrößen erlaubt im Weiteren eine getrennte Beurteilung nach

- Nutzen der Wohnanlage (nicht-monetär) z. B. mit Hilfe der ordinalen oder kardinalen Bewertung (vgl. folgende Aufgaben)

- Baukosten sowie Folgeaufwand (monetär) z. B. über den Nutzungsbarwert (vgl. Abschnitt 3.5.2).

(3) Vorschläge für die exakte Messung nicht-monetärer Zielgrößen:

| | |
|---|---|
| - Möblierbarkeit der Wohnräume: | Stellflächen der Möbel über Grundflächen (m²) bzw. Wandlängen (m) |
| - Garten: | Entfernung des Gartens (m) bzw. Größe des Gartens (m²) |
| - Veränderlichkeit der Wohnungsgröße: | Maximale bzw. minimale Größe einer Wohnung ohne bzw. bei geringfügigen Eingriffen in die Baukonstruktionen |
| - Gebäude weitgehend aus Holz: | Flächenanteile der Gebäudeelemente aus Holzkonstruktionen |

**Lösung zu Aufgabe 2: Merkmalskatalog zur Standort- und Grundstücksbeschreibung**

| Merkmale | Ausprägungsbeispiele |
|---|---|
| 1.  Standort | |
| 1.1  Verkehrsanbindung | Nähe Hauptbahnhof, Anschluss an U-Bahn, Busverbindungen usw. |
| 1.2  Angrenzende Nutzungen | Banken, Versicherungen, Theater, Gastronomie |
| 1.3  Städtebauliche Einbindung | Historisches Stadtviertel, weitflächige Grünanlagen |
| 1.4  Lagegunst | sehr günstige Bedingungen, keine Probleme in Form von Kriminalität, Umweltbelastungen, usw. |
| 2.  Grundstück | |
| 2.1  Eigentum und Erwerb<br>- Eigentümer<br>- Verkaufspreis | <br>Stadtverwaltung<br>500 €/m² |
| 2.2  Art und Maß der baulichen Nutzung<br>- Stand der Bebauungsplanung<br>- Größe des Baugrundstückes<br>- Grundflächenzahl<br>- Geschossflächenzahl<br>- Anzahl möglicher Geschosse<br>- mögliche Brutto-Grundfläche | <br><br>Bebauungsplan vorhanden<br>10.000 m²<br>GRZ : 0,7<br>GFZ : 1,8 bis 2,0<br>GZ  : max. 5<br>BGF : ca. 20.000 m² |
| 2.3  Besondere Bedingungen der Bebauung<br>- vorhandene Bebauung und möglicher Abriss | <br><br>eingeschossiges Ladenzentrum in schlechtem Zustand, Abriss möglich |

| - Baugrund, Tragfähigkeit | ausreichend |
| - Grundwasserstand | unproblematisch |
| - Auflagen, sonstiges | Schutz des Ensembles, Denkmalbehörde ist zu konsultieren |

**Lösung zu Aufgabe 3:  Standortfaktoren als Entscheidungskriterien für ein Projekt**

Ausschlaggebende Standortfaktoren für das Projekt „Ferienhotel" lassen sich in nachstehender Gliederung der verschiedenen Entscheidungskriterien einordnen. Man unterscheidet nach physischen und sozioökonomischen Gesichtspunkten:

Die physischen (so genannten harten) Standortfaktoren können im Rahmen der Projektentwicklung durch Investoren in hohem Maße beeinflusst werden. Zu ihnen zählen (Rangfolge mit abnehmender Beeinflussbarkeit):

- Topographie/ Bodenbeschaffenheit:
  geologische und hydrologische Verhältnisse sowie Risiken durch Altlasten und Bodendenkmäler

- technische Ver- und Entsorgung:
  Medienversorgung mit Strom, Wasser, Wärme sowie Entsorgung für Abwasser, Abfall und Abluft, Abgas, Staub

- Nachbarschaft:
  Umfeld, Qualität der Versorgung mit Dienstleistungen, integrierte oder solitäre Lage, Nutzungsstruktur, Sichtanbindung

- Verkehrsanbindung/Erreichbarkeit für das potentielle Absatz-/Einzugsgebiet:
  öffentlicher und interner Verkehr, Fußgänger, Airport

- Raumordnung, Bauleitplanung; Umweltschutzbedingungen im Hinblick auf Boden, Wasser, Luft und Lärm; dingliche Lasten; überregionale Standortfaktoren der Erschließung, Grundstückspreise

Sozioökonomische (so genannte weiche) Standortfaktoren können durch planerische Maßnahmen nur in geringem Maße beeinflusst werden. Zu diesen Standortfaktoren zählen (Rangfolge mit abnehmender Beeinflussbarkeit):

- sozioökonomischer Datenkranz:
  Bevölkerungsentwicklung, Sozialstruktur, Wirtschaftsstruktur; politische Tendenzen, wirtschaftliche Förderungsmöglichkeiten

- rechtliche, steuerliche, devisentechnische Situation (vor allem beim Auslandsinvestment)

- „Adresse":
  Marktfaktoren wie Lage des Standortes zum Marktgebiet, regionale Marktverhältnisse der Marktattraktivität und der relativen Wettbewerbsvorteile

- Verwaltungsstruktur

- Investitionsklima:
  Arbeitsmarktlage im Hinblick auf Erwerbsstruktur, Lohnniveau, soziale Struktur

- Kultur-, Wohn- und Freizeitqualität.

Quelle:    G. Munke: Standort- und Marktanalyse der Immobilienwirtschaft,
           in: K.-W. Schulte 1996, S. 112

**Lösung zu Aufgabe 4:  Kardinale Nutzenermittlung am Beispiel eines Wohn-
                        mobils**

(1) Nennung der Ziele

Die Arbeitsgruppe (3 Studenten) veranstaltet ein Brainstorming.
Es werden dabei folgende Ziele genannt:

- schnell fahren können
- im Wohnteil bequem stehen können
- viel Platz für Gepäck
- Ausstattung mit Waschbecken
- keine Rostschäden
- Platz im Führerhaus für 3 Personen
- geringe Pannenwahrscheinlichkeit
- im Wagen übernachten können
- Reifen im guten Zustand
- keine störenden Fahrgeräusche
- lange Restlebensdauer des Kfz
- gut überholen können
- gute Belichtung des hinteren Bereiches
- beim Fahren Musik hören können
- drei Schlafgelegenheiten im Wohnteil
- Nutzbarkeit als PKW-Transporter
- gute Spurtreue
- kein Unfallwagen
- funktionierende Bremsen
- TÜV-Zulassung

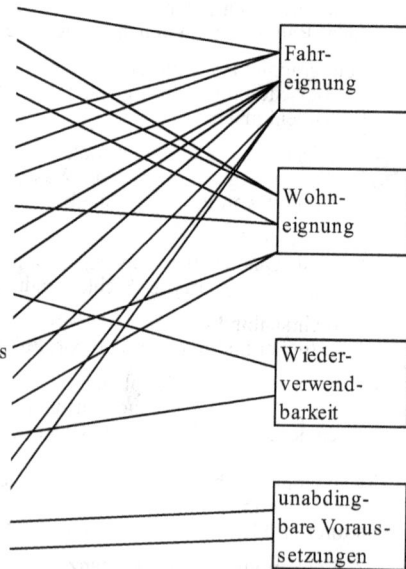

Fahr-
eignung

Wohn-
eignung

Wieder-
verwend-
barkeit

unabding-
bare Voraus-
setzungen

**Abb. 3-11** Nutzungsmöglichkeit und wünschenswerte Eigenschaften eines Wohnmobils

Das Globalziel *Brauchbarkeit als Wohnmobil* wird unterteilt in Oberziele mit
folgender Gewichtung:

| | |
|---|---|
| Fahreignung | 2/5 |
| Wohneignung | 2/5 |
| Wiederverwendbarkeit | 1/5 |
| Summe | 5/5 |

(2) Ordnung der Ziele in Form eines **Zielbaum**es

Die unter (1) genannten Ziele werden – soweit erforderlich – zu Unterzielen zusammengefasst und als Zielbaum angeordnet (siehe Abbildung 3-12). Die unabdingbaren Voraussetzungen werden hier weggelassen, da sie bei allen drei Varianten erfüllt sind.

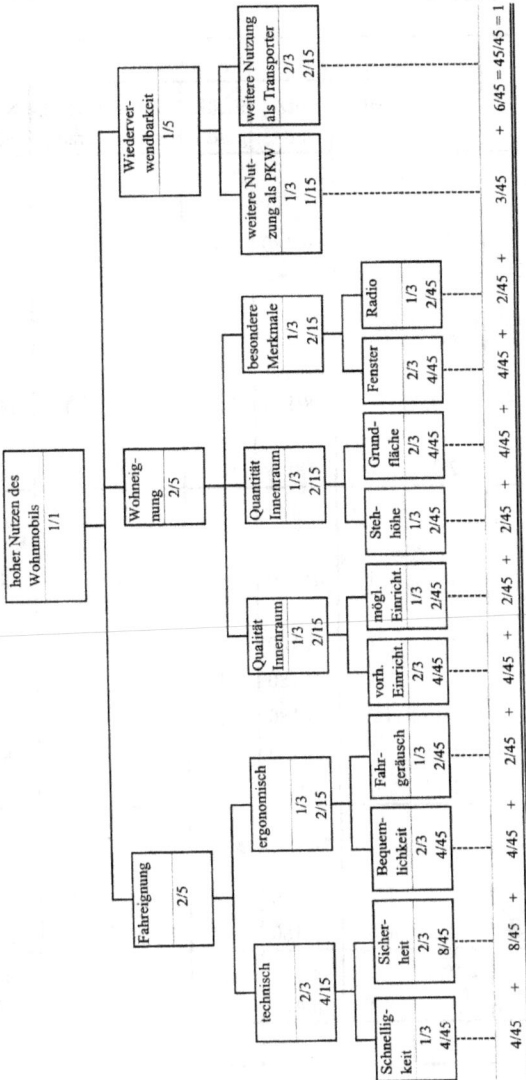

hoher Nutzen des Wohnmobils 1/1

Wiederverwendbarkeit 1/5
- weitere Nutzung als Transporter 2/3 2/15
- weitere Nutzung als PKW 1/3 1/15

Wohneignung 2/5
- Quantität Innenraum 1/3 2/15
  - besondere Merkmale 1/3 2/15
    - Radio 1/3 2/45
    - Fenster 2/3 4/45
  - Grundfläche 2/3 4/45
  - Stehhöhe 1/3 2/45
- Qualität Innenraum 1/3 2/15
  - mögl. Einricht. 1/3 2/45
  - vorh. Einricht. 2/3 4/45

Fahreignung 2/5
- ergonomisch 1/3 2/15
  - Fahrgeräusch 1/3 2/45
  - Bequemlichkeit 2/3 4/45
- technisch 2/3 4/15
  - Sicherheit 2/3 8/45
  - Schnelligkeit 1/3 4/45

6/45 = 45/45 = 1

3/45 + 2/45 + 4/45 + 4/45 + 4/45 + 2/45 + 4/45 + 2/45 + 4/45 + 4/45 + 2/45 + 4/45 + 8/45 + 4/45

**Abb. 3-12** Vorschlag für einen Zielbaum zur Nutzenermittlung eines Wohnmobils

(3) Bewertung der Varianten und Auswahlentscheidung

Bei der Bewertung der drei Wohnmobil-Varianten auf der Grundlage des erarbeiteten Zielbaumes wird man ungefähr zu dem in Abb. 3-13 dargestellten Ergebnis gelangen. Dabei erweist sich der ehemalige Rettungswagen (Variante 3) als vorteilhaftestes Wohnmobil.

| | Ge-wicht | Variante 1 | | Variante 2 | | Variante 3 | |
|---|---|---|---|---|---|---|---|
| | | Erfüll.-grad | Nutz-wert | Erfüll.-grad | Nutz-wert | Erfüll.-grad | Nutz-wert |
| **Unterziele zum Oberziel** **Fahreignung** | | | | | | | |
| Schnelligkeit (Höchstgeschwindigkeit, Beschleunigung) | 4/45 | 1/2 | 8/180 | 1/4 | 4/180 | 1 | 16/180 |
| Sicherheit (Rostschäden, Reifen, Unfallwagen) | 8/45 | 0 | 0 | 0 | 0 | 3/4 | 24/180 |
| Bequemlichkeit (im Fahrerhaus) | 4/45 | 1/2 | 8/180 | 1/2 | 8/180 | 1 | 16/180 |
| leises Fahrgeräusch | 2/45 | 0 | 0 | 1/2 | 4/180 | 1 | 8/180 |
| **Unterziele zum Oberziel** **Wohneignung** | | | | | | | |
| vorhandene Einrichtung (Sanitär, Stauraum, u. a.) | 4/45 | 1 | 16/180 | 0 | 0 | 1/2 | 8/180 |
| mögliche Einrichtung | 2/45 | 1 | 8/180 | 1 | 8/180 | 1 | 8/180 |
| Stehhöhe (hinten) | 2/45 | 1 | 8/180 | 1 | 8/180 | 1 | 8/180 |
| Grundfläche | 4/45 | 1/2 | 8/180 | 1 | 16/180 | 3/4 | 12/180 |
| Fenster (hinten) | 4/45 | 1 | 16/180 | 0 | 0 | 1/2 | 8/180 |
| Radio | 2/45 | 0 | 0 | 0 | 0 | 1 | 8/180 |
| **Unterziele zum Oberziel** **Wiederverwendbarkeit** | | | | | | | |
| Nutzung als PKW | 3/45 | 1/2 | 6/180 | 0 | 0 | 1 | 12/180 |
| Nutzung als Transporter | 6/45 | 1/4 | 6/180 | 1 | 24/180 | 1/2 | 12/180 |
| **Nutzwert** gesamt | 45/45 1 | - | 84/180 0,47 | - | 72/180 0,4 | - | 140/180 0,78 |
| **Rang** | | | 2 | | 3 | | 1 |

**Abb. 3-13** Bewertung der Wohnmobilvarianten

**Lösung zu Aufgabe 5: Zielbaum für ein Bürogebäude**

Der erwartete Zielbaum könnte wie in Abbildung 3-14 dargestellt aussehen.

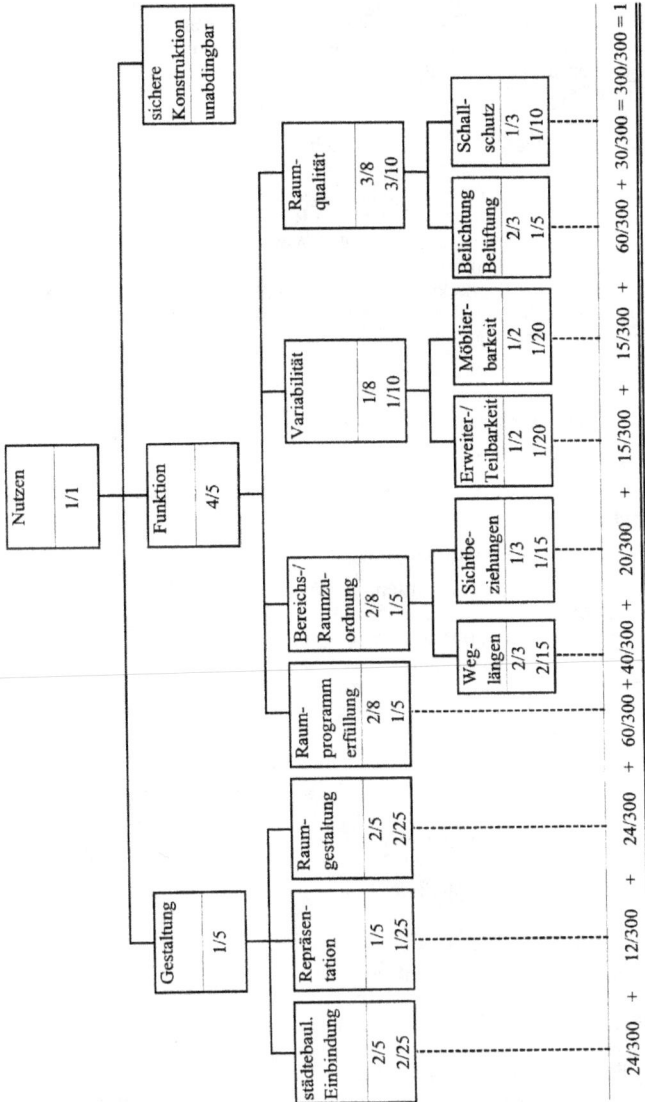

**Abb. 3-14** Vorschlag für einen Zielbaum zur Nutzenermittlung eines Bürogebäudes

**Lösung zu Aufgabe 6:  Paarweiser Vergleich**

Der Vergleich von Haus 1 mit Haus 3 ist ein Trivialfall: Haus 3 hat einen höheren Nutzen und führt zu einer geringeren Belastung, ist also vorteilhafter als Haus 1. Der höhere Nutzen des Hauses 3 ergibt sich aus der besseren äußeren Gestaltung, einem sehr wichtigen Ziel. Die nicht so guten Raumproportionen (wichtiges Ziel) werden ausgeglichen durch die viel bessere Beziehung Schlafraum – Bad (ebenfalls ein wichtiges Ziel).

Beim Vergleich von Haus 2 und Haus 3 gleichen sich die unterschiedlichen Beurteilungen der beiden weniger wichtigen Ziele (Beziehung Eingang – Gästezimmer und Orientierung Wohnraum) aus. Dagegen ist beim Haus 3 der Raumbedarf besser erfüllt, und beim Haus 2 sind die Räume besser proportioniert. Außerdem ist bei Haus 2 die Belastung um 200 €/Monat geringer. Somit stellt sich folgende Frage: Ist dem Kaufinteressenten die bessere Erfüllung des Raumbedarfs im Falle des Hauses 3 bei Berücksichtigung der schlechteren Raumproportionen 200 €/Monat wert oder nicht? Wenn ja, dann ist aus der Sicht des Kaufinteressenten das Haus 3 das vorteilhafteste, anderenfalls ist es das Haus 2.

**Lösung zu Aufgabe 7:  Ordinale Nutzenermittlung am Beispiel einer Mietwohnung**

Sammlung von Nutzungsanforderungen (gewünschte Eigenschaften) der Mietwohnung und Zuordnung zu Zielen:

|  | **Nutzungsanforderungen** | **Ziele** |
|---|---|---|
| Mutter: | - möglichst einfach geschnittene Räume/ pflegeleicht | Form |
|  | - abgeschlossener Wohnraum, in dem man in Ruhe Musik hören kann | Individualbereich/ Teilbarkeit |
|  | - Spielen der Tochter bzw. Kinderzimmer soll von der Küche aus beobachtet werden können | Sichtbeziehungen |
|  | - natürliche Belichtung und Belüftung der Küche | klimatische Freiraumbeziehungen |
|  | - großzügiger Eingang bzw. Diele | Form |
| Vater : | - Balkon oder große Fenster | funktionale Freiraumbeziehungen |
|  | - abgetrennter Arbeitsplatz im Wohn- oder Schlafzimmer | Individualbereich/ Teilbarkeit |
|  | - langer Flur für Eisenbahn | Möblierbarkeit |
| Tochter: | - möchte eigenes Zimmer haben | Individualbereich/ Teilbarkeit |
|  | - Balkon oder viele Fenster zum Hinausschauen | funktionale Freiraumbeziehungen |
|  | - großes Wohnzimmer zum Toben | Bewegungsfreiheit |
|  | - getrenntes Bad oder WC zum Farben mischen | Teilbarkeit |
| Sohn : | - wünscht eigenes Zimmer, um sich zurückziehen zu können | Individualbereich/ Teilbarkeit |
|  | - viel Stellfläche für Bücherregale | Möblierbarkeit |

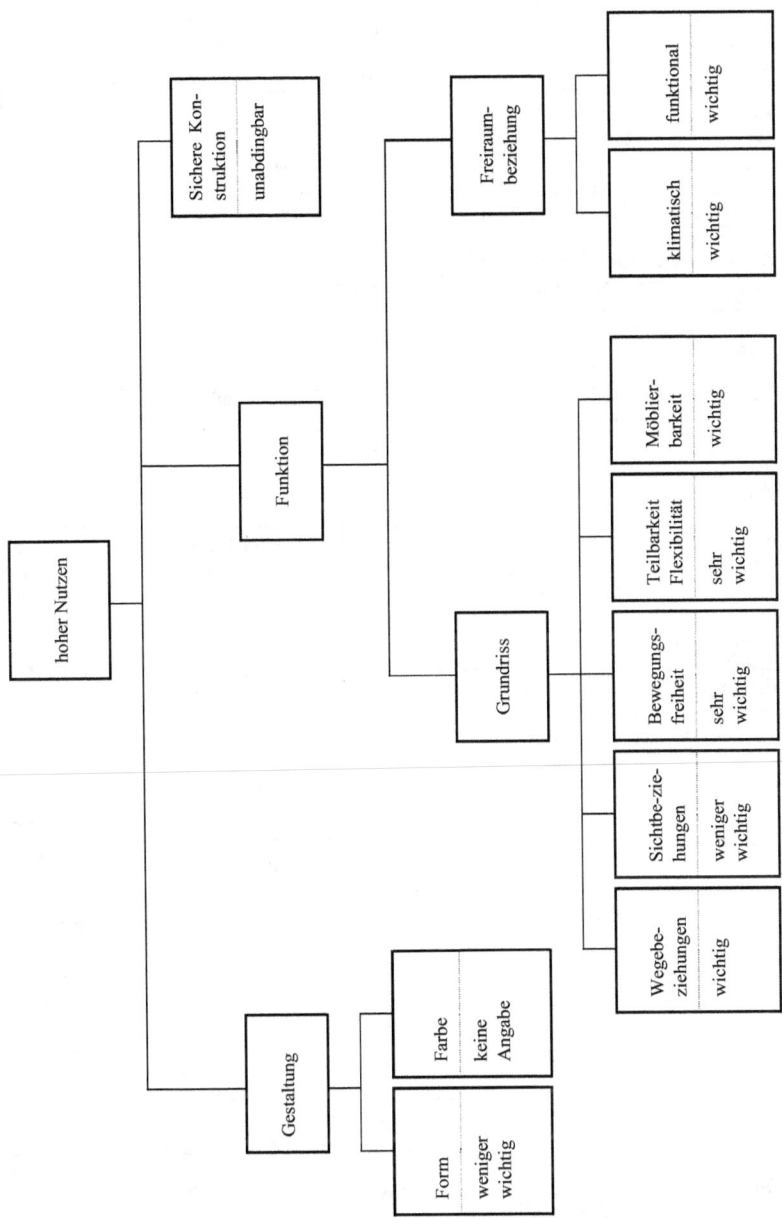

**Abb. 3-15** Vorschlag für einen Zielbaum zur ordinalen Nutzenermittlung einer Mietwohnung

Vergleich des ersten Variantenpaares: Wohnung 2 und Wohnung 3

| Ziele | Zielgewichte | bessere Variante |
|---|---|---|
| Form | weniger wichtig | W 3 |
| Wegebeziehungen | wichtig | - |
| Sichtbeziehungen | weniger wichtig | - |
| **Bewegungsfreiheit** | **sehr wichtig** | **W 2** |
| **Individualbereich/Teilbarkeit** | **sehr wichtig** | **W 2** |
| Möblierbarkeit | wichtig | W 3 |
| Klimatische Freiraumbeziehungen | weniger wichtig | W 3 |
| Funktionale Freiraumbeziehungen | weniger wichtig | - |

Kommentar:

Die formale Ausbildung des Grundrisses ist bei der Wohnung 3 klarer und einfacher. Die Trennung der Wege des Schlafbereiches vom Wohnbereich ist bei dieser Wohnung gut gelöst, dagegen werden bei der Wohnung 2 fast alle Räume über den Wohnraum erschlossen, hierdurch kann auf einen Flur verzichtet werden, was anderen Räumen flächenmäßig zugute kommt. Die Bewegungsfreiheit besonders der Kinder wird am ehesten in der Wohnung 2 erreicht; außerdem ist hier ein zweites Kinderzimmer vorhanden (Individualbereich). Die starke Gliederung des Grundrisses von Wohnung 2 schränkt die Möglichkeiten der Möblierbarkeit etwas ein; Wohnung 3 ist hier vorzuziehen. Gleichzeitig kann dadurch der Wohnraum von der Wohnung 2 besser in verschiedene Bereiche gegliedert werden. Belüftung und Belichtung sind bei der Wohnung 3 für Wohnraum, Küche und Kinderzimmer günstiger, die Qualität des Balkons ist in beiden Fällen durch abendliche Eigenverschattung etwas eingeschränkt.

| Zusammenfassung der Vorteile | Wohnung 2 | Wohnung 3 |
|---|---|---|
| monetär | 35 €/Monat weniger | |
| nicht monetär | sehr wichtig | Bewegungsfreiheit<br>Teilbarkeit, Flexibilität/<br>Individualbereich |
| | wichtig | Möblierbarkeit |
| | weniger wichtig | Form<br>Klimatische<br>Freiraumbe-<br>ziehungen |
| gewählt | Wohnung 2 | |

Die bessere Erfüllung der sehr wichtigen Kriterien *Bewegungsfreiheit* und *Teilbarkeit* sowie der günstigere Mietpreis lassen insgesamt die Wohnung 2 als vorteilhafter erscheinen.

Vergleich des zweiten Variantenpaares: Wohnung 1 und Wohnung 2

| Ziele | Zielgewichte | bessere Variante |
|---|---|---|
| Form | weniger wichtig | W 1 |
| Wegebeziehungen | wichtig | W 1 |
| Sichtbeziehungen | weniger wichtig | - |
| **Bewegungsfreiheit** | **sehr wichtig** | **W 2** |
| **Individualbereich/Teilbarkeit** | **sehr wichtig** | **W 2** |
| Möblierbarkeit | wichtig | W 1 |
| Klimatische Freiraumbeziehungen | weniger wichtig | W 1 |
| Funktionale Freiraumbeziehungen | weniger wichtig | W 2 |

Kommentar:

Die Grundrisse der Räume der Wohnung 1 sind angenehmer proportioniert. Die Trennung der Wege des Schlafbereiches vom Wohnbereich ist bei dieser Wohnung sehr gut gelöst, die dafür notwendige Flurfläche wurde minimal gehalten. Die Bewegungsfreiheit besonders der Kinder wird am ehesten in der Wohnung 2 erreicht; außerdem ist hier ein zweites Kinderzimmer vorhanden (Individualbereich). Die Möblierbarkeit ist in der Wohnung 1 wegen der langen Wandseiten unproblematischer. Die Teilbarkeit der Räume (Wohnraum) wird in der Wohnung 2 durch die Gliederung der Flächen unterstützt. Die Belichtung und Belüftung ist bei der Wohnung 1 durch die großzügigen Fensterflächen günstiger, der Balkon der Wohnung 1 ist sehr ungünstig orientiert.

| Zusammenfassung der Vorteile | Wohnung 1 | Wohnung 2 |
|---|---|---|
| monetär | 35 €/Monat weniger | |
| nicht monetär   sehr wichtig | | Bewegungsfreiheit Individualbereich/ Teilbarkeit |
| wichtig | Wegebeziehungen Möblierbarkeit | |
| weniger wichtig | Form Klimatische Freiraumbeziehungen | Funktionale Freiraumbeziehungen |

Für die wohnungssuchende Familie stellt sich die abschließende Frage, ob die Vorteile der Wohnung 2 (bessere Bewegungsfreiheit und Teilbarkeit des Wohnraums, zweites Kinderzimmer) von größerem Nutzen sind, als die besseren Wegebeziehungen, die bessere Möblierbarkeit und die bessere Form bei der Wohnung 1 und wenn ja, ob ihr dieser Nutzenvorteil die um 35 € höhere Miete im Monat wert ist. In diesem Fall sollte die Familie in die Wohnung 2, andernfalls in die Wohnung 1 ziehen.

## 3.3.2 Verfahren der Investitionsrechnung

Die Verfahren der Investitionsrechnung ermöglichen die Beurteilung der Vorteil-haftigkeit von Investitionen unter monetärem Aspekt. Dabei sind grundsätzlich alle Zahlungen einzubeziehen, die durch die betrachtete Investition verursacht oder vermieden werden. Man unterscheidet statische und dynamische Verfahren.

Die **statischen Verfahren** sind *Hilfsverfahren der Praxis* (G. Wöhe 2005, S. 594). Sie rechnen mit jährlichen Durchschnittsbeträgen und sind relativ einfach zu hand-haben. Dabei berücksichtigen sie jedoch keine Unterschiede der Zahlungszeit-punkte der zu vergleichenden Investitionen. Dies beinhaltet eine gewisse Unge-nauigkeit und kann zu Fehlaussagen führen.

Die **dynamischen Verfahren** gehen von den Einzahlungs- und Auszahlungsströ-men aus und betrachten sie bis zum Ende der Nutzungsdauer des Investitionsob-jektes. Da diese Verfahren auf der Zinseszins-Rechnung aufbauen, können bei ihnen Unterschiede der Zahlungsbeträge im Zeitablauf berücksichtigt werden, was besonders bei längeren Betrachtungszeiträumen und hohem Zinsniveau von Be-deutung ist.

Bei der Auswahl des geeigneten Beurteilungsverfahrens ist zu unterscheiden, ob es sich um eine Einzelinvestition oder mehrere Investitionsmöglichkeiten handelt und weiter, ob Einnahmen oder zumindest Einsparungen anfallen oder nicht (siehe Abb. 3-16).

Die Beurteilung einer **Einzelinvestition** setzt einen externen Maßstab, eine exter-ne Vergleichsgröße, und weiterhin voraus, dass sich diese Größe auch für die zu beurteilende Investition ermitteln lässt, dass also die hierfür erforderlichen Daten zur Verfügung stehen (z. B. bei der Vergleichsgröße *Gewinn*: jährliche Erträge abzüglich jährlicher Nutzungskosten). Fallen bei einer Einzelinvestition Einnah-men bzw. Einsparungen an, so zeigt ein positives Ergebnis bei der Gewinnver-gleichsrechnung, der Kapitalwertmethode und der Annuitätenmethode an, dass die Investition ein über den Kalkulationszinssatz hinausgehendes Ergebnis erwirt-schaftet und somit vorteilhaft ist. Hier nimmt also die externe Vergleichsgröße den Wert 0 an und weist die Investitionen mit positivem Wert als vorteilhaft aus. Sind mit der Investition keine Einnahmen bzw. Einsparungen verbunden, so ist sie an einer Vergleichsgröße zu messen, die den Aufwand widerspiegelt (Kosten, Bar-wert oder Annuität der Ausgaben). Liegt der entsprechende Aufwandswert der zu beurteilenden Investition unter der externen Vergleichsgröße, so ist sie als vorteil-haft einzustufen.

Der untere Teil der Abbildung 3-16 dient der Verfahrensauswahl beim Vergleich **mehrerer Investitionsmöglichkeiten (Auswahlproblem**; siehe Lehrbuch Band 1, Abbildung 3-35, S. 105). Der dort vorgeschlagene Weg basiert auf folgenden fünf Auswahlmerkmalen:

- frühzeitige Kapitalrückgewinnung
- Nutzungsdauer der Varianten
- Genauigkeitsgrad
- Einnahmen bzw. Einsparungen und
- Wiederanlageprämisse.

**Verfahren zur Beurteilung der Vorteilhaftigkeit**

Kriterien für die Verfahrens

Methodenspalten (v. l. n. r.):
1. Baukostenvergleich (€/ME)
2. Gewinnvergleichsrechnung (€/a)
3. Kostenvergleichsrechnung (€/a)
4. Statische Amortisationsrechnung (a)
5. Rentabilitätsrechnung (% p. a.)
6. Kapitalwertmethode (€)
7. Annuitätenmethode (€/a)
8. Dynamische Amortisationsrechnung (a)
9. Interne Zinsfuß-Methode (% p. a.)
10. Vollständiger Finanzplan (% p. a.)

**Beurteilung einer Einzelinvestition**

Gegebene externe Vergleichsgröße:

| Kriterium | 1 | 2 | 3 | 4 | 5 | 6 | 7 | 8 | 9 | 10 |
|---|---|---|---|---|---|---|---|---|---|---|
| Baukosten (€) | ● | | | | | | | | | |
| Gewinn (€/a) | | ● | | | | | | | | |
| Nutzungskosten, jährliche Kosten (€/a) | | | ● | | | | | | | |
| Nutzungsdauer (a) | | | | ● | | | | ● | | |
| (Anfangs-)Rentabilität (% p. a.) | | | | | ● | | | | | |
| Nutzungsbarwert (€) | | | | | | ● | | | | |
| Annuität, Nutzungsannuität (€/a) | | | | | | | ● | | | |
| Rendite (dynamisch, % p. a.) | | | | | | | | | ● | |

**Auswahl aus mehreren Investitionsvarianten**

| Kriterium | Ausprägung | 1 | 2 | 3 | 4 | 5 | 6 | 7 | 8 | 9 | 10 |
|---|---|---|---|---|---|---|---|---|---|---|---|
| Frühzeitige Kapitalrückgewinnung: | vorrangiges Interesse | X | X | X | ● | X | X | X | ● | X | X |
| | kein vorrangiges Interesse | ● | ● | ● | X | ● | ● | ● | X | ● | ● |
| Nutzungsdauer der Varianten: | gleich | ● | ● | ● | | ● | ● | ● | | ● | ● |
| | ungleich | X | ● | ● | | ● | X | ● | | ● | ● |
| Genauigkeitsgrad: | überschlägiger Grad ausreichend | | ● | ● | ● | ● | ● | ● | ● | ● | ● |
| | hoher Grad erforderlich | | X | X | X | ● | ● | ● | ● | ● | ● |
| Einnahmen oder zumindest Einsparungen: | ja | X | ● | X | ● | ● | ● | ● | ● | ● | ● |
| | nein | ● | X | ● | X | X | ● | ● | X | X | ● |
| Wiederanlageprämisse (bei nicht vollständigem gegenseitigen Ausschluss der Varianten): | plausibel | ● | ● | ● | ● | ● | ● | ● | ● | ● | ● |
| | nicht plausibel | X | X | X | X | X | X | X | X | X | *) |

● Verfahren zulässig     X nicht zulässig     *) zulässig: es kann ein plausibler Zinssatz gewählt werden

**Abb. 3-16** Verfahrensauswahl bei der Beurteilung von Investitionen

Zu jedem Auswahlmerkmal gibt es zwei Ausprägungen, die in der Abbildung angegeben sind. Anwendbar sind diejenigen Verfahren, bei denen keine Merkmalsausprägung der zu beurteilenden Vergleichsvarianten unzulässig ist – und dies bei keinem der fünf Auswahlmerkmale.

Mit Hilfe der Abbildung 3-16 ist also die jeweils zutreffende Ausprägung der einzelnen Auswahlmerkmale auf ihre Vereinbarkeit mit den einzelnen Verfahren zu prüfen. Ist ein Verfahren bei einer vorliegenden Merkmalsausprägung unzulässig, so scheidet dieses Verfahren aus dem weiteren Auswahlverfahren aus. Bei den meisten Lösungen der folgenden Aufgaben wird dieser Weg zur Verfahrensauswahl beschritten und detailliert beschrieben.

In wenigen Fällen ist ein Auswahlmerkmal für ein bestimmtes Verfahren bedeutungslos. Wenn z. B. der Investor ein vorrangiges Interesse an einer frühzeitigen Kapitalrückgewinnung hat und sich an der Amortisationsdauer orientiert, ist die Frage nach der Nutzungsdauer (gleich oder ungleich) nicht von Belang.

Im Übrigen setzt die Anwendung der einzelnen Verfahren – ähnlich wie bei der Beurteilung einer Einzelinvestition – voraus, dass die benötigten Daten vorhanden bzw. ermittelbar sind.

Bei der Neufassung der DIN 18 960:2008-02 ist die Abschreibung als Teil der Nutzungskosten wieder aufgenommen worden. Damit entspricht die Summe der Nutzungskosten nach DIN 18 960 den (durchschnittlichen) jährlichen Kosten einer Immobilie bzw. eines Gebäudes nach Kostenvergleichsrechnung, einem statischen Verfahren. Will man den Aufwand einer Immobilie in entsprechender Weise auf finanzmathematischem Wege zusammenfassen, indem man die Barwerte aller Zahlungen addiert, so sprechen wir vom **Nutzungsbarwert**.

Bei der Anwendung der Verfahren der Investitionsrechnung im Rahmen der wirtschaftlichen Planung von Bauwerken muss man stets im Auge behalten, dass dies Modellrechnungen sind, die bei einem Betrachtungszeitraum von 50 und mehr Jahren immer von einem gewissen Grad an Unsicherheit geprägt sind. Sie implizieren, dass die der Rechnung zugrunde gelegten Rahmenbedingungen über den gesamten Betrachtungszeitraum insgesamt konstant bleiben bzw. sich in der angenommenen Weise entwickeln. Wird diese Annahme durch die zukünftige Entwicklung widerlegt, so kann dadurch auch die Richtigkeit der getroffenen Vorteilhaftigkeitsaussage in Frage gestellt werden.

Die Aufgaben dieses Abschnittes sollen dazu dienen, das Vorgehen bei der Verfahrensauswahl und die Anwendung der verschiedenen Verfahren der Investitionsrechnung zu vertiefen. Für die Lösung der Aufgaben sind in den Abbildungen 3-17 bis 3-23 die Auf- und Abzinsungsfaktoren sowie die verschiedenen Barwert- und Endwertfaktoren tabellarisch zusammengestellt.

### Aufgabenverzeichnis

Die folgenden Aufgaben beziehen sich auf das Kapitel 3.5.2 des Lehrbuches Band 1:

1 Anforderungen an eine wirtschaftliche Investition
2 Vollständiger gegenseitiger Ausschluss von Investitionsalternativen
3 Vorteilhaftigkeit eines Doppelhauses
4 Wirtschaftlichkeit und Nutzungskosten
5 Überschlägige Beurteilung einer Bauinvestition
6 Vorteilhaftigkeit eines Wohnungsbauvorhabens

7 Vergleich von Mieträumen
8 Vorteilhaftigkeit einer zusätzlichen Wärmedämmung
9 Auswahl einer Wandkonstruktion
10 Auswahl aus mehreren Investitionsmöglichkeiten
11 Beurteilung verschiedener Bauinvestitionen
12 Wirtschaftlichkeit einer Photovoltaikanlage

**Vorschriften und Normen**

DIN 18960:2008-02, Nutzungskosten im Hochbau

**Empfohlene Literatur zur weiteren Vertiefung**

Däumler, K.-D.: Grundlagen der Investitions- und Wirtschaftlichkeitsrechnung: Aufgaben und Lösungen, Testklausur, Checklisten, Tabellen für die finanzmathematischen Faktoren, Herne 2007
Kruschwitz, L.: Investitionsrechnung, München 2000
Küsgen, H.: Investitionsrechnung im Bauwesen, BAUÖK-Papiere 42, Stuttgart 1984
Nixdorf, B.: Verbesserung der Wirtschaftlichkeit von Bauobjekten unter Verwendung von Investitionsrechnungsverfahren, in: Schriftenreihe *Bau- und Wohnforschung* des Bundesministers für Raumordnung, Bauwesen und Städtebau, Nr. 04.089, Bonn-Bad Godesberg 1983
Perridon, L; M. Steiner: Finanzwirtschaft der Unternehmung, München 2007
Pfarr, K.: Grundlagen der Bauwirtschaft, Essen 1984
Wöhe, G.: Einführung in die allgemeine Betriebswirtschaftslehre, München 2005

Zeichnung: Ernst Hürlimann

3.3.2 Verfahren der Investitionsrechnung

| n | 1,0% | 2,0% | 3,0% | 4,0% | 5,0% | 6,0% | 7,0% | 8,0% | 9,0% | 10,0% |
|---|------|------|------|------|------|------|------|------|------|-------|
| 1 | 1,010 | 1,020 | 1,030 | 1,040 | 1,050 | 1,060 | 1,070 | 1,080 | 1,090 | 1,100 |
| 2 | 1,020 | 1,040 | 1,061 | 1,082 | 1,103 | 1,124 | 1,145 | 1,166 | 1,188 | 1,210 |
| 3 | 1,030 | 1,061 | 1,093 | 1,125 | 1,158 | 1,191 | 1,225 | 1,260 | 1,295 | 1,331 |
| 4 | 1,041 | 1,082 | 1,126 | 1,170 | 1,216 | 1,262 | 1,311 | 1,360 | 1,412 | 1,464 |
| 5 | 1,051 | 1,104 | 1,159 | 1,217 | 1,276 | 1,338 | 1,403 | 1,469 | 1,539 | 1,611 |
| 6 | 1,062 | 1,126 | 1,194 | 1,265 | 1,340 | 1,419 | 1,501 | 1,587 | 1,677 | 1,772 |
| 7 | 1,072 | 1,149 | 1,230 | 1,316 | 1,407 | 1,504 | 1,606 | 1,714 | 1,828 | 1,949 |
| 8 | 1,083 | 1,172 | 1,267 | 1,369 | 1,477 | 1,594 | 1,718 | 1,851 | 1,993 | 2,144 |
| 9 | 1,094 | 1,195 | 1,305 | 1,423 | 1,551 | 1,689 | 1,838 | 1,999 | 2,172 | 2,358 |
| 10 | 1,105 | 1,219 | 1,344 | 1,480 | 1,629 | 1,791 | 1,967 | 2,159 | 2,367 | 2,594 |
| 11 | 1,116 | 1,243 | 1,384 | 1,539 | 1,710 | 1,898 | 2,105 | 2,332 | 2,580 | 2,853 |
| 12 | 1,127 | 1,268 | 1,426 | 1,601 | 1,796 | 2,012 | 2,252 | 2,518 | 2,813 | 3,138 |
| 13 | 1,138 | 1,294 | 1,469 | 1,665 | 1,886 | 2,133 | 2,410 | 2,720 | 3,066 | 3,452 |
| 14 | 1,149 | 1,319 | 1,513 | 1,732 | 1,980 | 2,261 | 2,579 | 2,937 | 3,342 | 3,797 |
| 15 | 1,161 | 1,346 | 1,558 | 1,801 | 2,079 | 2,397 | 2,759 | 3,172 | 3,642 | 4,177 |
| 16 | 1,173 | 1,373 | 1,605 | 1,873 | 2,183 | 2,540 | 2,952 | 3,426 | 3,970 | 4,595 |
| 17 | 1,184 | 1,400 | 1,653 | 1,948 | 2,292 | 2,693 | 3,159 | 3,700 | 4,328 | 5,054 |
| 18 | 1,196 | 1,428 | 1,702 | 2,026 | 2,407 | 2,854 | 3,380 | 3,996 | 4,717 | 5,560 |
| 19 | 1,208 | 1,457 | 1,754 | 2,107 | 2,527 | 3,026 | 3,617 | 4,316 | 5,142 | 6,116 |
| 20 | 1,220 | 1,486 | 1,806 | 2,191 | 2,653 | 3,207 | 3,870 | 4,661 | 5,604 | 6,727 |
| 21 | 1,232 | 1,516 | 1,860 | 2,279 | 2,786 | 3,400 | 4,141 | 5,034 | 6,109 | 7,400 |
| 22 | 1,245 | 1,546 | 1,916 | 2,370 | 2,925 | 3,604 | 4,430 | 5,437 | 6,659 | 8,140 |
| 23 | 1,257 | 1,577 | 1,974 | 2,465 | 3,072 | 3,820 | 4,741 | 5,871 | 7,258 | 8,954 |
| 24 | 1,270 | 1,608 | 2,033 | 2,563 | 3,225 | 4,049 | 5,072 | 6,341 | 7,911 | 9,850 |
| 25 | 1,282 | 1,641 | 2,094 | 2,666 | 3,386 | 4,292 | 5,427 | 6,848 | 8,623 | 10,835 |
| 26 | 1,295 | 1,673 | 2,157 | 2,772 | 3,556 | 4,549 | 5,807 | 7,396 | 9,399 | 11,918 |
| 27 | 1,308 | 1,707 | 2,221 | 2,883 | 3,733 | 4,822 | 6,214 | 7,988 | 10,245 | 13,110 |
| 28 | 1,321 | 1,741 | 2,288 | 2,999 | 3,920 | 5,112 | 6,649 | 8,627 | 11,167 | 14,421 |
| 29 | 1,335 | 1,776 | 2,357 | 3,119 | 4,116 | 5,418 | 7,114 | 9,317 | 12,172 | 15,863 |
| 30 | 1,348 | 1,811 | 2,427 | 3,243 | 4,322 | 5,743 | 7,612 | 10,063 | 13,268 | 17,449 |
| 31 | 1,361 | 1,848 | 2,500 | 3,373 | 4,538 | 6,088 | 8,145 | 10,868 | 14,462 | 19,194 |
| 32 | 1,375 | 1,885 | 2,575 | 3,508 | 4,765 | 6,453 | 8,715 | 11,737 | 15,763 | 21,114 |
| 33 | 1,389 | 1,922 | 2,652 | 3,648 | 5,003 | 6,841 | 9,325 | 12,676 | 17,182 | 23,225 |
| 34 | 1,403 | 1,961 | 2,732 | 3,794 | 5,253 | 7,251 | 9,978 | 13,690 | 18,728 | 25,548 |
| 35 | 1,417 | 2,000 | 2,814 | 3,946 | 5,516 | 7,686 | 10,677 | 14,785 | 20,414 | 28,102 |
| 36 | 1,431 | 2,040 | 2,898 | 4,104 | 5,792 | 8,147 | 11,424 | 15,968 | 22,251 | 30,913 |
| 37 | 1,445 | 2,081 | 2,985 | 4,268 | 6,081 | 8,636 | 12,224 | 17,246 | 24,254 | 34,004 |
| 38 | 1,460 | 2,122 | 3,075 | 4,439 | 6,385 | 9,154 | 13,079 | 18,625 | 26,437 | 37,404 |
| 39 | 1,474 | 2,165 | 3,167 | 4,616 | 6,705 | 9,704 | 13,995 | 20,115 | 28,816 | 41,145 |
| 40 | 1,489 | 2,208 | 3,262 | 4,801 | 7,040 | 10,286 | 14,974 | 21,725 | 31,409 | 45,259 |
| 41 | 1,504 | 2,252 | 3,360 | 4,993 | 7,392 | 10,903 | 16,023 | 23,462 | 34,236 | 49,785 |
| 42 | 1,519 | 2,297 | 3,461 | 5,193 | 7,762 | 11,557 | 17,144 | 25,339 | 37,318 | 54,764 |
| 43 | 1,534 | 2,343 | 3,565 | 5,400 | 8,150 | 12,250 | 18,344 | 27,367 | 40,676 | 60,240 |
| 44 | 1,549 | 2,390 | 3,671 | 5,617 | 8,557 | 12,985 | 19,628 | 29,556 | 44,337 | 66,264 |
| 45 | 1,565 | 2,438 | 3,782 | 5,841 | 8,985 | 13,765 | 21,002 | 31,920 | 48,327 | 72,890 |
| 46 | 1,580 | 2,487 | 3,895 | 6,075 | 9,434 | 14,590 | 22,473 | 34,474 | 52,677 | 80,180 |
| 47 | 1,596 | 2,536 | 4,012 | 6,318 | 9,906 | 15,466 | 24,046 | 37,232 | 57,418 | 88,197 |
| 48 | 1,612 | 2,587 | 4,132 | 6,571 | 10,401 | 16,394 | 25,729 | 40,211 | 62,585 | 97,017 |
| 49 | 1,628 | 2,639 | 4,256 | 6,833 | 10,921 | 17,378 | 27,530 | 43,427 | 68,218 | 106,72 |
| 50 | 1,645 | 2,692 | 4,384 | 7,107 | 11,467 | 18,420 | 29,457 | 46,902 | 74,358 | 117,39 |
| 100 | 2,705 | 7,245 | 19,219 | 50,505 | 131,50 | 339,30 | 867,72 | 2.199,8 | 5.529,0 | 13.781 |

n = Laufzeit in Jahren                    Zinssatz p = 1,0 bis 10,0 % p.a.

**Abb. 3-17** Aufzinsungsfaktoren

| n | 1,0% | 2,0% | 3,0% | 4,0% | 5,0% | 6,0% | 7,0% | 8,0% | 9,0% | 10,0% |
|---|------|------|------|------|------|------|------|------|------|-------|
| 1 | 0,990 | 0,980 | 0,971 | 0,962 | 0,952 | 0,943 | 0,935 | 0,926 | 0,917 | 0,909 |
| 2 | 0,980 | 0,961 | 0,943 | 0,925 | 0,907 | 0,890 | 0,873 | 0,857 | 0,842 | 0,826 |
| 3 | 0,971 | 0,942 | 0,915 | 0,889 | 0,864 | 0,840 | 0,816 | 0,794 | 0,772 | 0,751 |
| 4 | 0,961 | 0,924 | 0,888 | 0,855 | 0,823 | 0,792 | 0,763 | 0,735 | 0,708 | 0,683 |
| 5 | 0,951 | 0,906 | 0,863 | 0,822 | 0,784 | 0,747 | 0,713 | 0,681 | 0,650 | 0,621 |
| 6 | 0,942 | 0,888 | 0,837 | 0,790 | 0,746 | 0,705 | 0,666 | 0,630 | 0,596 | 0,564 |
| 7 | 0,933 | 0,871 | 0,813 | 0,760 | 0,711 | 0,665 | 0,623 | 0,583 | 0,547 | 0,513 |
| 8 | 0,923 | 0,853 | 0,789 | 0,731 | 0,677 | 0,627 | 0,582 | 0,540 | 0,502 | 0,467 |
| 9 | 0,914 | 0,837 | 0,766 | 0,703 | 0,645 | 0,592 | 0,544 | 0,500 | 0,460 | 0,424 |
| 10 | 0,905 | 0,820 | 0,744 | 0,676 | 0,614 | 0,558 | 0,508 | 0,463 | 0,422 | 0,386 |
| 11 | 0,896 | 0,804 | 0,722 | 0,650 | 0,585 | 0,527 | 0,475 | 0,429 | 0,388 | 0,350 |
| 12 | 0,887 | 0,788 | 0,701 | 0,625 | 0,557 | 0,497 | 0,444 | 0,397 | 0,356 | 0,319 |
| 13 | 0,879 | 0,773 | 0,681 | 0,601 | 0,530 | 0,469 | 0,415 | 0,368 | 0,326 | 0,290 |
| 14 | 0,870 | 0,758 | 0,661 | 0,577 | 0,505 | 0,442 | 0,388 | 0,340 | 0,299 | 0,263 |
| 15 | 0,861 | 0,743 | 0,642 | 0,555 | 0,481 | 0,417 | 0,362 | 0,315 | 0,275 | 0,239 |
| 16 | 0,853 | 0,728 | 0,623 | 0,534 | 0,458 | 0,394 | 0,339 | 0,292 | 0,252 | 0,218 |
| 17 | 0,844 | 0,714 | 0,605 | 0,513 | 0,436 | 0,371 | 0,317 | 0,270 | 0,231 | 0,198 |
| 18 | 0,836 | 0,700 | 0,587 | 0,494 | 0,416 | 0,350 | 0,296 | 0,250 | 0,212 | 0,180 |
| 19 | 0,828 | 0,686 | 0,570 | 0,475 | 0,396 | 0,331 | 0,277 | 0,232 | 0,194 | 0,164 |
| 20 | 0,820 | 0,673 | 0,554 | 0,456 | 0,377 | 0,312 | 0,258 | 0,215 | 0,178 | 0,149 |
| 21 | 0,811 | 0,660 | 0,538 | 0,439 | 0,359 | 0,294 | 0,242 | 0,199 | 0,164 | 0,135 |
| 22 | 0,803 | 0,647 | 0,522 | 0,422 | 0,342 | 0,278 | 0,226 | 0,184 | 0,150 | 0,123 |
| 23 | 0,795 | 0,634 | 0,507 | 0,406 | 0,326 | 0,262 | 0,211 | 0,170 | 0,138 | 0,112 |
| 24 | 0,788 | 0,622 | 0,492 | 0,390 | 0,310 | 0,247 | 0,197 | 0,158 | 0,126 | 0,102 |
| 25 | 0,780 | 0,610 | 0,478 | 0,375 | 0,295 | 0,233 | 0,184 | 0,146 | 0,116 | 0,092 |
| 26 | 0,772 | 0,598 | 0,464 | 0,361 | 0,281 | 0,220 | 0,172 | 0,135 | 0,106 | 0,084 |
| 27 | 0,764 | 0,586 | 0,450 | 0,347 | 0,268 | 0,207 | 0,161 | 0,125 | 0,098 | 0,076 |
| 28 | 0,757 | 0,574 | 0,437 | 0,333 | 0,255 | 0,196 | 0,150 | 0,116 | 0,090 | 0,069 |
| 29 | 0,749 | 0,563 | 0,424 | 0,321 | 0,243 | 0,185 | 0,141 | 0,107 | 0,082 | 0,063 |
| 30 | 0,742 | 0,552 | 0,412 | 0,308 | 0,231 | 0,174 | 0,131 | 0,099 | 0,075 | 0,057 |
| 31 | 0,735 | 0,541 | 0,400 | 0,296 | 0,220 | 0,164 | 0,123 | 0,092 | 0,069 | 0,052 |
| 32 | 0,727 | 0,531 | 0,388 | 0,285 | 0,210 | 0,155 | 0,115 | 0,085 | 0,063 | 0,047 |
| 33 | 0,720 | 0,520 | 0,377 | 0,274 | 0,200 | 0,146 | 0,107 | 0,079 | 0,058 | 0,043 |
| 34 | 0,713 | 0,510 | 0,366 | 0,264 | 0,190 | 0,138 | 0,100 | 0,073 | 0,053 | 0,039 |
| 35 | 0,706 | 0,500 | 0,355 | 0,253 | 0,181 | 0,130 | 0,094 | 0,068 | 0,049 | 0,036 |
| 36 | 0,699 | 0,490 | 0,345 | 0,244 | 0,173 | 0,123 | 0,088 | 0,063 | 0,045 | 0,032 |
| 37 | 0,692 | 0,481 | 0,335 | 0,234 | 0,164 | 0,116 | 0,082 | 0,058 | 0,041 | 0,029 |
| 38 | 0,685 | 0,471 | 0,325 | 0,225 | 0,157 | 0,109 | 0,076 | 0,054 | 0,038 | 0,027 |
| 39 | 0,678 | 0,462 | 0,316 | 0,217 | 0,149 | 0,103 | 0,071 | 0,050 | 0,035 | 0,024 |
| 40 | 0,672 | 0,453 | 0,307 | 0,208 | 0,142 | 0,097 | 0,067 | 0,046 | 0,032 | 0,022 |
| 41 | 0,665 | 0,444 | 0,298 | 0,200 | 0,135 | 0,092 | 0,062 | 0,043 | 0,029 | 0,020 |
| 42 | 0,658 | 0,435 | 0,289 | 0,193 | 0,129 | 0,087 | 0,058 | 0,039 | 0,027 | 0,018 |
| 43 | 0,652 | 0,427 | 0,281 | 0,185 | 0,123 | 0,082 | 0,055 | 0,037 | 0,025 | 0,017 |
| 44 | 0,645 | 0,418 | 0,272 | 0,178 | 0,117 | 0,077 | 0,051 | 0,034 | 0,023 | 0,015 |
| 45 | 0,639 | 0,410 | 0,264 | 0,171 | 0,111 | 0,073 | 0,048 | 0,031 | 0,021 | 0,014 |
| 46 | 0,633 | 0,402 | 0,257 | 0,165 | 0,106 | 0,069 | 0,044 | 0,029 | 0,019 | 0,012 |
| 47 | 0,626 | 0,394 | 0,249 | 0,158 | 0,101 | 0,065 | 0,042 | 0,027 | 0,017 | 0,011 |
| 48 | 0,620 | 0,387 | 0,242 | 0,152 | 0,096 | 0,061 | 0,039 | 0,025 | 0,016 | 0,010 |
| 49 | 0,614 | 0,379 | 0,235 | 0,146 | 0,092 | 0,058 | 0,036 | 0,023 | 0,015 | 0,009 |
| 50 | 0,608 | 0,372 | 0,228 | 0,141 | 0,087 | 0,054 | 0,034 | 0,021 | 0,013 | 0,009 |
| 100 | 0,370 | 0,138 | 0,052 | 0,020 | 0,008 | 0,003 | 0,001 | 0,000 | 0,000 | 0,000 |

n = Laufzeit in Jahren                    Zinssatz p = 1,0 bis 10,0 % p.a.

**Abb. 3-18** Abzinsungsfaktoren

3.3.2 Verfahren der Investitionsrechnung

| n | 1,0% | 2,0% | 3,0% | 4,0% | 5,0% | 6,0% | 7,0% | 8,0% | 9,0% | 10,0% |
|---|------|------|------|------|------|------|------|------|------|-------|
| 1 | 1,000 | 1,000 | 1,000 | 1,000 | 1,000 | 1,000 | 1,000 | 1,000 | 1,000 | 1,000 |
| 2 | 1,990 | 1,980 | 1,971 | 1,962 | 1,952 | 1,943 | 1,935 | 1,926 | 1,917 | 1,909 |
| 3 | 2,970 | 2,942 | 2,913 | 2,886 | 2,859 | 2,833 | 2,808 | 2,783 | 2,759 | 2,736 |
| 4 | 3,941 | 3,884 | 3,829 | 3,775 | 3,723 | 3,673 | 3,624 | 3,577 | 3,531 | 3,487 |
| 5 | 4,902 | 4,808 | 4,717 | 4,630 | 4,546 | 4,465 | 4,387 | 4,312 | 4,240 | 4,170 |
| 6 | 5,853 | 5,713 | 5,580 | 5,452 | 5,329 | 5,212 | 5,100 | 4,993 | 4,890 | 4,791 |
| 7 | 6,795 | 6,601 | 6,417 | 6,242 | 6,076 | 5,917 | 5,767 | 5,623 | 5,486 | 5,355 |
| 8 | 7,728 | 7,472 | 7,230 | 7,002 | 6,786 | 6,582 | 6,389 | 6,206 | 6,033 | 5,868 |
| 9 | 8,652 | 8,325 | 8,020 | 7,733 | 7,463 | 7,210 | 6,971 | 6,747 | 6,535 | 6,335 |
| 10 | 9,566 | 9,162 | 8,786 | 8,435 | 8,108 | 7,802 | 7,515 | 7,247 | 6,995 | 6,759 |
| 11 | 10,471 | 9,983 | 9,530 | 9,111 | 8,722 | 8,360 | 8,024 | 7,710 | 7,418 | 7,145 |
| 12 | 11,368 | 10,787 | 10,253 | 9,760 | 9,306 | 8,887 | 8,499 | 8,139 | 7,805 | 7,495 |
| 13 | 12,255 | 11,575 | 10,954 | 10,385 | 9,863 | 9,384 | 8,943 | 8,536 | 8,161 | 7,814 |
| 14 | 13,134 | 12,348 | 11,635 | 10,986 | 10,394 | 9,853 | 9,358 | 8,904 | 8,487 | 8,103 |
| 15 | 14,004 | 13,106 | 12,296 | 11,563 | 10,899 | 10,295 | 9,745 | 9,244 | 8,786 | 8,367 |
| 16 | 14,865 | 13,849 | 12,938 | 12,118 | 11,380 | 10,712 | 10,108 | 9,559 | 9,061 | 8,606 |
| 17 | 15,718 | 14,578 | 13,561 | 12,652 | 11,838 | 11,106 | 10,447 | 9,851 | 9,313 | 8,824 |
| 18 | 16,562 | 15,292 | 14,166 | 13,166 | 12,274 | 11,477 | 10,763 | 10,122 | 9,544 | 9,022 |
| 19 | 17,398 | 15,992 | 14,754 | 13,659 | 12,690 | 11,828 | 11,059 | 10,372 | 9,756 | 9,201 |
| 20 | 18,226 | 16,678 | 15,324 | 14,134 | 13,085 | 12,158 | 11,336 | 10,604 | 9,950 | 9,365 |
| 21 | 19,046 | 17,351 | 15,877 | 14,590 | 13,462 | 12,470 | 11,594 | 10,818 | 10,129 | 9,514 |
| 22 | 19,857 | 18,011 | 16,415 | 15,029 | 13,821 | 12,764 | 11,836 | 11,017 | 10,292 | 9,649 |
| 23 | 20,660 | 18,658 | 16,937 | 15,451 | 14,163 | 13,042 | 12,061 | 11,201 | 10,442 | 9,772 |
| 24 | 21,456 | 19,292 | 17,444 | 15,857 | 14,489 | 13,303 | 12,272 | 11,371 | 10,580 | 9,883 |
| 25 | 22,243 | 19,914 | 17,936 | 16,247 | 14,799 | 13,550 | 12,469 | 11,529 | 10,707 | 9,985 |
| 26 | 23,023 | 20,523 | 18,413 | 16,622 | 15,094 | 13,783 | 12,654 | 11,675 | 10,823 | 10,077 |
| 27 | 23,795 | 21,121 | 18,877 | 16,983 | 15,375 | 14,003 | 12,826 | 11,810 | 10,929 | 10,161 |
| 28 | 24,560 | 21,707 | 19,327 | 17,330 | 15,643 | 14,211 | 12,987 | 11,935 | 11,027 | 10,237 |
| 29 | 25,316 | 22,281 | 19,764 | 17,663 | 15,898 | 14,406 | 13,137 | 12,051 | 11,116 | 10,307 |
| 30 | 26,066 | 22,844 | 20,188 | 17,984 | 16,141 | 14,591 | 13,278 | 12,158 | 11,198 | 10,370 |
| 31 | 26,808 | 23,396 | 20,600 | 18,292 | 16,372 | 14,765 | 13,409 | 12,258 | 11,274 | 10,427 |
| 32 | 27,542 | 23,938 | 21,000 | 18,588 | 16,593 | 14,929 | 13,532 | 12,350 | 11,343 | 10,479 |
| 33 | 28,270 | 24,468 | 21,389 | 18,874 | 16,803 | 15,084 | 13,647 | 12,435 | 11,406 | 10,526 |
| 34 | 28,990 | 24,989 | 21,766 | 19,148 | 17,003 | 15,230 | 13,754 | 12,514 | 11,464 | 10,569 |
| 35 | 29,703 | 25,499 | 22,132 | 19,411 | 17,193 | 15,368 | 13,854 | 12,587 | 11,518 | 10,609 |
| 36 | 30,409 | 25,999 | 22,487 | 19,665 | 17,374 | 15,498 | 13,948 | 12,655 | 11,567 | 10,644 |
| 37 | 31,108 | 26,489 | 22,832 | 19,908 | 17,547 | 15,621 | 14,035 | 12,717 | 11,612 | 10,677 |
| 38 | 31,800 | 26,969 | 23,167 | 20,143 | 17,711 | 15,737 | 14,117 | 12,775 | 11,653 | 10,706 |
| 39 | 32,485 | 27,441 | 23,492 | 20,368 | 17,868 | 15,846 | 14,193 | 12,829 | 11,691 | 10,733 |
| 40 | 33,163 | 27,903 | 23,808 | 20,584 | 18,017 | 15,949 | 14,265 | 12,879 | 11,726 | 10,757 |
| 41 | 33,835 | 28,355 | 24,115 | 20,793 | 18,159 | 16,046 | 14,332 | 12,925 | 11,757 | 10,779 |
| 42 | 34,500 | 28,799 | 24,412 | 20,993 | 18,294 | 16,138 | 14,394 | 12,967 | 11,787 | 10,799 |
| 43 | 35,158 | 29,235 | 24,701 | 21,186 | 18,423 | 16,225 | 14,452 | 13,007 | 11,813 | 10,817 |
| 44 | 35,810 | 29,662 | 24,982 | 21,371 | 18,546 | 16,306 | 14,507 | 13,043 | 11,838 | 10,834 |
| 45 | 36,455 | 30,080 | 25,254 | 21,549 | 18,663 | 16,383 | 14,558 | 13,077 | 11,861 | 10,849 |
| 46 | 37,095 | 30,490 | 25,519 | 21,720 | 18,774 | 16,456 | 14,606 | 13,108 | 11,881 | 10,863 |
| 47 | 37,727 | 30,892 | 25,775 | 21,885 | 18,880 | 16,524 | 14,650 | 13,137 | 11,900 | 10,875 |
| 48 | 38,354 | 31,287 | 26,025 | 22,043 | 18,981 | 16,589 | 14,692 | 13,164 | 11,918 | 10,887 |
| 49 | 38,974 | 31,673 | 26,267 | 22,195 | 19,077 | 16,650 | 14,730 | 13,189 | 11,934 | 10,897 |
| 50 | 39,588 | 32,052 | 26,502 | 22,341 | 19,169 | 16,708 | 14,767 | 13,212 | 11,948 | 10,906 |
| 100 | 63,659 | 43,960 | 32,547 | 25,485 | 20,840 | 17,615 | 15,268 | 13,494 | 12,109 | 10,999 |

n = Laufzeit in Jahren          Zinssatz p = 1,0 bis 10,0 % p.a.

**Abb. 3-19** Vorschüssige Rentenbarwertfaktoren

| n | 1,0% | 2,0% | 3,0% | 4,0% | 5,0% | 6,0% | 7,0% | 8,0% | 9,0% | 10,0% |
|---|------|------|------|------|------|------|------|------|------|-------|
| 1 | 1,010 | 1,020 | 1,030 | 1,040 | 1,050 | 1,060 | 1,070 | 1,080 | 1,090 | 1,100 |
| 2 | 2,030 | 2,060 | 2,091 | 2,122 | 2,153 | 2,184 | 2,215 | 2,246 | 2,278 | 2,310 |
| 3 | 3,060 | 3,122 | 3,184 | 3,246 | 3,310 | 3,375 | 3,440 | 3,506 | 3,573 | 3,641 |
| 4 | 4,101 | 4,204 | 4,309 | 4,416 | 4,526 | 4,637 | 4,751 | 4,867 | 4,985 | 5,105 |
| 5 | 5,152 | 5,308 | 5,468 | 5,633 | 5,802 | 5,975 | 6,153 | 6,336 | 6,523 | 6,716 |
| 6 | 6,214 | 6,434 | 6,662 | 6,898 | 7,142 | 7,394 | 7,654 | 7,923 | 8,200 | 8,487 |
| 7 | 7,286 | 7,583 | 7,892 | 8,214 | 8,549 | 8,897 | 9,260 | 9,637 | 10,028 | 10,436 |
| 8 | 8,369 | 8,755 | 9,159 | 9,583 | 10,027 | 10,491 | 10,978 | 11,488 | 12,021 | 12,579 |
| 9 | 9,462 | 9,950 | 10,464 | 11,006 | 11,578 | 12,181 | 12,816 | 13,487 | 14,193 | 14,937 |
| 10 | 10,567 | 11,169 | 11,808 | 12,486 | 13,207 | 13,972 | 14,784 | 15,645 | 16,560 | 17,531 |
| 11 | 11,683 | 12,412 | 13,192 | 14,026 | 14,917 | 15,870 | 16,888 | 17,977 | 19,141 | 20,384 |
| 12 | 12,809 | 13,680 | 14,618 | 15,627 | 16,713 | 17,882 | 19,141 | 20,495 | 21,953 | 23,523 |
| 13 | 13,947 | 14,974 | 16,086 | 17,292 | 18,599 | 20,015 | 21,550 | 23,215 | 25,019 | 26,975 |
| 14 | 15,097 | 16,293 | 17,599 | 19,024 | 20,579 | 22,276 | 24,129 | 26,152 | 28,361 | 30,772 |
| 15 | 16,258 | 17,639 | 19,157 | 20,825 | 22,657 | 24,673 | 26,888 | 29,324 | 32,003 | 34,950 |
| 16 | 17,430 | 19,012 | 20,762 | 22,698 | 24,840 | 27,132 | 29,840 | 32,750 | 35,974 | 39,545 |
| 17 | 18,615 | 20,412 | 22,414 | 24,645 | 27,132 | 29,906 | 32,999 | 36,450 | 40,301 | 44,599 |
| 18 | 19,811 | 21,841 | 24,117 | 26,671 | 29,539 | 32,760 | 36,379 | 40,446 | 45,018 | 50,159 |
| 19 | 21,019 | 23,297 | 25,870 | 28,778 | 32,066 | 35,786 | 39,995 | 44,762 | 50,160 | 56,275 |
| 20 | 22,239 | 24,783 | 27,676 | 30,969 | 34,719 | 38,993 | 43,865 | 49,423 | 55,765 | 63,002 |
| 21 | 23,472 | 26,299 | 29,537 | 33,248 | 37,505 | 42,392 | 48,006 | 54,457 | 61,873 | 70,403 |
| 22 | 24,716 | 27,845 | 31,453 | 35,618 | 40,430 | 45,996 | 52,436 | 59,893 | 68,532 | 78,543 |
| 23 | 25,973 | 29,422 | 33,426 | 38,083 | 43,502 | 49,816 | 57,177 | 65,765 | 75,790 | 87,497 |
| 24 | 27,243 | 31,030 | 35,459 | 40,646 | 46,727 | 53,865 | 62,249 | 72,106 | 83,701 | 97,347 |
| 25 | 28,526 | 32,671 | 37,553 | 43,312 | 50,113 | 58,156 | 67,676 | 78,954 | 92,324 | 108,18 |
| 26 | 29,821 | 34,344 | 39,710 | 46,084 | 53,669 | 62,706 | 73,484 | 86,351 | 101,72 | 120,10 |
| 27 | 31,129 | 36,051 | 41,931 | 48,968 | 57,403 | 67,528 | 79,698 | 94,339 | 111,97 | 133,21 |
| 28 | 32,450 | 37,792 | 44,219 | 51,966 | 61,323 | 72,640 | 86,347 | 102,97 | 123,14 | 147,63 |
| 29 | 33,785 | 39,568 | 46,575 | 55,085 | 65,439 | 78,058 | 93,461 | 112,28 | 135,31 | 163,49 |
| 30 | 35,133 | 41,379 | 49,003 | 58,328 | 69,761 | 83,802 | 101,07 | 122,35 | 148,58 | 180,94 |
| 31 | 36,494 | 43,227 | 51,503 | 61,701 | 74,299 | 89,890 | 109,22 | 133,21 | 163,04 | 200,14 |
| 32 | 37,869 | 45,112 | 54,078 | 65,210 | 79,064 | 96,343 | 117,93 | 144,95 | 178,80 | 221,25 |
| 33 | 39,258 | 47,034 | 56,730 | 68,858 | 84,067 | 103,18 | 127,26 | 157,63 | 195,98 | 244,48 |
| 34 | 40,660 | 48,994 | 59,462 | 72,652 | 89,320 | 110,43 | 137,24 | 171,32 | 214,71 | 270,02 |
| 35 | 42,077 | 50,994 | 62,276 | 76,598 | 94,836 | 118,12 | 147,91 | 186,10 | 235,12 | 298,13 |
| 36 | 43,508 | 53,034 | 65,174 | 80,702 | 100,63 | 126,27 | 159,34 | 202,07 | 257,38 | 329,04 |
| 37 | 44,953 | 55,115 | 68,159 | 84,970 | 106,71 | 134,90 | 171,56 | 219,32 | 281,63 | 363,04 |
| 38 | 46,412 | 57,237 | 71,234 | 89,409 | 113,10 | 144,06 | 184,64 | 237,94 | 308,07 | 400,45 |
| 39 | 47,886 | 59,402 | 74,401 | 94,026 | 119,80 | 153,76 | 198,64 | 258,06 | 336,88 | 441,59 |
| 40 | 49,375 | 61,610 | 77,663 | 98,827 | 126,84 | 164,05 | 213,61 | 279,78 | 368,29 | 486,85 |
| 41 | 50,879 | 63,862 | 81,023 | 103,82 | 134,23 | 174,95 | 229,63 | 303,24 | 402,53 | 536,64 |
| 42 | 52,398 | 66,159 | 84,484 | 109,01 | 141,99 | 186,51 | 246,78 | 328,58 | 439,85 | 591,40 |
| 43 | 53,932 | 68,503 | 88,048 | 114,41 | 150,14 | 198,76 | 265,12 | 355,95 | 480,52 | 651,64 |
| 44 | 55,481 | 70,893 | 91,720 | 120,03 | 158,70 | 211,74 | 284,75 | 385,51 | 524,86 | 717,90 |
| 45 | 57,046 | 73,331 | 95,501 | 125,87 | 167,69 | 225,51 | 305,75 | 417,43 | 573,19 | 790,80 |
| 46 | 58,626 | 75,817 | 99,397 | 131,95 | 177,12 | 240,10 | 328,22 | 451,90 | 625,86 | 870,97 |
| 47 | 60,223 | 78,354 | 103,41 | 138,26 | 187,03 | 255,56 | 352,27 | 489,13 | 683,28 | 959,17 |
| 48 | 61,835 | 80,941 | 107,54 | 144,83 | 197,43 | 271,96 | 378,00 | 529,34 | 745,87 | 1.056,2 |
| 49 | 63,463 | 83,579 | 111,80 | 151,67 | 208,35 | 289,34 | 405,53 | 572,77 | 814,08 | 1.162,9 |
| 50 | 65,108 | 86,271 | 116,18 | 158,77 | 219,82 | 307,76 | 434,99 | 619,67 | 888,44 | 1.280,3 |
| 100 | 172,19 | 318,48 | 625,51 | 1.287,1 | 2.740,5 | 5.976,7 | 13.248 | 29.683 | 66.951 | 151.576 |

n = Laufzeit in Jahren        Zinssatz p = 1,0 bis 10,0 % p.a.

**Abb. 3-20** Vorschüssige Rentenendwertfaktoren

| n | 1,0% | 2,0% | 2,2% | 2,4% | 2,6% | 2,8% | 3,0% | 3,2% | 3,4% | 3,6% |
|---|------|------|------|------|------|------|------|------|------|------|
| 1 | 0,990 | 0,980 | 0,978 | 0,977 | 0,975 | 0,973 | 0,971 | 0,969 | 0,967 | 0,965 |
| 2 | 1,970 | 1,942 | 1,936 | 1,930 | 1,925 | 1,919 | 1,913 | 1,908 | 1,902 | 1,897 |
| 3 | 2,941 | 2,884 | 2,873 | 2,862 | 2,851 | 2,840 | 2,829 | 2,818 | 2,807 | 2,796 |
| 4 | 3,902 | 3,808 | 3,789 | 3,771 | 3,753 | 3,735 | 3,717 | 3,699 | 3,682 | 3,664 |
| 5 | 4,853 | 4,713 | 4,686 | 4,659 | 4,632 | 4,606 | 4,580 | 4,554 | 4,528 | 4,502 |
| 6 | 5,795 | 5,601 | 5,564 | 5,527 | 5,490 | 5,453 | 5,417 | 5,381 | 5,346 | 5,311 |
| 7 | 6,728 | 6,472 | 6,423 | 6,374 | 6,325 | 6,278 | 6,230 | 6,184 | 6,137 | 6,092 |
| 8 | 7,652 | 7,325 | 7,263 | 7,201 | 7,140 | 7,079 | 7,020 | 6,961 | 6,903 | 6,845 |
| 9 | 8,566 | 8,162 | 8,085 | 8,009 | 7,933 | 7,859 | 7,786 | 7,714 | 7,643 | 7,573 |
| 10 | 9,471 | 8,983 | 8,889 | 8,797 | 8,707 | 8,618 | 8,530 | 8,444 | 8,359 | 8,275 |
| 11 | 10,368 | 9,787 | 9,676 | 9,568 | 9,461 | 9,356 | 9,253 | 9,151 | 9,051 | 8,953 |
| 12 | 11,255 | 10,575 | 10,447 | 10,320 | 10,196 | 10,074 | 9,954 | 9,836 | 9,720 | 9,607 |
| 13 | 12,134 | 11,348 | 11,200 | 11,055 | 10,912 | 10,772 | 10,635 | 10,500 | 10,368 | 10,238 |
| 14 | 13,004 | 12,106 | 11,938 | 11,772 | 11,610 | 11,452 | 11,296 | 11,144 | 10,994 | 10,848 |
| 15 | 13,865 | 12,849 | 12,659 | 12,473 | 12,291 | 12,112 | 11,938 | 11,767 | 11,600 | 11,436 |
| 16 | 14,718 | 13,578 | 13,365 | 13,157 | 12,954 | 12,755 | 12,561 | 12,371 | 12,185 | 12,004 |
| 17 | 15,562 | 14,292 | 14,056 | 13,825 | 13,600 | 13,381 | 13,166 | 12,957 | 12,752 | 12,552 |
| 18 | 16,398 | 14,992 | 14,732 | 14,478 | 14,230 | 13,989 | 13,754 | 13,524 | 13,300 | 13,081 |
| 19 | 17,226 | 15,678 | 15,393 | 15,115 | 14,844 | 14,581 | 14,324 | 14,073 | 13,829 | 13,592 |
| 20 | 18,046 | 16,351 | 16,040 | 15,737 | 15,443 | 15,156 | 14,877 | 14,606 | 14,342 | 14,085 |
| 21 | 18,857 | 17,011 | 16,673 | 16,345 | 16,026 | 15,716 | 15,415 | 15,122 | 14,837 | 14,560 |
| 22 | 19,660 | 17,658 | 17,293 | 16,939 | 16,595 | 16,261 | 15,937 | 15,622 | 15,317 | 15,020 |
| 23 | 20,456 | 18,292 | 17,899 | 17,518 | 17,149 | 16,791 | 16,444 | 16,107 | 15,780 | 15,463 |
| 24 | 21,243 | 18,914 | 18,492 | 18,084 | 17,689 | 17,306 | 16,936 | 16,576 | 16,228 | 15,891 |
| 25 | 22,023 | 19,523 | 19,073 | 18,637 | 18,215 | 17,808 | 17,413 | 17,031 | 16,662 | 16,304 |
| 26 | 22,795 | 20,121 | 19,641 | 19,177 | 18,728 | 18,295 | 17,877 | 17,472 | 17,081 | 16,703 |
| 27 | 23,560 | 20,707 | 20,196 | 19,704 | 19,228 | 18,770 | 18,327 | 17,899 | 17,487 | 17,088 |
| 28 | 24,316 | 21,281 | 20,740 | 20,219 | 19,716 | 19,231 | 18,764 | 18,313 | 17,879 | 17,459 |
| 29 | 25,066 | 21,844 | 21,272 | 20,721 | 20,191 | 19,680 | 19,188 | 18,715 | 18,258 | 17,818 |
| 30 | 25,808 | 22,396 | 21,793 | 21,212 | 20,654 | 20,117 | 19,600 | 19,103 | 18,625 | 18,164 |
| 31 | 26,542 | 22,938 | 22,302 | 21,692 | 21,105 | 20,542 | 20,000 | 19,480 | 18,979 | 18,498 |
| 32 | 27,270 | 23,468 | 22,800 | 22,160 | 21,545 | 20,955 | 20,389 | 19,845 | 19,322 | 18,820 |
| 33 | 27,990 | 23,989 | 23,288 | 22,617 | 21,974 | 21,357 | 20,766 | 20,199 | 19,654 | 19,132 |
| 34 | 28,703 | 24,499 | 23,765 | 23,063 | 22,392 | 21,748 | 21,132 | 20,541 | 19,975 | 19,432 |
| 35 | 29,409 | 24,999 | 24,232 | 23,499 | 22,799 | 22,129 | 21,487 | 20,873 | 20,285 | 19,722 |
| 36 | 30,108 | 25,489 | 24,689 | 23,925 | 23,196 | 22,499 | 21,832 | 21,195 | 20,585 | 20,002 |
| 37 | 30,800 | 25,969 | 25,136 | 24,341 | 23,583 | 22,859 | 22,167 | 21,507 | 20,876 | 20,272 |
| 38 | 31,485 | 26,441 | 25,573 | 24,747 | 23,960 | 23,209 | 22,492 | 21,809 | 21,156 | 20,533 |
| 39 | 32,163 | 26,903 | 26,001 | 25,144 | 24,327 | 23,549 | 22,808 | 22,102 | 21,428 | 20,785 |
| 40 | 32,835 | 27,355 | 26,420 | 25,531 | 24,685 | 23,881 | 23,115 | 22,385 | 21,690 | 21,028 |
| 41 | 33,500 | 27,799 | 26,830 | 25,909 | 25,034 | 24,203 | 23,412 | 22,660 | 21,944 | 21,262 |
| 42 | 34,158 | 28,235 | 27,231 | 26,278 | 25,375 | 24,517 | 23,701 | 22,927 | 22,190 | 21,489 |
| 43 | 34,810 | 28,662 | 27,623 | 26,639 | 25,706 | 24,822 | 23,982 | 23,185 | 22,427 | 21,707 |
| 44 | 35,455 | 29,080 | 28,007 | 26,991 | 26,029 | 25,118 | 24,254 | 23,435 | 22,657 | 21,918 |
| 45 | 36,095 | 29,490 | 28,382 | 27,335 | 26,345 | 25,407 | 24,519 | 23,677 | 22,879 | 22,122 |
| 46 | 36,727 | 29,892 | 28,750 | 27,671 | 26,652 | 25,688 | 24,775 | 23,912 | 23,094 | 22,318 |
| 47 | 37,354 | 30,287 | 29,110 | 27,999 | 26,951 | 25,961 | 25,025 | 24,139 | 23,302 | 22,508 |
| 48 | 37,974 | 30,673 | 29,461 | 28,319 | 27,243 | 26,226 | 25,267 | 24,360 | 23,502 | 22,691 |
| 49 | 38,588 | 31,052 | 29,806 | 28,632 | 27,527 | 26,485 | 25,502 | 24,574 | 23,697 | 22,868 |
| 50 | 39,196 | 31,424 | 30,143 | 28,938 | 27,804 | 26,736 | 25,730 | 24,781 | 23,885 | 23,039 |
| 100 | 63,029 | 43,098 | 40,296 | 37,778 | 35,508 | 33,457 | 31,599 | 29,911 | 28,373 | 26,969 |

n = Laufzeit in Jahren                    Zinssatz p = 1,0 bis 3,6 % p.a.

**Abb. 3-21.1** Nachschüssige Rentenbarwertfaktoren

| n | 3,8% | 4,0% | 4,2% | 4,4% | 4,6% | 4,8% | 5,0% | 5,2% | 5,4% | 5,6% |
|---|------|------|------|------|------|------|------|------|------|------|
| 1 | 0,963 | 0,962 | 0,960 | 0,958 | 0,956 | 0,954 | 0,952 | 0,951 | 0,949 | 0,947 |
| 2 | 1,892 | 1,886 | 1,881 | 1,875 | 1,870 | 1,865 | 1,859 | 1,854 | 1,849 | 1,844 |
| 3 | 2,786 | 2,775 | 2,765 | 2,754 | 2,744 | 2,733 | 2,723 | 2,713 | 2,703 | 2,693 |
| 4 | 3,647 | 3,630 | 3,613 | 3,596 | 3,579 | 3,562 | 3,546 | 3,530 | 3,513 | 3,497 |
| 5 | 4,477 | 4,452 | 4,427 | 4,402 | 4,378 | 4,354 | 4,329 | 4,306 | 4,282 | 4,259 |
| 6 | 5,276 | 5,242 | 5,208 | 5,175 | 5,141 | 5,108 | 5,076 | 5,043 | 5,011 | 4,980 |
| 7 | 6,047 | 6,002 | 5,958 | 5,914 | 5,871 | 5,829 | 5,786 | 5,745 | 5,703 | 5,663 |
| 8 | 6,789 | 6,733 | 6,677 | 6,623 | 6,569 | 6,516 | 6,463 | 6,411 | 6,360 | 6,309 |
| 9 | 7,504 | 7,435 | 7,368 | 7,302 | 7,236 | 7,172 | 7,108 | 7,045 | 6,983 | 6,922 |
| 10 | 8,192 | 8,111 | 8,031 | 7,952 | 7,874 | 7,797 | 7,722 | 7,647 | 7,574 | 7,502 |
| 11 | 8,856 | 8,760 | 8,667 | 8,574 | 8,484 | 8,394 | 8,306 | 8,220 | 8,135 | 8,051 |
| 12 | 9,495 | 9,385 | 9,277 | 9,171 | 9,067 | 8,964 | 8,863 | 8,764 | 8,667 | 8,571 |
| 13 | 10,111 | 9,986 | 9,863 | 9,742 | 9,624 | 9,508 | 9,394 | 9,281 | 9,171 | 9,063 |
| 14 | 10,704 | 10,563 | 10,425 | 10,290 | 10,157 | 10,026 | 9,899 | 9,773 | 9,650 | 9,530 |
| 15 | 11,276 | 11,118 | 10,964 | 10,814 | 10,666 | 10,521 | 10,380 | 10,241 | 10,105 | 9,971 |
| 16 | 11,826 | 11,652 | 11,482 | 11,316 | 11,153 | 10,994 | 10,838 | 10,685 | 10,536 | 10,389 |
| 17 | 12,357 | 12,166 | 11,979 | 11,797 | 11,619 | 11,444 | 11,274 | 11,108 | 10,945 | 10,785 |
| 18 | 12,868 | 12,659 | 12,456 | 12,257 | 12,064 | 11,874 | 11,690 | 11,509 | 11,333 | 11,160 |
| 19 | 13,360 | 13,134 | 12,914 | 12,699 | 12,489 | 12,285 | 12,085 | 11,891 | 11,701 | 11,516 |
| 20 | 13,834 | 13,590 | 13,353 | 13,121 | 12,896 | 12,676 | 12,462 | 12,254 | 12,050 | 11,852 |
| 21 | 14,291 | 14,029 | 13,774 | 13,526 | 13,285 | 13,050 | 12,821 | 12,598 | 12,382 | 12,170 |
| 22 | 14,731 | 14,451 | 14,179 | 13,914 | 13,657 | 13,406 | 13,163 | 12,926 | 12,696 | 12,472 |
| 23 | 15,155 | 14,857 | 14,567 | 14,285 | 14,012 | 13,747 | 13,489 | 13,238 | 12,994 | 12,757 |
| 24 | 15,564 | 15,247 | 14,939 | 14,641 | 14,352 | 14,071 | 13,799 | 13,534 | 13,277 | 13,028 |
| 25 | 15,958 | 15,622 | 15,297 | 14,982 | 14,677 | 14,381 | 14,094 | 13,816 | 13,546 | 13,284 |
| 26 | 16,337 | 15,983 | 15,640 | 15,308 | 14,987 | 14,676 | 14,375 | 14,083 | 13,801 | 13,527 |
| 27 | 16,702 | 16,330 | 15,969 | 15,621 | 15,284 | 14,958 | 14,643 | 14,338 | 14,042 | 13,756 |
| 28 | 17,054 | 16,663 | 16,285 | 15,921 | 15,568 | 15,227 | 14,898 | 14,580 | 14,272 | 13,974 |
| 29 | 17,393 | 16,984 | 16,589 | 16,207 | 15,840 | 15,484 | 15,141 | 14,810 | 14,489 | 14,180 |
| 30 | 17,720 | 17,292 | 16,880 | 16,482 | 16,099 | 15,729 | 15,372 | 15,028 | 14,696 | 14,375 |
| 31 | 18,034 | 17,588 | 17,159 | 16,745 | 16,347 | 15,963 | 15,593 | 15,236 | 14,892 | 14,559 |
| 32 | 18,338 | 17,874 | 17,427 | 16,998 | 16,584 | 16,186 | 15,803 | 15,433 | 15,077 | 14,734 |
| 33 | 18,630 | 18,148 | 17,684 | 17,239 | 16,811 | 16,399 | 16,003 | 15,621 | 15,254 | 14,900 |
| 34 | 18,911 | 18,411 | 17,931 | 17,470 | 17,028 | 16,602 | 16,193 | 15,799 | 15,421 | 15,057 |
| 35 | 19,182 | 18,665 | 18,168 | 17,692 | 17,235 | 16,796 | 16,374 | 15,969 | 15,580 | 15,205 |
| 36 | 19,443 | 18,908 | 18,396 | 17,904 | 17,433 | 16,981 | 16,547 | 16,130 | 15,730 | 15,346 |
| 37 | 19,695 | 19,143 | 18,614 | 18,107 | 17,622 | 17,157 | 16,711 | 16,284 | 15,873 | 15,479 |
| 38 | 19,937 | 19,368 | 18,823 | 18,302 | 17,803 | 17,326 | 16,868 | 16,429 | 16,009 | 15,605 |
| 39 | 20,171 | 19,584 | 19,024 | 18,489 | 17,976 | 17,486 | 17,017 | 16,568 | 16,137 | 15,724 |
| 40 | 20,396 | 19,793 | 19,217 | 18,667 | 18,142 | 17,640 | 17,159 | 16,699 | 16,259 | 15,838 |
| 41 | 20,613 | 19,993 | 19,402 | 18,838 | 18,300 | 17,786 | 17,294 | 16,824 | 16,375 | 15,945 |
| 42 | 20,821 | 20,186 | 19,580 | 19,002 | 18,451 | 17,925 | 17,423 | 16,943 | 16,485 | 16,046 |
| 43 | 21,022 | 20,371 | 19,750 | 19,159 | 18,596 | 18,059 | 17,546 | 17,056 | 16,589 | 16,142 |
| 44 | 21,216 | 20,549 | 19,914 | 19,310 | 18,734 | 18,186 | 17,663 | 17,164 | 16,688 | 16,233 |
| 45 | 21,403 | 20,720 | 20,071 | 19,454 | 18,866 | 18,307 | 17,774 | 17,266 | 16,782 | 16,319 |
| 46 | 21,583 | 20,885 | 20,222 | 19,592 | 18,993 | 18,423 | 17,880 | 17,363 | 16,871 | 16,401 |
| 47 | 21,756 | 21,043 | 20,366 | 19,724 | 19,113 | 18,533 | 17,981 | 17,456 | 16,955 | 16,478 |
| 48 | 21,923 | 21,195 | 20,505 | 19,850 | 19,229 | 18,638 | 18,077 | 17,543 | 17,035 | 16,551 |
| 49 | 22,084 | 21,341 | 20,638 | 19,972 | 19,339 | 18,739 | 18,169 | 17,627 | 17,111 | 16,620 |
| 50 | 22,239 | 21,482 | 20,766 | 20,088 | 19,445 | 18,835 | 18,256 | 17,706 | 17,183 | 16,686 |
| 100 | 25,684 | 24,505 | 23,420 | 22,421 | 21,497 | 20,642 | 19,848 | 19,110 | 18,422 | 17,780 |

| n = Laufzeit in Jahren | Zinssatz p = 3,8 bis 5,6 % p.a. |
|---|---|

**Abb. 3-21.2** Nachschüssige Rentenbarwertfaktoren

3.3.2 Verfahren der Investitionsrechnung

| n | 5,8% | 6,0% | 6,2% | 6,4% | 6,6% | 6,8% | 7,0% | 7,2% | 7,4% | 7,6% |
|---|------|------|------|------|------|------|------|------|------|------|
| 1 | 0,945 | 0,943 | 0,942 | 0,940 | 0,938 | 0,936 | 0,935 | 0,933 | 0,931 | 0,929 |
| 2 | 1,839 | 1,833 | 1,828 | 1,823 | 1,818 | 1,813 | 1,808 | 1,803 | 1,798 | 1,793 |
| 3 | 2,683 | 2,673 | 2,663 | 2,653 | 2,644 | 2,634 | 2,624 | 2,615 | 2,605 | 2,596 |
| 4 | 3,481 | 3,465 | 3,449 | 3,434 | 3,418 | 3,403 | 3,387 | 3,372 | 3,357 | 3,342 |
| 5 | 4,235 | 4,212 | 4,190 | 4,167 | 4,144 | 4,122 | 4,100 | 4,078 | 4,057 | 4,035 |
| 6 | 4,948 | 4,917 | 4,887 | 4,856 | 4,826 | 4,796 | 4,767 | 4,737 | 4,708 | 4,680 |
| 7 | 5,622 | 5,582 | 5,543 | 5,504 | 5,465 | 5,427 | 5,389 | 5,352 | 5,315 | 5,278 |
| 8 | 6,259 | 6,210 | 6,161 | 6,113 | 6,065 | 6,018 | 5,971 | 5,925 | 5,880 | 5,835 |
| 9 | 6,861 | 6,802 | 6,743 | 6,685 | 6,628 | 6,571 | 6,515 | 6,460 | 6,406 | 6,352 |
| 10 | 7,430 | 7,360 | 7,291 | 7,223 | 7,155 | 7,089 | 7,024 | 6,959 | 6,896 | 6,833 |
| 11 | 7,968 | 7,887 | 7,807 | 7,728 | 7,650 | 7,574 | 7,499 | 7,425 | 7,352 | 7,280 |
| 12 | 8,477 | 8,384 | 8,293 | 8,203 | 8,115 | 8,028 | 7,943 | 7,859 | 7,776 | 7,695 |
| 13 | 8,957 | 8,853 | 8,750 | 8,649 | 8,550 | 8,453 | 8,358 | 8,264 | 8,171 | 8,081 |
| 14 | 9,411 | 9,295 | 9,181 | 9,069 | 8,959 | 8,851 | 8,745 | 8,642 | 8,539 | 8,439 |
| 15 | 9,840 | 9,712 | 9,587 | 9,463 | 9,343 | 9,224 | 9,108 | 8,994 | 8,882 | 8,773 |
| 16 | 10,246 | 10,106 | 9,969 | 9,834 | 9,702 | 9,573 | 9,447 | 9,323 | 9,201 | 9,082 |
| 17 | 10,630 | 10,477 | 10,328 | 10,182 | 10,040 | 9,900 | 9,763 | 9,629 | 9,498 | 9,370 |
| 18 | 10,992 | 10,828 | 10,667 | 10,510 | 10,356 | 10,206 | 10,059 | 9,915 | 9,775 | 9,638 |
| 19 | 11,335 | 11,158 | 10,986 | 10,817 | 10,653 | 10,492 | 10,336 | 10,182 | 10,033 | 9,886 |
| 20 | 11,658 | 11,470 | 11,286 | 11,107 | 10,932 | 10,761 | 10,594 | 10,431 | 10,272 | 10,117 |
| 21 | 11,965 | 11,764 | 11,569 | 11,378 | 11,193 | 11,012 | 10,836 | 10,664 | 10,496 | 10,332 |
| 22 | 12,254 | 12,042 | 11,835 | 11,634 | 11,438 | 11,247 | 11,061 | 10,880 | 10,704 | 10,532 |
| 23 | 12,527 | 12,303 | 12,086 | 11,874 | 11,668 | 11,467 | 11,272 | 11,082 | 10,897 | 10,717 |
| 24 | 12,786 | 12,550 | 12,322 | 12,099 | 11,884 | 11,674 | 11,469 | 11,271 | 11,078 | 10,890 |
| 25 | 13,030 | 12,783 | 12,544 | 12,312 | 12,086 | 11,867 | 11,654 | 11,447 | 11,245 | 11,050 |
| 26 | 13,261 | 13,003 | 12,753 | 12,511 | 12,276 | 12,047 | 11,826 | 11,611 | 11,402 | 11,199 |
| 27 | 13,479 | 13,211 | 12,950 | 12,698 | 12,454 | 12,217 | 11,987 | 11,764 | 11,547 | 11,337 |
| 28 | 13,685 | 13,406 | 13,136 | 12,874 | 12,621 | 12,375 | 12,137 | 11,906 | 11,683 | 11,466 |
| 29 | 13,880 | 13,591 | 13,311 | 13,040 | 12,777 | 12,524 | 12,278 | 12,040 | 11,809 | 11,585 |
| 30 | 14,064 | 13,765 | 13,475 | 13,195 | 12,924 | 12,662 | 12,409 | 12,164 | 11,926 | 11,696 |
| 31 | 14,239 | 13,929 | 13,630 | 13,341 | 13,062 | 12,793 | 12,532 | 12,280 | 12,036 | 11,800 |
| 32 | 14,403 | 14,084 | 13,776 | 13,479 | 13,192 | 12,914 | 12,647 | 12,388 | 12,137 | 11,896 |
| 33 | 14,559 | 14,230 | 13,913 | 13,608 | 13,313 | 13,028 | 12,754 | 12,489 | 12,232 | 11,985 |
| 34 | 14,706 | 14,368 | 14,043 | 13,729 | 13,427 | 13,135 | 12,854 | 12,583 | 12,321 | 12,068 |
| 35 | 14,845 | 14,498 | 14,165 | 13,843 | 13,534 | 13,235 | 12,948 | 12,670 | 12,403 | 12,145 |
| 36 | 14,976 | 14,621 | 14,279 | 13,950 | 13,634 | 13,329 | 13,035 | 12,752 | 12,479 | 12,216 |
| 37 | 15,100 | 14,737 | 14,387 | 14,051 | 13,728 | 13,417 | 13,117 | 12,829 | 12,551 | 12,283 |
| 38 | 15,218 | 14,846 | 14,489 | 14,146 | 13,816 | 13,499 | 13,193 | 12,900 | 12,617 | 12,344 |
| 39 | 15,329 | 14,949 | 14,585 | 14,235 | 13,899 | 13,576 | 13,265 | 12,966 | 12,679 | 12,402 |
| 40 | 15,434 | 15,046 | 14,675 | 14,318 | 13,976 | 13,648 | 13,332 | 13,028 | 12,736 | 12,455 |
| 41 | 15,533 | 15,138 | 14,760 | 14,397 | 14,049 | 13,715 | 13,394 | 13,086 | 12,790 | 12,505 |
| 42 | 15,626 | 15,225 | 14,840 | 14,471 | 14,117 | 13,778 | 13,452 | 13,140 | 12,840 | 12,551 |
| 43 | 15,715 | 15,306 | 14,915 | 14,540 | 14,181 | 13,837 | 13,507 | 13,190 | 12,886 | 12,594 |
| 44 | 15,799 | 15,383 | 14,986 | 14,605 | 14,241 | 13,892 | 13,558 | 13,237 | 12,929 | 12,634 |
| 45 | 15,878 | 15,456 | 15,053 | 14,667 | 14,298 | 13,944 | 13,606 | 13,281 | 12,970 | 12,671 |
| 46 | 15,952 | 15,524 | 15,115 | 14,724 | 14,351 | 13,993 | 13,650 | 13,322 | 13,007 | 12,705 |
| 47 | 16,023 | 15,589 | 15,175 | 14,779 | 14,400 | 14,038 | 13,692 | 13,360 | 13,042 | 12,737 |
| 48 | 16,090 | 15,650 | 15,230 | 14,830 | 14,447 | 14,081 | 13,730 | 13,395 | 13,074 | 12,767 |
| 49 | 16,153 | 15,708 | 15,283 | 14,877 | 14,490 | 14,120 | 13,767 | 13,429 | 13,105 | 12,794 |
| 50 | 16,213 | 15,762 | 15,332 | 14,922 | 14,531 | 14,158 | 13,801 | 13,459 | 13,133 | 12,820 |
| 100 | 17,180 | 16,618 | 16,090 | 15,593 | 15,126 | 14,685 | 14,269 | 13,876 | 13,503 | 13,149 |

n = Laufzeit in Jahren                                    Zinssatz p = 5,8 bis 7,6 % p.a.

**Abb. 3-21.3** Nachschüssige Rentenbarwertfaktoren

| n | 7,8% | 8,0% | 8,2% | 8,4% | 8,6% | 8,8% | 9,0% | 10,0% | 15,0% | 20,0% |
|---|---|---|---|---|---|---|---|---|---|---|
| 1 | 0,928 | 0,926 | 0,924 | 0,923 | 0,921 | 0,919 | 0,917 | 0,909 | 0,870 | 0,833 |
| 2 | 1,788 | 1,783 | 1,778 | 1,774 | 1,769 | 1,764 | 1,759 | 1,736 | 1,626 | 1,528 |
| 3 | 2,586 | 2,577 | 2,568 | 2,559 | 2,549 | 2,540 | 2,531 | 2,487 | 2,283 | 2,106 |
| 4 | 3,327 | 3,312 | 3,297 | 3,283 | 3,268 | 3,254 | 3,240 | 3,170 | 2,855 | 2,589 |
| 5 | 4,014 | 3,993 | 3,972 | 3,951 | 3,930 | 3,910 | 3,890 | 3,791 | 3,352 | 2,991 |
| 6 | 4,651 | 4,623 | 4,595 | 4,567 | 4,540 | 4,513 | 4,486 | 4,355 | 3,784 | 3,326 |
| 7 | 5,242 | 5,206 | 5,171 | 5,136 | 5,101 | 5,067 | 5,033 | 4,868 | 4,160 | 3,605 |
| 8 | 5,791 | 5,747 | 5,703 | 5,660 | 5,618 | 5,576 | 5,535 | 5,335 | 4,487 | 3,837 |
| 9 | 6,299 | 6,247 | 6,195 | 6,144 | 6,094 | 6,044 | 5,995 | 5,759 | 4,772 | 4,031 |
| 10 | 6,771 | 6,710 | 6,650 | 6,591 | 6,532 | 6,475 | 6,418 | 6,145 | 5,019 | 4,192 |
| 11 | 7,209 | 7,139 | 7,070 | 7,002 | 6,936 | 6,870 | 6,805 | 6,495 | 5,234 | 4,327 |
| 12 | 7,615 | 7,536 | 7,459 | 7,382 | 7,307 | 7,233 | 7,161 | 6,814 | 5,421 | 4,439 |
| 13 | 7,991 | 7,904 | 7,818 | 7,733 | 7,649 | 7,568 | 7,487 | 7,103 | 5,583 | 4,533 |
| 14 | 8,341 | 8,244 | 8,149 | 8,056 | 7,965 | 7,875 | 7,786 | 7,367 | 5,724 | 4,611 |
| 15 | 8,665 | 8,559 | 8,456 | 8,354 | 8,255 | 8,157 | 8,061 | 7,606 | 5,847 | 4,675 |
| 16 | 8,966 | 8,851 | 8,739 | 8,629 | 8,522 | 8,416 | 8,313 | 7,824 | 5,954 | 4,730 |
| 17 | 9,245 | 9,122 | 9,001 | 8,883 | 8,768 | 8,655 | 8,544 | 8,022 | 6,047 | 4,775 |
| 18 | 9,503 | 9,372 | 9,243 | 9,117 | 8,994 | 8,874 | 8,756 | 8,201 | 6,128 | 4,812 |
| 19 | 9,743 | 9,604 | 9,467 | 9,333 | 9,203 | 9,075 | 8,950 | 8,365 | 6,198 | 4,843 |
| 20 | 9,966 | 9,818 | 9,674 | 9,533 | 9,395 | 9,260 | 9,129 | 8,514 | 6,259 | 4,870 |
| 21 | 10,173 | 10,017 | 9,865 | 9,716 | 9,572 | 9,430 | 9,292 | 8,649 | 6,312 | 4,891 |
| 22 | 10,364 | 10,201 | 10,041 | 9,886 | 9,734 | 9,587 | 9,442 | 8,772 | 6,359 | 4,909 |
| 23 | 10,542 | 10,371 | 10,205 | 10,042 | 9,884 | 9,730 | 9,580 | 8,883 | 6,399 | 4,925 |
| 24 | 10,707 | 10,529 | 10,355 | 10,187 | 10,022 | 9,862 | 9,707 | 8,985 | 6,434 | 4,937 |
| 25 | 10,860 | 10,675 | 10,495 | 10,320 | 10,150 | 9,984 | 9,823 | 9,077 | 6,464 | 4,948 |
| 26 | 11,002 | 10,810 | 10,624 | 10,443 | 10,267 | 10,095 | 9,929 | 9,161 | 6,491 | 4,956 |
| 27 | 11,133 | 10,935 | 10,743 | 10,556 | 10,374 | 10,198 | 10,027 | 9,237 | 6,514 | 4,964 |
| 28 | 11,255 | 11,051 | 10,853 | 10,661 | 10,474 | 10,292 | 10,116 | 9,307 | 6,534 | 4,970 |
| 29 | 11,369 | 11,158 | 10,955 | 10,757 | 10,565 | 10,379 | 10,198 | 9,370 | 6,551 | 4,975 |
| 30 | 11,474 | 11,258 | 11,049 | 10,846 | 10,649 | 10,459 | 10,274 | 9,427 | 6,566 | 4,979 |
| 31 | 11,571 | 11,350 | 11,136 | 10,928 | 10,727 | 10,532 | 10,343 | 9,479 | 6,579 | 4,982 |
| 32 | 11,661 | 11,435 | 11,216 | 11,004 | 10,798 | 10,599 | 10,406 | 9,526 | 6,591 | 4,985 |
| 33 | 11,745 | 11,514 | 11,290 | 11,073 | 10,864 | 10,661 | 10,464 | 9,569 | 6,600 | 4,988 |
| 34 | 11,823 | 11,587 | 11,359 | 11,138 | 10,924 | 10,718 | 10,518 | 9,609 | 6,609 | 4,990 |
| 35 | 11,895 | 11,655 | 11,422 | 11,197 | 10,980 | 10,770 | 10,567 | 9,644 | 6,617 | 4,992 |
| 36 | 11,962 | 11,717 | 11,481 | 11,252 | 11,031 | 10,818 | 10,612 | 9,677 | 6,623 | 4,993 |
| 37 | 12,024 | 11,775 | 11,535 | 11,303 | 11,079 | 10,862 | 10,653 | 9,706 | 6,629 | 4,994 |
| 38 | 12,082 | 11,829 | 11,585 | 11,349 | 11,122 | 10,903 | 10,691 | 9,733 | 6,634 | 4,995 |
| 39 | 12,135 | 11,879 | 11,631 | 11,392 | 11,162 | 10,940 | 10,726 | 9,757 | 6,638 | 4,996 |
| 40 | 12,185 | 11,925 | 11,674 | 11,432 | 11,199 | 10,974 | 10,757 | 9,779 | 6,642 | 4,997 |
| 41 | 12,231 | 11,967 | 11,713 | 11,469 | 11,233 | 11,006 | 10,787 | 9,799 | 6,645 | 4,997 |
| 42 | 12,274 | 12,007 | 11,750 | 11,503 | 11,264 | 11,035 | 10,813 | 9,817 | 6,648 | 4,998 |
| 43 | 12,313 | 12,043 | 11,784 | 11,534 | 11,293 | 11,061 | 10,838 | 9,834 | 6,650 | 4,998 |
| 44 | 12,350 | 12,077 | 11,815 | 11,562 | 11,320 | 11,086 | 10,861 | 9,849 | 6,652 | 4,998 |
| 45 | 12,384 | 12,108 | 11,844 | 11,589 | 11,344 | 11,108 | 10,881 | 9,863 | 6,654 | 4,999 |
| 46 | 12,416 | 12,137 | 11,870 | 11,613 | 11,366 | 11,129 | 10,900 | 9,875 | 6,656 | 4,999 |
| 47 | 12,445 | 12,164 | 11,895 | 11,636 | 11,387 | 11,148 | 10,918 | 9,887 | 6,657 | 4,999 |
| 48 | 12,472 | 12,189 | 11,918 | 11,657 | 11,406 | 11,165 | 10,934 | 9,897 | 6,659 | 4,999 |
| 49 | 12,497 | 12,212 | 11,939 | 11,676 | 11,424 | 11,181 | 10,948 | 9,906 | 6,660 | 4,999 |
| 50 | 12,521 | 12,233 | 11,958 | 11,694 | 11,440 | 11,196 | 10,962 | 9,915 | 6,661 | 4,999 |
| 100 | 12,813 | 12,494 | 12,191 | 11,901 | 11,625 | 11,361 | 11,109 | 9,999 | 6,667 | 5,000 |

n = Laufzeit in Jahren          Zinssatz p = 7,8 bis 20,0 % p.a.

**Abb. 3-21.4** Nachschüssige Rentenbarwertfaktoren

### 3.3.2 Verfahren der Investitionsrechnung

| n | 1,0% | 2,0% | 3,0% | 4,0% | 5,0% | 6,0% | 7,0% | 8,0% | 9,0% | 10,0% |
|---|------|------|------|------|------|------|------|------|------|-------|
| 1 | 1,000 | 1,000 | 1,000 | 1,000 | 1,000 | 1,000 | 1,000 | 1,000 | 1,000 | 1,000 |
| 2 | 2,010 | 2,020 | 2,030 | 2,040 | 2,050 | 2,060 | 2,070 | 2,080 | 2,090 | 2,100 |
| 3 | 3,030 | 3,060 | 3,091 | 3,122 | 3,153 | 3,184 | 3,215 | 3,246 | 3,278 | 3,310 |
| 4 | 4,060 | 4,122 | 4,184 | 4,246 | 4,310 | 4,375 | 4,440 | 4,506 | 4,573 | 4,641 |
| 5 | 5,101 | 5,204 | 5,309 | 5,416 | 5,526 | 5,637 | 5,751 | 5,867 | 5,985 | 6,105 |
| 6 | 6,152 | 6,308 | 6,468 | 6,633 | 6,802 | 6,975 | 7,153 | 7,336 | 7,523 | 7,716 |
| 7 | 7,214 | 7,434 | 7,662 | 7,898 | 8,142 | 8,394 | 8,654 | 8,923 | 9,200 | 9,487 |
| 8 | 8,286 | 8,583 | 8,892 | 9,214 | 9,549 | 9,897 | 10,260 | 10,637 | 11,028 | 11,436 |
| 9 | 9,369 | 9,755 | 10,159 | 10,583 | 11,027 | 11,491 | 11,978 | 12,488 | 13,021 | 13,579 |
| 10 | 10,462 | 10,950 | 11,464 | 12,006 | 12,578 | 13,181 | 13,816 | 14,487 | 15,193 | 15,937 |
| 11 | 11,567 | 12,169 | 12,808 | 13,486 | 14,207 | 14,972 | 15,784 | 16,645 | 17,560 | 18,531 |
| 12 | 12,683 | 13,412 | 14,192 | 15,026 | 15,917 | 16,870 | 17,888 | 18,977 | 20,141 | 21,384 |
| 13 | 13,809 | 14,680 | 15,618 | 16,627 | 17,713 | 18,882 | 20,141 | 21,495 | 22,953 | 24,523 |
| 14 | 14,947 | 15,974 | 17,086 | 18,292 | 19,599 | 21,015 | 22,550 | 24,215 | 26,019 | 27,975 |
| 15 | 16,097 | 17,293 | 18,599 | 20,024 | 21,579 | 23,276 | 25,129 | 27,152 | 29,361 | 31,772 |
| 16 | 17,258 | 18,639 | 20,157 | 21,825 | 23,657 | 25,673 | 27,888 | 30,324 | 33,003 | 35,950 |
| 17 | 18,430 | 20,012 | 21,762 | 23,698 | 25,840 | 28,213 | 30,840 | 33,750 | 36,974 | 40,545 |
| 18 | 19,615 | 21,412 | 23,414 | 25,645 | 28,132 | 30,906 | 33,999 | 37,450 | 41,301 | 45,599 |
| 19 | 20,811 | 22,841 | 25,117 | 27,671 | 30,539 | 33,760 | 37,379 | 41,446 | 46,018 | 51,159 |
| 20 | 22,019 | 24,297 | 26,870 | 29,778 | 33,066 | 36,786 | 40,995 | 45,762 | 51,160 | 57,275 |
| 21 | 23,239 | 25,783 | 28,676 | 31,969 | 35,719 | 39,993 | 44,865 | 50,423 | 56,765 | 64,002 |
| 22 | 24,472 | 27,299 | 30,537 | 34,248 | 38,505 | 43,392 | 49,006 | 55,457 | 62,873 | 71,403 |
| 23 | 25,716 | 28,845 | 32,453 | 36,618 | 41,430 | 46,996 | 53,436 | 60,893 | 69,532 | 79,543 |
| 24 | 26,973 | 30,422 | 34,426 | 39,083 | 44,502 | 50,816 | 58,177 | 66,765 | 76,790 | 88,497 |
| 25 | 28,243 | 32,030 | 36,459 | 41,646 | 47,727 | 54,865 | 63,249 | 73,106 | 84,701 | 98,35 |
| 26 | 29,526 | 33,671 | 38,553 | 44,312 | 51,113 | 59,156 | 68,676 | 79,954 | 93,32 | 109,18 |
| 27 | 30,821 | 35,344 | 40,710 | 47,084 | 54,669 | 63,706 | 74,484 | 87,351 | 102,72 | 121,10 |
| 28 | 32,129 | 37,051 | 42,931 | 49,968 | 58,403 | 68,528 | 80,698 | 95,34 | 112,97 | 134,21 |
| 29 | 33,450 | 38,792 | 45,219 | 52,966 | 62,323 | 73,640 | 87,347 | 103,97 | 124,14 | 148,63 |
| 30 | 34,785 | 40,568 | 47,575 | 56,085 | 66,439 | 79,058 | 94,46 | 113,28 | 136,31 | 164,49 |
| 31 | 36,133 | 42,379 | 50,003 | 59,328 | 70,761 | 84,802 | 102,07 | 123,35 | 149,58 | 181,94 |
| 32 | 37,494 | 44,227 | 52,503 | 62,701 | 75,299 | 90,890 | 110,22 | 134,21 | 164,04 | 201,14 |
| 33 | 38,869 | 46,112 | 55,078 | 66,210 | 80,064 | 97,34 | 118,93 | 145,95 | 179,80 | 222,25 |
| 34 | 40,258 | 48,034 | 57,730 | 69,858 | 85,067 | 104,18 | 128,26 | 158,63 | 196,98 | 245,48 |
| 35 | 41,660 | 49,994 | 60,462 | 73,652 | 90,320 | 111,43 | 138,24 | 172,32 | 215,71 | 271,02 |
| 36 | 43,077 | 51,994 | 63,276 | 77,598 | 95,84 | 119,12 | 148,91 | 187,10 | 236,12 | 299,13 |
| 37 | 44,508 | 54,034 | 66,174 | 81,702 | 101,63 | 127,27 | 160,34 | 203,07 | 258,38 | 330,04 |
| 38 | 45,953 | 56,115 | 69,159 | 85,970 | 107,71 | 135,90 | 172,56 | 220,32 | 282,63 | 364,04 |
| 39 | 47,412 | 58,237 | 72,234 | 90,409 | 114,10 | 145,06 | 185,64 | 238,94 | 309,07 | 401,45 |
| 40 | 48,886 | 60,402 | 75,401 | 95,026 | 120,80 | 154,76 | 199,64 | 259,06 | 337,88 | 442,59 |
| 41 | 50,375 | 62,610 | 78,663 | 99,83 | 127,84 | 165,05 | 214,61 | 280,78 | 369,29 | 487,85 |
| 42 | 51,879 | 64,862 | 82,023 | 104,82 | 135,23 | 175,95 | 230,63 | 304,24 | 403,53 | 537,64 |
| 43 | 53,398 | 67,159 | 85,484 | 110,01 | 142,99 | 187,51 | 247,78 | 329,58 | 440,85 | 592,64 |
| 44 | 54,932 | 69,503 | 89,048 | 115,41 | 151,14 | 199,76 | 266,12 | 356,95 | 481,52 | 652,64 |
| 45 | 56,481 | 71,893 | 92,720 | 121,03 | 159,70 | 212,74 | 285,75 | 386,51 | 525,86 | 718,90 |
| 46 | 58,046 | 74,331 | 96,501 | 126,87 | 168,69 | 226,51 | 306,75 | 418,43 | 574,19 | 791,80 |
| 47 | 59,626 | 76,817 | 100,40 | 132,95 | 178,12 | 241,10 | 329,22 | 452,90 | 626,86 | 871,80 |
| 48 | 61,223 | 79,354 | 104,41 | 139,26 | 188,03 | 256,56 | 353,27 | 490,13 | 684,28 | 960,2 |
| 49 | 62,835 | 81,941 | 108,54 | 145,83 | 198,43 | 272,96 | 379,00 | 530,34 | 746,87 | 1.057,2 |
| 50 | 64,463 | 84,579 | 112,80 | 152,67 | 209,35 | 290,34 | 406,53 | 573,77 | 815,08 | 1.163,9 |
| 100 | 170,48 | 312,23 | 607,29 | 1.237,6 | 2.610,0 | 5.638,4 | 12.382 | 27.485 | 61.423 | 137.796 |

n = Laufzeit in Jahren          Zinssatz p = 1,0 bis 10,0 % p.a.

**Abb. 3-22** Nachschüssige Rentenendwertfaktoren

| n | f/q = 0,92 | 0,94 | 0,96 | 0,97 | 0,98 | 0,99 | 1,00 | 1,02 | 1,04 | 1,06 |
|---|---|---|---|---|---|---|---|---|---|---|
| 1 | 0,920 | 0,940 | 0,960 | 0,970 | 0,980 | 0,990 | 1,000 | 1,020 | 1,040 | 1,060 |
| 2 | 1,766 | 1,824 | 1,882 | 1,911 | 1,940 | 1,970 | 2,000 | 2,060 | 2,122 | 2,184 |
| 3 | 2,545 | 2,654 | 2,766 | 2,824 | 2,882 | 2,940 | 3,000 | 3,122 | 3,246 | 3,375 |
| 4 | 3,261 | 3,435 | 3,616 | 3,709 | 3,804 | 3,901 | 4,000 | 4,204 | 4,416 | 4,637 |
| 5 | 3,921 | 4,169 | 4,431 | 4,568 | 4,708 | 4,852 | 5,000 | 5,308 | 5,633 | 5,975 |
| 6 | 4,527 | 4,859 | 5,214 | 5,401 | 5,594 | 5,793 | 6,000 | 6,434 | 6,898 | 7,394 |
| 7 | 5,085 | 5,507 | 5,965 | 6,209 | 6,462 | 6,726 | 7,000 | 7,583 | 8,214 | 8,897 |
| 8 | 5,598 | 6,117 | 6,687 | 6,992 | 7,313 | 7,648 | 8,000 | 8,755 | 9,583 | 10,491 |
| 9 | 6,070 | 6,690 | 7,379 | 7,753 | 8,146 | 8,562 | 9,000 | 9,950 | 11,006 | 12,181 |
| 10 | 6,505 | 7,228 | 8,044 | 8,490 | 8,963 | 9,466 | 10,000 | 11,169 | 12,486 | 13,972 |
| 11 | 6,904 | 7,735 | 8,682 | 9,205 | 9,764 | 10,362 | 11,000 | 12,412 | 14,026 | 15,870 |
| 12 | 7,272 | 8,211 | 9,295 | 9,899 | 10,549 | 11,248 | 12,000 | 13,680 | 15,627 | 17,882 |
| 13 | 7,610 | 8,658 | 9,883 | 10,572 | 11,318 | 12,125 | 13,000 | 14,974 | 17,292 | 20,015 |
| 14 | 7,921 | 9,078 | 10,448 | 11,225 | 12,072 | 12,994 | 14,000 | 16,293 | 19,024 | 22,276 |
| 15 | 8,208 | 9,474 | 10,990 | 11,858 | 12,810 | 13,854 | 15,000 | 17,639 | 20,825 | 24,673 |
| 16 | 8,471 | 9,845 | 11,510 | 12,472 | 13,534 | 14,706 | 16,000 | 19,012 | 22,698 | 27,213 |
| 17 | 8,713 | 10,195 | 12,010 | 13,068 | 14,243 | 15,549 | 17,000 | 20,412 | 24,645 | 29,906 |
| 18 | 8,936 | 10,523 | 12,490 | 13,646 | 14,938 | 16,383 | 18,000 | 21,841 | 26,671 | 32,760 |
| 19 | 9,141 | 10,832 | 12,950 | 14,207 | 15,620 | 17,209 | 19,000 | 23,297 | 28,778 | 35,786 |
| 20 | 9,330 | 11,122 | 13,392 | 14,751 | 16,287 | 18,027 | 20,000 | 24,783 | 30,969 | 38,993 |
| 21 | 9,504 | 11,394 | 13,816 | 15,278 | 16,941 | 18,837 | 21,000 | 26,299 | 33,248 | 42,392 |
| 22 | 9,663 | 11,651 | 14,224 | 15,790 | 17,583 | 19,639 | 22,000 | 27,845 | 35,618 | 45,996 |
| 23 | 9,810 | 11,892 | 14,615 | 16,286 | 18,211 | 20,432 | 23,000 | 29,422 | 38,083 | 49,816 |
| 24 | 9,945 | 12,118 | 14,990 | 16,768 | 18,827 | 21,218 | 24,000 | 31,030 | 40,646 | 53,865 |
| 25 | 10,070 | 12,331 | 15,350 | 17,234 | 19,430 | 21,996 | 25,000 | 32,671 | 43,312 | 58,156 |
| 26 | 10,184 | 12,531 | 15,696 | 17,687 | 20,022 | 22,766 | 26,000 | 34,344 | 46,084 | 62,706 |
| 27 | 10,289 | 12,719 | 16,029 | 18,127 | 20,601 | 23,528 | 27,000 | 36,051 | 48,968 | 67,528 |
| 28 | 10,386 | 12,896 | 16,347 | 18,553 | 21,169 | 24,283 | 28,000 | 37,792 | 51,966 | 72,640 |
| 29 | 10,475 | 13,062 | 16,654 | 18,966 | 21,726 | 25,030 | 29,000 | 39,568 | 55,085 | 78,058 |
| 30 | 10,557 | 13,219 | 16,947 | 19,367 | 22,271 | 25,770 | 30,000 | 41,379 | 58,328 | 83,802 |
| 31 | 10,633 | 13,366 | 17,230 | 19,756 | 22,806 | 26,502 | 31,000 | 43,227 | 61,701 | 89,890 |
| 32 | 10,702 | 13,504 | 17,500 | 20,134 | 23,330 | 27,227 | 32,000 | 45,112 | 65,210 | 96,343 |
| 33 | 10,766 | 13,633 | 17,760 | 20,500 | 23,843 | 27,945 | 33,000 | 47,034 | 68,858 | 103,18 |
| 34 | 10,825 | 13,755 | 18,010 | 20,855 | 24,346 | 28,655 | 34,000 | 48,994 | 72,652 | 110,43 |
| 35 | 10,879 | 13,870 | 18,250 | 21,199 | 24,839 | 29,359 | 35,000 | 50,994 | 76,598 | 118,12 |
| 36 | 10,928 | 13,978 | 18,480 | 21,533 | 25,323 | 30,055 | 36,000 | 53,034 | 80,702 | 126,27 |
| 37 | 10,974 | 14,079 | 18,700 | 21,857 | 25,796 | 30,745 | 37,000 | 55,115 | 84,970 | 134,90 |
| 38 | 11,016 | 14,174 | 18,912 | 22,171 | 26,260 | 31,427 | 38,000 | 57,237 | 89,409 | 144,06 |
| 39 | 11,055 | 14,264 | 19,116 | 22,476 | 26,715 | 32,103 | 39,000 | 59,402 | 94,026 | 153,76 |
| 40 | 11,091 | 14,348 | 19,311 | 22,772 | 27,161 | 32,772 | 40,000 | 61,610 | 98,827 | 164,05 |
| 41 | 11,123 | 14,427 | 19,499 | 23,059 | 27,597 | 33,434 | 41,000 | 63,862 | 103,82 | 174,95 |
| 42 | 11,153 | 14,502 | 19,679 | 23,337 | 28,026 | 34,090 | 42,000 | 66,159 | 109,01 | 186,51 |
| 43 | 11,181 | 14,572 | 19,852 | 23,607 | 28,445 | 34,739 | 43,000 | 68,503 | 114,41 | 198,76 |
| 44 | 11,207 | 14,637 | 20,018 | 23,869 | 28,856 | 35,381 | 44,000 | 70,893 | 120,03 | 211,74 |
| 45 | 11,230 | 14,699 | 20,177 | 24,123 | 29,259 | 36,018 | 45,000 | 73,331 | 125,87 | 225,51 |
| 46 | 11,252 | 14,757 | 20,330 | 24,369 | 29,654 | 36,647 | 46,000 | 75,817 | 131,95 | 240,10 |
| 47 | 11,272 | 14,812 | 20,477 | 24,608 | 30,041 | 37,271 | 47,000 | 78,354 | 138,26 | 255,56 |
| 48 | 11,290 | 14,863 | 20,618 | 24,840 | 30,420 | 37,888 | 48,000 | 80,941 | 144,83 | 271,96 |
| 49 | 11,307 | 14,911 | 20,753 | 25,064 | 30,792 | 38,499 | 49,000 | 83,579 | 151,67 | 289,34 |
| 50 | 11,322 | 14,956 | 20,883 | 25,283 | 31,156 | 39,104 | 50,000 | 86,271 | 158,77 | 307,76 |
| 100 | 11,497 | 15,634 | 23,595 | 30,796 | 42,502 | 62,76 | 100,00 | 318,48 | 1.287,1 | 5.976,7 |

n = Laufzeit in Jahren          Preissteigerungsfaktor/Zinsfaktor = 0,92 bis 1,06

**Abb. 3-23** Kumulierte Barwertfaktoren einer geometrischen Reihe nachschüssiger Zahlungen

**Aufgabe 1: Anforderungen an eine wirtschaftliche Investition**

Welche vier Anforderungen stellt ein Investor bei ausschließlich monetärer Sichtweise an eine wirtschaftliche Investition?

**Aufgabe 2: Vollständiger gegenseitiger Ausschluss von Investitionsalternativen**

Ein Sparer hat 10.000 € für ein Jahr frei verfügbar. Es bieten sich ihm zwei Anlagemöglichkeiten:

A: genau 10.000 € auf ein Jahr festverzinslich zu 11,5 % p. a.
B: genau 9.000 € auf ein Jahr festverzinslich zu 12,0 % p. a.

Welche Anlage ist für ihn vorteilhafter?

**Aufgabe 3: Vorteilhaftigkeit eines Doppelhauses**

Ein Bauherr beabsichtigt, auf seinem Grundstück ein Doppelhaus mit einer Wohnfläche (WF) von 120 m² pro Doppelhaushälfte zu bauen. Sein Architekt legt ihm einen Entwurf vor und kommt in der Kostenberechnung auf 312.000 € (Baukosten incl. Baunebenkosten) für das Doppelhaus insgesamt.

Die Nutzungskosten für das gesamte Doppelhaus werden voraussichtlich für Heizenergie jährlich 2.000 € und für Instandsetzungsmaßnahmen alle 10 Jahre 30.000 € betragen.

(1) Wie ist die Vorteilhaftigkeit des Entwurfs zu beurteilen, wenn für Doppelhäuser gleichen Standards der Durchschnittswert der Baukosten einschl. Baunebenkosten 1.275 €/m²WF *) beträgt?

(2) Beurteilen Sie die Vorteilhaftigkeit des Entwurfs, wenn Sie zusätzlich den Kennwert des Barwertes der Heizenergieausgaben von 250 €/m²WF und den des Barwertes der Instandsetzungsausgaben von 300 €/m²WF für Doppelhäuser gleichen Standards berücksichtigen.

Rechnen Sie mit einem Kalkulationszinssatz von 3,0 % p. a. (als Realverzinsung) und einer Nutzungsdauer von 50 Jahren. Gehen Sie davon aus, dass die angegebenen Daten auf einem einheitlichen Preisstand basieren.

*) nach: BKI Baukosten 2007, Statistische Kostenkennwerte für Gebäude, S. 282 f. (Doppel- und Reihenendhäuser, einfacher Standard)

**Aufgabe 4: Wirtschaftlichkeit und Nutzungskosten**

Die Herstellung eines Gebäudes erfolgt grundsätzlich nur einmal. Aus der Nutzung eines Gebäudes resultieren die Folgekosten wiederholt; sie werden in der Regel pro Jahr ermittelt bzw. als Jahresdurchschnittswerte angegeben.

a) Wie ist grundsätzlich vorzugehen, um den Aufwand für die Herstellung eines Gebäudes zu periodisieren, d. h. in Jahreswerte umzurechnen?

b) In einem Gebäude ist Kapital gebunden. Hierfür sind im Falle einer Ermittlung der Nutzungskosten bzw. bei Anwendung der Kostenvergleichsrechnung entsprechende Kosten zu berücksichtigen. Welche Kosten sind dies und was ist dabei zu berücksichtigen?

c) Erläutern Sie die Kostenart kalkulatorische Abschreibung im Zusammenhang mit einer Immobilie (Grundstück und Gebäude).

**Aufgabe 5: Überschlägige Beurteilung einer Bauinvestition**

Ein Investor beabsichtigt, ein bestehendes Bürogebäude mit 1000 m² Nutzfläche zu erwerben und zu vermieten. Voraussetzung für die Durchführung dieser Investition ist, dass er im Vergleich zu einer Kapitalmarktanlage keinen Verlust erleidet.

Der geforderte Kaufpreis beträgt einschließlich Erwerbsnebenkosten 1.500.000 €, davon entfallen 80 % auf das Gebäude und 20 % auf das Grundstück. Die Investition erfolgt vollständig aus Eigenmitteln. Die Restnutzungsdauer des Gebäudes beträgt schätzungsweise 30 Jahre. Bei Vermietung des Gebäudes ist mit einem Einnahmeüberschuss (Mieteinnahmen abzüglich Ausgaben für Verwaltung, Grundsteuern u. a., Gebäudebetrieb und Instandsetzung sowie nicht umlegbare Ausgaben für Gebäudebetrieb) von 125.000 € im Jahr zu rechnen.

Beurteilen Sie überschlägig die Vorteilhaftigkeit der Investition, wenn auf dem Kapitalmarkt eine Verzinsung von 6 % p. a. zu erwarten ist.

**Aufgabe 6: Vorteilhaftigkeit eines Wohnungsbauvorhabens**

Eine Kapitalanlagegesellschaft beabsichtigt, einen größeren Geldbetrag gewinnbringend anzulegen. Als eine Anlagemöglichkeit bietet sich die Errichtung von 60 Wohneinheiten à 90 m² Wohnfläche (WF) auf einem in Erbpacht zu übernehmenden Grundstück an. Die Gesellschaft engagiert sich aus geschäftspolitischen Gründen jedoch nur im Wohnungsbau, wenn die Verzinsung mindestens 2 % p.a. über der Kapitalmarktverzinsung liegt.

Folgende Angaben über das Wohnungsbauvorhaben liegen vor:

- Die Investitionsausgabe für das Gebäude beträgt nach Kostenschätzung

5.000.000 €.

- Es wird mit einer Mieteinnahme von 6 €/m²WF monatlich gerechnet, wobei von steigenden Mieteinnahmen entsprechend der allgemeinen Teuerung auszugehen ist.

- Für Erbpacht, Verwaltung, Steuern, Gebäudebetrieb (nur nicht umlegbare Kosten) und Instandsetzungsmaßnahmen fallen jährlich Kosten in Höhe von 25 % der Mieteinnahmen an.

- Es wird eine Nutzungsdauer von 50 Jahren erwartet.

Beurteilen Sie die Vorteilhaftigkeit mit einem Verfahren, das geeignet ist, unter Berücksichtigung der geforderten Mindestverzinsung unmittelbar einen Vergleich mit der Kapitalmarktanlage durchzuführen. Nicht investiertes Kapital lässt auf dem Kapitalmarkt eine Realverzinsung von 3 % p. a. erwarten.


**Aufgabe 7: Vergleich von Mieträumen**

Ein Architekt beabsichtigt, Räume zu mieten, um darin ein Architekturbüro zu betreiben. Er geht davon aus, dass er nach fünf Jahren das Büro wieder aufgeben wird, um in den Ruhestand zu treten. Es werden ihm zwei leer stehende Büros angeboten, die sich zwar im Erhaltungszustand unterscheiden, die aber nach erfolgter Renovierung und Einrichtung gleich gut nutzbar sein werden.

|                                                                          | Büro 1   | Büro 2   |
|--------------------------------------------------------------------------|----------|----------|
| Mietvertragsdauer                                                        | 5 Jahre  | 5 Jahre  |
| Mietzins pro Monat mit 5-jähriger Mietzinsfestschreibung                  | 225 €    | 350 €    |
| Ausgaben für die Renovierung (einmalig vor dem Einzug)                    | 4.000 €  | 1.500 €  |
| Ausgaben für Büroeinrichtung (einmalig vor dem Einzug)                    | 6.000 €  | 4.500 €  |
| Wiederverkaufserlös der Büroeinrichtung nach fünf Jahren                  | 1.000 €  | 500 €    |
| Heizkosten während der fünf Jahre (voraussichtliche Energiepreissteigerung berücksichtigt) | 5.000 €  | 4.000 €  |

Geben Sie auf der Grundlage einer überschlägigen Ermittlung eine Empfehlung für die Auswahl nach wirtschaftlichen Gesichtspunkten ab. Nicht investiertes Kapital lässt auf dem Kapitalmarkt eine Verzinsung von 6 % p. a. erwarten.


**Aufgabe 8: Vorteilhaftigkeit einer zusätzlichen Wärmedämmung**

Sie wollen das Dachgeschoss einer Altbauwohnung mit einer neuen Wärmedämmung ausstatten lassen. Von fachkundigen Firmen erhalten Sie zwei Angebote, die sich auch im Hinblick auf den Wärmeschutz unterscheiden:

|                                          | Variante 1    | Variante 2   |
|------------------------------------------|---------------|--------------|
| Ausgaben für Material und Verarbeitung   | 1.850 €       | 3.000 €      |
| Einsparung an Heizenergie                | 55 €/Monat    | 70 €/Monat   |

Die Preissteigerung für die Heizenergie, die in Höhe der allgemeinen Teuerung zu erwarten ist, ist in den obigen Werten nicht berücksichtigt.

(1) Welche Wärmedämmung ist die vorteilhaftere, wenn Sie berücksichtigen, dass das Gebäude in absehbarer Zeit, frühestens jedoch nach 3 Jahren einer Straßenerweiterung weichen soll? Berücksichtigen Sie die Energiepreissteigerungen, indem Sie die Werte für die monatliche Einsparung pauschal um 5 % erhöhen.

(2) Für welche Variante entscheiden Sie sich, wenn der Abriss des Gebäudes definitiv erst in 10 Jahren erfolgen wird?

Nicht investiertes Kapital lässt auf dem Kapitalmarkt eine Nominalverzinsung von 6 % p. a. erwarten. Es ist mit einer allgemeinen Teuerung von durchschnittlich ca. 3 % p. a. zu rechnen.

Benutzen Sie für die Vorteilhaftigkeitsbestimmung in beiden Fällen ein überschlägiges Verfahren.

## Aufgabe 9: Auswahl einer Wandkonstruktion

Es stehen zwei Außenwandkonstruktionen zur Wahl, bei denen die zweite Außenwand im Vergleich zur ersten in der Herstellung teurer, dafür aber energiesparender und instandsetzungsfreundlicher ist.

(1) Beurteilen Sie die Vorteilhaftigkeit der beiden Außenwandkonstruktionen

(1.1) für den Fall, dass die Ausgaben für Heizenergie sowie Instandsetzungsmaßnahmen entsprechend der allgemeinen Teuerung steigen, und

(1.2) für den Fall, dass die Ausgaben für Heizenergie sowie Instandsetzungsmaßnahmen um 1 % p. a. stärker steigen als die allgemeine Teuerung.

(2) Wie verändert sich der Vorteilhaftigkeitskennwert der Variante 1 für Fall (1.1), wenn vom 6. bis 50. Jahr eine jährliche Instandhaltungsrücklage von 2,00 €/m² zu leisten ist und diese genau ausreicht, um alle erforderlichen Instandsetzungsmaßnahmen auszuführen?

(3) Wie verändert sich tendenziell der Vorteilhaftigkeitskennwert, wenn die gleichen Instandsetzungsmaßnahmen statt in den oben angegebenen Zeitintervallen nur alle 9 Jahre anfallen?

Vorliegende Daten der beiden Außenwandkonstruktionen:

|  | Variante 1 | Variante 2 |
|---|---|---|
| Nutzungsdauer | 50 Jahre | 50 Jahre |
| Erstinvestitionsausgaben (Baukosten) | 115 €/m² | 140 €/m² |
| Ausgaben für Heizenergie €/m²·a (zu heutigen Preisen) | 0,80 €/m²·a | 0,45 |
| Ausgaben für Instandsetzungsmaßnahmen (zu heutigen Preisen) nach: | | |
| 8 Jahren | 17 €/m² | 6 €/m² |
| 17 Jahren | 17 €/m² | 6 €/m² |
| 25 Jahren | 22 €/m² | 16 €/m² |
| 33 Jahren | 17 €/m² | 6 €/m² |
| 42 Jahren | 17 €/m² | 6 €/m² |

Nicht investiertes Kapital lässt auf dem Kapitalmarkt eine Nominalverzinsung von 6 % p. a. erwarten. Es ist mit einer allgemeinen Teuerung von durchschnittlich 3 % p. a. zu rechnen.

**Aufgabe 10: Auswahl aus mehreren Investitionsmöglichkeiten**

Eine Leasing-Gesellschaft beabsichtigt, am Stadtrand ein Lagergebäude mit 2.000 m² Nutzfläche zu errichten und zu vermieten.

Folgende Einnahmen und Ausgaben werden monatlich unabhängig von der Bauweise anfallen:

| Mieteinnahmen | 5 €/m² NF |
|---|---|
| Folgekosten | 1 €/m² NF |

Der beauftragte Architekt hat drei Entwurfsvarianten erarbeitet, die sich in folgenden Daten unterscheiden:

| | Bauweise | Ausführungsart | Erstinvestitionsausgaben | angenommene Nutzungsdauer |
|---|---|---|---|---|
| Variante 1 | eingeschossig | Leichtbau | 1.000.000 € | 15 Jahre |
| Variante 2 | eingeschossig | Holzbau | 1.700.000 € | 30 Jahre |
| Variante 3 | zweigeschossig | Massivbau | 2.600.000 € | 50 Jahre |

Das erforderliche Baugrundstück ist in allen Fällen gleich groß.

Welche Variante sollte aus wirtschaftlicher Sicht gewählt werden?

Nicht investiertes Kapital lässt auf dem Kapitalmarkt eine Nominalverzinsung von 6 % p. a. erwarten. Es ist mit einer allgemeinen Teuerung von durchschnittlich ca. 3 % p. a. zu rechnen. Eine nur überschlägige Ermittlung reicht der Leasing-Gesellschaft nicht aus.

**Aufgabe 11: Beurteilung verschiedener Bauinvestitionen**

Ein Investor beabsichtigt, ein Bürogebäude auf ein für 250.000 € gekauftes Grundstück zu bauen und an ein Unternehmen zu vermieten.

Der monatliche Mietreinertrag beträgt bei Beginn des Mietverhältnisses 5 €/m² NF, wobei mit einer Steigerung entsprechend der allgemeinen Teuerungsrate zu rechnen ist. Die Nutzungsdauer des Bürogebäudes soll 50 Jahre betragen.

Der mit der Planung des Gebäudes beauftragte Architekt entwickelt drei grundsätzlich verschiedene Varianten mit folgenden Daten:

|  | Variante 1 | Variante 2 | Variante 3 |
|---|---|---|---|
| Erstinvestitionsausgaben | 550.000 € | 500.000 € | 525.000 € |
| Nutzfläche | 500 m² | 500 m² | 500 m² |

(1) Beurteilen Sie die Wirtschaftlichkeit und bestimmen Sie die vorteilhafteste Gebäudevariante.

Nehmen Sie an, dass der Grundstückswert entsprechend der Kapitalmarktverzinsung steigt, so dass der Kapitalwert des Grundstückes sich während der gesamten Nutzungsdauer nicht verändert und somit außer Acht gelassen werden kann.

(2) Bei der planerischen Durcharbeitung der vorteilhaftesten Variante soll die Wirtschaftlichkeit weiter verbessert werden. Der Architekt entwickelt für die Außenwand zwei weitere Varianten mit dem Ziel, bei jeweils gleicher Brutto-Grundfläche durch Verringerung der Wandstärke die Nutzfläche zu erhöhen. Hierbei ergeben sich folgende Veränderungen der entsprechenden Werte gegenüber der vorteilhaftesten Variante aus Aufgabenteil (1):

|  | Außenwand-variante 1 | Außenwand-variante 2 |
|---|---|---|
| Erstinvestitionsausgaben (zusätzlich) | 40.000 € | 12.500 € |
| Nutzfläche (zusätzlich) | 25,0 m² | 10,0 m² |

Beurteilen Sie die Vorteilhaftigkeit dieser beiden weiteren Außenwandvarianten.

Nicht investiertes Kapital lässt auf dem Kapitalmarkt eine Nominalverzinsung von 6 % p. a. erwarten. Es ist mit einer allgemeinen Teuerung von durchschnittlich ca. 3 % p. a. zu rechnen.

**Aufgabe 12: Wirtschaftlichkeit einer Photovoltaikanlage**

Ein Hausbesitzer überlegt, ob er auf seinem Dach eine 10 m² große Photovoltaikanlage installieren soll. Für die Installation ist mit einer Investitionsausgabe von 7.500 € zu rechnen. Die Kosten der Beseitigung am Ende der erwarteten Nutzungsdauer von 20 Jahren sind bei dieser Aufgabe zu vernachlässigen. Es wird mit einem laufenden Überschuss aus der Einspeisung in das Netz des Energieversorgungsunternehmens bzw. aus der verminderten Stromabnahme in Höhe von jährlich 700 € gerechnet.

(1) Wie würde sich das eingesetzte Kapital verzinsen?

(2) Dem Hausbesitzer bietet sich alternativ die besondere Gelegenheit die 7.500 € als Festgeld über 20 Jahre zu 5 % p. a. anzulegen, wobei Zins und Zinseszins gemeinsam mit dem eingezahlten Kapital am Ende der zwanzigjährigen Laufzeit ausgezahlt werden. Ansonsten können beliebige Geldbeträge über beliebige Zeiträume zu 3 % p. a. angelegt werden. Ist diese Festgeldanlage aus rein monetärer Sicht vorteilhaft?

(3) Würden Sie dem Hausbesitzer zur Festgeldanlage raten?

**Lösung zu Aufgabe 1: Anforderungen an eine wirtschaftliche Investition**

Eine Investition beginnt typischerweise mit einer größeren Investitionsausgabe. Sind dann auch noch die Ausgaben in der Nutzungsphase höher als die Einnahmen, kann die Investition aus rein monetärer Sicht nicht wirtschaftlich sein. Davon ausgehend ergeben sich schrittweise folgende Anforderungen:

(1) Die laufenden Ausgaben in der Nutzungsphase müssen mindestens durch die Einnahmen gedeckt werden.

(2) Der Investor möchte das eingesetzte Kapital zurückbekommen.

(3) Der Investor möchte mit der Investition nicht schlechter gestellt sein, als wenn er sein Kapital in eine sichere Anlage am Kapitalmarkt investiert hätte.

Aber auch damit gibt sich der Investor noch nicht zufrieden.

(4) Er stellt die sichere Kapitalmarktanlage nur zurück, wenn er mit der zu beurteilenden Investition eine höhere Verzinsung als am Kapitalmarkt erwarten kann.

**Lösung zu Aufgabe 2:  Vollständiger gegenseitiger Ausschluss von Investitionsalternativen**

Die Alternativen A und B schließen sich gegenseitig nicht vollständig aus. Könnte der Sparer bei der Alternative B auch 10.000 € anlegen, würden sich A und B vollständig gegenseitig ausschließen und die Vorteilhaftigkeit der Alternative B wäre offensichtlich.

So aber würde der Sparer bei der Alternative B 1.080 € und bei Alternative A 1.150 € im betrachteten Jahr verdienen und die Vorteilhaftigkeit hängt von der Frage ab, was der  Sparer im Falle der Entscheidung für die Alternative B mit dem verbleibenden Betrag von 1.000 € macht (siehe Abb. 3-24).

(1) Kann der Sparer diesen Differenzbetrag von 1.000 € zu 10,0 % p. a. anlegen, würden die Zinsen auf 1.180 € ansteigen und die Alternative B würde sich als vorteilhaft darstellen.

(2) Dagegen wäre die Alternative B nachteilig, wenn der Sparer den Differenzbetrag nur zu 5,0 % p. a. anlegt. Der kritische Zinssatz beträgt 7,0 % p. a.

(3) Aus der Sicht des Sparers kann es aber auch vorteilhaft sein, die 9.000 € in der Alternative B anzulegen und den Differenzbetrag für einen mildtätigen Zweck zu spenden. Diese gute Tat kann ihm mehr Befriedigung verschaffen, als es dem um [1.150 € (Zinsen A) - 1.080 € (Zinsen B) + 1.000 € (Spende)] = 1.070 € höheren Kapitalzuwachs bei der Alternative A gelingen mag. Ebenso könnte ein mit dem Differenzbetrag finanzierter Kurzurlaub für die Befindlichkeit des Sparers zuträglicher sein als die zusätzliche Kapitalanlage und Gewinnerzielung.

Die Vorteilhaftigkeit der beiden Alternativen hängt also von der Verwendung des Differenzkapitals und damit von der persönlichen Wertschätzung des aus dieser Verwendung resultierenden Nutzens ab (siehe Abb. 3-24).

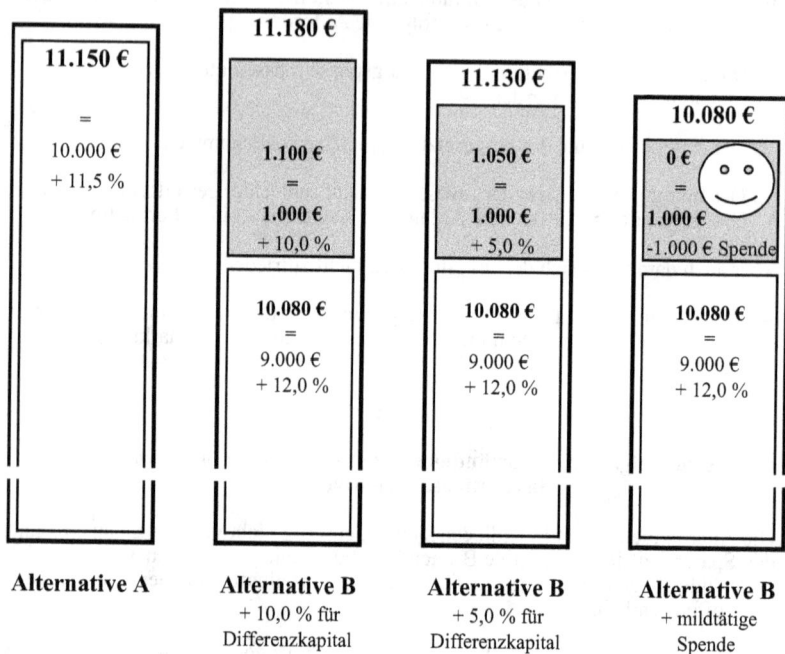

|  | 11.180 € |  |  |
| --- | --- | --- | --- |
| 11.150 € |  | 11.130 € |  |
|  |  |  | 10.080 € |
| =<br>10.000 €<br>+ 11,5 % | 1.100 €<br>=<br>1.000 €<br>+ 10,0 % | 1.050 €<br>=<br>1.000 €<br>+ 5,0 % | 0 €<br>=<br>1.000 €<br>-1.000 € Spende |
|  | 10.080 €<br>=<br>9.000 €<br>+ 12,0 % | 10.080 €<br>=<br>9.000 €<br>+ 12,0 % | 10.080 €<br>=<br>9.000 €<br>+ 12,0 % |
| **Alternative A** | **Alternative B**<br>+ 10,0 % für<br>Differenzkapital | **Alternative B**<br>+ 5,0 % für<br>Differenzkapital | **Alternative B**<br>+ mildtätige<br>Spende |

**Abb. 3-24** Vollständiger gegenseitiger Ausschluss von Investitionsalternativen

**Lösung zu Aufgabe 3:**     **Vorteilhaftigkeit eines Doppelhauses**

(1) Verfahrensauswahl (nach Abbildung 3-16)

     Beurteilungsgegenstand:     Einzelinvestition
     externe Vergleichsgröße:    Baukosten
     gewähltes Verfahren:        **Baukostenvergleich**     (Lehrbuch Band 1, S. 103 ff.

Die Vorteilhaftigkeit des Doppelhauses ist aufgrund des Vergleichs der Baukosten incl. Baunebenkosten mit der entsprechenden in der Aufgabenstellung genannten externen Vergleichsgröße (Durchschnittswert für Doppelhäuser einfachen Standards) zu beurteilen:

312.000 € : 240 m² WF = 1.300 €/m² WF > 1.275 €/m² WF

Demnach würde das betrachtete Doppelhaus überdurchschnittliche Baukosten incl. Baunebenkosten im Vergleich zu üblichen Doppelhäusern gleichen Standards verursachen und wäre somit keine vorteilhafte Investition.

(2) Verfahrensauswahl (nach Abbildung 3-16)

| | | |
|---|---|---|
| Beurteilungsgegenstand: | Einzelinvestition | |
| externe Vergleichsgrößen: | Nutzungsbarwert bestehend aus | |
| | Baukosten | 1.275 €/ m² WF |
| | Barwert Heizenergiekosten | 250 €/ m² WF |
| | Barwert Instandsetzungskosten | 200 €/ m² WF |
| gewähltes Verfahren: | **Kapitalwertmethode** (Lehrbuch Band 1, S. 90 ff.) | |

Da die externen Vergleichsgrößen als Barwerte (bezogen auf den Anfangszeitpunkt 0) angegeben sind, kann ein Kennwert für den **Nutzungsbarwert** gebildet werden, der durchschnittlichen Verhältnissen entspricht:

$$1.275 \ €/m² \ WF + 250 \ €/m² \ WF + 300 \ €/m² \ WF = 1.825 \ €/m² \ WF$$

Der Nutzungsbarwert des zu beurteilenden Doppelhauses ist mit dem Verfahren der Kapitalwertmethode über einen Zeitraum von 50 Jahren zu ermitteln:

Die Bauwerkskosten fallen zum Zeitpunkt 0 an, daher ist ihr Zeitwert gleich dem Barwert: 1.300 €/m² WF.

Der Barwert der Heizenergieausgaben (zum Anfangszeitpunkt 0) ergibt sich aus der Multiplikation des jährlichen Ausgabenbetrages (jährliche Rente r) mit dem entsprechenden nachschüssigen Rentenbarwertfaktor (gelegentlich auch als Abzinsungssummenfaktor bezeichnet).

Für die genaue Berechnung gilt bei p = 3,0 % Realzins p. a. und n = 50 Jahren:

Zinsfaktor $\qquad\qquad\qquad\qquad q = 1 + p / 100 = 1,03$

Barwert einer nachschüssigen Rente $\qquad RB_n = r \cdot \dfrac{q^n - 1}{q^n \cdot (q - 1)}$

Barwert Heizenergieausgaben

$$= (\varnothing \text{ Heizenergieausgaben pro Jahr}) \cdot \text{Rentenbarwertfaktor}$$

$$= (\varnothing \text{ Heizenergieausgaben pro Jahr}) \cdot \frac{q^n - 1}{q^n \cdot (q - 1)}$$

$$= 2.000 \ € \cdot 25,73$$

$$= 51.460 \ € \text{ bezogen auf den Zeitpunkt 0}$$

Der Kapitalwert der Instandsetzungsmaßnahmen ergibt sich als Summe der Barwerte der einzelnen Jahresausgaben für Instandhaltung. Dazu muss man diese Instandsetzungsausgaben jahresweise abzinsen, was durch Multiplikation mit dem jeweiligen Abzinsungsfaktor (Barwertfaktor) oder Division der Jahresausgaben durch den jeweiligen Aufzinsungsfaktor $q^n = (1 + p/100)^n$ erfolgt. Für die genaue Berechnung gilt:

Barwert der im n-ten Jahr fälligen Instandsetzungsmaßnahme

= Instandsetzungsausgaben im n-ten Jahr $* 1/q^n$

Im Folgenden wird der Nutzungsbarwert berechnet:

| Ausgaben und Berechnungen | Barwert bezogen auf den Zeitpunkt 0 |
|---|---|
| Erstinvestitionsausgaben | 1.300 €/m² WF |
| Heizenergieausgaben | |
| 2.000,00 € · 25,73 = 51.460 € auf 50 Jahre | |
| 51.460,00 € : 240 m² WF = 214,42 €/m² WF | 214 €/m² WF |
| Instandsetzungsausgaben | |
| 30.000,00 € : 240 m² WF = 125,00 €/m² WF alle 10 Jahre | |
| 125,00 €/m² WF $* 1/(1+p/100)^n$ Abzinsungsfaktor | |
| 125,00 €/m² WF $* 1/(1+0,03)^n$ | |
| 125,00 €/m² WF $*$ 0,744 = 93,00 €/m² WF (10. Jahr) | |
| 125,00 €/m² WF $*$ 0,554 = 69,25 €/m² WF (20. Jahr) | |
| 125,00 €/m² WF $*$ 0,412 = 51,50 €/m² WF (30. Jahr) | |
| 125,00 €/m² WF $*$ 0,307 = 38,38 €/m² WF (40. Jahr) | 252 €/m² WF |
| **Nutzungsbarwert** | **1.766 €/m² WF** |

Das betrachtete Doppelhaus stellt sich nun aufgrund des günstigen Nutzungsbarwertes (1.766 €/m² WF < 1.825 €/m² WF), der sich durch die zusätzliche Berücksichtigung der Barwerte der Heizenergie- und Instandsetzungsausgaben ergibt, als vorteilhafte Investition heraus.

Es liegt also der Schluss nahe, dass die energiesparende und unterhaltungsarme Konstruktionsweise des geplanten Doppelhauses zu den überdurchschnittlich hohen Bauwerkskosten führt, die sich aber längerfristig bezahlt machen.

### Lösung zu Aufgabe 4: Wirtschaftlichkeit und Nutzungskosten

Will man die Wirtschaftlichkeit eines (selbst genutzten) Gebäudes im Sinne der Kostenwirtschaftlichkeit beurteilen, so muss man sowohl die Herstellungs- als auch die Folgekosten berücksichtigen.

a) Herstellungs- und Folgekosten lassen sich nur zusammenfassen, wenn sie die gleiche Dimension – € oder €/a – haben. Wählt man Jahreswerte als Wirtschaftlichkeitskriterium, so muss man die Herstellungskosten periodisieren. Dies ist mit Hilfe der statischen oder dynamischen Investitionsrechnung, wie Kostenvergleichsrechnung, Gewinnvergleichsrechnung oder Annuitätenrechnung möglich.

b) Bei der Kostenvergleichsrechnung werden die Herstellungskosten des Gebäudes durch den Ansatz der tatsächlich gezahlten und/oder der kalkulatorischen Zinsen sowie der Abschreibung in jährliche Kosten transformiert. Bei linearer Abschreibung ergibt sich der jährliche Abschreibungsbetrag als Quotient aus der Wertminderung (Anfangswert abzüglich eines eventuellen Restwertes) und der erwarteten Nutzungsdauer des Gebäudes. Im Gegensatz zu dieser nominellen Abschreibung kann der Abschreibungsbetrag auch mit Hilfe des Baupreisindex' fortgeschrieben werden (substanzielle Abschreibung vom Wiederbeschaffungswert). Die kalkulatorischen Zinsen werden auf das durchschnittlich gebundene Kapital berechnet, und dies beträgt bei gleichmäßiger Abnutzung die Hälfte des Anfangswertes bzw. den Durchschnitt von Anfangs- und Restwert.

c) Die Ausgabe für eine Immobilie wird beim Erwerb und ggf. bei der Errichtung eines Gebäudes nebst Außenanlagen und Zubehör getätigt. Will man beim Wirtschaftlichkeitsvergleich den durchschnittlichen Aufwand pro Jahr ermitteln, so muss man hierfür eine kalkulatorische Abschreibung ansetzen. Ist auch das Baugrundstück Gegenstand einer Wirtschaftlichkeitsermittlung, dann darf hierfür keine Abschreibung angesetzt werden, da Grundstücke im Allgemeinen nicht abnutzungsfähige Wirtschaftsgüter sind. Dies hat zur Folge, dass die Kapitalbindung, soweit sie das Grundstück betrifft, nominell nicht abnimmt und die kalkulatorischen Zinsen auf den vollen Grundstückswert zu beziehen sind.

**Lösung zu Aufgabe 5: Überschlägige Beurteilung einer Bauinvestition**

Verfahrensauswahl (nach Abbildung 3-16)

Beurteilungsgegenstand: Einzelinvestition
externe Vergleichsgröße: Gewinn = 0   (nach Abzug der kalkulatorischen Zinsen)
gewähltes Verfahren:   **Gewinnvergleichsrechnung** (Lehrbuch Band 1, S. 75 ff.)

Der jährliche Gewinn ergibt sich aus dem jährlichen Einnahmeüberschuss und den davon abzuziehenden kalkulatorischen Kosten (Zinsen und Abschreibung). Bei der Ermittlung der kalkulatorischen Zinsen ist von der durchschnittlichen Kapitalbindung auszugehen. Diese setzt sich zusammen aus:

Baugrundstück (nicht abnutzbares Anlagegut)
1.500.000 € · 20 %        =                               300.000 €

Gebäude (abnutzbares Anlagegut)
1.500.000 € · 0,5 · 80 %   =                              600.000 €

durchschnittliche Kapitalbindung:                         900.000 €

Dann ermittelt sich der jährliche Gewinn folgendermaßen:

| | |
|---|---:|
| Einnahmeüberschuss: | + 125.000 €/a |
| abzüglich | |
| jährliche Abschreibung für das Gebäude | |
| 1.200.000 € : 30 Jahre = | - 40.000 €/a |
| kalkulatorische Zinsen mit 6 % p. a. | |
| für das durchschnittlich gebundene Kapital | |
| 900.000 € · 6 % p. a. = | - 54.000 €/a |
| Gewinn | **+ 31.000 €/a** |

Der beabsichtigte Erwerb des Bürogebäudes ist vorteilhaft, da der hierdurch erzielbare Gewinn durchschnittlich um 31.000 €/a höher ist als bei einer Geldanlage in gleicher Höhe auf dem Kapitalmarkt. Der Aspekt der Geldentwertung bleibt bei dieser überschlägigen Beurteilung außer Betracht.

**Lösung zu Aufgabe 6: Vorteilhaftigkeit eines Wohnungsbauvorhabens**

Verfahrensauswahl (nach Abbildung 3-16)

Beurteilungsgegenstand:  Einzelinvestition
externe Vergleichsgröße:  Rendite:                           3 % + 2 % = 5 % p. a.
gewähltes Verfahren:      **Interne Zinsfuß-Methode** (Lehrbuch Band 1, S. 97 ff.)

Mit dem gewählten Verfahren der Internen Zinsfuß-Methode lässt sich ein unmittelbarer Vergleich mit der Kapitalmarktanlage durchführen. Der interne Zinsfuß ist der Kalkulationszinsfuß, der zu einem Kapitalwert = 0 führt, das heißt die Summe der Barwerte der Einzahlungen müssen gleich groß sein wie die Summe der Barwerte der Auszahlungen:

Kapitalwert =

$\sum$ Barwerte der Einzahlungen - $\sum$ Barwerte der Auszahlungen = 0

$\sum$ Barwerte der Auszahlungen = $\sum$ Barwerte der Einzahlungen

Investitionsausgabe = Rentenbarwert des jährlichen Mietreinertrages

Investitionsausgabe = Rentenbarwertfaktor · jährlicher Mietreinertrag

$$\text{Rentenbarwertfaktor} = \frac{\text{Investitionsausgabe}}{\text{jährlicher Mietreinertrag}}$$

Daher kann im vorliegenden Fall der interne Zinsfuß aus der Tabelle der nachschüssigen Rentenbarwertfaktoren (siehe Abbildung 3-21, S. 58 ff.) in der Weise ermittelt werden, dass man feststellt, für welchen Zinsfaktor der Rentenbarwertfaktor bei einer Laufzeit von 50 Jahren möglichst nahe an dem Quotienten aus Investitionsausgabe und Mietreinertrag liegt. Weiter an den genauen Wert annähern kann man sich durch lineare Interpolation  oder genauere Näherungsverfahren (besonders geeignet ist die Zielwertsuche in EXCEL).

Ermittlung des jährlichen Mietreinertrages:

Der jährliche Mietreinertrag für das gesamte Wohnhaus beträgt bei 60 Wohneinheiten (WE), 90 m² WF/WE und Mieteinnahmen von 6 €/m²WF monatlich:

60 WE · 90 m²/WE · 6 €/m²·Monat · 12 Monate/a =                    + 388.800 €/a

abzüglich jährlicher Kosten für Erbpacht, Verwaltung, Steuern,
Gebäudebetrieb (soweit nicht umlegbar) und Bauunterhaltung
in Höhe von 25 % der Mieteinnahmen

388.800 €/a · 0,25 =                                                - 97.200 €/a

Mietreinertrag                                                      291.600 €/a

Ermittlung des Rentenbarwertfaktors (RBF), der zu einem Kapitalwert = 0 führen würde (Bedingung für den internen Zinsfuß):

RBF = 5.000.000 € : 291.600 €/a = 17,147

Der interne Zinsfuß liegt bei nachschüssiger Zahlungsweise zwischen 5,4 % p. a. (RBF = 17,183) und 5,6 % p. a. (RBF = 16,686; siehe Abbildung 3-21.2, S. 59). Durch lineare Interpolation erhält man den genauen Wert von 5,41 % p.a.

Die Rendite des Wohnungsbauvorhabens übertrifft die auf dem Kapitalmarkt erzielbare Rendite nicht nur um die geforderten 2% p.a., sondern sogar um 2,41 % p. a. Das zur Diskussion stehende Wohnungsbauvorhaben entspricht also den geschäftspolitischen Anforderungen der Kapitalanlagegesellschaft.

**Lösung zu Aufgabe 7:  Vergleich von Mieträumen**

Da in der Aufgabenstellung keine externen Vergleichswerte genannt sind, ist davon auszugehen, dass der Architekt sich vorab davon überzeugt hat, dass zumindest eines der beiden angebotenen Büros für ihn wirtschaftlich akzeptabel ist.

Verfahrensauswahl (nach Abbildung 3-16)

Beurteilungsgegenstand:  zwei Investitionsmöglichkeiten
Kapitalrückgewinnung:  nicht vorrangig
Nutzungsdauer der
Vergleichsinvestitionen:  gleich
Genauigkeitsgrad:  überschlägig
gewähltes Verfahren:  **Kostenvergleichsrechnung**(Lehrbuch Band 1, S. 76 ff.)

Die Kostenvergleichsrechnung wird gewählt, weil nur eine überschlägige Ermittlung gefordert ist und die Mieträume für den Architekten nur mit Ausgaben verbunden sind und zu keinen direkt zurechenbaren Einnahmen führen.

Wegen der Mietzinsfestschreibung und der bereits berücksichtigten Energiepreissteigerung sind die Kapitalkosten mit dem Nominalzinssatz zu berechnen. Das durchschnittlich gebundene Kapital der Büroeinrichtung ergibt sich als Mittelwert aus Kaufpreis und Wiederverkaufserlös.

| Kostenarten | Büro 1 | Büro 2 |
|---|---|---|
| **Renovierung** | | |
| Abschreibung | | |
| 4.000 €/5 Jahre | 800 €/a | |
| 1.500 €/5 Jahre | | 300 €/a |
| Kapitalkosten (kalk. Zinsen) | | |
| 4.000 € · 0,5 · 6 % p. a. | 120 €/a | |
| 1.500 € · 0,5 · 6 % p. a. | | 45 €/a |
| **Büroeinrichtung** | | |
| Abschreibung | | |
| (6.000 € - 1.000 €)/5 Jahre | 1.000 €/a | |
| (4.500 € -   500 €)/5 Jahre | | 800 €/a |
| Kapitalkosten (kalk. Zinsen) | | |
| (6.000 € + 1.000 €) · 0,5 · 6 % p. a. | 210 €/a | |
| (4.500 € +   500 €) · 0,5 · 6 % p. a. | | 150 €/a |
| **Mietzins** | | |
| 225 €/Monat · 12 Monate/a | 2.700 €/a | |
| 350 €/Monat · 12 Monate/a | | 4.200 €/a |
| **Heizenergie** | | |
| 5.000 €/5 Jahre | 1.000 €/a | |
| 4.000 €/5 Jahre | | 800 €/a |
| **Kosten** | **5.830 €/a** | **6.295 €/a** |

Aufgrund der geringeren jährlichen Kosten ist Büro 1 dem Büro 2 vorzuziehen.

Anmerkung:

Bei dieser Rechnung ist davon ausgegangen worden, dass die Renovierung der Büroräume einmalig vor dem Einzug anfällt und dass keine weiteren Renovierungsmaßnahmen während der fünfjährigen Mietdauer erforderlich werden. Damit bekommt die Renovierung Investitionscharakter und wird wie die Anschaffungsausgaben für die Büroeinrichtung behandelt.

**Lösung zu Aufgabe 8: Vorteilhaftigkeit einer zusätzlichen Wärmedämmung**

(1) Verfahrensauswahl (nach Abbildung 3-16)

| | |
|---|---|
| Beurteilungsgegenstand: | zwei Investitionsmöglichkeiten |
| Kapitalrückgewinnung: | vorrangig   (in Anbetracht des absehbaren Abrisses) |
| Genauigkeitsgrad: | überschlägig |
| gewähltes Verfahren: | statische **Amortisationsrechnung** |
| | (Lehrbuch Band 1, S. 75 f.) |

Mit Hilfe der Amortisationsrechnung kann die Frage beantwortet werden, ob sich die Investition im Rahmen der Mindest-Nutzungsdauer amortisiert. Außerdem ist die Amortisationsrechnung anzuwenden, wenn der Investor das Risiko, das investierte Kapital nicht zurückzuerhalten, möglichst gering halten möchte. Dieses Risiko ist umso geringer, je schneller er das investierte Kapital zurückgewinnt (in diesem Fall einspart).

Ermittlung der Amortisationsdauer

$$\text{Amortisationsdauer} = \frac{\text{Anschaffungsausgabe}}{\text{jährlicher Überschuss oder Einsparungen}} \quad \text{(Jahre)}$$

Variante 1:

$$\text{Amortisationsdauer} = \frac{1.850\,€}{1,05 \cdot 55\ €/\text{Monat} \cdot 12\,\text{Monate}/\text{Jahr}} = 2,7\ \text{Jahre}$$

Variante 2:

$$\text{Amortisationsdauer} = \frac{3.000\,€}{1,05 \cdot 70\ €/\text{Monat} \cdot 12\,\text{Monate}/\text{Jahr}} = 3,4\ \text{Jahre}$$

Es sollte die Variante 1 mit der kürzeren Amortisationsdauer gewählt werden, da Variante 2 sich im Falle des Gebäudeabrisses zu dem frühestgenannten Zeitpunkt, also nach 3 Jahren, nicht mehr amortisiert.

Durch diese überschlägige Berechnung haben Sie sich vergewissert, dass Sie auch im ungünstigsten Fall des Abrisses nach 3 Jahren mit der Variante 1 Ihr eingesetztes Kapital zurückgewinnen. Ob sich in diesem Fall Ihr Kapital angemessen verzinst, ist damit noch nicht geklärt!

(2) Verfahrensauswahl (nach Abbildung 3-16)

Beurteilungsgegenstand: zwei Investitionsmöglichkeiten
Kapitalrückgewinnung: nicht vorrangig
Genauigkeitsgrad: überschlägig
Einnahmen: Einsparungen
gewähltes Verfahren: **Gewinnvergleichsrechnung**
(Lehrbuch Band 1, S. 75 ff.)

Die Gewinnvergleichsrechnung wird gewählt, weil nur eine überschlägige Ermittlung gefordert ist und durch die Wärmedämmung Einsparungen erzielt werden (die in diesem Fall Einnahmen gleichzusetzen sind). Die Amortisationsdauer liegt bei beiden Varianten innerhalb der 10-jährigen Nutzungsdauer und bedarf daher keiner weiteren Berücksichtigung.

Der Inflationseinfluss kann in erster Annäherung durch Ansatz der Realverzinsung in Höhe von 3 % p. a. berücksichtigt werden. Dadurch wird – indirekt – auch die Energiepreissteigerung erfasst, die laut Aufgabenstellung in Höhe der allgemeinen Teuerung zu erwarten ist.

Ermittlung des jährlichen Gewinns gegenüber dem Beibehalten des alten Zustandes und Anlage des Geldes am Kapitalmarkt:

| Gewinnarten (+)<br>Kostenarten (-) | Variante 1 | Variante 2 |
|---|---|---|
| Energieeinsparung | | |
| 55 €/Monat · 12 Monate/a | + 660,00 €/a | |
| 70 €/Monat · 12 Monate/a | | + 840,00 €/a |
| abzüglich Kosten für Material<br>und Verarbeitung | | |
| Abschreibung | | |
| 1.850 €/10 Jahre | - 185,00 €/a | |
| 3.000 €/10 Jahre | | - 300,00 €/a |
| Kapitalkosten (kalkulatorische Zinsen) | | |
| 1.850 € · 3 % p. a. · 0,5 | - 27,75 €/a | |
| 3.000 € · 3 % p. a. · 0,5 | | - 45,00 €/a |
| **Gewinn gegenüber Kapitalmarktanlage** | **+ 447,25 €/a** | **+ 495,00 €/a** |

Die Wahl fällt zugunsten der Variante 2 aus, da die hierdurch erzielbare jährliche Gesamtersparnis größer ist als bei Variante 1. Das nach Gewinnvergleichsrechnung ermittelte Ergebnis ist der **über die Kapitalmarktverzinsung** des durchschnittlich gebundenen Kapitals **hinausgehende Gewinn** (Kapitalmarktvariante). Unterstellt man dagegen als Vergleichsmaßstab eine unverzinsliche Aufbewahrung des Kapitals (Sparschweinvariante), so muss man die kalkulatorischen Zinsen zum Gewinn wieder hinzuzählen, was an der Vorteilhaftigkeitsaussage aber nichts ändert.

Investitionen beginnen im Regelfall mit einer erheblichen Anschaffungsausgabe, die sich – bei günstigem Verlauf – nach und nach amortisiert, bis schließlich auch die Gewinnschwelle überschritten wird. Kapitalintensive Investitionen haben oft eine längere Amortisationsdauer als weniger kapitalintensive, überflügeln diese dann aber mit fortschreitender Nutzungsdauer.

Dies trifft auch auf den hier dargestellten Fall zu: bei kurzer Nutzungsdauer ist die Variante 2 ungünstiger, sie wird mit fortschreitender Nutzungsdauer immer günstiger und überflügelt die Variante 1 nach ca. 7 Jahren.

## Lösung zu Aufgabe 9: Auswahl einer Wandkonstruktion

(1) Bestimmung der Vorteilhaftigkeit

Verfahrensauswahl (nach Abbildung 3-16)

Beurteilungsgegenstand: zwei Investitionsmöglichkeiten

Kapitalrückgewinnung:　　nicht vorrangig
Nutzungsdauer:　　　　　gleich
Genauigkeitsgrad:　　　　hoch
gewähltes Verfahren:　　　**Kapitalwertmethode**　(Lehrbuch Band 1, S. 90 ff.)

Die Kapitalwertmethode wird gewählt, da ein mehr als überschlägiger Genauigkeitsgrad verlangt wird und Einnahmen den zu vergleichenden Wandkonstruktionen nicht zurechenbar sind. Dementsprechend ist die Variante mit dem niedrigeren Barwert aus Baukosten, Energiekosten und Instandsetzungskosten die vorteilhaftere. Der Barwert der einzelnen Heizenergieausgaben ergibt sich aus der Multiplikation der Ausgaben mit dem entsprechenden Tabellenwert für den kumulierten Barwertfaktor einer geometrischen Reihe (siehe Abb. 3-23, S. 63). Für die genaue Berechnung gilt:

$$\text{Barwert Heizenergie} = \frac{\text{jährliche Heizenergieausgaben}}{\text{zu heutigen Preisen}} \cdot (f_e/q) \cdot \frac{(f_e/q)^n - 1}{f_e/q - 1}$$

Der Quotient aus Preissteigerungsfaktor $f_e$ bzw. $f_u$ und Zinsfaktor $q$ ermittelt sich folgendermaßen:

Preissteigerung e = 3 %,　$f = 1 + \dfrac{e}{100} = 1,03$　; Zinsatz p = 6 %,　$q = 1 + \dfrac{p}{100} = 1,06$

Preissteigerung　　3 % p.a.　　　　　　　　$f/q = 1,03/1,06 = 0,9717$
　　　　　　　　　4 % p.a.　　　　　　　　$f/q = 1,04/1,06 = 0,9811$

(Bei einem gerundeten Wert für $f/q = 0,97$ erhält man einen Barwertfaktor von 25,283 ; s. Abb. 3-23, S. 63)

Der Barwert der Instandsetzungsmaßnahmen ergibt sich aus der Multiplikation der Ausgaben mit den entsprechenden Abzinsungs- bzw. Preissteigerungsfaktoren. Für die genaue Berechnung gilt:

Barwert Instandsetzungsmaßnahmen =
Instandsetzungsmaßnahmen im n-ten Jahr zu heutigen Preisen $\cdot (f_u/q)^n$

Die Variante 2 ist in beiden Fällen wegen des geringeren betragsmäßigen Nutzungsbarwertes die vorteilhaftere Wandkonstruktion (siehe Abbildung 3-25).

(2) Der Nutzungsbarwert ändert sich in dem Maße, wie sich der Kapitalwert für die Instandsetzungsmaßnahmen verändert.

Die Schwierigkeit der Aufgabe liegt darin, einen (Renten-)Barwertfaktor (RBF bzw. BF) für eine Zahlungsreihe zu ermitteln, die erst an einem zukünftigen Zeitpunkt beginnt.
Hierfür gibt es zwei Möglichkeiten:

- Man subtrahiert vom (Renten-)Barwertfaktor für 50 Jahre den (Renten-)Barwertfaktor für 5 Jahre oder
- man zinst den (Renten-)Barwertfaktor für 45 Jahre über 5 Jahre ab.

Bei einer vereinfachten Annahme mit einem Realzinssatz von ca. 3 %, ergibt sich (siehe Abbildung 3-21.1, S. 58):

| Ausgaben  x  $\dfrac{\text{Barwertfaktor}}{=}$ | | | Barwerte **Variante 1** | | Barwerte **Variante 2** | |
|---|---|---|---|---|---|---|
| | jährl. Preissteig. | | jährliche Preissteigerung | | | |
| | 3 % | 4 % | 3% | 4 % | 3% | 4 % |
| **Erstinvestitionsausgaben (Baukosten** | | | | | | |
| 115,00 € | 1,00 | | -115,00 € | -115,00 € | | |
| 140,00 € | 1,00 | | | | -140,00 € | -140,00 € |
| **Ausgaben für Heizenergie über 50 Jahre** | | | | | | |
| 0,80 € | 26,16 | | -20,93 € | -25,55 € | | |
| 0,45 € | 31,94 | | | | -11,77 € | -14,37 € |
| **Ausgaben für Instandsetzungsmaßnahmen** | | | | | | |
| nach 8 Jahren | | | | | | |
| 16,50 € | 0,79 | 0,86 | -13,11 € | -14,17 € | | |
| 6,00 € | | | | | - 4,77 € | - 5,15 € |
| nach 17 Jahren | | | | | | |
| 16,50 € | 0,61 | 0,72 | -10,13 € | -11,94 € | | |
| 6,00 € | | | | | - 3,68 € | - 4,34 € |
| nach 25 Jahren | | | | | | |
| 22,00 € | 0,49 | 0,62 | -10,73 € | -13,76 € | | |
| 16,00 € | | | | | - 7,81 € | - 9,94 € |
| nach 33 Jahren | | | | | | |
| 16,50 € | 0,39 | 0,53 | - 6,40 € | - 8,80 € | | |
| 6,00 € | | | | | - 2,33 € | - 3,20 € |
| nach 42 Jahren | | | | | | |
| 16,50 € | 0,30 | 0,45 | - 4,94 € | - 7,41 € | | |
| 6,00 € | | | | | - 3,68 € | - 4,34 € |
| **Kapitalwert bzw. Nutzungsbarwert** | | | -181,24 € | -196,53 € | -172,16 € | -179,70 € |

**Abb. 3-25** Nutzungsbarwert von Wandkonstruktionen

RBF = 25,73 - 4,58 = 21,15   oder   RBF = 24,52 / 1,03$^5$ = 21,15
(da die Preissteigerung durch den Ansatz des Realzinssatzes berücksichtigt wird, handelt es sich jetzt um Zahlungen von gleich bleibender Höhe → Rente)

Berechnung des Kapitalwertes der Ausgaben für Instandsetzungsmaßnahmen:

- 2,00 € · 21,15 = - 42,30 €

Gegenüber dem Kapitalwert der Ausgaben für Instandsetzungsmaßnahmen für Fall (1.1) ergibt sich folgende Veränderung:

$(13,11 \ € + 10,13 \ € + 10,73 \ € + 6,40 \ € + 4,94 \ €) - 42,30 \ € = 3,01 \ €$

Demnach verringert sich der Nutzungsbarwert der Variante 1 betragsmäßig um 3,01 € auf − 178,23 €.

(3) Änderung des Nutzungsbarwertes

Der Barwert einer zukünftigen Zahlung ist umso kleiner, je weiter der Zahlungszeitpunkt in der Zukunft liegt. Aus diesem Grund wird sich der Barwert jeder nun später erfolgenden Instandsetzungsmaßnahme verringern. Zusätzlich wird der Nutzungsbarwert abnehmen, da sich die Anzahl der Instandsetzungsmaßnahmen auf Grund der größeren Intervalle verringert.

**Lösung zu Aufgabe 10: Auswahl aus mehreren Investitionsmöglichkeiten**

Verfahrensauswahl (nach Abbildung 3-16)

Beurteilungsgegenstand: drei Investitionsmöglichkeiten
Kapitalrückgewinnung: nicht vorrangig
Nutzungsdauer: ungleich
Genauigkeitsgrad: hoch
gewähltes Verfahren: **Annuitätenmethode** (Lehrbuch Band 1, S. 96 f.)

Die Annuitätenmethode wird gewählt, da ein mehr als überschlägiger Genauigkeitsgrad verlangt wird und für die zu vergleichenden Investitionsobjekte unterschiedliche Nutzungsdauern anzunehmen sind.

Im vorliegenden Fall kann die äquivalente Annuität einer Zahlungsreihe in der Weise ermittelt werden, dass man von dem jährlichen, gleich bleibenden Einnahmeüberschuss (Gesamtmieteinnahmen - Gesamtfolgekosten) die den Erstinvestitionsausgaben (Baukosten) entsprechende Annuität subtrahiert.

Ermittlung des jährlichen Einnahmeüberschusses:

$(5 \ €/m^2 \ NF - 1 \ €/m^2 \ NF) \cdot 2000 \ m^2 \ NF \cdot 12 \ Monate = 96.000 \ €/a$

Ermittlung der Annuität der Erstinvestitionsausgaben:

| Investition | Erstinvestitions-ausgaben | Nutzungs-dauer | Wiedergewin-nungsfaktor | Annuität |
|---|---|---|---|---|
| Variante 1 | 1.000.000 € | 15 Jahre | 1/11,94 | 83.752 €/a |
| Variante 2 | 1.700.000 € | 30 Jahre | 1/19,60 | 86.735 €/a |
| Variante 3 | 2.600.000 € | 50 Jahre | 1/25,73 | 101.049 €/a |

Die Wiedergewinnungsfaktoren werden als Kehrwerte der jeweiligen Rentenbarwertfaktoren gebildet (siehe Abbildung 3-21.1, S. 58).

Folgende Annuitäten ergeben sich insgesamt:

Variante 1: 96.000 €/a - 83.752 €/a = 12.248 €/a

Variante 2: 96.000 €/a - 86.735 €/a = 9.265 €/a

Variante 3: 96.000 €/a - 101.049 €/a = -5.049 €/a

Aufgrund einer negativen Annuität und damit auch eines negativen Kapitalwertes wird Variante 3 nicht weiter berücksichtigt, da bei Durchführung dieser Investition die Kapitalmarktverzinsung nicht erreicht wird. Variante 1 ist die vorteilhafteste, da ihre Annuität am größten ist.

Ermittelt man hingegen den Kapitalwert der Varianten 1 und 2 durch Multiplikation der Annuität mit dem Rentenbarwertfaktor, so ergibt sich:

Variante 1: 12.248 €/a · 11,94 = 146.241 €
Variante 2:  9.265 €/a · 19,60 = 181.594 €

Die Berechnung mittels **Kapitalwertmethode** weist die Variante 2 als vorteilhafter aus und führt damit zu einem anderen Ergebnis als die Annuitätenmethode bei der o. a. Berechnungsweise. Der Grund für dieses konträre Ergebnis liegt in den unterschiedlichen Annahmen der beiden Berechnungsweisen für die Variante 1 vom 16. bis 30. Jahr. Bei der Kapitalwertmethode wird angenommen, dass alle zurückfließenden Beträge – also auch die zurückgewonnene Erstinvestitionsausgabe – bis zum 30. Jahr zum Kalkulationszinsfuß angelegt werden. Bei der obigen Berechnung nach der Annuitätenmethode wird dagegen (stillschweigend) unterstellt, dass die Investition Variante 1 in den zweiten 15 Jahren wiederholt wird.

Wenn der Investor die über 30 Jahre laufende Investition der Variante 2 grundsätzlich in Erwägung zieht, ist es auch wahrscheinlich, dass er die Variante 1 nach 15 Jahren wiederholen würde. Unter dieser Annahme führt die erste Berechnungsweise (Annuitätenmethode) zur richtigen Vorteilhaftigkeitsaussage.

**Lösung zu Aufgabe 11:  Beurteilung verschiedener  Bauinvestitionen**

(1) Bestimmung der vorteilhaftesten Gebäudevariante

Aufgrund der einzigen unterschiedlichen Vergleichsgröße *Baukosten* (Erstinvestitionsausgabe) ist Variante 2 die relativ vorteilhafteste. Dies lässt jedoch unberücksichtigt, dass Variante 2 unter Umständen gegenüber der Unterlassensalternative, d. h. der Anlage auf dem Kapitalmarkt, nachteilig ist. Zur Überprüfung dieser Fragestellung ist die relativ vorteilhafteste Variante 2 als Einzelinvestition zu betrachten:

Verfahrensauswahl

Beurteilungsgegenstand:  Einzelinvestition
externe Vergleichsgröße:  Kapitalwert = 0 bei p = 3% p. a. Realverzinsung
gewähltes Verfahren:      **Kapitalwertmethode**   (Lehrbuch Band 1, S. 97 ff.)

Der Kapitalwert des Mietreinertrages ergibt sich aus der Multiplikation der Einnahmen mit dem entsprechenden Tabellenwert für den nachschüssigen Rentenbarwertfaktor (3 %, 50 Jahre, s. Abb. 3-21.1, S. 58).

| Einnahmen und Ausgaben | Barwertfaktor | Barwert |
|---|---|---|
| Erstinvestitionsausgaben<br>500.000 € | 1,00 | - 500.000 € |
| Mietreinertrag<br>500 m² · 5 €/(m² · Monat) · 12 Monate<br>= 30.000 €/Jahr | 25,73 | + 771.900 € |
| Kapitalwert | | **+  271.900 €** |

Variante 2 ist aufgrund des positiven Kapitalwertes vorteilhafter als die Unterlassensalternative und wegen der geringeren Baukosten vorteilhafter als die Variante 1 und Variante 3.

(2) Bestimmung der vorteilhaftesten Außenwandvariante

Verfahrensauswahl (nach Abbildung 3-16)

Beurteilungsgegenstand: 3 Investitionsmöglichkeiten
Kapitalrückgewinnung: nicht vorrangig
Nutzungsdauer: gleich
Genauigkeitsgrad: hoch
gewähltes Verfahren: **Kapitalwertmethode** (Lehrbuch Band 1, S. 90 ff.)

Berechnung der Veränderung des Kapitalwertes

| Einnahmen und Ausgaben | Barwert-faktor | Barwert Variante 1 | Barwert Variante 2 |
|---|---|---|---|
| Erhöhung der Erstinvestitionsausgaben (Baukosten) 40.000 € 12.500 € | 1,00 1,00 | - 40.000 € | - 12.500 € |
| Erhöhung der Netto-Mieteinnahmen 25 m² · 5 €/(m² · Monat) · 12 Monate = 1.500 €/Jahr 10 m² · 5 €/(m² · Monat) · 12 Monate = 600 €/Jahr | 25,73 25,73 | + 38.595 € | + 15.438 € |
| Kapitalwert-Änderung | | - 1.405 € | + 2.938 € |

Der Kapitalwert der Gebäudevariante 2 verbessert sich bei einem Austausch der zunächst vorgesehenen Außenwandkonstruktion durch die Außenwandvariante 2 um 2.938 €. Er beträgt dann 274.838 €. Da die Außenwandvariante 1 zu einer Verschlechterung des Kapitalwertes führt, ist die Gebäudevariante 2 in Verbindung mit der Außenwandvariante 2 die vorteilhafteste Variante.

**Lösung zu Aufgabe 12: Vorteilhaftigkeit einer Photovoltaikanlage**

(1) Verfahrensauswahl (nach Abbildung 3-16)

Beurteilungsgegenstand: Einzelinvestition
Vorteilhaftigkeitskriterium: Rendite
Genauigkeitsgrad: hoch
gewähltes Verfahren: **Interne Zinsfuß-Methode** (Lehrbuch Bd. 1, S. 97 ff.)

Mit dem gewählten Verfahren der Internen Zinsfuß-Methode lässt sich ein unmittelbarer Vergleich mit der Kapitalmarktanlage durchführen. Der interne Zinsfuß ist der Kalkulationszinsfuß, der zu einem Kapitalwert = 0 führt, das heißt die Summe der Barwerte der Einzahlungen müssen gleich groß sein wie die Summe der Barwerte der Auszahlungen:

Kapitalwert =

$\sum$ Barwerte der Einzahlungen - $\sum$ Barwerte der Auszahlungen = 0

$\sum$ Barwerte der Auszahlungen = $\sum$ Barwerte der Einzahlungen

Investitionsausgabe = Rentenbarwert des jährlichen Ertrages

Investitionsausgabe = Rentenbarwertfaktor · jährlicher Ertrag

$$\text{Rentenbarwertfaktor} = \frac{\text{Investitionsausgabe}}{\text{jährlicher Ertrag}}$$

Daher kann im vorliegenden Fall der interne Zinsfuß aus der Tabelle der nach-schüssigen Rentenbarwertfaktoren (siehe Abbildung 3-21, S.58 ff.) in der Wei-se ermittelt werden, dass man feststellt, für welchen Zinsfaktor der Renten-barwertfaktor bei einer Laufzeit von 20 Jahren möglichst nahe an dem Quo-tienten aus Investitionsausgabe und Einnahmeüberschuss liegt. Weiter an den genauen Wert annähern kann man sich durch lineare Interpolation oder z. B. die EXCEL-Zielwertsuche.

Ermittlung des Rentenbarwertfaktors (RBF), der zu einem Kapitalwert = 0 füh-ren würde (Bedingung für den internen Zinsfuß):

RBF = 7.500 € : 700 €/a = 10,714

Der interne Zinsfuß liegt bei nachschüssiger Zahlungsweise zwischen 6,8 % p. a. (RBF = 10,761) und 7,0 % p. a. (RBF = 10,594; siehe Abbildung 3-21.2, S. 59). Durch lineare Interpolation erhält man den genauen Wert von 6,86 % p.a.

Das eingesetzte Kapital würde sich also unter den genannten Rahmenbedin-gungen mit 6,86 % p. a. verzinsen.

(2) Verfahrensauswahl (nach Abbildung 3-16)

| | |
|---|---|
| Beurteilungsgegenstand: | zwei Investitionsmöglichkeiten, die sich nicht ge-genseitig vollständig ausschließen |
| Wiederanlageprämisse: | Wiederanlage zu 6,86 % ist nur bedingt plausibel |
| Vorteilhaftigkeitskriterium: | VOFI-Rentabilität |
| gewähltes Verfahren: | **Vollständiger Finanzplan**<br>(Lehrbuch Bd. 1, S. 99 ff.) |

Bei den meisten Verfahren der Investitionsrechnung wird beim Vergleich zweier Investitionsvarianten angenommen, dass bei Unterschieden in der Kapi-talbindung der Varianten die Differenzbeträge zum Kalkulationszinsfuß ange-legt werden (Wiederanlageprämisse). Diese Annahme kann bei der Internen Zinsfuß-Methode unplausibel sein – nämlich dann, wenn aufgrund einer hohen Rendite angenommen wird, dass Differenzkapital zu eben dieser hohen Ver-zinsung angelegt wird. Hier erlaubt der Vollständige Finanzplan eine explizite (Wieder-)Anlage von Differenzkapital zu einem eigens dafür festgelegten und damit plausiblen Zinssatz.

Die Festgeldanlage wird einschließlich ihrer Zinsen mit 5,0 % p. a. verzinst und ist bis zum Ablauf der 20-jährigen Laufzeit vollständig gebunden. Dementsprechend beträgt auch die VOFI-Rentabilität 5,0 % p. a. (siehe Abb. 3-26). Diese lässt sich ermitteln, in dem man die 20. Wurzel aus dem Verhältnis von Endkapital zu Anfangskapital zieht:

$$\text{VOFI} - \text{Rentabilität} = \sqrt[20]{\frac{19.900\ €}{7.500\ €}} = 1,05 \quad \longrightarrow \quad 5,0\ \%\ \text{p.a.}$$

| Jahr | Investitionsausgabe bzw. Kapitalanlage | | Zinssatz für Wiederanlage | Haben-Zinsen | Guthaben am Jahresende | |
|---|---|---|---|---|---|---|
| 1 | 2 | 3 | 4 | 5 | 6 | 7 |
| 0 | 7.500 € | | | | 7.500 € | |
| 1 | | | 5,00% | 375 € | 7.875 € | |
| 2 | | | 5,00% | 394 € | 8.269 € | |
| 3 | | | 5,00% | 413 € | 8.682 € | |
| 4 | | | 5,00% | 434 € | 9.116 € | |
| 5 | | | 5,00% | 456 € | 9.572 € | |
| 6 | | | 5,00% | 479 € | 10.051 € | |
| 7 | | | 5,00% | 503 € | 10.553 € | |
| 8 | | | 5,00% | 528 € | 11.081 € | |
| 9 | | | 5,00% | 554 € | 11.635 € | |
| 10 | | | 5,00% | 582 € | 12.217 € | |
| 11 | | | 5,00% | 611 € | 12.828 € | |
| 12 | | | 5,00% | 641 € | 13.469 € | |
| 13 | | | 5,00% | 673 € | 14.142 € | |
| 14 | | | 5,00% | 707 € | 14.849 € | |
| 15 | | | 5,00% | 742 € | 15.592 € | |
| 16 | | | 5,00% | 780 € | 16.372 € | |
| 17 | | | 5,00% | 819 € | 17.190 € | |
| 18 | | | 5,00% | 860 € | 18.050 € | |
| 19 | | | 5,00% | 902 € | 18.952 € | |
| 20 | | | 5,00% | 948 € | 19.900 € | 5,00% |
| | | | | | Endvermögen | VOFI-Rentabilität |

**Abb. 3-26** VOFI-Endvermögen und VOFI-Rentabilität der Festgeldanlage

Dagegen erzielt der Hausbesitzer bei der Photovoltaikanlage laufende Überschüsse, die auf dem Kapitalmarkt wiederangelegt werden müssen, um den vollständigen gegenseitigen Ausschluss der beiden Anlagealternativen zu gewährleisten. Wenn diese laufenden Überschüsse zu 3 % p. a. angelegt werden, ergibt sich bei nachschüssiger Zahlungsweise eine VOFI-Rentabilität von 4,7 % p. a. (siehe Abb. 3-27).

| Jahr | Anschaffungs-ausgabe | Ausschüttungen (nachschüssig) | Zinssatz für Wiederanlage | Haben-Zinsen | Guthaben am Jahresende | |
|------|------|------|------|------|------|------|
| 1 | 2 | 3 | 4 | 5 | 6 | 7 |
| 0 | 7.500 € | | | | | |
| 1 | | 700 € | 3,00 % | 0 € | 700 € | |
| 2 | | 700 € | 3,00 % | 21 € | 1.421 € | |
| 3 | | 700 € | 3,00 % | 43 € | 2.164 € | |
| 4 | | 700 € | 3,00 % | 65 € | 2.929 € | |
| 5 | | 700 € | 3,00 % | 88 € | 3.716 € | |
| 6 | | 700 € | 3,00 % | 111 € | 4.528 € | |
| 7 | | 700 € | 3,00 % | 136 € | 5.364 € | |
| 8 | | 700 € | 3,00 % | 161 € | 6.225 € | |
| 9 | | 700 € | 3,00 % | 187 € | 7.111 € | |
| 10 | | 700 € | 3,00 % | 213 € | 8.025 € | |
| 11 | | 700 € | 3,00 % | 241 € | 8.965 € | |
| 12 | | 700 € | 3,00 % | 269 € | 9.934 € | |
| 13 | | 700 € | 3,00 % | 298 € | 10.932 € | |
| 14 | | 700 € | 3,00 % | 328 € | 11.960 € | |
| 15 | | 700 € | 3,00 % | 359 € | 13.019 € | |
| 16 | | 700 € | 3,00 % | 391 € | 14.110 € | |
| 17 | | 700 € | 3,00 % | 423 € | 15.233 € | |
| 18 | | 700 € | 3,00 % | 457 € | 16.390 € | |
| 19 | | 700 € | 3,00 % | 492 € | 17.582 € | |
| 20 | | 700 € | 3,00 % | 527 € | 18.809 € | 4,70% |
| | | | | | Endvermögen | VOFI-Rentabilität |

**Abb. 3-27** VOFI-Endvermögen und VOFI-Rentabilität der Photovoltaikanlage

Aus rein monetärer Sicht ist daher die Festgeldanlage zu 5 % p. a. vorteilhafter als die Investition in die Photovoltaikanlage mit Wiederanlage der laufenden Überschüsse zum Zinssatz von 3 % p. a.

(3) Unter Nachhaltigkeitsaspekt sollten Sie der Investition in die Nutzung erneuerbarer Energien den Vorzug geben und die Minderung der Rendite um 0,3 % p. a. in Kauf nehmen.

## 3.4 Grundflächen und Rauminhalte

Grundlage jeder Kostenermittlung und Wirtschaftlichkeitsbeurteilung sind Mengenermittlungen. Bei den zu ermittelnden Mengen kann es sich um Nutzungseinheiten, wie Arbeitsplätze oder Hotelzimmer, handeln, meistens geht es aber um Grundstücksflächen oder Flächen und Rauminhalte von Bauwerken. Um zu vergleichbaren Ergebnissen zu gelangen, muss man von einheitlichen Messvorschriften ausgehen. Solche finden sich vor allem in der DIN 277, *Grundflächen und Rauminhalte von Bauwerken im Hochbau* sowie in der *Verordnung zur Berechnung der Wohnfläche (Wohnflächenverordnung)*.

Mengenermittlungen nach diesen Regelungen sind Gegenstand der folgenden Aufgaben. Diese beziehen sich auf das Kapitel 3.6 des Lehrbuches Band 1.

### Aufgabenverzeichnis

1 Einhaltung der Grundflächenzahl und der Geschossflächenzahl
2 Grundflächen nach DIN 277
3 Raumprogramm und Brutto-Grundfläche
4 Anrechenbarkeit von Grundflächen und Rauminhalten nach DIN 277
5 Anrechenbarkeit von Grundflächen nach der Wohnflächenverordnung
6 Kennziffern und ihre Anwendung
7 Ermittlung von Grundflächen und Rauminhalten
8 Ermittlung der Wohnfläche

### Vorschriften und Normen

DIN 277-1:2005-02, Grundflächen und Rauminhalte von Bauwerken im Hochbau
  –Begriffe, Ermittlungsgrundlagen
DIN 277-2:2005-02, Grundflächen und Rauminhalte von Bauwerken im Hochbau
  –Gliederung der Netto-Grundfläche
WoFlV  Verordnung zur Berechnung der Wohnfläche (Wohnflächenverordnung), Januar 2004
BauNVO Baunutzungsverordnung, Januar 1990
BbgBO Brandenburgische Bauordnung, Juli 2008
SächsBO Sächsische Bauordnung, Mai 2004

Zeichnung: Ernst Hürlimann

**Empfohlene Literatur zur weiteren Vertiefung**

Frommhold, H.; H. D. Fleischmann, S. Hasenjäger: Wohnungsbau-Normen, Düsseldorf 2006

Fröhlich, P. J.: Hochbaukosten – Flächen – Rauminhalte, Wiesbaden 2007

**Aufgabe 1: Einhaltung der Grundflächenzahl und der Geschossflächenzahl**

Überprüfen Sie, ob das in Abb. 3-28 als Lageplan dargestellte Einfamilienhaus gemäß den folgenden Festsetzungen im Bebauungsplan (§ 9 BauGB) zulässig ist:

Grundflächenzahl (GRZ): 0,3
Geschossflächenzahl (GFZ): 0,7

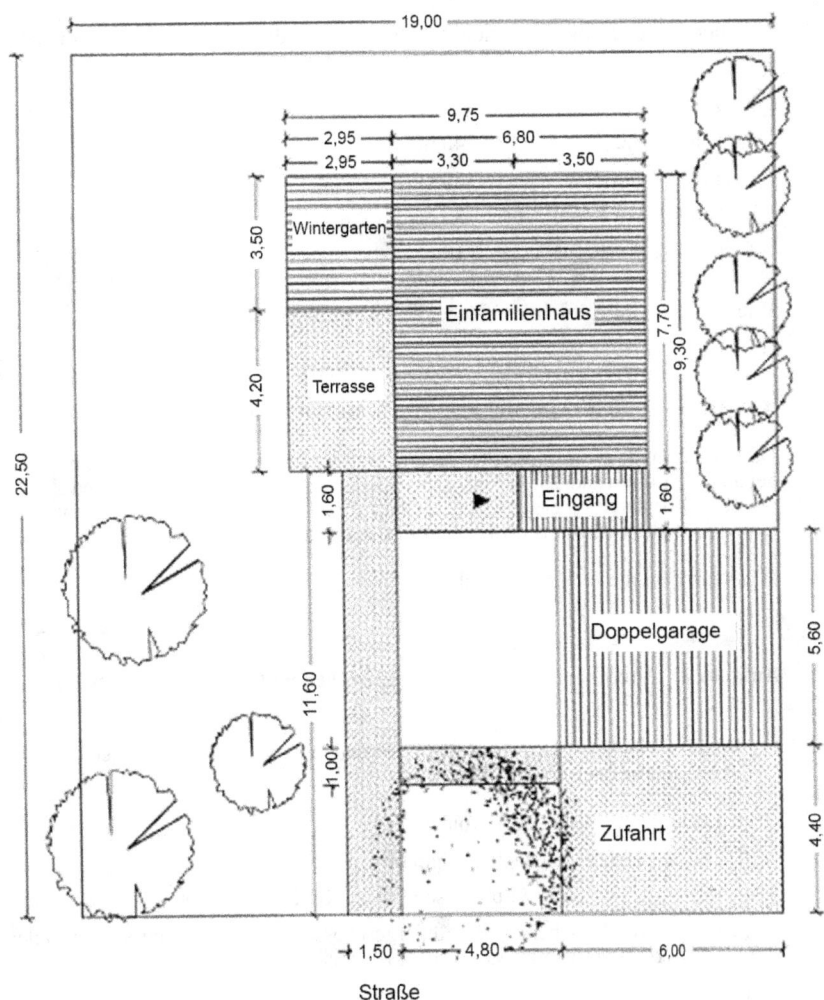

**Abb. 3-28** Lageplan eines Einfamilienhauses

Das Einfamilienhaus hat ein Kellergeschoss, ein Erdgeschoss und ein Oberge-schoss mit je 2,50 m lichte Höhe. Das Obergeschoss hat eine Grundfläche von 6,80 m mal 7,70 m und ist ebenso wie das Erdgeschoss ein Vollgeschoss nach Landesbauordnung. Der Hauseingang und der Wintergarten sind eingeschossig geplant.

## Aufgabe 2: Grundflächen nach DIN 277

In einer Gebäudedokumentation für ein Zweifamilienhaus finden Sie folgende Angaben:

| | |
|---|---|
| Nutzfläche | 225 m² |
| Verkehrsfläche | 40 m² |
| Bebaute Fläche | 160 m² |
| Konstruktions-Grundfläche | 30 m² |
| Technische Funktionsfläche | 10 m² |

Wie groß ist die Brutto-Grundfläche dieses Zweifamilienhauses?

## Aufgabe 3: Raumprogramm und Brutto-Grundfläche

Das vom Bauherrn aufgestellte Raum- und Funktionsprogramm für ein Büro-gebäude umfasst rund 25.000 m². Die ersten vom Architekten vorgelegten Zeich-nungen (Vorplanung) ergeben bei vollständiger Erfüllung des Programms eine Brutto-Grundfläche von rund 42.000 m². Der Bauherr ist überrascht.

Wie kann man diesen Unterschied erklären?

## Aufgabe 4: Anrechenbarkeit von Grundflächen und Rauminhalten nach DIN 277

(1) Welche Flächen eines Bauwerks werden bei der Ermittlung der **Brutto-Grundfläche** nach DIN 277 berücksichtigt?

( ) Grundrissebenen nach Rohbaumaß

( ) Grundrissebenen nach Fertigmaß

( ) ausschließlich die Grundrissebene des Kellergeschosses

( ) die Grundrissebenen des Kellergeschosses, des Erdgeschosses und aller Obergeschosse mit Dachgeschoss

( ) eine Loggia

( ) eine nicht überdachte Dachterrasse

( ) konstruktive und gestalterische Vorsprünge

( ) die Grundrissebene des Kriechkellers

( ) eine Garage unterhalb der Geländeoberfläche


(2) Welche Flächen eines Bauwerks werden bei der Ermittlung der **Netto-Grundfläche** nach DIN 277 berücksichtigt?

  ( ) lichte Fertigmaße in Höhe des Fußbodens mit Berücksichtigung von Fußleisten, Sockelleisten u. a.

  ( ) lichte Fertigmaße in Höhe des Fußbodens ohne Berücksichtigung von Fußleisten, Sockelleisten u. a.

  ( ) die Grundflächen von freiliegenden Leitungen und Rohren

  ( ) die Grundflächen von Türöffnungen

  ( ) die Grundflächen von Installationsschächten mit lichtem Querschnitt über 1 m²

  ( ) die Grundflächen von Installationsschächten mit lichtem Querschnitt bis 1 m²

  ( ) die Grundflächen versetzbarer Trennwände

  ( ) die Grundflächen von Einbauschränken

  ( ) die Grundflächen eines in den Raum greifenden, eine Wandöffnung überdeckenden Sturzes

  ( ) die Grundflächen von Heizkörpernischen


(3) Welche Flächen eines Bauwerks werden bei der Ermittlung der **Konstruktions-Grundfläche** nach DIN 277 berücksichtigt?

  ( ) Brutto-Grundfläche abzüglich Netto-Grundfläche

  ( ) die Grundfläche des Aufzugsschachtes

  ( ) die lotrechte Projektion des Treppenlaufs


(4) Welche Flächen eines Bauwerks werden bei der Ermittlung der **Nutzflächen** nach DIN 277 berücksichtigt?

  ( ) Brutto-Grundfläche, die allseitig umschlossen und überdeckt ist

  ( ) Brutto-Grundfläche, die allseitig umschlossen und überdeckt ist, nach Abzug der Verkehrsfläche, der Technischen Funktionsfläche und der Konstruktions-Grundfläche

  ( ) Dachterrasse und Balkone ohne Überdeckung

  ( ) der Vorratskeller eines Einfamilienhauses


(5) Welche Teile eines Bauwerks werden bei der Ermittlung des **Brutto-Rauminhalts** nach DIN 277 berücksichtigt?

  ( ) Dachgauben

( ) Spitzboden

( ) Dachüberstände

( ) der Rauminhalt des Fundamentbereiches

( ) eine Garage unterhalb der Erdoberfläche

( ) ein Balkon mit Überdachung

( ) ein Balkon ohne Überdachung

**Aufgabe 5:  Anrechenbarkeit von Grundflächen nach der Wohnflächen-
verordnung**

Welche Flächen von Bauwerken werden bei der Berechung der Wohnfläche nach
der **Wohnflächenverordnung** berücksichtigt?

( ) die Summe der Grundflächen der Räume, die ausschließlich zu der Wohnung
gehören

( ) Räume, die den nach ihrer Nutzung zu stellenden Anforderungen des Bauordnungsrechts nicht genügen

( ) Geschäftsräume

( ) Fenster- und offene Wandnischen, die bis zum Boden herunterreichen und
mehr als 0,13 m tief sind

( ) Raumteile unter Treppen mit einer Höhe von unter 2 m

( ) Erker mit einer Grundfläche von 0,40 m²

( ) ein Wintergarten von 12 m²

( ) bei einem Einfamilienhaus kann die ermittelte Grundfläche zur Ermittlung
der Wohnfläche um 10 v. H. gekürzt werden

( ) der Balkon, der zum Wohnraum gehört.

**Aufgabe 6:  Kennziffern und ihre Anwendung**

Welche Informationen können aus den Flächen- und Rauminhaltsdaten gewonnen
werden und wofür werden sie üblicherweise weiterverwendet?

**Aufgabe 7:  Ermittlung von Grundflächen und Rauminhalten**

Ermitteln Sie für das in den Abbildungen 3-29.1 bis  3-29.6 gezeigte Einfamilienhaus folgende Mengen:

- **Brutto-Grundfläche** (gegliedert in BGFa, BGFb, BGFc)

- **Brutto-Rauminhalt** (gegliedert in BRIa, BRIb, BRIc)

- **Netto-Grundfläche** (gegliedert in NGFa, NGFb, NGFc)

- **Konstruktions-Grundfläche** (KGFa)

und berechnen Sie die Anteile von **Nutzfläche, Verkehrsfläche** und **Technischer Funktionsfläche** an der Netto-Grundfläche des Einfamilienhauses. Bei der Berechnung dieser Aufgabe werden die Werte auf zwei Kommastellen gerundet.

Gehen Sie davon aus, dass die Rohbaumaße zugleich Fertigmaße sind.

**Aufgabe 8: Ermittlung der Wohnfläche**

(1) Berechnen Sie die Wohnfläche des in den Abbildungen 3-29.1 bis 3-29.6 dargestellten Einfamilienhauses nach den Vorschriften der Wohnflächenverordnung. Gehen Sie bei der Berechnung davon aus, dass die angegebenen Maße Fertigmaße sind.

(2) Wäre die Wohnfläche auch zu ermitteln, wenn es sich bei den angegebenen Maßen um Rohbaumaße handelte?

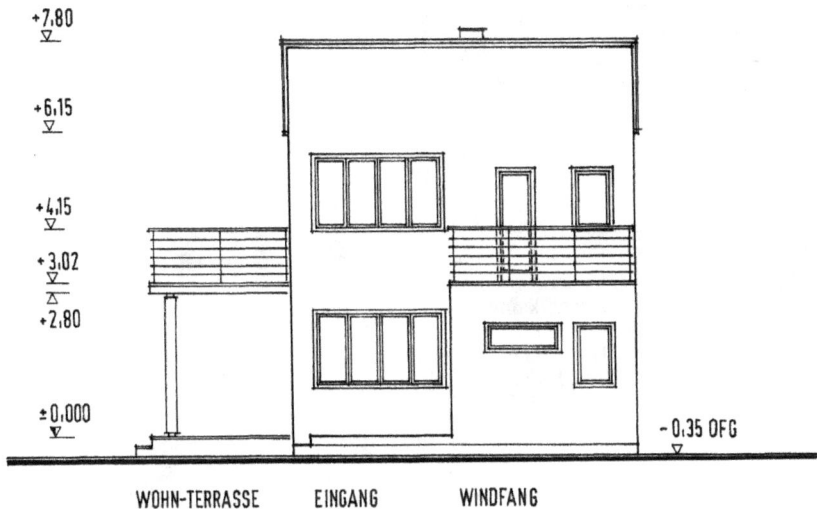

WOHN-TERRASSE     EINGANG     WINDFANG

**Abb. 3-29.1** Einfamilienhaus – Ansicht von Süden

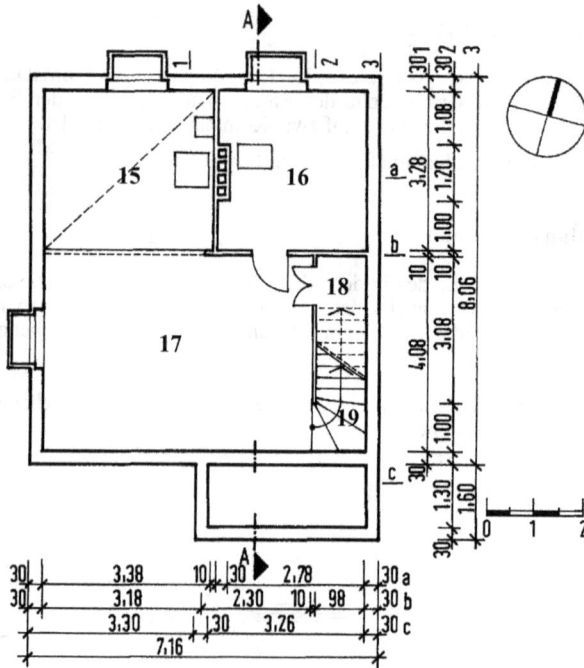

15  Waschküche
16  Heizung, Hausanschlussraum
17  Keller
18  Abstellkammer,
    b = 0,98 m:
    H > 1,50 m: l = 1,60 m
    H < 1,50 m: l = 2,48 m
19  Treppe UG - EG

**Abb. 3-29.2** Einfamilienhaus – Grundriss Untergeschoss

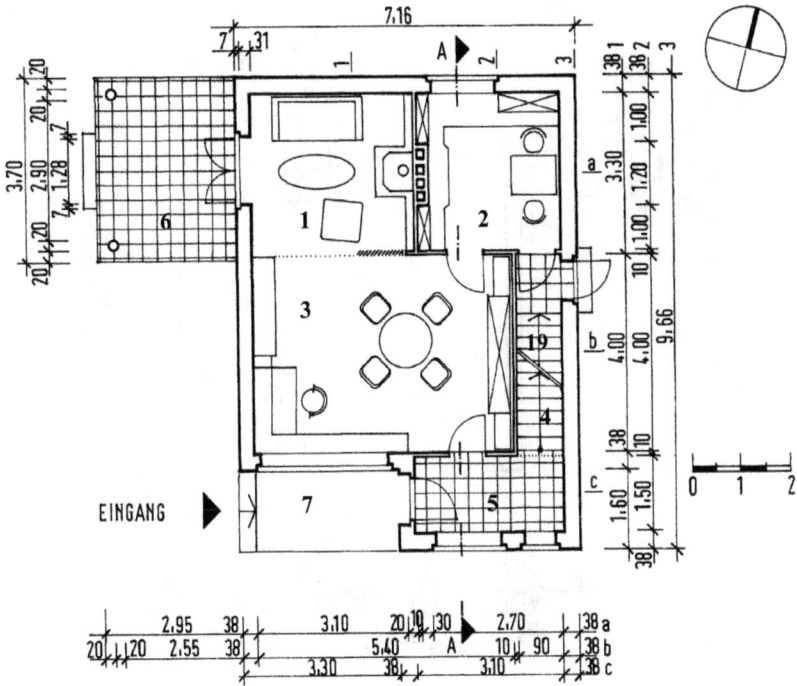

1 Wohnraum
2 Küche
3 Wohnzimmer mit Essplatz
4 Treppe EG - OG
5 Windfang
6 Terrasse,
  Stufe zur Terrasse: l = 1,42 m; b = 0,32 m
7 Eingangs-Podest
19 Treppe UG - EG,
   Stufe zum Podest: l = 1,30 m; b = 0,32 m

**Abb. 3-29.3** Einfamilienhaus – Grundriss Erdgeschoss

| 4 | Treppe EG - OG |
| 8 | Kinderzimmer |
| 9 | Bad |
| 10 | WC |
| 11 | Flur |
| 12 | Schlafzimmer |
| 13 | Dachterrasse |
| 14 | Balkon |

**Abb. 3-29.4** Einfamilienhaus – Grundriss Obergeschoss

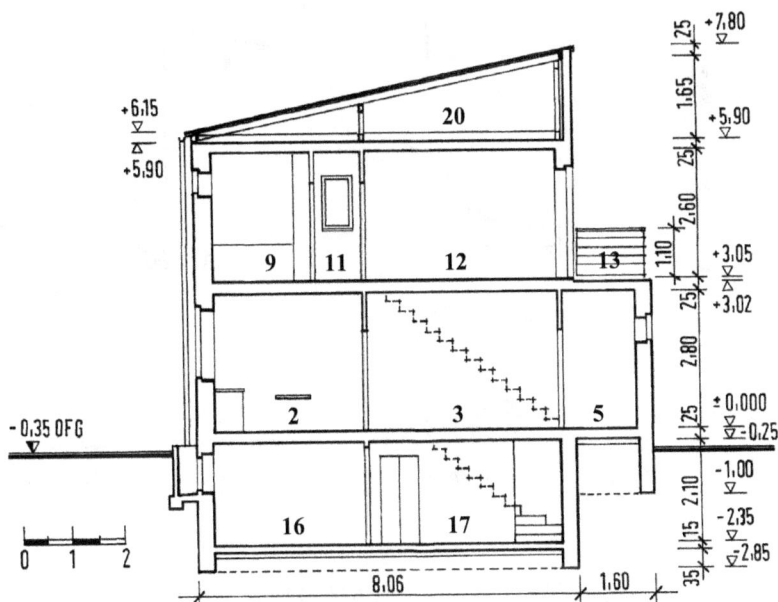

| 2 | Küche |
|---|---|
| 3 | Wohnzimmer mit Essplatz |
| 5 | Windfang |
| 9 | Bad |
| 11 | Flur |
| 12 | Schlafzimmer |
| 13 | Dachterrasse |
| 16 | Heizung, Hausanschlussraum |
| 17 | Keller |
| 20 | Dachraum, dient ausschließlich zur Durchführung von Instandsetzungsmaßnahmen |

**Abb. 3-29.5** Einfamilienhaus – Schnitt A - A

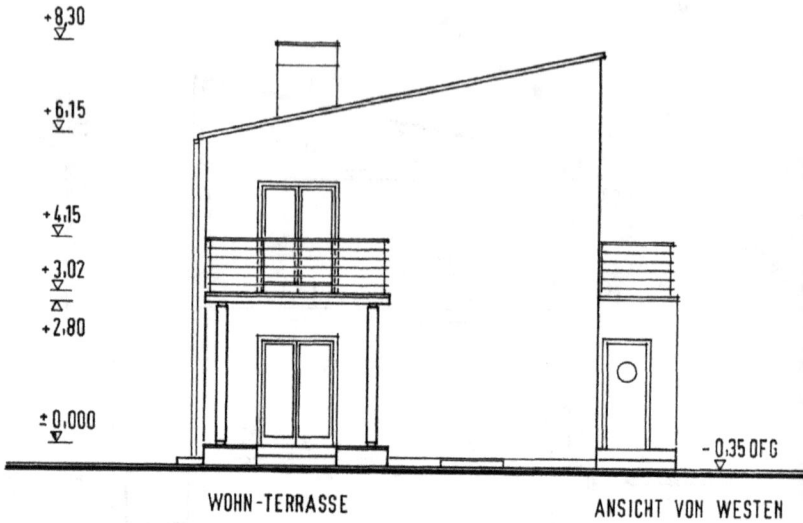

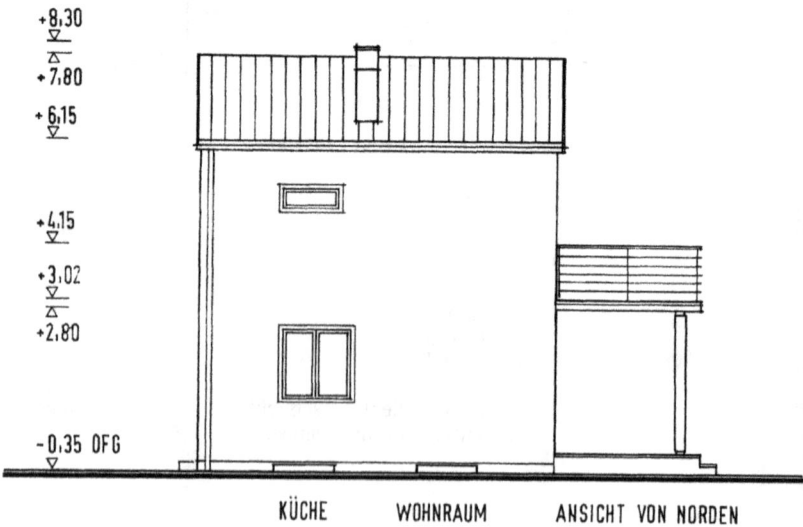

**Abb. 3-29.6** Einfamilienhaus – Ansichten von Westen und Norden

**Lösung zu Aufgabe 1: Einhaltung der Grundflächenzahl und der Geschossflächenzahl**

Zur Überprüfung der Zulässigkeit des Bauvorhabens sind zunächst die Grundfläche und die Geschossfläche des Einfamilienhauses gemäß der Baunutzungsverordnung §§ 19 und 20 sowie der jeweiligen Landesbauordnung zu ermitteln und diese den zulässigen Flächen gegenüberzustellen, die sich aus der Grundstücksfläche multipliziert mit der Grundflächenzahl (GRZ) bzw. der Geschossflächenzahl (GFZ) ergeben. Der Beantwortung dieser Aufgabe wird die Brandenburgische Bauordnung zugrunde gelegt. Auf die abweichende Behandlung nach Sächsischer Bauordnung wird hingewiesen.

| | GRZ* | GFZ*** | 1. Dim. (m) | 2. Dim. (m) | Fläche GRZ (m²) | Fläche GFZ (m²) |
|---|---|---|---|---|---|---|
| Fläche Grundstück: | | | 19,00 | 22,50 | 427,50 | 427,50 |
| **Bauliche Anlagen nach BauNVO § 19 (2) (Hauptanlagen):** | | | | | | |
| Haus | x | x | 6,80 | 7,70 | 52,36 | 52,36 |
| Eingang | x | x | 3,50 | 1,60 | 5,60 | 5,60 |
| Haus 1. OG | | x | | | | 52,36 |
| Wintergarten | x | | 2,95 | 3,50 | 10,33 | - |
| Terrasse | x | | 2,95 | 4,20 | 12,39 | - |
| Zwischensumme: | | | | | 80,68 | 110,32 |
| **Nebenanlagen nach BauNVO § 19 (4):** | | | | | | |
| Garage**** | x | | 6,00 | 5,60 | 33,60 | - |
| Zufahrt | x | | 6,00 | 4,40 | 26,40 | - |
| Zwischensumme: | | | | | 60,00 | - |
| **Eingangspodest + Fußwege**** | | | | | | |
| Eingangspodest | (x) | | 3,30 | 1,60 | 5,28 | - |
| Fußweg zum Haus (befestigt) | (x) | | 1,50 | 11,60 | 17,40 | - |
| Fußweg zw. Zufahrt und Hauptweg (befestigt) | (x) | | 1,00 | 4,30 | 4,30 | - |
| Zwischensumme: | | | | | 26,98 | - |
| **Summe gesamt (ohne Fußwege + Eingangspodest):** | | | | | 140,68 | 110,32 |
| **Summe gesamt (mit Fußwege + Eingangspodest):** | | | - | - | (167,66) | - |

**Abb. 3-30** Ermittlung der Flächen zur Kontrolle der Einhaltung der GRZ und GFZ

\* Berechnung der zulässigen GRZ erfolgt nach § 19 BauNVO. Die Definition der baulichen Anlagen ist in den jeweiligen Landesbauordnungen festgesetzt. So definiert die BbgBO in § 2 (1) bauliche Anlagen als mit dem Erdboden verbundene, aus Bauprodukten hergestellte Anlagen. Eine Verbindung mit dem Boden besteht auch dann, wenn die Anlage durch eigene Schwere auf dem Boden ruht oder auf ortsfesten Bahnen begrenzt beweglich ist oder wenn die Anlage nach ihrem Verwendungszweck dazu bestimmt ist, überwiegend ortsfest benutzt zu werden, z. B. auch Aufschüttungen und Abgrabungen oder Lagerplätze, Abstellplätze und Ausstellungsplätze. Sinngemäß findet sich diese Definition auch in der SächsBO § 2, Abs. 1. Eingang, Wintergarten und Terrasse sind Teile der Hauptanlage und werden bei der Berechnung der GRZ berücksichtigt.

\*\* Der Umgang mit dem Eingangspodest und dem Fußweg muss individuell entschieden werden. Die Frage der Anrechenbarkeit ist in der Praxis nicht eindeutig geklärt. Als untergeordnetes Bauteil wäre das Eingangspodest bei der Überprüfung der zulässigen Grundfläche nicht anzurechnen. Wird jedoch als entscheidendes Kriterium der Grad der Versiegelung angesetzt, dann sind komplett versiegelte Flächen, also Eingangspodest und Fußweg, bei der Berechnung als Nebenanlage einzubeziehen. Die Auslegung, was zu der „versiegelten Flächen" zählt, ist individuell ggf. in Abstimmung mit der Genehmigungsbehörde zu klären.

\*\*\* Für die Berechnung der zulässigen GFZ ist § 20 BauNVO zu berücksichtigen. Nach § 20 (3) sind die Flächen der Vollgeschosse anzusetzen. Terrassen und Nebenanlagen sowie bauliche Anlagen, soweit sie nach Landesrecht in den Abstandsflächen zulässig sind, bleiben nach § 20 (4) unberücksichtigt. Der Wintergarten, als Aufenthaltsraum und Teil des Vollgeschosses, müsste eigentlich angerechnet werden. Aber in § 20 (4) erfolgt der Verweis auf die Landesbauordnung, d. h. die Fläche des Wintergartens ist nach BbgBO § 6 (7) Satz 1 Nr. 3a nicht anzurechnen.

Nach SächsBO § 6 Abs. (6), 2 ist der Wintergarten bei der Ermittlung der Geschossfläche zu berücksichtigen, da er tiefer als 1,50 m und auch länger als 1/3 der Hauslänge ist; er muss entsprechend BauNVO § 20 (4) als Geschossfläche angerechnet werden.

\*\*\*\* Die Garage ist nach BbgBO § 6 (10) und nach SächsBO § 6 (7) Nr. 1 in den Abstandsflächen zulässig. Somit bleibt die Garage nach BauNVO § 20 (4) bei der Berechnung der GF unberücksichtigt.

### Überprüfung der Grundfläche der Hauptanlagen auf Zulässigkeit (GRZ)

| | |
|---|---|
| maßgebende Grundstücksfläche m² | 427,50 |
| Grundflächenzahl GRZ | 0,3 |
| zulässige Grundfläche der baulichen Anlage  0,3 · 427,50 m² = m² | 128,25 |

vorhandene Fläche nach BauNVO §19 (2)  80,68 m² < 128,25 m²  zulässige

Grundfläche §19 (2)

Die zulässige Grundfläche der baulichen Anlagen nach BauNVO §19 (2) wird nicht überschritten. Die geplante Ausnutzung des Grundstücks ist daher hinsichtlich der Grundfläche der Hauptanlagen zulässig.

**Überprüfung der Grundfläche der Haupt- und Nebenanlagen auf zulässige Überschreitung**

zulässige Überschreitung um 50 % durch Grundflächen

nach BauNVO § 19 (4)     $0,5 \cdot 128,25 \text{ m}^2$          $64,13 \text{ m}^2$

zulässige Grundfläche

(einschl. Überschreitung nach BauNVO § 19 (4))          $\underline{192,38 \text{ m}^2}$

| vorhandene Fläche nach BauNVO § 19 (2) und (4) | $\underline{140,68 \text{ m}^2 < 192,38 \text{ m}^2}$ | zulässige Grundfläche einschließlich Überschreitung nach BauNVO § 19 (4) |
|---|---|---|

Die Grundfläche aller baulichen Anlagen überschreitet also nicht die zulässige Grundfläche nach BauNVO § 19 (2) und (4).

**Überprüfung der Geschossflächenzahl (GFZ) auf Zulässigkeit**

maßgebende Grundstücksfläche          $427,50 \text{ m}^2$

Geschossflächenzahl GFZ          $0,7$

zulässige Geschossfläche  $0,7 \times 427,50 \text{ m}^2 =$          $\underline{299,25 \text{ m}^2}$

2 Vollgeschosse (BbgBO § 2 bzw. nach SächsBO § 90 (2), § 2 (6) )

Geschossfläche EG (Haus + Eingang) zuzüglich Fläche 1. OG (Nebenanlagen nach BauNVO § 14, Garage und Wintergarten bleiben nach BbgBO unberücksichtigt, nach SächsBO ist der Wintergarten mit 10,33 m² GF zu berücksichtigen.)

Geschossfläche gesamt (BbgBO)          $\underline{110,32 \text{ m}^2}$

Geschossfläche $\underline{110,32 \text{ m}^2} < 299,25 \text{ m}^2$ zulässige Geschossfläche

Die Geschossfläche des Einfamilienhauses überschreitet nicht die zulässige Geschossfläche. An diesem Ergebnis ändert sich auch im Freistaat Sachsen nichts, da auch die zusätzliche Berücksichtigung des Wintergartens nicht zu einem Überschreiten der zulässigen Geschossfläche führen würde:

Geschossfläche (SächsBO) 110,32 + 10,33 = $\underline{120,65 \text{ m}^2 < 299,25}$ m² zulässige GF

**Lösung zu Aufgabe 2:  Grundflächen nach DIN 277**

|   | Nutzfläche | 225 m² |
|---|---|---|
| + | Technische Funktionsfläche | 10 m² |
| + | Verkehrsfläche | 40 m² |
| = | Netto-Grundfläche | 275 m² |
| + | Konstruktions-Grundfläche | 30 m² |
| = | Brutto-Grundfläche | 305 m² |

Die Brutto-Grundfläche des Zweifamilienhauses beträgt 305 m². Die Bebaute Fläche gehört nicht zu den Grundflächen nach DIN 277.

**Lösung zu Aufgabe 3:  Raumprogramm und Brutto-Grundfläche**

Zur Erklärung der in der Vorplanung entstandenen Flächendifferenz muss man sich die Flächenarten nach DIN 277 vor Augen halten.

Die im Raum- und Funktionsprogramm des Bauherrn enthaltenen Flächenvorgaben sind meist Nutzflächen und beziehen sich auf die vom Bauherrn gewünschten Funktionen und deren räumliche Umsetzung. Die Flächenanteile für Funktions- und Verkehrsfläche sowie Konstruktions-Grundfläche sind abhängig von Form, Funktion und Baukonstruktion des zu entwerfenden Baukörpers. Sie sind im Raum- und Funktionsprogramm durch den Bauherrn nur schwer definierbar, oft auch gar nicht enthalten. Dies gilt auch für Räume, die meistens geschossweise angeordnet werden, wie z. B. Wasch- und WC-Räume, häufig auch Stützpunkte für die Gebäudereinigung. Erst in der Vorplanungs- und Entwurfsphase werden die Erfordernisse an die Flächen für die technische Ver- und Entsorgung des Gebäudes, für seine Erschließung sowie an die zusätzlich erforderlichen Räume und Flächen, die sich aus der Anwendung der baurechtlichen Vorschriften ergeben, konkretisiert.

Im Fall des Bürogebäudes wurde die vorgegebene Fläche im Vorentwurf um 68 % vergrößert. Dies kann – über die genannten Faktoren hinaus – seine Ursache haben in vom Bauherrn im Raumprogramm nicht erfassten

- Stellplätzen (eventuell erforderliche Parkebene in UG oder OG) mit zugehörigen Rampen und Fahrbahnen,
- Flur- und Erschließungsflächen (Treppenaufgänge, Aufzüge, Fluchtwege und Schleusen)
- Flächen für die Gebäudetechnik (Lüftung, Klimatisierung, Notstromversorgung).

Die Flächenanteile in Bürogebäuden stellen sich heute folgendermaßen dar:

| Bürogebäude | einfacher Standard | hoher Standard |
|---|---|---|
| Brutto-Grundfläche | 100 % | 100 % |
| Konstruktions-Grundfläche | 13,7 % | 11,0 % |
| Nutzfläche | 69,4 % | 65,6 % |
| Technische Funktionsfläche | 2,7 % | 4,9 % |
| Verkehrsfläche | 14,2 % | 18,6 % |

Quelle: BKI – Baukosten 2007 Teil 1 – Kostenkennwerte für Gebäude, S. 51 und S. 71

**Lösung zu Aufgabe 4: Anrechenbarkeit von Grundflächen und Rauminhalten nach DIN 277**

(1) Welche Flächen eines Bauwerks werden bei der Ermittlung der **Brutto-Grundfläche** (BGF) nach DIN 277 berücksichtigt?

Antworten gemäß DIN 277-1, Nr. 3.1 und 4.2.1 sowie Bilderläuterungen 1, 3 bis 8, 13 und 16 in: P. J. Fröhlich 2007, S. 123 ff. und 153 ff.:

( ) Grundrissebenen nach Rohbaumaß

(X) Grundrissebenen nach Fertigmaß

( ) ausschließlich die Grundrissebene des Kellergeschosses

(X) die Grundrissebenen des Kellergeschosses, des Erdgeschosses und aller Obergeschosse mit Dachgeschoss

(X) eine Loggia (als BGFb) *)

(X) eine nicht überdachte Dachterrasse (als BGFc) **)

( ) konstruktive und gestalterische Vorsprünge

( ) die Grundrissebene des Kriechkellers (nicht begehbar)

(X) eine Garage unterhalb der Geländeoberfläche (wie Kellergeschoss)

*) Brutto-Grundfläche, die nicht allseitig in voller Höhe umschlossen, jedoch überdeckt ist

**) Brutto-Grundfläche, die nicht überdeckt ist

(2) Welche Flächen eines Bauwerks werden bei der Ermittlung der **Netto-Grundfläche** nach DIN 277 berücksichtigt?

Antworten gemäß DIN 277-1, Nr. 3.1.1 und 4.2.2 sowie Bilderläuterungen 1, 3 bis 5, 8 bis 11, 13 bis 16 in: P. J. Fröhlich 2007, S. 123 ff. und 153 ff.:

( ) lichte Fertigmaße in Höhe des Fußbodens mit Berücksichtigung von Fußleisten, Sockelleisten u. a.

(X) lichte Fertigmaße in Höhe des Fußbodens ohne Berücksichtigung von Fußleisten, Sockelleisten u. a.

(X) die Grundflächen von freiliegenden Leitungen und Rohren

( ) die Grundflächen von Türöffnungen

(X) die Grundflächen von Installationsschächten mit lichtem Querschnitt über 1 m²

( ) die Grundflächen von Installationsschächten mit lichtem Querschnitt bis 1 m²

(X) die Grundflächen versetzbarer Trennwände

(X) die Grundflächen von Einbauschränken

( ) die Grundflächen eines in den Raum greifenden, eine Wandöffnung überdeckenden Sturzes

( ) die Grundflächen von Heizkörpernischen

(3) Welche Flächen eines Bauwerks werden bei der Ermittlung der **Konstruktions- Grundfläche** nach DIN 277 berücksichtigt?

Antworten gemäß DIN 277-1, Nr. 3.1.2 und 4.2.3 sowie Bilderläuterungen 1, 3 bis 5, 8, 10 bis 16 in: P. J. Fröhlich 2007, S. 123 ff. und 153 ff.:

(X)  Brutto-Grundfläche abzüglich Netto-Grundfläche

( )  die Grundfläche des Aufzugsschachtes (Verkehrsfläche)

( )  die lotrechte Projektion des Treppenlaufs (Verkehrsfläche)


(4) Welche Flächen eines Bauwerks werden bei der Ermittlung der **Nutzfläche** nach DIN 277 berücksichtigt?

Antworten gemäß DIN 277-1, Nr. 3.1.1.1 und Bilderläuterungen 1 und 9 in: P. J. Fröhlich 2007, S. 123 ff. und 153 ff.:

( )  Brutto-Grundfläche, die allseitig umschlossen und überdeckt ist

(X)  Brutto-Grundfläche, die allseitig umschlossen und überdeckt ist, nach Abzug
     der Verkehrsfläche, der Technischen Funktionsfläche und der Konstruktions-Grundfläche

(X)  Dachterrasse und Balkone ohne Überdeckung (NFc) *)

(X)  der Vorratskeller eines Einfamilienhauses

*) Nutzflächen, die von Bauteilen umschlossen, jedoch nicht überdeckt sind


(5) Welche Teile eines Bauwerks werden bei der Ermittlung des **Brutto-Rauminhalt**s nach DIN 277 berücksichtigt?

Antworten gemäß DIN 277-1, Nr. 3.3.1 und Bilderläuterungen 1, 6 und 7, 16 bis 20 in: P. J. Fröhlich 2007, S. 123 ff. und 153 ff.:

(X)  Dachgauben

(X)  Spitzboden (Dachgeschoss)

( )  Dachüberstände (untergeordnete Bauteile)

( )  der Rauminhalt des Fundamentbereiches (untergeordnete Bauteile)

(X)  eine Garage unterhalb der Erdoberfläche

(X)  ein Balkon mit Überdachung (BRIb) **)

(X)  ein Balkon ohne Überdachung (BRIc) ***)

**)  Brutto-Rauminhalt, der überdeckt, jedoch nicht allseitig in voller Höhe umschlossen ist

***) Brutto-Rauminhalt, der nicht überdeckt ist

**Lösung zu Aufgabe 5: Anrechenbarkeit von Grundflächen nach der Wohnflächenverordnung**

Welche Flächen von Bauwerken werden bei der Berechung der Wohnfläche nach der **Wohnflächenverordnung (WoFlV)** berücksichtigt?

(X) die Summe der anrechenbaren Grundflächen der Räume, die ausschließlich zu der Wohnung gehören
(WoFlV §§ 1 (2) und 2 (1))

( ) Räume, die den nach ihrer Nutzung zu stellenden Anforderungen des Bauordnungsrechts nicht genügen
(WoFlV § 2 (3) Nr. 2)

( ) Geschäftsräume
WoFlV § 2 (3) Nr. 3)

· (X) Fenster- und offene Wandnischen, die bis zum Boden herunterreichen und mehr als 0,13 m tief sind
(WoFlV § 3 (3) Nr. 4)

(X) Raumteile unter Treppen mit einer Höhe von unter 2,00 m
(nur zur Hälfte, sofern die lichte Höhe mindestens 1,00 m beträgt, WoFlV § 4 Nr. 2)

(X) Erker mit einer Grundfläche von 0,40 m²
(in Abweichung von der alten Regelung der II. BV gibt es in der WoFlV für die Anrechenbarkeit keine Mindestgröße)

(X) ein Wintergarten von 12 m²
(Wintergärten, Schwimmbäder und ähnliche, nach allen Seiten geschlossene Räume werden zur Hälfte angerechnet, (WoFlV § 2 (2) Nr. 1)

( ) bei einem Einfamilienhaus kann die ermittelte Grundfläche zur Ermittlung der Wohnfläche um 10 v. H. gekürzt werden (auch diese Regelung aus der II. BV ist in der WoFlV nicht enthalten)

(X) der Balkon, der zum Wohnraum gehört
(ist zu einem Viertel, höchstens zur Hälfte anzurechnen, WoFlV § 2 (2) Nr. 2 in Verbindung mit § 4 Nr. 4)

**Lösung zu Aufgabe 6: Kennziffern und ihre Anwendung**

Mit Hilfe von Kennziffern, z. B. KGF/BGF (Anteil der Konstruktions-Grundfläche an der Brutto-Grundfläche) können Gebäude und Gebäudeplanungen auch unterschiedlicher Größe miteinander verglichen werden. Durch Vergleich der Werte von Kennziffern, wie dem Konstruktions-Grundflächenanteil, können z. B. Gebäudeentwürfe mit unterschiedlichen Wandkonstruktionen und -dicken hinsichtlich ihrer Flächenausnutzung beurteilt werden.

Entsprechendes gilt für den Verkehrsflächenanteil (VF/BGF) und den Anteil der Technischen Funktionsflächen (TF/BGF).

Ein wichtiges Ziel der wirtschaftlichen Planung ist meist die Maximierung der anteiligen Nutzfläche. Nutzflächenanteile (NF/BGF) im Wohnungsbau von etwa 0,70 können als sehr gut bezeichnet werden.

Die (Kosten-)Wirtschaftlichkeit von Gebäuden wird häufig anhand der Kosten pro m² Nutzfläche bzw. Brutto-Grundfläche oder pro m³ Brutto-Rauminhalt gemessen. Weiterhin werden diese Kennziffern bei der Kostenschätzung auf der Basis von Grundflächen oder Rauminhalt verwendet.

Anwendung an Beispielen (Quelle: Baukostendaten des BKI –Baukosteninformationszentrums Deutscher Architektenkammern GmbH: BKI Objektdaten N8: Kosten abgerechneter Bauwerke. Stuttgart: 2007 – S. 164 - 171, 242 - 249, 256 - 263, die Werte wurden gerundet eingesetzt):

6100-569: Wohnungsbau Nordrhein-Westfalen / Einfamilienhaus, Doppelgarage
6100-607: Wohnungsbau Sachsen-Anhalt / Zweifamilienhaus
6100-614: Wohnungsbau Nordrhein-Westfalen / Einfamilienhaus, Doppelgarage

| Grundflächen in % an BGF | Objekt Aufgabe 7 | 6100-569 | 6100-607 | 6100-614 |
|---|---|---|---|---|
| Nutzfläche | 69,9 | 66,8 | 70,9 | 70,7 |
| Technische Funktionsfläche | 4,7 | 1,3 | 0,5 | 1,1 |
| Verkehrsfläche | 7,3 | 11,1 | 10,2 | 9,3 |
| Netto-Grundfläche | 81,9 | 79,2 | 81,6 | 81,0 |
| Konstruktions-Grundfläche | 18,1 | 20,8 | 18,4 | 19,0 |
| Brutto-Grundfläche in % | 100,0 | 100,0 | 100,0 | 100,0 |

**Lösung zu Aufgabe 7:  Ermittlung von Grundflächen und Rauminhalten**

Ermittlung der Mengen für ein Einfamilienhaus

| BGFa, BRIa | | 1. Dim. (m) | 2. Dim. (m) | Fläche (m²) | 3. Dim. (m) | Rauminh. (m³) |
|---|---|---|---|---|---|---|
| Untergeschoss | UG | 8,06 | 7,16 | 57,71 | 2,50 | 144,28 |
| Erdgeschoss | | 8,06 | 7,16 | 57,71 | 3,05 | 176,02 |
| 5 Windfang | | 3,86 | 1,60 | 6,18 | 3,27 | 20,21 |
| 6 Terrasse | | - | - | - | - | - |
| 7 Eingangs-Podest | | - | - | - | - | - |
| Zwischensumme | EG | | | 63,89 | | 196,23 |
| Obergeschoss | OG | 8,06 | 7,16 | 57,71 | 3,93 | 226,80 |
| bis Oberkante Dach | | | | | | |
| h = (4,75 + 3,10) / 2 | | | | | | |
| Brutto-Grundfläche BGFa | | | | 179,31 | | |
| Brutto-Rauminhalt    BRIa | | | | | | 567,31 |

| BGFb, BRIb | 1. Dim. (m) | 2. Dim. (m) | Fläche (m²) | 3. Dim. (m) | Rauminh. (m³) |
|---|---|---|---|---|---|
| Untergeschoss UG | - | - | - | - | - |
| Erdgeschoss: 6 Terrasse EG | 3,70 | 2,95 | 10,92 | 3,37 | 36,80 |
| Obergeschoss | - | - | - | - | - |
| Brutto-Grundfläche BGFb | | | 10,92 | | |
| Brutto-Rauminhalt BRIb | | | | | 36,80 |

| BGFc, BRIc | 1. Dim. (m) | 2. Dim. (m) | Fläche (m²) | 3. Dim. (m) | Rauminh. (m³) |
|---|---|---|---|---|---|
| Untergeschoss UG Kellerlichtschächte bleiben unberücksichtigt | - | - | - | - | - |
| Erdgeschoss EG Treppenstufen zur Terrasse bzw. Kellertreppe bleiben außer Ansatz | - | - | - | - | - |
| Obergeschoss OG | | | | | |
| 13 Dachterrasse | 3,86 | 1,60 | 6,18 | 1,10 | 6,80 |
| 14 Balkon | 3,70 | 2,95 | 10,92 | 1,10 | 12,01 |
| Brutto-Grundfläche BGFc | | | 17,10 | | |
| Brutto-Rauminhalt BRIc | | | | | 18,81 |

**Abb. 3-31** Ermittlung der Brutto-Grundfläche und des Brutto-Rauminhalts für ein Einfamilienhaus

Die Werte in den Spalten (m²) und (m³) sind in der Berechnung auf zwei Kommastellen gerundet worden und so in die weiteren Berechnungen eingegangen.

| NGFa | Art | 1. Dim. (m) | 2. Dim. (m) | Teilfläche je Raum (m²) | NGF je Raum (m²) | NGF je Geschoss (m²) |
|---|---|---|---|---|---|---|
| Untergeschoss UG | | | | | | |
| 15 Waschküche | NF | 3,38 | 3,28 | | 11,09 | |
| 17 Keller | NF | 5,48 | 4,08 | | 22,36 | |
| 18 Abstellkammer | NF | 4,08 | 0,98 | 4,00 | 4,00 | |
| Nutzfläche UG | | | | | | 37,45 |
| 16 Heizungsraum | TF | 3,28 | 3,08 | 10,10 | | |
| - Schornstein | | 1,20 | 0,30 | - 0,36 | 9,74 | |
| Funktionsfläche UG | | | | | | 9,74 |
| NGFa UG | | | | | | 47,19 |

**Abb. 3-32** Ermittlung der Netto-Grundfläche für ein Einfamilienhaus

| NGFa | Art | 1. Dim. (m) | 2. Dim. (m) | Teilfläch. je Raum (m²) | NGF je Raum (m²) | NGF je Gescho (m²) |
|---|---|---|---|---|---|---|
| Erdgeschoss EG | | | | | | |
| 1 Wohnraum | NF | 3,30 | 3,30 | 10,89 | | |
| - Wandvorlage | | 0,20 | 0,10 | - 0,02 | 10,87 | |
| 2 Küche | NF | 3,20 | 3,00 | 9,60 | | |
| - Schornstein | | 1,20 | 0,30 | - 0,36 | 9,24 | |
| 3 Wohnzimmer mit Essplatz | NF | 5,40 | 4,00 | | 21,60 | |
| Nutzfläche EG | | | | | | 41,71 |
| 19 Treppe + Podest | VF | 4,10 | 0,90 | | 3,69 | |
| 5 Windfang | VF | 3,10 | 1,50 | | 4,65 | |
| Verkehrsfläche EG | | | | | | 8,34 |
| NGFa EG | | | | | | 50,05 |
| Obergeschoss OG | | | | | | |
| 8 Kinderzimmer | NF | 3,30 | 3,20 | | 10,56 | |
| 9 Bad | NF | 2,20 | 2,00 | 4,40 | | |
| - Schornstein | | 1,10 | 0,30 | - 0,33 | | |
| - Nische | | 0,80 | 0,40 | - 0,32 | 3,75 | |
| 10 WC | NF | 2,20 | 0,90 | | 1,98 | |
| 12 Schlafzimmer | NF | 5,40 | 4,00 | | 21,60 | |
| Nutzfläche OG | | | | | | 37,89 |
| 11 Flur | VF | 3,00 | 0,90 | 2,70 | | |
| | | 0,70 | 0,40 | + 0,28 | 2,98 | |
| 4 Treppe + Podest | VF | 4,10 | 0,90 | | 3,69 | |
| Verkehrsfläche OG | | | | | | 6,67 |
| NGFa OG | | | | | | 44,56 |
| Dachgeschoss DG (nicht begehbar) bleibt unberücksichtigt | | | | | | |
| Netto-Grundfläche NGFa gesamt | | | | | | 141,80 |

| NGFb | Art | 1. Dim. (m) | 2. Dim. (m) | Teilfläch. je Raum (m²) | NGF je Raum (m²) | NGF je Geschoss (m²) |
|---|---|---|---|---|---|---|
| Untergeschoss UG | | - | - | - | - | - |
| Erdgeschoss EG | | | | | | |
| 6 Terrasse | NF | 3,70 | 2,95 | 10,92 | | |
| - 2 Stützen $2 \cdot \pi \cdot r^2 = 2 \cdot \pi \cdot 0,10^2$ | | | | - 0,06 | 10,86 | 10,86 |
| Obergeschoss OG | | - | - | - | - | - |
| Netto-Grundfläche NGFb gesamt | | | | | | 10,86 |

**Abb. 3-32** Ermittlung der Netto-Grundfläche für ein Einfamilienhaus (Fortsetzung)

| NGFc | Art | 1. Dim. (m) | 2. Dim. (m) | Teil-fläche je Raum (m²) | NGF je Raum (m²) | NGF je Ge-schoss (m²) |
|---|---|---|---|---|---|---|
| Untergeschoss UG | - | - | - | - | - | - |
| Erdgeschoss EG 7 Eingangs-Podest Treppenstufen zur Terrasse bzw. Kellertreppe bleiben unberücksichtigt | VF | 3,30 | 1,60 | | 5,28 | 5,28 |
| Obergeschoss OG 13 Dachterrasse | NF | 3,86 | 1,60 | | 6,18 | |
| 14 Balkon | NF | 3,70 | 2,95 | | 10,92 | 17,10 |
| Netto-Grundfläche NGFc gesamt | | | | | | 22,38 |

**Abb. 3-32** Ermittlung der Netto-Grundfläche für ein Einfamilienhaus (Fortsetzung)

Die **Konstruktions-Grundfläche** kann als Differenz von Brutto-Grundfläche und Netto-Grundfläche errechnet werden:

Brutto-Grundfläche (BGFa)    179,31 m²

- Nutzfläche (NFa)    117,05 m²
- Verkehrsfläche (VFa)    15,01 m²     Netto-Gundfläche (NGFa) = 141,80 m²
- Technische Funktionsfläche (TFa)    9,74 m²

= Konstruktions-Grundfläche (KGFa)    37,51 m²

| Flächenart | Bereich a (m²) | Bereich b (m²) | Bereich c (m²) | gesamt | Anteil an NGF | Anteil an BGF |
|---|---|---|---|---|---|---|
| Nutzfläche | 117,05 | 10,86 | 17,10 | 145,01 | 85,42 % | 69,94 % |
| Verkehrsfläche | 15,01 | - | - | 15,01 | 8,84 % | 7,24 % |
| Technische Funktionsfläche | 9,74 | - | - | 9,74 | 5,74 % | 4,70 % |
| Netto-Grundfläche | 141,8 | 10,86 | 17,10 | 169,76 | 100,00 % | 81,88 % |
| Konstruktions-Grundfläche | 37,51 | 0,06 | - | 37,57 | 21,13 % | 18,12 % |
| Brutto-Grundfläche | 179,31 | 10,92 | 17,10 | 207,33 | 122,13 % | 100,00 % |

**Abb. 3-33** Übersicht über die Mengen und Anteile der verschiedenen Flächenarten

**Lösung zu Aufgabe 8: Ermittlung der Wohnfläche**

Die Wohnfläche wird nach der **Wohnflächenverordnung** (WoFlV) ermittelt. Dabei finden die vorhandenen Flächen z. T. in anderer Weise Anrechnung als bei der Flächenberechnung nach DIN 277. So gehören folgende Räume des Einfamilienhauses aus Aufgabe 7 nicht zur Wohnfläche (WoFlV § 2 (3)): 15 Waschküche, 16 Heizungs- und Hausanschlussraum, 17 Keller, 18 Abstellkammer.

(1) Berechnung der **Wohnfläche** anhand von lichten Maßen zwischen den Bauteilen (WoFlV § 3 (1)); Türnischen zählen nicht zur Wohnfläche:

| Wohnfläche | 1. Dim. (m) | 2. Dim. (m) | Teilfl.je Raum (m²) | Wohnfl. je Raum (m²) |
|---|---|---|---|---|
| Untergeschoss                                        UG Abstellraum nicht auf Wohnfläche anrechenbar, da sich in dieser Ebene keine Wohnräume befinden (nach §2 (3)) | - | - | - | - |
| Wohnfläche                                           UG | | | | 0,00 |
| Erdgeschoss                                          EG 1 Wohnraum mit Ofen, (§ 3 (1) Nr. 3) Wandvorsprung 0,20 x 0,10 = 0,02 < 0,10 bleibt in Fläche enthalten (§ 3 (3) Nr. 1) | 3,30 | 3,30 | 10,89 | 10,89 |
| 2 Küche | 3,20 | 3,00 | 9,60 | |
| - Schornstein  (§ 3 (3) Nr. 1) | 1,20 | 0,30 | - 0,36 | 9,24 |
| 3 Esszimmer | 5,40 | 4,00 | | 21,60 |
| 4 Treppe EG-OG wie 19(§ 3 (3) Nr. 2) | - | - | - | - |
| 5 Windfang | 3,10 | 1,50 | | 4,65 |
| 6 Terrasse, Anrechnung in der Regel zu einem Viertel, höchstens zur Hälfte (§ 4 Nr. 4); Stützen werden nicht abgezogen $2 \cdot \pi \cdot 0{,}20^2 = 0{,}06 < 0{,}10$ | 3,70 | 2,95 | 10,92 x 0,5 | 5,46 |
| Wohnfläche                                           EG | | | | 51,84 |
| Obergeschoss                                         OG 8 Kinderzimmer | 3,30 | 3,20 | 10,56 | 10,56 |
| 9 Bad | 2,20 | 1,20 | 2,64 | |
| | 1,80 | 0,80 | 1,44 | |
| - Schornstein  (§ 3 (3) Nr. 1) | 1,10 | 0,30 | - 0,33 | 3,75 |
| 10 WC | 2,20 | 0,90 | | 1,98 |
| 11 Flur | 3,00 | 0,90 | 2,70 | |
| | 0,70 | 0,40 | + 0,28 | 2,98 |
| 12 Schlafzimmer | 5,40 | 4,00 | 21,60 | 21,60 |
| 13 Dachterrasse, Anrechnung wie 6 | 3,86 | 1,60 | 6,18 x 0,5 | 3,09 |
| 14 Balkon, Anrechnung wie 6 | 3,70 | 2,95 | 10,92 x 0,5 | 5,46 |
| Wohnfläche                                           OG | | | | 49,42 |
| Wohnfläche                        gesamt | | | | 101,26 |

**Abb. 3-34:** Berechnung der Wohnfläche eines Einfamilienhauses

(2) Wenn es sich bei den Maßen in den Plänen um Rohbaumaße handeln würde, so könnten diese nicht zur Berechnung der Wohnfläche herangezogen werden, es sei denn, man könnte aus den Angaben der Pläne auch die lichten Maße ableiten (etwa durch Angabe der Putzstärke). Ist dies nicht der Fall, so ist die Grundfläche durch Aufmaß im fertig gestellten Wohnraum auf Grund einer berichtigten Bauzeichnung neu zu ermitteln (WoFlV § 3 (4)).

114

# 3.5 Kosten

Kosten – im betriebswirtschaftlichen Sinne – entstehen bei der Nutzung von Gebrauchsgütern und beim Einsatz von Verbrauchsgütern. Für den selbst nutzenden oder vermietenden Bauherrn entstehen die Kosten also bei der (Ab-)Nutzung des Gebäudes, aber noch nicht bei der Beschaffung bzw. Errichtung des Gebäudes. Kosten in diesem Sinne sind also die in Abschnitt 3.5.2 behandelten Nutzungskosten.

Die DIN 276-1:2008-12 definiert dagegen Kosten im Bauwesen als „Aufwendungen für Güter, Leistungen und Abgaben, die für die Vorbereitung, Planung und Ausführung von Bauprojekten erforderlich sind." Wegen dieses im Bauwesen gängigen Verständnisses des Kostenbegriffs werden die nach betriebswirtschaftlicher Terminologie als Ausgaben zu bezeichnenden Kosten im Hochbau auch in diesem – mit *Kosten* überschriebenen – Abschnitt behandelt.

## 3.5.1 Kosten im Hochbau

Die für den Bauherrn wichtigste monetäre Größe ist die der Gesamtkosten des Bauvorhabens. Aus ihr leitet sich – in Abhängigkeit vom Eigenkapitalanteil und der übrigen Finanzierung – die laufende Belastung ab. Eine Kostensteigerung führt bei konstantem Eigenkapitalanteil (> 0) fast ausnahmslos zu einer überproportionalen Belastungssteigerung und kann den Bauherrn leicht an seine Belastungsgrenze bringen.

Nicht nur aus diesem Grunde ist für den Bauherrn eine hohe Kostensicherheit von besonderer Bedeutung. Dementsprechend sind die den Planungs- und Bauprozess begleitenden **Kostenermittlungen** sehr wichtige und verantwortungsvolle Architektenaufgaben.

Eine wesentliche Grundlage der Kostenermittlungen ist die **DIN 276-1:2008-12, *Kosten im Bauwesen – Teil 1: Hochbau**, die in drei Teile (Begriffe – Grundsätze der Kostenplanung – Kostengliederung) untergliedert ist.

Die aktuelle Ausgabe der DIN 276-1 sieht folgende fünf Stufen der Kostenermittlung vor:

Kostenrahmen
Kostenschätzung
Kostenberechnung
Kostenanschlag
Kostenfeststellung.

Bei dem neu hinzugekommenen **Kostenrahmen** müssen innerhalb der Gesamtkosten mindestens die Bauwerkskosten – also die Summe der Kostengruppen 300 und 400 – gesondert ausgewiesen werden. Dabei ist das Bauvorhaben ebenso wie bei der Kostenschätzung, bei der die Gesamtkosten in die sieben Hauptkostengruppen zu unterteilen sind, als eine geschlossene Einheit zu sehen. Die Berechnung des Kostenrahmens kann pauschal über die Anzahl der Nutzungseinheiten, die Brutto-Grundfläche, Netto-Grundfläche, Nutzfläche oder den Brutto-Rauminhalt erfolgen. Da hierbei die Gebäudegeometrie nicht oder nur unzureichend erfasst werden kann, empfiehlt es sich, bereits bei der Kostenschätzung die zweite, nach Elementen gegliederte Ebene einzubeziehen. Dies ist für die Kostenberechnung ohnehin vorgeschrieben.

Die Aufgaben dieses Abschnittes sollen dazu dienen, insbesondere folgende Kenntnisse und Fähigkeiten zu überprüfen bzw. zu vervollständigen:

- Begriffsdefinitionen und Ermittlung der Kosten im Hochbau insgesamt und einzelner Kostengruppen
- Unterschiede von Schätzmethoden
- Berücksichtigung unterschiedlicher Kostenstände mittels Preisindex
- Elementmengen und Kostenkennwerte
- Kostensicherheit bzw. Bausummenüberschreitung

## Aufgabenverzeichnis

1 Unterschiedliche Schätzmethoden
2 Stufen von Kostenermittlungen nach DIN 276-1:2008-12
3 Indexrechnung am Beispiel von Baupreisen
4 Vergleichsobjekte und Kostenkennwerte nach BRI, BGF und NF
5 Ermittlung der Elementmengen und Kosten des Bauwerks
6 Gesamtkosten des Bauvorhabens
7 Kostenschätzung mit Kennwerten für unterschiedliche Qualitäten von Grundflächen
8 Anteilige Kosten für Technische Anlagen
9 Kostenermittlungen in verschiedenen Planungsstadien
10 Kostensicherheit
11 Arten von Bausummenüberschreitungen

## Vorschriften und Normen

DIN 276-1:2008-12, Kosten im Bauwesen – Teil 1: Hochbau
DIN 277-3:2005-04, Grundflächen und Rauminhalte von Bauwerken im Hochbau – Teil 3: Mengen und Bezugseinheiten

## Empfohlene Literatur zur weiteren Vertiefung

Baukosteninformationszentrum Deutscher Architektenkammern GmbH: BKI – Baukosten 2008 Teil 1 - 3, Stuttgart 2008
Baukosteninformationszentrum Deutscher Architektenkammern GmbH: BKI – Objekte 2007 Band N8, Stuttgart: 2007
Dickenbrock, D.: Kostenermittlung in der Altbaumodernisierung, Heidelberg, New York, Tokyo 1985
Fröhlich, P. J.: Hochbaukosten, Flächen, Rauminhalte, Wiesbaden 2007
Schmitz, H., R. Oesterreich, R. Gerlach: Kostengünstiges Bauen in Beispielen, Köln-Braunsfeld 1984
Stamm-Teske, W.: Preiswerter Wohnungsbau 1990 - 96: eine Projektauswahl Deutschland, Düsseldorf 1996

**Aufgabe 1: Unterschiedliche Schätzmethoden**

Beschreiben Sie die **Kostenschätzung mit einer Bezugsgröße** und die **Kostenschätzung nach der Elementmethode** und zählen Sie die Vor- und Nacheile auf.

**Aufgabe 2: Stufen von Kostenermittlungen nach DIN 276-1:2008-12**

Welche Stufen von Kostenermittlungen kennen Sie?
Ordnen Sie diese den Leistungsphasen der Objektplanung nach § 15 HOAI zu!

**Aufgabe 3: Indexrechnung am Beispiel von Baupreisen**

Ein Bauherr hat 1999 ein Einfamilienhaus mit einem Brutto-Rauminhalt von 370 m³ errichten lassen. Die damaligen Bauwerkskosten beliefen sich auf 289 €/m³ (Kostengruppen 300 und 400). Zwischenzeitlich hat sich der Baupreisindex folgendermaßen entwickelt:

| Jahr | Index Basis 1995 | Index Basis 2000 | Jahr | Index Basis 1995 | Index Basis 2000 |
|---|---|---|---|---|---|
| 1995 | 100,0 | | 2003 | 98,5 | 99,9 |
| 1998 | 98,7 | | 2004 | 99,9 | 101,2 |
| 1999 | 98,4 | | 2005 | 100,8 | 102,1 |
| 2000 | 99,9 | 100,0 | 2006 | 103,1 | 104,4 |
| 2001 | 98,5 | 99,9 | 2007 | | 112,1 |
| 2002 | 98,5 | 99,9 | 2008 | | 115,2 |

(1) Wie viel hätte der Bauherr für den Neubau des gleichen Hauses 2006 zahlen müssen?

(2) Der Bauherr möchte im Jahr 2007 eine Wohngebäudeversicherung auf dieses Einfamilienhaus zum aktuellen Neuwert desselben abschließen. Wie hoch ist, gemessen an der Baupreisentwicklung für den Neubau von Wohngebäuden, die Summe, auf die er das Gebäude versichern muss?

**Anmerkung:**

Die folgenden Aufgaben 4 bis 7 beziehen sich alle auf das in den Abbildungen 3-29.1 bis 3-29.6 gezeigte Einfamilienhaus. Die Ergebnisse der Aufgaben 5 und 6 dieses Abschnittes sind Grundlage für die Aufgabe 3 im Abschnitt *3.9 Honorarordnung für Architekten und Ingenieure (HOAI)*.

**Aufgabe 4: Vergleichsobjekte und Kostenkennwerte nach BRI, BGF und NF**

Prüfen Sie beispielhaft die in der **Baukosten-Datei** des BKI – Baukosteninformationszentrums Deutscher Architektenkammern veröffentlichten **Vergleichsobjekte** Einfamilienhaus 6100-562, 6100-531 und Einfamilienhaus 6100-502 (Abbildungen 3-35.1 bis 3-35.6) auf ihre Eignung für die Kostenschätzung des in den Abbildungen 3-29.1 bis 3-29.6 gezeigten Einfamilienhauses.

6100-562
Einfamilienhaus

**Objektübersicht**

| Kennwerte | bis 3.Ebene DIN 276 |
|---|---|
| Region | unter Durchschnitt |
| Konjunktur | unter Durchschnitt |
| Standard | Durchschnitt |
| Land | Sachsen-Anhalt |
| Kreis | Halle |
| m³ BRI | 1.120 |
| m² BGF | 379 |
| m² NF | 266 |

2.112 €/m² WFL    299 €/m³ BRI    885 €/m² BGF    1.263 €/m² NF

**Architekt:**
Architekt- & Ingenieurbüro
Dipl.-Ing. Reinhard Pescht
Klosterplatz 6
06526 Sangerhausen

© **BKI** Baukosteninformationszentrum                Kostenstand: 2.Quartal 2007, inkl. MwSt., Bundesdurchschnitt

**Abb. 3-35.1** Baukostendatei des BKI: Vergleichsobjekt Einfamilienhaus 6100–562

**Planungskennwerte für Flächen und Rauminhalte nach DIN 277**

| Flächen des Grundstücks | Menge, Einheit | | % an FBG |
|---|---|---|---|
| BF   Bebaute Fläche | 131,00 m² | | 14,9 |
| UBF  Unbebaute Fläche | 747,00 m² | | 85,1 |
| FBG  Fläche des Baugrundstücks | 878,00 m² | | 100,0 |

| Grundflächen des Bauwerks | Menge, Einheit | % an NF | % an BGF |
|---|---|---|---|
| NF   Nutzfläche | 265,56 m² | 100,0 | 70,1 |
| TF   Technische Funktionsfläche | 2,00 m² | 0,8 | 0,5 |
| VF   Verkehrsfläche | 43,84 m² | 16,5 | 11,6 |
| NGF  Netto-Grundfläche | 311,40 m² | 117,3 | 82,2 |
| KGF  Konstruktions-Grundfläche | 67,60 m² | 25,5 | 17,8 |
| BGF  Brutto-Grundfläche | 379,00 m² | 142,7 | 100,0 |

| Brutto-Rauminhalt des Bauwerks | Menge, Einheit | BRI/NF (m) | BRI/BGF (m) |
|---|---|---|---|
| BRI  Brutto-Rauminhalt | 1.120,00 m³ | 4,22 | 2,96 |

| Lufttechnisch behandelte Flächen | Menge, Einheit | % an NF | % an BGF |
|---|---|---|---|
| Entlüftete Fläche | – m² | – | – |
| Be- und entlüftete Fläche | – m² | – | – |
| Teilklimatisierte Fläche | – m² | – | – |
| Klimatisierte Fläche | – m² | – | – |

| KG   Kostengruppen (2.Ebene) | Menge, Einheit | Menge/NF | Menge/BGF |
|---|---|---|---|
| 310  Baugrube | 376,39 m³ BGI | 1,42 | 0,99 |
| 320  Gründung | 130,71 m² GRF | 0,49 | 0,34 |
| 330  Außenwände | 412,37 m² AWF | 1,55 | 1,09 |
| 340  Innenwände | 293,81 m² IWF | 1,11 | 0,78 |
| 350  Decken | 232,79 m² DEF | 0,88 | 0,61 |
| 360  Dächer | 234,50 m² DAF | 0,88 | 0,62 |

**Kostenkennwerte für die Kostengruppen der 1.Ebene DIN 276**

| KG   Kostengruppen (1.Ebene) | Einheit | Kosten € | €/Einheit | €/m² BGF | €/m³ BRI | % 300+400 |
|---|---|---|---|---|---|---|
| 100  Grundstück | m² FBG | – | – | – | – | |
| 200  Herrichten und Erschließen | m² FBG | – | – | – | – | |
| 300  Bauwerk - Baukonstruktionen | m² BGF | 282.389 | 745,09 | 745,09 | 252,13 | 84,2 |
| 400  Bauwerk - Technische Anlagen | m² BGF | 53.007 | 139,86 | 139,86 | 47,33 | 15,8 |
| **Bauwerk 300+400** | **m² BGF** | **335.396** | **884,95** | **884,95** | **299,46** | **100,0** |
| 500  Außenanlagen | m² AUF | 32.950 | 44,11 | 86,94 | 29,42 | 9,8 |
| 600  Ausstattung und Kunstwerke | m² BGF | – | – | – | – | |
| 700  Baunebenkosten | m² BGF | – | – | – | – | |

© **BKI** Baukosteninformationszentrum                                    Kostenstand: 2.Quartal 2007, inkl. MwSt., Bundesdurchschnitt

**Abb. 3-35.2** Baukostendatei des BKI: Kostenkennwerte – Einfamilienhaus 6100-562

6100-531
Einfamilienhaus
Garage

**Objektübersicht**

Kennwerte bis 4.Ebene DIN 276/BKI
Region    unter Durchschnitt
Konjunktur unter Durchschnitt
Standard  Durchschnitt
Land      Baden-Württemberg
Kreis     Alb-Donau, Ulm
m³ BRI    1.070
m² BGF    351
m² NF     260

**1.748 €/m² WFL**    **255 €/m³ BRI**    **777 €/m² BGF**    **1.048 €/m² NF**

**Architekt:**
ott_architekten
Matthias Ott, Thomas Ott
Friedrichstr. 5
89150 Laichingen

www.architekten-ott.de

© **BKI** Baukosteninformationszentrum                    Kostenstand: 2.Quartal 2007, inkl. MwSt., Bundesdurchschnitt

**Abb. 3-35.3** Baukostendatei des BKI: Vergleichsobjekt Einfamilienhaus 6100–531

6100-531
Einfamilienhaus
Garage

## Planungskennwerte für Flächen und Rauminhalte nach DIN 277

| Flächen des Grundstücks | Menge, Einheit | % an FB |
|---|---|---|
| BF Bebaute Fläche | 179,00 m² | 33, |
| UBF Unbebaute Fläche | 361,00 m² | 66, |
| FBG Fläche des Baugrundstücks | 540,00 m² | 100, |

| Grundflächen des Bauwerks | Menge, Einheit | % an NF | % an BG |
|---|---|---|---|
| NF Nutzfläche | 260,23 m² | 100,0 | 74, |
| TF Technische Funktionsfläche | 2,25 m² | 0,9 | 0, |
| VF Verkehrsfläche | 27,38 m² | 10,5 | 7, |
| NGF Netto-Grundfläche | 289,86 m² | 111,4 | 82, |
| KGF Konstruktions-Grundfläche | 61,00 m² | 23,4 | 17, |
| BGF Brutto-Grundfläche | 350,86 m² | 134,8 | 100, |

| Brutto-Rauminhalt des Bauwerks | Menge, Einheit | BRI/NF (m) | BRI/BGF (m |
|---|---|---|---|
| BRI Brutto-Rauminhalt | 1.069,90 m³ | 4,11 | 3,0 |

| Lufttechnisch behandelte Flächen | Menge, Einheit | % an NF | % an BG |
|---|---|---|---|
| Entlüftete Fläche | – m² | – | |
| Be- und entlüftete Fläche | – m² | – | |
| Teilklimatisierte Fläche | – m² | – | |
| Klimatisierte Fläche | – m² | – | |

| KG Kostengruppen (2.Ebene) | Menge, Einheit | Menge/NF | Menge/BGF |
|---|---|---|---|
| 310 Baugrube | 225,00 m³ BGI | 0,86 | 0,64 |
| 320 Gründung | 179,30 m² GRF | 0,69 | 0,51 |
| 330 Außenwände | 438,30 m² AWF | 1,68 | 1,25 |
| 340 Innenwände | 127,60 m² IWF | 0,49 | 0,36 |
| 350 Decken | 216,00 m² DEF | 0,83 | 0,62 |
| 360 Dächer | 222,50 m² DAF | 0,86 | 0,63 |

## Kostenkennwerte für die Kostengruppen der 1.Ebene DIN 276

| KG Kostengruppen (1.Ebene) | Einheit | Kosten € | €/Einheit | €/m² BGF | €/m³ BRI | % 300+400 |
|---|---|---|---|---|---|---|
| 100 Grundstück | m² FBG | – | – | – | – | – |
| 200 Herrichten und Erschließen | m² FBG | – | – | – | – | – |
| 300 Bauwerk - Baukonstruktionen | m² BGF | 230.426 | 656,75 | 656,75 | 215,37 | 84,5 |
| 400 Bauwerk - Technische Anlagen | m² BGF | 42.285 | 120,52 | 120,52 | 39,52 | 15,5 |
| **Bauwerk 300+400** | **m² BGF** | **272.711** | **777,26** | **777,26** | **254,89** | **100,0** |
| 500 Außenanlagen | m² AUF | 7.743 | 21,45 | 22,07 | 7,24 | 2,8 |
| 600 Ausstattung und Kunstwerke | m² BGF | – | – | – | – | – |
| 700 Baunebenkosten | m² BGF | – | – | – | – | – |

© BKI Baukosteninformationszentrum            Kostenstand: 2.Quartal 2007, inkl. MwSt., Bundesdurchschnitt

**Abb. 3-35.4** Baukostendatei des BKI: Kostenkennwerte – Einfamilienhaus 6100-531

6100-502
Einfamilienhaus
barrierefrei

**Objektübersicht**

| | |
|---|---|
| Kennwerte | bis 2.Ebene DIN 276 |
| Region | unter Durchschnitt |
| Konjunktur | unter Durchschnitt |
| Standard | Durchschnitt |
| Land | Baden-Württemberg |
| Kreis | Reutlingen |
| m³ BRI | 1.122 |
| m² BGF | 398 |
| m² NF | 270 |

1.523 €/m² WFL          314 €/m³ BRI          886 €/m² BGF          1.306 €/m² NF

**Architekt:**
Hartmaier + Partner
Freie Architekten
Kirchplatz 3
72525 Münsingen

© **BKI** Baukosteninformationszentrum                    Kostenstand: 2.Quartal 2007, inkl. MwSt., Bundesdurchschnitt

**Abb. 3-35.5** Baukostendatei des BKI: Vergleichsobjekt Einfamilienhaus 6100–502

**Planungskennwerte für Flächen und Rauminhalte nach DIN 277**

| Flächen des Grundstücks | | Menge, Einheit | % an FB |
|---|---|---|---|
| BF | Bebaute Fläche | 135,57 m² | 11 |
| UBF | Unbebaute Fläche | 1.008,00 m² | 88 |
| FBG | Fläche des Baugrundstücks | 1.139,00 m² | 100 |

| Grundflächen des Bauwerks | | Menge, Einheit | % an NF | % an BG |
|---|---|---|---|---|
| NF | Nutzfläche | 269,98 m² | 100,0 | 67 |
| TF | Technische Funktionsfläche | 2,20 m² | 0,8 | 0 |
| VF | Verkehrsfläche | 35,58 m² | 13,2 | 8 |
| NGF | Netto-Grundfläche | 307,76 m² | 114,0 | 77 |
| KGF | Konstruktions-Grundfläche | 90,31 m² | 33,5 | 22 |
| BGF | Brutto-Grundfläche | 398,07 m² | 147,4 | 100 |

| Brutto-Rauminhalt des Bauwerks | | Menge, Einheit | BRI/NF (m) | BRI/BGF (m |
|---|---|---|---|---|
| BRI | Brutto-Rauminhalt | 1.121,62 m³ | 4,15 | 2,8 |

| Lufttechnisch behandelte Flächen | Menge, Einheit | % an NF | % an BG |
|---|---|---|---|
| Entlüftete Fläche | – m² | – | |
| Be- und entlüftete Fläche | – m² | – | |
| Teilklimatisierte Fläche | – m² | – | |
| Klimatisierte Fläche | – m² | – | |

| KG | Kostengruppen (2.Ebene) | Menge, Einheit | Menge/NF | Menge/BGF |
|---|---|---|---|---|
| 310 | Baugrube | 1.031,19 m³ BGI | 3,82 | 2,5 |
| 320 | Gründung | 135,75 m² GRF | 0,50 | 0,3 |
| 330 | Außenwände | 239,08 m² AWF | 0,89 | 0,6 |
| 340 | Innenwände | 349,89 m² IWF | 1,30 | 0,8 |
| 350 | Decken | 255,94 m² DEF | 0,95 | 0,6 |
| 360 | Dächer | 197,55 m² DAF | 0,73 | 0,5 |

**Kostenkennwerte für die Kostengruppen der 1.Ebene DIN 276**

| KG | Kostengruppen (1.Ebene) | Einheit | Kosten € | €/Einheit | €/m² BGF | €/m³ BRI | % 300+400 |
|---|---|---|---|---|---|---|---|
| 100 | Grundstück | m² FBG | – | – | – | | |
| 200 | Herrichten und Erschließen | m² FBG | 3.772 | 3,31 | 9,48 | 3,36 | 1, |
| 300 | Bauwerk - Baukonstruktionen | m² BGF | 286.499 | 719,72 | 719,72 | 255,43 | 81,3 |
| 400 | Bauwerk - Technische Anlagen | m² BGF | 66.061 | 165,95 | 165,95 | 58,90 | 18, |
| | **Bauwerk 300+400** | **m² BGF** | **352.560** | **885,67** | **885,67** | **314,33** | **100,0** |
| 500 | Außenanlagen | m² AUF | 27.720 | 27,50 | 69,64 | 24,71 | 7,9 |
| 600 | Ausstattung und Kunstwerke | m² BGF | – | – | – | – | – |
| 700 | Baunebenkosten | m² BGF | 48.189 | 121,06 | 121,06 | 42,96 | 13,7 |

Kostenstand: 2.Quartal 2007, inkl. MwSt., Bundesdurchschnit

**Abb. 3-35.6** Baukostendatei des BKI: Kostenkennwerte – Einfamilienhaus 6100-502

(1) Welche Merkmale ziehen Sie als Beurteilungskriterien heran?

(2) Stellen Sie die **Kennwerte** von Brutto-Rauminhalt, Brutto-Grundfläche und Nutzfläche der ausgewählten Vergleichsobjekte zusammen und schlagen Sie Kennwerte für das Baujahr 2008 vor.

Alle in den Abbildungen 3-35.1 bis 3-35.6 angegebenen Kostengrößen beziehen sich auf das Jahr 2007 = 100 %, incl. MwSt. (19 %). Die Aktualisierung der Kennwerte kann mit Hilfe der in Aufgabe 3 dieses Abschnittes angegebenen Preisindices für den Neubau von Wohngebäuden erfolgen.

(3) Ermitteln Sie die Bauwerkskosten für das Einfamilienhaus anhand der genannten Bezugsgrößen und der hochgerechneten Kennwerte aus (2). Ermitteln Sie den gerundeten Durchschnittswert als Ergebnis Ihrer Kostenschätzung.

**Aufgabe 5: Ermittlung der Elementmengen und Kosten des Bauwerks**

Ermitteln Sie für das in den Abbildungen 3-29.1 bis 3-29.6 gezeigte Einfamilienhaus die Elementmengen für die **Grobelemente**. Setzen Sie dabei für die Baugrube 120 m³ an. Führen Sie unter Verwendung der vorgeschlagenen Kennwerte eine Kostenschätzung für die Kostengruppen *300 Bauwerk – Baukonstruktionen* und *400 Bauwerk – Technische Anlagen* durch.

Bezeichnung und Abkürzungen der Grobelemente sind den Angaben des BKI, Objekte Band 1 entnommen. Die vorgeschlagenen Kennwerte sind Angaben des BKI – Baukosten 2007 Teil 1, S. 203.

| Kostengruppen | Ein- und Zweifamilienhäuser, unterkellert, mittlerer Standard | gewählte Kennwerte (Stand 1. Quart. 2007) |
|---|---|---|
| 300 | Bauwerk – Baukonstruktionen | |
| 310 | Baugrube | 20 €/m³ BGI |
| 320 | Gründung | 148 €/m² GRF |
| 330 | Außenwände | 274 €/m² AWF |
| 340 | Innenwände | 147 €/m² IWF |
| 350 | Decken | 233 €/m² DEF |
| 360 | Dach | 224 €/m² DAF |
| 390 | Sonstige Maßnahmen für Baukonstruktionen | 24 €/m² BGF |
| 400 | Bauwerk – Technische Anlagen | 147 €/m² BGF |

(alle Angaben enthalten 19 % MwSt.)

**Aufgabe 6: Gesamtkosten des Bauvorhabens**

Die Kosten des Bauwerks sind nur ein Teil der Gesamtkosten des Bauvorhabens. Ergänzen Sie unter Verwendung der aufgeführten Daten und Erfahrungswerte das Ergebnis von Aufgabe 5 zu den Gesamtkosten nach DIN 276-1:2008-12.

| KG | Kostengruppen-Bezeichnung | Kosten | Anteil an Kosten des Bauwerks *) |
|---|---|---|---|
| 100 | Grundstück | 64.000,00 € | - |
| 200 | Herrichten und Erschließen | | 3,6 % |
| 300 | Bauwerk - Baukonstruktionen (siehe Lösung Aufgabe 5) | 168.670,63 € | |
| 400 | Bauwerk - Technische Anlagen (siehe Lösung Aufgabe 5) | 30.477,51 € | } 100,0 % |
| 500 | Außenanlagen | | 6,1 % |
| 600 | Ausstattung und Kunstwerke | 8.000,00 € | - |
| 700 | Baunebenkosten | | 14,3 % |
| | Gesamtkosten ohne KG 100 und KG 600 | | 124,0 % |

*) Quelle: BKI - Baukosten 2007 Teil 1, S. 203

**Aufgabe 7: Kostenschätzung mit Kennwerten für unterschiedliche Qualitäten von Grundflächen**

Ermitteln Sie die Kosten der Kostengruppe 300 *Bauwerk - Baukonstruktionen* für das in den Abbildungen 3-29.1 bis 3-29.6 gezeigte Einfamilienhaus in Anlehnung an die **Kostenflächenarten-Methode** (KFA). Gehen Sie dabei von folgenden Kostenansätzen aus:

| | Grundflächen unterschiedlicher Qualitäten | Kennwert (€/m² NGFa) |
|---|---|---|
| 1 | Wohnraum, Wohnzimmer mit Essplatz, Kinderzimmer, Schlafzimmer | 1.060,00 |
| 2 | Küche, Bad, WC, Waschküche, Heizung/Hausanschlussraum | 1.270,00 |
| 3 | Treppe, Windfang, Flur, Keller, Abstellkammer | 850,00 |

**Aufgabe 8: Anteilige Kosten für Technische Anlagen**

Ein Entwurf für ein Mehrfamilienwohnhaus wurde zur Senkung der Kosten des Bauwerks – im Wesentlichen flächenproportional – um ca. 10 % verkleinert. Die Intensität der Nutzung (Anzahl Wohneinheiten, Anzahl Räume) wurde beibehalten. Welches Problem ergibt sich bei der Ermittlung der anteiligen Kosten für die Technischen Anlagen des Bauwerks?

**Aufgabe 9: Kostenermittlungen in verschiedenen Planungsstadien**

Bei der Kostenermittlung sind die zugrunde gelegten Leistungen, Mengen und Einheitspreise so zu gliedern und sortiert einzugeben, dass sie eindeutig zugeordnet und zur Auswertung selektiert werden können. Die Gliederungsstruktur (Codierung) der Daten und die Zuordnung zu Merkmalsklassen passen sich den jeweiligen Erfordernissen und dem Planungsstadium an.

Als Merkmalsklassen der Codierung bieten sich grundsätzlich an:

- Einzelprojekte (Gebäude, andere Bauwerke)

- Bereiche, Räume (Raumbuch)

- Kostengruppen (DIN 276-1:2008-12)

- Leistungsbereiche (STLB-Bau)

- Dimensionen (m², m, Stück u. a.).

Welche Merkmale sind als primäre und sekundäre Zuordnungs- oder Auswahlkriterien für folgende Aufgaben in der Planungs- und Ausführungsphase zweckmäßigerweise geeignet, wenn die Kostendaten über kombinierte Schlüssel (Kostengruppen, Leistungsbereiche sowie weitere Merkmalsklassen) codiert werden:

(1) Überschlägige Kostenermittlung (Kostenschätzung) auf der Grundlage noch ungenauer Zeichnungen

(2) Kostenberechnung nach Zeichnungen im Maßstab 1:100 und Angaben zu Material und Standard (Entwurfsplanung)

(3) Ausschreibung

(4) Ermittlung von Mieten und Nebenkosten für Verträge mit den Nutzern noch vor der Baufertigstellung?

**Aufgabe 10: Kostensicherheit**

Der Bauherr erwartet, dass die Ergebnisse der Kostenermittlungen eine hohe Kostensicherheit aufweisen. Diese ist natürlich von dem jeweiligen Planungsstand und Detaillierungsgrad abhängig.

Über Mengen aus der Planung und Kostenkennwerte aus vergleichbaren realisierten Bauvorhaben, die nach den Erfordernissen aufzubereiten und zu aktualisieren sind, werden mit der Entwicklung der Entwurfs- und Ausführungsplanung auch die Kostenermittlungen entsprechend genauer. Erläutern Sie Schwankungen und Änderungen der Mengenansätze und Kostenkennwerte bzw. Einheitspreise von Kostenermittlungen in den verschiedenen Stadien des Planungs- und Ausführungsprozesses und ihren Einfluss auf die Kostensicherheit.

**Aufgabe 11: Arten von Bausummenüberschreitungen**

Sich abzeichnende **Bausummenüberschreitungen** können besonders bei fortgeschrittenem Bauverlauf den Bauherrn vor erhebliche Probleme stellen. Neben der

Frage, wie der zusätzliche Finanzbedarf zu decken ist, stellt sich natürlich stets die Frage nach der Ursache und gegebenenfalls auch nach der Verantwortung des Architekten.

Hauptursachen können sein:

- Bauherren- und Nutzerwünsche
- Planungsfehler seitens der Architekten oder Fachingenieure
- Auflagen von Behörden oder anderen Institutionen
- ausführungsbedingte Ursachen seitens der Baufirmen
- Marktsituation.

Handelt es sich bei den folgenden Sachverhalten, die zur Überschreitung der bisher ermittelten Gesamtkosten führen, um **echte** oder um **unechte Bausummenüberschreitungen**?

(1) Bei der Bemusterung für die Fassade eines Verwaltungsgebäudes entscheidet sich der Vorstand der Gesellschaft für eine Fassade aus Aluminium statt aus Stahlblech, wie sie bisher vorgesehen war.

(2) Wegen zu kurzer Ausführungsfristen für Rohbauleistungen fällt das Ausschreibungsergebnis unerwartet ungünstig aus. Zuschläge für Beschleunigungsmaßnahmen ergeben ein Preisniveau von mehr als 10 % über dem üblichen Preisniveau.

(3) Während der Bauausführung wird festgestellt, dass die fachgerechte Fertigstellung des Bauvorhabens nur über zahlreiche Nachträge sichergestellt werden kann. Die Ausschreibung zahlreicher Leistungsbereiche war wegen vieler Planungsänderungen und der dadurch entstandenen Verzögerungen auf der Grundlage von Entwurfsplanungen statt Ausführungsplanungen erfolgt.

(4) Im Zuge der Genehmigungsplanung für eine Lagerhalle stellt sich heraus, dass für den größten Teil der Flächen eine vollständige Sprinkleranlage erforderlich wird.

(5) Im Pflegebereich eines Krankenhauses werden in der Phase der Ausführungsplanung die Breiten der Stationsflure zur Verbesserung des Verkehrsflusses (Betten, Geräte usw.) – mit der Folge einer Verbreiterung des Baukörpers – vergrößert.

(6) Bei der Neuplanung eines Hotels wird mehrfach die Vorplanung korrigiert bzw. teilweise neu erstellt, um die bestmögliche Funktion des Restaurant- und Küchenbereiches zu erreichen. Zu den bisherigen Planungshonoraren kommen zusätzliche Honorarforderungen des Architekten hinzu.

**Lösung zu Aufgabe 1: Unterschiedliche Schätzmethoden**

Bei der **Kostenschätzung** mit einer Bezugsgröße, die auch als Zwei-Faktoren-Methode bezeichnet wird, rechnet man mit Erfahrungswerten, die sich auf geometrische oder funktionale Bezugsgrößen des Gebäudes beziehen.

Beispiele:        Kosten des Bauwerks (€) / Nutzeinheit (z. B. Hotelbett)
                  Kosten des Bauwerks (€) / Brutto-Rauminhalt (m³)
                  Kosten des Bauwerks (€) / Wohnfläche (m²)

**Vorteile**

Der Zeitaufwand ist sehr gering. Die Honorierung dieser Leistung ist über die HOAI als Grundleistung der Leistungsphase 2 abgedeckt.

**Nachteile**

Die Kosten des Bauwerks sind in Abhängigkeit von nur zwei Variablen (z. B. Brutto-Rauminhalt und Kostenkennwert) zu schätzen; dabei stehen geeignete Vergleichsobjekte, die dem zu schätzenden Bauvorhaben hinsichtlich Standort, Nutzung, Standard der Ausführung, Gebäudegeometrie und Angebotssituation in ausreichendem Maße entsprechen, nicht immer zur Verfügung. Fehler bei der Kostenschätzung von 30 % und mehr sind deswegen keine Seltenheit.

Architekt und Bauherr haben einen relativ geringen Einblick in das Kostengefüge; kostenwirksame Planungsänderungen können mit dem auf nur einer Bezugsgröße basierenden Instrumentarium nur unzureichend beurteilt werden.

Die **Kostenschätzung nach der Elementmethode** gehört zu den Verfahren, die mit mehreren Bezugsgrößen arbeiten. Sie erfüllt die Anforderungen der Kostenberechnung nach DIN 276-1:2008-12 hinsichtlich der Mindestgliederungstiefe.

In den vor 1993 geltenden Ausgaben der DIN 276 waren die Kosten **nicht** elementweise gegliedert. Damals stand die Elementmethode im Gegensatz zur Kostengliederung der DIN 276 und stellte eine wesentliche Verbesserung dar. Heute ist die Kostenschätzung nach der Elementmethode eine DIN-gemäße Kostenschätzung, die lediglich eine Gliederungsebene über die Mindestgliederung hinausgeht.

Die Schätzung der Kosten der Baukonstruktionen erfolgt nach den sog. **Grobelementen** (Kostengruppen 310 – 360)

Baugrube (BGI, ggf. in Gründungsflächen enthalten)

Gründungsflächen (GRF)

Außenwandflächen (AWF)

Innenwandflächen (IWF)

Deckenfläche (DEF)

Dachflächen (DAF),

denen ziemlich genau die anteilig verursachten Kosten zugerechnet werden können.

Ferner wird die Brutto-Grundfläche (BGF) für Baukonstruktive Einbauten, Sonstige Maßnahmen für Baukonstruktionen, Technische Anlagen sowie Ausstattung und sonstige, nicht zurechenbare Kosten als Bezugsgröße herangezogen.

Mit Hilfe der Kostendaten des BKI – Baukosteninformationszentrums Deutscher Architektenkammern GmbH können für jedes Grobelement einzeln (z. B. Außenwandflächen) die als geeignet erscheinenden Kennwerte aus einer Vielzahl gebauter Beispiele ausgewählt und kombiniert werden. Dabei sind diese Daten im Hinblick auf diverse Kosteneinflüsse zu relativieren.

**Vorteile**

Die Fehlerwahrscheinlichkeit dieser Art von Schätzung ist aufgrund der höheren Differenzierung wesentlich geringer. Die Einflussfaktoren Standort, Nutzung, Standard der Ausführung, Gebäudegeometrie und Angebotssituation fließen – bei Zugrundelegung der o. a. Baukosten-Datei – ein.

Die Zusammensetzung der Gesamtkosten wird für alle am Planungsprozess beteiligten Personen wesentlich transparenter. Der Einfluss von Änderungen des Entwurfs oder der Konstruktion wird ablesbar.

**Nachteile**

Der Arbeitsaufwand ist gegenüber der Kostenschätzung mit einer Bezugsgröße etwas höher – allerdings nicht soviel höher, dass sie als Besondere Leistung in der (nicht abschließenden) Aufzählung der HOAI aufgeführt ist.

---

**Lösung zu Aufgabe 2:  Stufen von Kostenermittlungen nach DIN 276-1:2008-12**

In der DIN 276-1 werden folgende **Stufen der Kostenermittlungen** unterschieden, die im Leistungsbild der Objektplanung (HOAI § 15) den einzelnen Leistungsphasen folgendermaßen zugeordnet werden:

| Kostenermittlungen nach DIN 276-1:2008-12 | als Bestandteil der Grundleistungen der Leistungsphasen nach § 15 HOAI |
| --- | --- |
| Kostenrahmen | 1. Grundlagenermittlung *) |
| Kostenschätzung | 2. Vorplanung |
| Kostenberechnung | 3. Entwurfsplanung |
| Kostenanschlag | 7. Mitwirkung bei der Vergabe |
| Kostenfeststellung | 8. Objektüberwachung |

---

*) Der Kostenrahmen ist in der DIN 276-1:2006-11 neu eingeführt worden und ist in der HOAI, die seitdem nicht novelliert worden ist, nicht ausdrücklich erwähnt. Allerdings kann kein Zweifel daran bestehen, dass im Rahmen der zur Grundlagenermittlung gehörenden Grundleistung *Klären der Aufgabenstellung* ein Kostenrahmen mit dem Bauherrn abgestimmt werden muss.

**Lösung zu Aufgabe 3: Indexrechnung am Beispiel von Baupreisen**

(1) Preis des Einfamilienhauses mit BRI = 370 m³ im Jahr 1999

370 m³ · 289 €/m³ = 106.930 €

Eingabedaten:

Gebäudepreis 1999: $P_{99} = 106.930$ €

Preisindex für das Jahr 1999 mit Basis 1995: $I_{95}^{99} = 98{,}4$

Preisindex für das Jahr 2006 mit Basis 1995: $I_{95}^{06} = 103{,}1$

Preisänderung von 1999 bis 2006:

$$P_Y = \frac{I_B^Y}{I_B^X} \cdot P_X \qquad P_{06} = \frac{I_{95}^{06}}{I_{95}^{99}} \cdot P_{99} = \frac{103{,}1}{98{,}4} \cdot 106.930\,€$$

$$= 1{,}048 \cdot 106.930\,€$$

$$\underline{= 112.063\ €}$$

Im Jahr 2006 würde den Bauherrn das Einfamilienhaus 112.063 € kosten – gemessen an der Baupreisentwicklung für den Neubau von Wohngebäuden auf der Basis von 1995.

(2) Eingabedaten:

Gebäudepreis 1999: $P_{99} = 106.930$ €

Preisindex für das Jahr 1999 mit Basis 1995: $I_{95}^{99} = 98{,}4$

Preisindex für das Jahr 2007 mit Basis 2000: $I_{00}^{07} = 112{,}1$

Preisindex für das Jahr 2000 mit Basis 1995: $I_{95}^{00} = 99{,}9$

Preisänderung von 1999 bis 2007:

$$P_Y = \frac{I_{B2}^Y \cdot I_{BL}^{B2}}{I_{B1}^X \cdot 100} \cdot P_X \qquad P_{00} = \frac{I_{00}^{07} \cdot I_{95}^{00}}{I_{95}^{99} \cdot 100} \cdot P_{99} = \frac{112{,}1 \cdot 99{,}9}{98{,}4 \cdot 100} \cdot 106.930\,€$$

$$= 1{,}138 \cdot 106.930\,€$$

$$\underline{= 121.686\ €}$$

Der Neuwert des Hauses als Grundlage für die Versicherungssumme würde 121.686 € im Jahr 2007 betragen.

**Lösung zu Aufgabe 4:   Vergleichsobjekte und Kostenkennwerte nach BRI, BGF und NF**

(1) Zur Prüfung von Vergleichsobjekten für eine Kostenschätzung sind vor allem folgende projektspezifische Merkmale heranzuziehen:

- Art der Nutzung (z. B. Wohngebäude)
- Größe des Bauvorhabens (z. B. BRI)
- Beschaffenheit des Baugrundstücks (z. B. Hanglage, Baugrund)
- Art der Konstruktion (z. B. Mischbauweise, Flachdach)
- Technischer Ausbau: Standard (z. B. mittel)
- Bauzeit, Konjunktur (z. B. 1993, Konjunkturhoch)
- Standort, Region (z. B. Ballungsraum)
- besondere Kosteneinflüsse (z. B. Fließsand).

Mit Hilfe dieser Merkmale  sollen möglichst passende Vergleichsobjekte ausgewählt werden. Bei abweichenden Merkmalsausprägungen sind die Kostenkennwerte entsprechend anzupassen (z. B. Erhöhung bei gehobenem statt mittlerem Standard, Senkung bei ländlicher Region statt Großstadt), oder es ist der Mittelwert mehrerer Vergleichsobjekte anzusetzen.

Die hier getroffene Vorauswahl von drei Vergleichsobjekten ist für eine hinreichend sichere Ermittlung nicht ausreichend, besser wären 5 bis 10 geeignete Gebäude. Dennoch kann hiermit die Vorgehensweise verdeutlicht werden. Im Übrigen zeigt die Gegenüberstellung in Abbildung 3-36 die weitgehende Eignung der vorgeschlagenen Vergleichsobjekte.

| projektspezifische Merkmale | zu schätzendes Objekt | Vergleichsobjekte | | |
|---|---|---|---|---|
| | | 6100-562 | 6100-531 | 6100-502 |
| Art der Nutzung | Wohngebäude | Wohngebäude | Wohngebäude | Wohngebäude |
| Größe des Bauvorhabens (m³ BRI ) | 623 | 1.120 | 1.070 | 1.122 |
| Bauweise | freistehend | freistehend | freistehend | freistehend |
| Grundstück | eben | eben | eben | geneigtes Gel. |
| Art der Konstruktion | massiv, Pultdach | massiv, Satteldach | massiv, Pultdach | massiv, Satteldach |
| Technischer Ausbau | Standard mittel | mittel | mittel | mittel |
| Bauzeit | 2008 | 2004 | 2003 | 1996 |
| Konjunktur | Durchschnitt | unter Durchschnitt | unter Durchschnitt. | unter Durchschnitt |
| Standort, Region | Stadtrand | ländlich | ländlich | ländlich |
| besondere Kosteneinflüsse | keine | keine | Garagenanbau | barrierefrei |

**Abb. 3-36** Gegenüberstellung von Vergleichsobjekten

(2) In Abbildung 3-37 sind die Kennwerte nach BRI, BGF und NF der drei ausgewählten Vergleichsobjekte zusammengestellt, und daraus ist das arithmetische
Mittel für jede Bezugsgröße gebildet worden. Der gewählte Kennwert für das
geplante Einfamilienhaus ist unter Berücksichtigung der projektspezifischen
Eigenschaften und eventueller Abweichungen der Merkmalsausprägungen der
einzelnen Vergleichsobjekte festzulegen. Das arithmetische Mittel kann der
ersten Orientierung dienen, ist aber nicht zwingend als Kennwert zu übernehmen.

| Bezugsgröße | Einheit | Vergleichsobjekte | | | Mittel Stand: 2007 | gewählt Stand: 2007 |
|---|---|---|---|---|---|---|
| | | 6100-562 | 6100-531 | 6100-502 | | |
| BRI - Brutto-Rauminhalt | €/m³ | 299,00 | 255,00 | 314,00 | 289,00 | 300,00 |
| BGF - Brutto-Grund-fläche | €/m² | 885,00 | 777,00 | 886,00 | 849,00 | 850,00 |
| NF - Nutzfläche | €/m² | 1.263,00 | 1.048,00 | 1.306,00 | 1.206,00 | 1.210,00 |

**Abb. 3-37** Auswahl der Kennwerte nach BRI, BGF und NF

Unter Zugrundelegung der in Aufgabe 3 dieses Abschnittes angegebenen Preis-
indizes sind die Kennwerte für das Jahr 2008 zu ermitteln.

| Bezugsgröße | Kennwert 2007 | Index 2008 | Kostenkennwert 2008 berechnet | gewählt |
|---|---|---|---|---|
| BRI Brutto-Rauminh. | 300 €/m³ | Faktor | 308,40 €/m³ | 310 €/m³ |
| BGF Brutto-Grundfl. | 850 €/m² | 115,2 / 112,1 | 873,80 €/m² | 875 €/m² |
| NF Nutzfläche | 1.210 €/m² | = 1,028 | 1.243,88 €/m² | 1.245 €/m² |

**Abb. 3-38** Hochrechnung der Kennwerte nach BRI, BGF und NF

(3) Schätzung der Bauwerkskosten des Einfamilienhauses

| Einfamilienhaus | | Kostenkennwert 2008 | Bauwerkskosten (KG 300 + 400) |
|---|---|---|---|
| BRI_{a+b+c} | 622,92 m³ x | 310 €/m³ | = 193.105 € |
| BGF_{a+b+c} | 207,33 m² x | 875 €/m² | = 181.414 € |
| NF_{a+b+c} | 145,01 m² x | 1.245 €/m² | = 180.537 € |
| geschätzte, durchschnittliche Kosten des Bauwerks: | | | 185.019 € |
| gerundet: | | | **185.000 €** |

**Abb. 3-39** Schätzung der Bauwerkskosten des Einfamilienhauses anhand der
hochgerechneten Kennwerte nach BRI, BGF und NF

**Lösung zu Aufgabe 5: Ermittlung der Elementmengen und Kosten des Bauwerks**

| Grobelemente | Anzahl (m²) | (m) | (m) | (m²) |
|---|---|---|---|---|
| **GRF   Gründung** | 1 | 7,16 | 8,06 | 57,71 |
| | 1 | 3,86 | 1,60 | 6,18 |
| | | | | 63,89 |
| **AWF  Außenwandfläche** | | | | |
| Untergeschoss | 2 | 8,06 | | |
| | 2 | 7,16 | | |
| Höhe = 2,10 + 0,15 + 0,25 = 2,50 bis OKD | | 30,44 | 2,50 | 76,10 |
| Windfang (Unterbau) | 1 | 3,86 | | |
| | 2 | 1,60 | | |
| Höhe = 1,00 + 0,25 = 1,25 bis OKD | | 7,06 | 1,25 | 8,82 |
| Erdgeschoss | | 7,16 | | |
| | 1 | 3,30 | | |
| 2 x 0,38 + 3,30 + 4,00 | 2 | 8,06 | | |
| Höhe = 2,80 + 0,25 = 3,05 bis OKD | | 26,58 | 3,05 | 81,07 |
| Windfang | 2 | 1,60 | | |
| 2 x 0,38 + 3,10 | 1 | 3,86 | | |
| Höhe = 2,80 + 0,22 = 3,02 bis OKD | | 7,06 | 3,02 | 21,32 |
| Obergeschoss | 2 | 8,06 | | |
| | 1 | 3,30 | | |
| Höhe = 2,60 + 0,25 = 2,85 bis OKD | | 19,42 | 2,85 | 55,35 |
| Bereich Dachterrasse | | | | |
| Höhe = 0,03 + 2,60 + 0,25 = 2,88 bis OKD | | 3,86 | 2,88 | 11,12 |
| Dachgeschoss | | | | |
| Höhe = 1,65 + 0,25 = 1,90 bis OK First | 1 | 7,16 | 1,90 | 13,60 |
| Höhe = (0,25 + 1,90) x 0,5 = 4,075 | 2 | 8,06 | | |
| bis OK Ortgang | | 16,12 | 4,075 | 65,69 |
| | | | | 333,07 |
| **IWF Innenwandflächen** | | | | |
| Untergeschoss | | 3,28 | | |
| | | 3,08 | | |
| 2,30 + 0,10 + 0,98 | | 3,38 | | |
| Höhe = 2,10 | | 9,74 | 2,10 | 20,45 |
| Erdgeschoss | | 3,30 | | |
| | | 4,00 | | |
| 0,20 + 0,10 + 0,30 + 2,70 | | 3,30 | | |
| 3,10 - 0,90 | | 2,20 | | |
| Höhe = 2,80 | | 12,80 | 2,80 | 35,84 |
| Obergeschoss | | 1,80 | | |
| | | 0,30 | | |
| | | 3,20 | | |
| | | 4,10 | | |
| 0,10 + 0,70 | | 0,80 | | |
| 0,90 + 0,10 | | 1,00 | | |
| 1,20 + 0,10 | | 1,30 | | |
| | | 5,40 | | |
| Höhe = 2,60 | | 17,90 | 2,60 | 46,54 |
| | | | | 102,83 |

**Abb. 3-40** Ermittlung der Mengen der Grobelemente eines Einfamilienhauses
Die Werte sind in der Berechnung auf zwei Kommastellen gerundet.

| Grobelemente | Anzahl (m²) | (m) | (m) | (m²) |
|---|---|---|---|---|
| **DEF Deckenflächen \*)** | | | | |
| Decke über UG | | | | |
| - über Raum 15 bis 19 | 8,06 | 7,16 | | 57,71 |
| - unter Raum 5 | 3,86 | 1,60 | | 6,18 |
| Decke über EG | | | | |
| - über Raum 1 bis 4 | 8,06 | 7,16 | | 57,71 |
| - über Terrasse 6 | 3,70 | 2,95 | | 10,92 |
| | | | | 132,52 |
| **DAF Dachflächen** | | | | |
| - über Raum 5 | 3,86 | 1,60 | | 6,18 |
| - über Raum 4 und 8 bis 12 | | | | |
| $\sqrt{8,06^2 + 1,65^2} = 8,227$ | 8,23 | 7,16 | | 58,93 |
| | | | | 65,11 |
| **BGF Brutto-Grundfläche** | siehe Aufgabe 7 von Abschnitt 3.4 | | | 207,33 |

\*) Die nicht begehbare Zwischendecke über dem Obergeschoss ist als Bekleidung der Dachfläche zu verstehen und ist insofern Teil des Grobelementes DAF.

**Abb. 3-40** Ermittlung der Mengen der Grobelemente eines Einfamilienhauses (Fortsetzung)

| KG | Kostengruppen/Elemente Bezeichnung | Menge m² bzw. m³ | Kennwert €/ME | Kosten € |
|---|---|---|---|---|
| 300 | Bauwerk – Baukonstruktionen | | | (168.670,63) |
| 310 | Baugrube (m³) | 120,00 | 20,00 | 2.400,00 |
| 320 | GRF Gründungsflächen | 63,89 | 148,00 | 9.455,72 |
| 330 | AWF Außenwandflächen | 333,07 | 274,00 | 91.261,18 |
| 340 | IWF Innenwandflächen | 102,83 | 147,00 | 15.116,01 |
| 350 | DEF Deckenflächen | 132,52 | 233,00 | 30.877,16 |
| 360 | DAF Dachflächen | 65,11 | 224,00 | 14.584,64 |
| 390 | Sonstige Maßnahmen für Baukonstruktionen (m² BGF) | 207,33 | 24,00 | 4.975,92 |
| 400 | Bauwerk - Technische Anlagen | 207,33 | 147,00 | 30.477,51 |
| | Summe (KG 300 + 400) | | | 199.148,14 |
| | Kosten des Bauwerks (aufgerundet) | | | 200.000,00 |

**Abb. 3-41** Ermittlung der Kosten des Bauwerks eines Einfamilienhauses

**Lösung zu Aufgabe 6: Gesamtkosten des Bauvorhabens**

| KG | Kostengruppen-Bezeichnung | Kosten | Anteil an Kosten des Bauwerks |
|---|---|---|---|
| 100 | Grundstück | 64.000,00 € | - |
| 200 | Herrichten und Erschließen | 7.169,33 € | 3,6 % |
| 300 | Bauwerk - Baukonstruktionen | 168.670,63 € | } 100,0 % |
| 400 | Bauwerk - Technische Anlagen | 30.477,51 € | |
| 500 | Außenanlagen | 12.148,04 € | 6,1 % |
| 600 | Ausstattung und Kunstwerke | 8.000,00 € | 4,0 % |
| 700 | Baunebenkosten | 28.478,18 € | 14,3 % |
| | Summe KG 200-700 | 254.943,69 € | 128,0 % |
| | Gesamtkosten (KG 100 – 700) | 318.943,69 € | - |
| | Gesamtkosten (gerundet) | **320.000,00 €** | - |

**Abb. 3-42** Ermittlung der Gesamtkosten eines Einfamilienhauses

**Lösung zu Aufgabe 7: Kostenschätzung mit Kennwerten für unterschiedliche Qualitäten von Grundflächen**

Die Kosten der Baukonstruktionen ermitteln sich folgendermaßen:

| Grundflächen unterschiedlicher Qualitäten (NGFa) | (m²) | Menge (m²) | Kennwert (€/m²) | Kosten (€) |
|---|---|---|---|---|
| 1 Wohnraum (1) | 10,87 | | | |
| Wohnzimmer mit Essplatz (3) | 21,60 | | | |
| Kinderzimmer (8) | 10,56 | | | |
| Schlafzimmer (12) | 21,60 | 64,63 | 1.060,00 | 68.507,80 |
| 2 Küche (2) | 9,24 | | | |
| Bad (9) | 3,75 | | | |
| WC (10) | 1,98 | | | |
| Waschküche (15) | 11,09 | | | |
| Heizung, Hausanschlussraum (16) | 9,74 | 35,80 | 1.270,00 | 45.466,00 |
| 3 Treppe EG - OG (4) | 3,78 | | | |
| Windfang (5) | 4,65 | | | |
| Flur (11) | 2,98 | | | |
| Keller (17) | 22,36 | | | |
| Abstellkammer (18) | 4,00 | | | |
| Treppe UG - EG (19) | 4,10 | 41,87 | 850,00 | 35.589,50 |
| Summe | | | | 149.563,30 |
| Kosten der Baukonstruktionen (gerundet) | | | | **150.000,00** |

**Abb. 3-43** Kostenschätzung nach Kostenflächenarten

In Aufgabe 5 führt die Ermittlung nach der Elementmethode zu 168.670,63 € für die Kostengruppe 300. Die Differenz zu dem hier vorliegenden Ergebnis ist zufällig und lässt keinen Schluss auf die bessere Eignung der einen oder der anderen Methode zu.

Aufgrund ihrer Konzeption können allerdings mit der Elementmethode die gebäude-geometrischen Verhältnisse grundsätzlich besser berücksichtigt werden.

### Lösung zu Aufgabe 8: Anteilige Kosten für Technische Anlagen

Der Vorteil der Elementmethode besteht in einer genaueren Erfassung aller Konstruktionen über die Elementflächen. Werden z. B. die Außenwandflächen um 10 % verringert, so verändern sich auch die anteiligen Investitionsausgaben um etwa 10 %. Die Kosten der Technischen Anlagen des Bauwerks werden jedoch pauschal auf Grundlage einer Bezugsgröße, nämlich der Brutto-Grundfläche, berechnet. Bleiben, wie in der Aufgabe beschrieben, Anschlüsse und Objekte für Wasser, Heizungs- und Elektroinstallationen nahezu gleich, so entsteht aufgrund der verringerten Brutto-Grundfläche bei unverändertem Kennwert eine Ungenauigkeit in der Kostenschätzung. Der Grund hierfür ist folgender:

Art und Umfang der Technischen Anlagen hängt vom Ausstattungsgrad bzw. Standard ab. Im Allgemeinen hat jede Wohnung eine Küche und ein Bad, unabhängig von Anzahl und Größe der Räume. Verringert sich die Berechnungsgrundlage (Fläche) um 10 %, verkürzen sich u. U. zwar die horizontalen Leitungen und auch die zu beheizende Fläche, jedoch bleibt die Anzahl der Objekte nahezu gleich und alle vertikalen Leitungen fallen wie bisher an. Eine pauschale Schätzung über die Brutto-Grundfläche berücksichtigt diesen Sachverhalt im Allgemeinen nicht.

### Lösung zu Aufgabe 9: Kostenermittlungen in verschiedenen Planungsstadien

Für die genannten Phasen oder Leistungen sind jeweils folgende Zuordnungs- oder Auswahlkriterien heranzuziehen, wobei weitere Bedingungen zu berücksichtigen sind:

(1) Kostenschätzung

Durch die **Kostenschätzung** werden Kostendaten über Mengenermittlungen und deren Bewertung über Kennwerte zur Eingabe in die Kostendatei geschaffen. Zur Sortierung dienen je nach Einzelprojekt primär die Kostengruppen nach DIN 276-1 zunächst mit noch geringer Differenzierung (z. B. nach den Kostengruppen *300 Bauwerk - Baukonstruktionen, 400 Bauwerk - Technische Anlagen, ..., 600 Ausstattung und Kunstwerke* usw.). Die Mengenangaben sind auf ein bis zwei Dimensionen (m², m³) beschränkt, sie entsprechen noch nicht den Mengenansätzen von eigentlichen Bauleistungen, Angaben von Leistungsbereichen fehlen noch. Bei großen Projekten kann über eine weitere, d. h. sekundäre Kennzeichnung mit der Unterscheidung von Bereichen begonnen werden (z. B. Beherbergungsbereich, Restaurationsbereich beim Hotel).

(2) Kostenberechnung

Mit der **Kostenberechnung** werden die Eingaben der Kostenschätzung verfeinert und entsprechend dem Planungsablauf fortgeschrieben. Aufbauend auf der vorhandenen primären Sortierung nach ein- bis zweistelligen Kostengruppen wird diese auf bis zu vier Stellen bzw. nach Gebäudeunterelementen erweitert und über konstruktionsgerechte Dimensionen und die hierfür vorrangigen Leistungsbereiche beschrieben.

In dieser Phase der Planung ist die Sortierbarkeit über die Leistungsbereiche (sekundäre Kennzeichnung) eine Hilfe, um die Kostenermittlung über die Kostenanteile der Leistungsbereiche zu prüfen (Plausibilitätsprüfung über Vergleich

mit anderen Projekten, Kennwerte über Prozentanteile oder LB-Flächen-
kennwerte), ferner ist die Auswertung über Leistungsbereiche (LB) bei der Suche
nach Einsparungsmöglichkeiten hilfreich, z. B. bei der Überlegung, wo höher-
wertige Schlosserarbeiten (DIN 18 360) durch nicht ganz so hochwertige Stahlbauarbeiten (DIN 18 335) ersetzt werden können.

(3) Ausschreibung

Zur **Ausschreibung** können aus den vorhandenen Kostendaten Teilmengen
selektiert werden. Primäres Auswahlkriterium ist der bzw. sind die Leistungsbereiche des Leistungsverzeichnisses. Werden die in der Kostenberechnung gewählten Dimensionen über die Normalpositionen des Leistungsverzeichnisses
beibehalten, so können die Submissionsergebnisse mit der Kostenberechnung
mengengenau verglichen werden.

Als sekundäre Kennzeichnungen sind Kostengruppen und geometrische Zuordnungen geeignet, z. B. wenn es darum geht, verschiedene Leistungsbereiche
sinnvoll zusammenzufassen (Kostengruppe *320 Gründung* mit allen LB) oder
wenn bei großem Umfang von Bauleistungen eines Gewerkes eine ausführungsbedingte Trennung in Lose bzw. Bauabschnitte über eine geometrische Sortierung erfolgen soll.

(4) Ermittlung von Mieten und Nebenkosten

Zur vertragsvorbereitenden Mietpreisermittlung sind als primäres Kennzeichen
Grundflächen des Projektes anzusprechen, wobei anteilig Kostendaten zuzuordnen sind. Je nach Planungs- und Bauverlauf werden z. B. den Nutzflächen
Kostendaten nach Kostenschätzung, Kostenberechnung oder Kostenanschlag
selektiert zugeordnet und mit diesen verrechnet. Diese Kostenflächenkennwer-
te sind quantitative Grundlage der **Mietpreiskalkulation**.

Zur Ermittlung von Nebenkosten können als sekundäre Merkmale folgende
Beispiele herangezogen werden:

- Kostengruppen (z. B. *460 Förderanlagen* für die überschlägige Kostenermittlung von Betriebskosten und Instandsetzungskosten)
- Dimensionen (z. B. m² Bodenbeläge für die überschlägige Kostenermittlung
  von Reinigungsarbeiten).

**Anmerkung:**

Beim Aufbau einer Kostendatenbank sind alle Ermittlungs- und Auswertungser-
fordernisse zu prüfen. Änderungen in laufenden Systemen sind wegen des hierfür
erforderlichen Arbeitsaufwandes und wegen des Termindrucks in der praktischen
Projektabwicklung kaum möglich.

**Lösung zu Aufgabe 10: Kostensicherheit**

Absolute Kostensicherheit – genaue Kenntnis der anfallenden Baukosten – besteht erst
nach der Schlussabrechnung aller Bauleistungen, also mit der Kostenfeststellung.
Die Mengenansätze (m² BGF, m³ Mauerarbeiten o. ä.) – Basis jeder Kostenermittlung – werden von der Grundlagenermittlung bis zur Ausschreibung und schließlich bis zur Abrechnung zunehmend genauer. Nach der Vergabe ändern sie sich bei
sorgfältiger Planung i. Allg. nur noch geringfügig. Jedoch hängt die Mengensi-

cherheit bei der Vergabe von der Qualität der Ausschreibungsunterlagen ab. Ausschreibungen auf der Grundlage von Entwurfsplanungen mit der Folge von Änderungen der Planung bis kurz vor Fertigstellung können leicht zu Mengenabweichungen von 10 % oder auch mehr führen.

Anders sieht es bei den Einheitspreisen aus. Bis zur Vergabe haben alle Einheitspreise vorkalkulatorischen Charakter, auch wenn sie aus einer großen Menge statistischer Daten aufbereitet sind. Unsicherheiten bestehen hier besonders im Hinblick auf mögliche konjunkturelle, saisonale und regionale Einflüsse.

Nach Abschluss eines Einheitspreisvertrages sind die Einheitspreise Vertragsbestandteil und somit nicht mehr veränderlich, es sei denn, es kommt zu erheblichen Mengenabweichungen (± 10 %) und eine Vertragspartei verlangt die Änderung des betreffenden Einheitspreises (VOB/B, § 2 Nr. 3).

**Lösung zu Aufgabe 11: Arten von Bausummenüberschreitungen**

(1) Der Bauherr entscheidet sich für eine Fassade höheren Standards. Daher ist mit der Bausummenüberschreitung auch eine Werterhöhung des Gebäudes verbunden. Somit handelt es sich um eine unechte Bausummenüberschreitung.

(2) Die Anbieter der Rohbauleistungen reagieren auf ungünstige Ausführungsbedingungen. Sie kalkulieren Beschleunigungskosten ein, mit denen aber keine Werterhöhung des Bauwerks verbunden ist. Daher liegt in diesem Fall eine echte Bausummenüberschreitung vor.

(3) Mängel bei der Planung und Ausschreibung (Fehlmengen) führen zu Nachträgen. Soweit diese Nachtragsleistungen zu marktüblichen Preisen angeboten werden, handelt es sich um eine unechte Bausummenüberschreitung, denn dem bisherigen Kostenanschlag lag ein unvollständiges Angebot zugrunde. Der bisherige Kostenanschlag und die Nachträge – in beiden Fällen marktübliche Preise unterstellt – entsprechen dem tatsächlichen Wert des Bauwerks.

Allerdings bieten Nachtragsangebote Spielraum für höhere Kalkulationsansätze, da der Wettbewerb hierbei praktisch ausgeschlossen ist. Die hierdurch bedingten Kostensteigerungen stellen eine echte Bausummenüberschreitung dar.

(4) Eine verbesserte gebäudetechnische Ausstattung führt in diesem Fall zu einer erhöhten Sicherheit bei der Nutzung. Unabhängig davon, ob der Bauherr oder die Bauaufsichtsbehörde diese Entscheidung veranlasst haben, handelt es sich um eine unechte Bausummenüberschreitung.

(5) Sofern keine Zusatzforderungen für Umplanungen erhoben werden, liegt eine unechte Bausummenüberschreitung vor, denn den erhöhten Kosten steht auch ein vergrößerter Baukörper mit einem ggf. besser nutzbaren Grundriss gegenüber.

(6) Die Unterscheidung in echte und unechte Bausummenüberschreitungen ist vor allem im Hinblick auf die Haftung des Architekten im Kostenbereich wichtig. Entsteht die Bausummenüberschreitung allerdings durch eine berechtigte und durchgesetzte Mehrforderung seitens des Architekten, so ist diese Unterscheidung bedeutungslos. Grundsätzlich fallen die mehrfachen Änderungen unter die Grundleistung *Erarbeiten eines Planungskonzeptes einschließlich Untersuchung der alternativen Lösungsmöglichkeiten nach gleichen Anforderungen*, HOAI § 15 (2) 2., woraus sich kein zusätzlicher Honoraranspruch und damit auch keine Bausummenüberschreitung ergibt. Fallen diese Änderungen dagegen unter die

Besondere Leistung *Untersuchung von Lösungsmöglichkeiten nach grundsätzlich verschiedenen Anforderungen*, HOAI § 15 (2) 2., so ergibt sich ein zusätzlicher Honoraranspruch nach HOAI § 20. Die für die Honorar- und damit Baukostenerhöhung ursächlichen *grundsätzlich verschiedenen Anforderungen* fallen in den Verantwortungsbereich des Bauherrn, so dass es bedeutungslos ist, ob das erweiterte Anforderungsspektrum die Chance auf eine Werterhöhung des Objektes eröffnet (unechte Bausummenüberschreitung) oder nicht (echte Bausummenüberschreitung).

## 3.5.2 Nutzungskosten im Hochbau und Lebenszykluskosten

Nutzungskosten im Hochbau sind nach DIN 18 960:2008-02 „alle in baulichen Anlagen und deren Grundstücken entstehenden regelmäßig oder unregelmäßig wiederkehrenden Kosten von Beginn ihrer Nutzbarkeit bis zu ihrer Beseitigung (Nutzungsdauer)".

Die Nutzungskosten im Hochbau bzw. der Nutzungsbarwert sind ein wichtiges monetäres Kriterium zur Beurteilung der Vorteilhaftigkeit von geplanten sowie von genutzten Gebäuden. Für die Erfassung dieser Kosten gibt die DIN 18 960 ein Gliederungssystem mit drei Ebenen vor, von denen im Folgenden die ersten beiden wiedergegeben werden:

100 Kapitalkosten
   110 Fremdmittel
   120 Eigenmittel
   130 Abschreibung
   190 Kapitalkosten, sonstiges

200 Objektmanagementkosten
   210 Personalkosten
   220 Sachkosten
   230 Fremdleistungen
   290 Objektmanagementkosten, sonstiges

300 Betriebskosten
   310 Versorgung
   320 Entsorgung
   330 Reinigung und Pflege von Gebäuden
   340 Reinigung und Pflege von Außenanlagen
   350 Bedienung, Inspektion und Wartung
   360 Sicherheits- und Überwachungsdienste
   370 Abgaben und Beiträge
   390 Betriebskosten, sonstiges

400 Instandsetzungskosten
   410 Instandsetzung der Baukonstruktionen
   420 Instandsetzung der Technischen Anlagen
   430 Instandsetzung der Außenanlagen
   440 Instandsetzung der Ausstattung
   490 Instandsetzungskosten, sonstiges

Die Ermittlung der jährlichen Nutzungskosten entspricht der Vorgehensweise der Kostenvergleichsrechnung, einem statischen Verfahren der Investitionsrechnung (siehe Band 1, S. 75 ff.). Hierbei wird die einmalige Investitionsausgabe mittels kalkulatorischer Abschreibung und kalkulatorischer Zinsen in jährliche Kosten umgerechnet und kann dadurch mit den laufenden Kosten zu einem Vorteilhaftigkeitskriterium zusammengefasst werden.

Diese Zusammenfassung kann auch mit Hilfe der Kapitalwertmethode, einem dynamischen Verfahren der Investitionsrechnung erfolgen (siehe Band 1, S. 81 ff.). Dabei werden alle mit der Investition verbundenen Zahlungen erfasst und durch Abzinsung vergleichbar gemacht. Die kalkulatorischen Kostengruppen Eigenkapitalkosten und Abschreibung bleiben unberücksichtigt, da sie nicht zahlungswirksam sind. Auf diese Weise werden die Zahlungen, die mit der Errichtung und Nutzung eines Objektes verbunden sind, zu einem Barwert zusammengefasst, den wir als **Nutzungsbarwert** bezeichnen.

Nach betriebswirtschaftlicher Definition sind unter Ausgaben Auszahlungen, Schuldenzugänge und Forderungsabgänge zu verstehen. Wenn im Folgenden nichts anderes gesagt ist, handelt es sich bei Ausgaben immer um Auszahlungen. Entsprechendes gilt für Einnahmen und Einzahlungen. Wichtig sind bei der Ermittlung von Barwerten die Zahlungszeitpunkte, keinesfalls ist ein ggf. davon abweichender Zeitpunkt eines Forderungs- bzw. Schuldenzu- oder -abganges der Berechnung zugrunde zu legen.

Die Aufgaben dieses Abschnittes sollen dazu dienen, folgende Kenntnisse und Fähigkeiten zu überprüfen bzw. zu vervollständigen:

- Begriffsdefinitionen und Ermittlung der Nutzungskosten insgesamt und der einzelnen Kostengruppen sowie des Nutzungsbarwertes
- Unterscheidung von Auszahlungen und Kosten.


**Aufgabenverzeichnis**

Die folgenden Aufgaben beziehen sich auf die Kapitel 3.7.2 bis 3.7.4 des Lehrbuches Band 1:

1  Kalkulatorische Kosten und zahlungswirksame Kosten
2  Abschreibung und Absetzung für Abnutzung (AfA)
3  Grundsteuer
4  Jährliche Nutzungskosten
5  Wirtschaftlichkeitsvergleich mittels Nutzungskosten
6  Barwert der Ausgaben für Heizenergie
7  Barwert der Ausgaben für Instandsetzung
8  Nutzungsbarwert
9  Wirtschaftlichkeitsvergleich von Bodenbelägen
10  Lebenszykluskosten
11  Computereinsatz bei der Nutzungskostenoptimierung


**Vorschriften und Normen**

DIN 18 960:2008-02, Nutzungskosten im Hochbau
Einkommensteuergesetz (EStG 2002), Stand 14.08.2007
Grundsteuergesetz (GrStG), Stand 01.09.2005
Verordnung über Wohnungswirtschaftliche Berechnungen (Zweite Berechnungsverordnung - II. BV) in der Fassung der Bekanntmachung vom 12.10.1990, zuletzt geändert am 25.11.2003

**Empfohlene Literatur zur weiteren Vertiefung:**

Institut für Bauforschung e.V.: Bau-Nutzungskosten. Bau-Nutzungskosten-Kennwerte für Wohngebäude, Stuttgart 2007
Institut für Bauforschung e. V.: Grundlagen und Randbedingungen der Nutzungs-kostenplanung im Wohnungsbau, in: Schriftenreihe *Bau- und Wohnforschung* des Bundesamtes für Bauwesen und Raumordnung, Stuttgart 2007
Küsgen, H., N. Küsgen, C. Riepl, R. Röthlingshöfer: Planen mit Baunutzungskos-ten, Institut für Bauökonomie der Universität Stuttgart 1983
Naber, S.: Planung unter Berücksichtigung der Baunutzungskosten als Aufgabe des Architekten im Feld des Facility-Management, Europäische Hochschul-schriften Reihe 37 - Architektur 24, Frankfurt am Main 2002
Schub, A., K. Stark: Life cycle cost von Bauobjekten, Köln 1985
Simons, K., R. Sager: Berechnungsmethoden für Baunutzungskosten, in: Schrif-tenreihe *Bau- und Wohnforschung* des Bundesministers für Raumordnung, Bauwesen und Städtebau 04.063, Bonn/Braunschweig 1980
Stoy, C.: Benchmarks und Einflussfaktoren der Baunutzungskosten, Zürich 2005

**Aufgabe 1: Kalkulatorische Kosten und zahlungswirksame Kosten**

(1) Ordnen Sie die in der 1. Spalte der Abbildung 3-44 stehenden Kostenarten der jeweils in Frage kommenden Kostengruppe der DIN 18 960 zu und geben Sie an, ob die jeweilige Kostenart zahlungswirksam ist und ob sie einmalig, aperiodisch oder periodisch anfällt.

| | Kostengruppen | | | keine | zeitlicher Anfall der Zahlungen | | |
|---|---|---|---|---|---|---|---|
| | Kapital-kosten | Betriebs-kosten | übrige | Zahlung | einmalig | aperiodisch | periodisch |
| Wartung und Inspektion | | | | | | | |
| Kalkul. Eigen-kapitalverzinsung | | | | | | | |
| Gebäudereinigung | | | | | | | |
| Strom (Treppenhaus) | | | | | | | |
| Instandsetzungs-kosten | | | | | | | |
| Fremdkapital-verzinsung | | | | | | | |
| Abschreibung | | | | | | | |
| Grundsteuer | | | | | | | |
| Grunderwerbs-steuer | | | | | | | |
| Verwaltungskosten | | | | | | | |

Hinweis: aperiodisch = z. B. einmal nach 5 Jahren, dann wieder nach 8 Jahren
         periodisch  = z. B. monatlich oder jährlich

**Abb. 3-44**  Zuordnung von Kostenarten (Aufgabenstellung)

(2) Welche mit der Gebäudenutzung zusammenhängenden Zahlungen (Ausgaben) fallen im laufenden Nutzungsjahr an?

Inwieweit unterscheiden sich diese Zahlungen (Ausgaben) von den jährlichen Nutzungskosten

(2.1) - bei vollständiger **Eigenfinanzierung**?

(2.2) - bei vollständiger **Fremdfinanzierung**?

**Aufgabe 2: Abschreibung und Absetzung für Abnutzung (AfA)**

Erläutern Sie die Begriffe Abschreibung und Absetzung für Abnutzung (AfA). In welcher Weise sind sie in Wirtschaftlichkeitsvergleiche (z. B. in die Kostenvergleichsrechnung) einzubeziehen?

## Aufgabe 3:  Grundsteuer

Ein Bauherr besitzt ein Grundstück in den alten Bundesländern mit einem Einheitswert im Jahr 1994 in Höhe von 15.000 €. Er lässt sich darauf ein Einfamilienhaus mit 150 m² Wohnfläche zur Eigennutzung errichten. Dadurch erhöht sich der Einheitswert auf 40.000 €. Der Grundsteuer-Hebesatz beträgt in dieser Gemeinde 300 %.

(1) Wie hoch ist die jährliche Grundsteuer?

(2) Wie hoch ist die jährliche Grundsteuer, wenn es sich bei unveränderter Wohnfläche und unverändertem Einheitswert um ein Zweifamilienhaus handeln würde?


## Aufgabe 4:  Jährliche Nutzungskosten

Am Beispiel eines Wohnhauses mit 4 Wohneinheiten (WE) und insgesamt 280 m² Wohnfläche sind die jährlichen Nutzungskosten zu ermitteln.

Folgende Daten sind bekannt:

| | | |
|---|---|---|
| Gesamtkosten nach DIN 276-1 | 350.000 | € |
| Kosten des Baugrundstücks und der Erschließung (KG 100 und 200) | 42.000 | € |
| Kosten des Bauwerks – Baukonstruktion (KG 300) | 250.000 | € |
| Kosten des Bauwerks – Technische Anlagen (KG 400) | 58.000 | € |
| Eigenkapital | 100.000 | € |
| Objektmanagementkosten (Verwaltungskosten nach II. BV Stand 2008) | 259,04 | €/a |
| Steuern | 850,00 | €/a |
| Betriebskosten | 5,00 | €/m² WF·a |
| davon nicht umlagefähig | 1,00 | €/m² WF·a |
| Instandsetzungskosten | 4,00 | €/m² WF·a |
| erwartete Nutzungsdauer | 100 | Jahre |

Für die Kapitalkosten sind anzusetzen:

(1) 6 % p. a. für das Eigenkapital und 7 % p. a. für das Fremdkapital

(2) 3 % p. a. (real) für das durchschnittlich gebundene Kapital.

(3) Interpretieren Sie die beiden unterschiedlichen Ansätze.


## Aufgabe 5:  Wirtschaftlichkeitsvergleich mittels Nutzungskosten

Sie haben den Auftrag, ein Lagergebäude mit 2.000 m² Nutzfläche (NF) zu planen. Grundsätzlich stehen verschiedene Bauweisen und Ausführungsarten zur Diskussion:

| Bauweise | Ausführungs-art | Erstinvesti-tionsausgabe (Bauwerkskosten) | angenommene Nutzungs-dauer |
|---|---|---|---|
| Variante 1 eingeschossig | Leichtbau | 350 €/m² NF | 30 Jahre |
| Variante 2 eingeschossig | Holzbau | 425 €/m² NF | 60 Jahre |
| Variante 3 zweigeschossig | Massivbau | 545 €/m² NF | 100 Jahre |

Für das Grundstück sind bei eingeschossiger Bauweise 360.000 € und bei zweige-schossiger Bauweise 240.000 € anzusetzen. Die Erschließung macht in jedem Fall einen Aufwand von 20.000 € erforderlich. Für Ausstattung, Außenanlagen und zusätzliche Maßnahmen sind einheitlich 250.000 € anzusetzen. Die Baunebenkos-ten betragen 14 % der Kosten des Bauwerks. Für gebundenes Kapital (Eigen- bzw. Fremdfinanzierung) beträgt die Nominalverzinsung 6 % p. a. bei einer durch-schnittlichen Teuerung von ca. 3 % p. a.

Neben diesen Erstinvestitionsausgaben (aus denen sich die Kapitalkosten und die Abschreibung ergeben) sind die Folgekosten zu erfassen, die im ersten Jahr fol-gende Beträge ausmachen:

| | | |
|---|---|---|
| KG 200 | Objektmanagementkosten | 1.250 € /a |
| KG 300 | Betriebskosten *) (ohne KG 371) | 12.000 € /a |
| KG 371 | Steuern          Variante 1 | 5.400 € /a |
| | (Grundsteuern) Variante 2 | 6.600 € /a |
| | Variante 3 | 7.250 € /a |
| KG 400 | Instandsetzungskosten | 1,2 % p. a. der Baukosten (KG 300-700) |

Welche Variante verursacht die geringsten Nutzungskosten?

*) Anmerkung:
Die Betriebskosten von Gebäuden können durch die Gebäudeplanung ganz we-sentlich beeinflusst werden. Zur Vereinfachung wurde hier ein einheitlicher Wert pauschal angenommen. Die Ermittlung der Energiekosten als wesentlicher Be-standteil der Betriebskosten ist Gegenstand einer anderen Übungsaufgabe.

**Aufgabe 6: Barwert der Ausgaben für Heizenergie**

Ermitteln Sie den Barwert der Ausgaben für Heizenergie pro m² Dachfläche eines Wohnhauses. Die Ausgaben für Heizenergie (HE) im ersten Jahr ermitteln sich überschlägig nach folgender Formel:

$$HE = P \cdot (h_a \cdot U \cdot D) / (H_u \cdot \eta) \quad [€/m² \cdot a]$$

Dabei bedeuten:                                                             anzusetzender Wert:

| | | |
|---|---|---|
| P | Einheitspreis für Heizenergie (im ersten Jahr) | 0,60 €/l Heizöl |
| $h_a$ | Jahresheizstunden | 1.600 h/a |

| U | Wärmedurchgangskoeffizient (U-Wert) | 0,45 W/m²·K |
|---|---|---|
| D | Temperaturdifferenz | 32 K |
| H$_u$ | unterer Heizwert | 10.000 (W·h/l) |
| $\eta$ | Gesamtwirkungsgrad der Heizanlage | 0,75 |

Der Betrachtungszeitraum beträgt 50 Jahre. Gehen Sie von einer nachschüssigen Zahlungsweise aus. Auf dem Kapitalmarkt ist eine Nominalverzinsung von 6 % p. a. zu erzielen. Es ist mit einer durchschnittlich 5 %igen Teuerung der Heizenergie zu rechnen.

**Aufgabe 7: Barwert der Ausgaben für Instandsetzung**

Ermitteln Sie den Barwert der Instandsetzungsausgaben über 50 Jahre für das Grobelement Dachfläche eines Wohnhauses. Folgende Informationen liegen vor:

| Bauteil | Lebens-dauer (Jahre) | Instand-setzungs-intervalle (Jahre) | Kosten der Instand-setzungs-maßnahmen (€/Einheit) | Menge | Barwert-faktor | Barwerte der ein-zelnen Maßnahmen (€) |
|---|---|---|---|---|---|---|
| Dachdeckung Pappdach | 30 | I : 15 E : 30 | 30,00 45,00 | 90 m² 90 m² | | |
| Dachrinne Zinkblech | 30 | W : 15 E : 30 | 5,00 25,00 | 20 m 20 m | | |
| Laubfangkorb | 30 | E : 30 | 10,00 | 2 St. | | |
| Schornstein über Dach | 30 | W : 15 E : 30 | 200,00 1.250,00 | 1 St. 1 St. | | |
| Schornstein-abdeckung | 30 | E : 30 | 65,00 | 1 St. | | |
| Schornstein-einfassung Zinkblech | 30 | W : 15 E : 30 | 100,00 400,00 | 1 St. 1 St. | | |
| Summe: Barwert der Ausgaben für Instandsetzung | | | | | | |
| I = Ausgaben für Instandsetzungsarbeiten   E = Ausgaben für Ersatzbeschaffung W = Ausgaben für Wartung und Pflege | | | | | | |

**Abb. 3-45** Barwert der Ausgaben für Instandsetzung (Aufgabenstellung)

Nicht investiertes Kapital lässt auf dem Kapitalmarkt eine Nominalverzinsung von 6 % p. a. erwarten. Die Teuerung für Instandsetzungsmaßnahmen wird mit durchschnittlich 4 % pro Jahr angenommen. Der Betrachtungszeitraum soll 50 Jahre betragen. Gehen Sie von nachschüssiger Zahlungsweise aus.

**Aufgabe 8:  Nutzungsbarwert**

Ermitteln Sie den Nutzungsbarwert eines Einfamilienhauses (Aufgabe 5 des Abschnittes 3.5.1) aus den Ausgaben für das Bauwerk, Heizenergie und Instandsetzung (betrachtet über einen Zeitraum von 50 Jahren). Folgende Daten stehen Ihnen zur Verfügung:

| Grobelement | Menge | Bauwerk | | Heizenergie | | Instandsetzung | |
|---|---|---|---|---|---|---|---|
| | | Kennwert (€/ME) | Ausgaben (€) | Kennwert (€/a) | Ausgaben (€/a) | Kennwert (€/a) | Ausgaben (€/a) |
| Baugrube | 120,00 m³ | 20,00 | | - | - | - | |
| Gründungs-fläche | 63,89 m² | 148,00 | | 1,00 | | 0,75 | |
| Außenwand-fläche | 333,07 m² | 274,00 | | 2,00 | | 3,65 | |
| Innenwand-fläche | 102,83 m² | 147,00 | | - | - | 1,05 | |
| Decken-fläche | 132,52 m² | 233,00 | | - | - | 0,85 | |
| Dachfläche | 65,11 m² | 224,00 | | 1,50 | | 2,75 | |
| Sonstige Baukonstruktionen | pausch. | - | 4.976 | - | - | 50,00 | |
| Technische Anlagen | pausch. | - | 30.478 | - | - | 800,00 | |
| Summe | | - | | - | | - | |
| Barwertfaktor | | | | | | | |
| Barwert (€) | | | | | | | |
| **Nutzungs-barwert (€)** | | | | | | | |

**Abb. 3-46** Nutzungsbarwert (Aufgabenstellung)

Gehen Sie bei der Ermittlung des Nutzungsbarwertes von einem Kalkulationszinsfuß von 6 % p. a., einer Preissteigerung für Heizenergie von 5 % p. a. und für Instandsetzungsmaßnahmen von 4 % p. a. sowie von nachschüssiger Zahlungsweise aus.

**Aufgabe 9:  Wirtschaftlichkeitsvergleich von Bodenbelägen**

Mit Hilfe der *Nutzungskosten im Hochbau* soll ein Wirtschaftlichkeitsvergleich von Bodenbelägen durchgeführt werden. Als Bodenbeläge in einem Verwaltungsgebäude kommen grundsätzlich in Betracht (Auswahl):

1   Natursteinbelag
2   Teppichboden (textiler Belag)
3   Holzparkett
4   Linoleumbelag.

(1) Welche Informationen sind für den wirtschaftlichen Vergleich der Bodenbeläge erforderlich?

(2) Welche technischen und gestalterischen Aspekte sind bei der Auswahl von Bodenbelägen zu berücksichtigen bzw. führen zum Ausschluss eines Bodenbelages?

(3) Führen Sie eine Berechnung der Nutzungskosten für die verschiedenen Bodenbeläge durch. Legen Sie dabei die in Abb. 3-47 enthaltenen Informationen sowie den dort angegebenen Kostenstand zugrunde. Gehen Sie weiter davon aus, dass die Objektmanagementkosten und die Betriebskosten mit Ausnahme der Reinigungskosten bei allen Belägen gleich sind.

Der Betrachtungszeitraum beträgt 50 Jahre, die Verzinsung des gebundenen Kapitals beträgt 3 % (Realverzinsung).

Welcher Bodenbelag ist unter den o. g. Annahmen wirtschaftlich?


## Aufgabe 10:  Lebenszykluskosten

Was versteht man unter den Lebenszykluskosten von Immobilien?


## Aufgabe 11:  Computereinsatz bei der Nutzungskostenoptimierung

Wie können bei der Gebäudeplanung die Nutzungskosten optimiert werden?

Informationen für den Vergleich von Bodenbelägen
Ausführung: Beläge auf Boden- und Fundamentplatten, KG 325 nach DIN 276-1: 2006-11

| Ausführungsklasse (AK) und Ausführungsart (AA) nach BKI [1]<br>Einheit: m² belegte Fläche<br>Kostenstand 1. Quartal 2007 incl. MwSt. | Baukosten Neubau [1]<br>€/m² | Technische Lebensdauer [2]<br>Jahre | Betriebskosten [3]<br>KG 330 Reinigung u. Pflege<br>ca. 250 Arbeitstage<br>Häufigkeit | €/m² | Instandsetzungskosten [4]<br>KG 400<br>Art der Maßnahmen<br>Häufigkeit | €/m² |
|---|---|---|---|---|---|---|
| 325.43.81 Naturwerksteinbelag auf Estrich mit Abdichtung<br>014 Natur-, Betonwerk  71,0 %<br>018 Abdichtung  6,0 %<br>025 Estrich [5]  24,0 % | von 150,00<br>**200,00**<br>bis 230,00<br>**77 % = 154,00** | 100 | täglich wischen | 0,06 | Fugen ausbessern alle 10 Jahre | 7,50 |
| 325.62.81 Textilbelag auf schwimmendem Estrich<br>025 Estrich  38,00 %<br>036 Bodenbelag  **62,00 %** | von 52,00<br>**66,00**<br>bis 90,00<br>**62 % = 41,00** | 10 | täglich saugen<br>jährl. shampoonieren | 0,08<br>6,00 | Schadstellen ausbessern alle 5 Jahre | 5,00 |
| 325.71.01 Parkettbelag Eiche d=20-25mm<br>028 Parkettarbeiten  **100 %** | von 72,00<br>**93,00**<br>bis 110,00 | 50 | täglich wischen | 0,06 | schleifen und versiegeln alle 10 Jahre | 12,50 |
| 325.82.83 Linoleumbelag auf schwimmendem Estrich<br>025 Estrich  25,0 %<br>027 Tischlerarbeiten  33,0 %<br>036 Bodenbelag  **42,0 %** | von 67,00<br>**75,00**<br>bis 83,00<br>**75 % = 56,25** | 30 | täglich wischen | 0,06 | Schadstellen ausbessern alle 5 Jahre | 6,00 |

Anmerkungen:  1) BKI Baukosten 2007. Teil 2: Kostenkennwerte für Bauelemente, Seite 189 ff.
2) Kleiber, W.; Simon, J.: Verkehrswertermittlung von Grundstücken. 5. Aufl. Köln: Bundesanzeiger, 2007. - S. 1584
3) Kennwerte wurden angenommen für die Nutzung in öffentlichen Gebäuden, z. B. Stadtverwaltung
4) Kennwerte wurden angenommen für die Nutzung in öffentlichen Gebäuden, z. B. Stadtverwaltung
5) Es wird davon ausgegangen, dass ein Untergrund aus Estrich bereits vorhanden ist.

**Abb. 3-47** Informationen für den Vergleich von Bodenbelägen

**Lösung zu Aufgabe 1: Kalkulatorische Kosten und zahlungswirksame Kosten**

(1) Es ergibt sich die in der Abbildung 3-48 dargestellte Zuordnung:

| | Kostengruppen | | | keine | zeitlicher Anfall der Zahlungen | | |
|---|---|---|---|---|---|---|---|
| | Kapital-kosten | Betriebs-kosten | übrige | Zahlung | einmalig | aperiodisch | periodisch |
| Wartung und Inspektion | | X | | | | | X |
| Kalkul. Eigen-kapitalverzinsung * | X | | | X | | | |
| Gebäudereinigung | | X | | | | | X |
| Strom (Treppenhaus) | | X | | | | | X |
| Instandsetzungs-kosten | | | X | | | X | |
| Fremdkapital-verzinsung | X | | | | | | X |
| Abschreibung | X | | | X | | | |
| Grundsteuer | | X | | | | | X |
| Grunderwerbs-steuer | Teil der Grundstücksnebenkosten nach DIN 276-1, fällt einmalig bei Erwerb des Grundstückes an | | | | X | | |
| Verwaltungskosten | | X | | | | | X |
| * Eigenfinanzierung verursacht keine Zinszahlungen. Es erfolgt eine Auszahlung zu Beginn der Nutzungsdauer in Form der Erstinvestition und in der Regel nach Ablauf der wirtschaftlichen Nutzungsdauer (z. B. 50 Jahre) in Form einer Ersatzinvestition aus den zurückgelegten Beträgen der Abschreibung | | | | | | |

**Abb. 3-48** Zuordnung von Kostenarten (Lösung)

(2) Im laufenden Nutzungsjahr fallen in Zusammenhang mit der Gebäudenutzung Zahlungen an, die folgenden Nutzungskostengruppen zuzuordnen sind:
- Fremdmittel (KG 110)
- Objektmanagementkosten (KG 200)
- Betriebskosten (KG 300)
- Instandsetzungskosten (KG 400; die Instandsetzungsmaßnahmen fallen mit ihren Zahlungen aperiodisch an und werden vielfach als jährliche Durchschnittswerte angegeben).

Zu den Nutzungskosten zählen außerdem die kalkulatorischen – also nicht zahlungswirksamen – Kostengruppen
- Eigenmittel (KG 120)
- Abschreibung (KG 130).

Je nach Darlehensvereinbarung sind auch Tilgungszahlungen zu leisten, die aber nicht kostenwirksam (da vermögensneutral) sind.

(2.1) Bei vollständiger **Eigenkapital-Finanzierung** entfallen Zins- und Tilgungszahlungen. Jedoch sind bei der Ermittlung der Nutzungskosten kalkulatorische Eigenkapitalzinsen (KG 121) ebenso anzusetzen wie die kalkulatorische
Abschreibung (KG 130).

(2.2) Bei vollständiger **Fremdkapital-Finanzierung** ergeben sich die Kapitalkosten aus den laut Kreditvertrag zu zahlenden Zinsen. Hinzu kommt wie unter
(2.1) die kalkulatorische Abschreibung, welche nicht zahlungswirksam ist.

### Lösung zu Aufgabe 2: Abschreibung und Absetzung für Abnutzung (AfA)

Unter der kalkulatorischen Abschreibung versteht man die in Geld bewertete Abnutzung von Anlagegütern wie Gebäuden, Maschinen, Kraftfahrzeugen usw. während ihrer Nutzungsdauern. Für diesen abnutzungsbedingten Werteverzehr wird
bei der Kalkulation des Mietpreises ein Gegenwert (Abschreibungsgegenwert)
angesetzt, um Rücklagen für die Wiederbeschaffung der Anlagegüter zu bilden.
Unter Absetzung für Abnutzung (AfA) versteht man die steuerliche Absetzung der
Abschreibungsbeträge vom zu versteuernden Einkommen. Die Finanzbehörden
arbeiten mit AfA-Tabellen, in denen die AfA-Höchstsätze festgelegt sind, die ohne
besonderen Nachweis anerkannt werden.

In der Kostenvergleichsrechnung sind die jährlichen Abschreibungsbeträge entsprechend dem tatsächlich zu erwartenden Nutzungsverlauf anzusetzen. Mangels
anderer Werte werden hierfür vielfach die AfA-Sätze übernommen. Dies ist nur
insoweit vertretbar, wie die AfA-Sätze (ungefähr) der tatsächlich zu erwartenden
Nutzungsdauer entsprechen. Gänzlich falsch wäre es, wenn man beim Kostenvergleich der Berechnung der Abschreibung AfA-Sätze zugrunde legen würde, die
z. B. aus konjunkturpolitischen Gründen erhöht worden sind; allerdings kann man
die daraus resultierenden durchschnittlichen jährlichen Steuerersparnisse als Einsparungen im Kostenvergleich berücksichtigen.

### Lösung zu Aufgabe 3: Grundsteuer

Die **Grundsteuer** ergibt sich aus dem Produkt von Einheitswert, Grundsteuer-Messzahl und Grundsteuer-Hebesatz. Zu beachten ist, dass die Lage des Grundstücks in
den neuen bzw. alten Bundesländern für den Bezugszeitpunkt des Einheitswertes
eine entscheidende Rolle spielt, da die Einheitswerte (Verkehrswerte) als Basis der
Besteuerung für Westdeutschland zuletzt am 1. Januar 1964 und für Ostdeutschland
am 1. Januar 1935 festgelegt wurden und voneinander abweichen.

(1) Die Grundsteuer-Messzahl beträgt bei Einfamilienhäusern für die ersten 38.347
€ des Einheitswertes 0,26 % und für den Rest 0,35 % (GrStG §15 (2)). Der
Grundsteuer-Hebesatz beträgt laut Aufgabenstellung 300 %.

Jährliche Grundsteuer: 38.347 € · 0,26% · 300% =    299,11 €
                        1.653 € · 0,35% · 300% =     17,36 €
                                                  _____
                                                    **316,47 €**

(2) Die Grundsteuer-Messzahl beträgt bei Zweifamilienhäusern 0,31 %
(GrStG §15 (2)).

Jährliche Grundsteuer:

40.000 € · 0,31% · 300% = **372,00 €**

**Lösung zu Aufgabe 4: Jährliche Nutzungskosten**

| Kostenart | Ansatz (1) | Ansatz (2) |
|---|---|---|
| **100 Kapitalkosten** | | |
| Baugrundstück + Erschließung (nicht abnutzbares Anlagegut) $42.000 € \cdot 3\%$ p. a. | | 1.260,00 € |
| Bauwerk (Kostengruppen 300 und 400 nach DIN 276-1) wird abgeschrieben, deswegen durchschnittlich halbe Kapitalbindung; der Restwert des Gebäudes soll nach Ablauf der Nutzungszeit den Abbruchkosten entsprechen. $308.000 € \cdot 0,5 \cdot 3\%$ p. a. | | 4.620,00 € |
| Eigenkapital $100.000 € \cdot 6\%$ p. a. | 6.000,00 € | |
| Fremdkapital $250.000 € \cdot 7\%$ p. a. | 17.500,00 € | |
| keine öffentlichen Darlehen | | |
| Abschreibung Bauwerk (wie oben) $308.000 €/100a$ | 3.080,00 € | |
| **200 Objektmanagementkosten** Pauschalsatz $259,04$ €/WE $\cdot 4$ WE | 1.036,16 € | |
| **300 Betriebskosten, (ohne KG 371 Steuern)** $5$ €/m² WF $\cdot 280$ m² WF | 1.400,00 € | |
| **371 Steuern** Grundsteuer | 850,00 € | |
| **400 Instandsetzungskosten** $4$ €/m² WF $\cdot 280$ m² WF | 1.120,00 € | |
| **Nutzungskosten für das Wohnhaus pro Jahr** | **30.986,16 €** | **13.366,16 €** |
| pro m² WF und Jahr | 110,66 € | 47,74 € |
| pro m² WF und Monat | 9,22 € | 3,98 € |

**Abb. 3-49** Ermittlung der Nutzungskosten

(3) Interpretation der unterschiedlichen Ansätze:

Bei Ansatz (1) handelt es sich um die zahlungswirksamen Nutzungskosten im ersten Jahr zuzüglich der kalkulatorischen Eigenkapitalzinsen im ersten Jahr und der kalkulatorischen Abschreibung. Außerdem sind die durchschnittlichen jährlichen Instandsetzungskosten berücksichtigt, die der erforderlichen Instandsetzungsrücklage entsprechen sollen.

Bei Ansatz (2) sind die Nutzungskosten so ermittelt worden, dass mit ihrer Hilfe ein Wirtschaftlichkeitsvergleich mit ähnlich großen Wohnhäusern durchgeführt werden kann. Dazu ist nicht von der anfänglichen (100 %), sondern von der durchschnittlichen (50 %) Kapitalbindung des Bauwerks auszugehen. Zu beachten ist eine Verzerrung des Wirtschaftlichkeitsvergleiches, wenn man – wie bei Ansatz (1) – einerseits mit dem Nominalzins (der eine Inflationskomponente enthält) rechnen und andererseits die inflationsbedingten Preissteigerungen bei den Folgeausgaben vernachlässigen würde.

Dagegen stellt der Ansatz der Realverzinsung (3 % p. a. anstelle von 6 % p. a. bei Ansatz (1)) eine Näherung für eine inflationsbereinigte Betrachtungsweise dar. Durch die Verwendung dieses einheitlichen Zinssatzes wird der Wirtschaftlichkeitsvergleich unabhängig gemacht von speziellen Fremdkapitalkonditionen.

**Lösung zu Aufgabe 5:  Wirtschaftlichkeitsvergleich mittels Nutzungskosten**

| Kostenart - Nutzungskosten | Variante 1 | Variante 2 | Variante 3 |
|---|---|---|---|
| **100  Kapitalkosten** | | | |
| **Baugrundstück und Erschließung** | | | |
| Variante 1 und 2 : | | | |
|    Baugrundstück   360.000 € · 0,03 | 10.800 € | 10.800 € | |
|    Erschließung     20.000 € · 0,03 | 600 € | 600 € | |
| Variante 3: | | | |
|    Baugrundstück   240.000 € · 0,03 | | | 7.200 € |
|    Erschließung     20.000 € · 0,03 | | | 600 € |
| **Gebäude** (abnutzbares Anlagegut) | | | |
| Variante 1: | | | |
|    2.000 m² · 350 €/m²     =  700.000 € | | | |
|    + 14 % Baunebenkosten   =   98.000 € | | | |
|    + Ausstattung | | | |
|    und Außenanlagen     =  250.000 € | | | |
|                         = 1.048.000 € | | | |
|         1.048.000 € · 0,5 · 0,03 | 15.720 € | | |
| Variante 2: | | | |
|    2.000 m² · 425 €/m²     =  850.000 € | | | |
|    + 14 % Baunebenkosten   =  119.000 € | | | |
|    + Ausstattung | | | |
|    und Außenanlagen     =  250.000 € | | | |
|                         = 1.219.000 € | | | |
|         1.219.000 € · 0,5 · 0,03 | | 18.285 € | |
| Übertrag | 27.120 € | 29.685 € | 7.800 € |

**Abb. 3-50**  Wirtschaftlichkeitsvergleich mittels Nutzungskosten

| Kostenart - Nutzungskosten | Variante 1 | Variante 2 | Variante 3 |
|---|---|---|---|
| Übertrag | 27.120 € | 29.685 € | 7.800 € |
| Variante 3:<br>2.000 m² · 545 €/m²            = 1.090.000 €<br>+ 14 % Baunebenkosten        = 152.600 €<br>+ Ausstattung u. Außenanl.   =  250.000 €<br>                                          = 1.492.600 €<br>        1.492.600 € · 0,5 · 0,03 | | | 22.389 € |
| **Abschreibung** (Gebäude)<br>Variante 1:   1.048.000 € / 30<br>Variante 2:   1.219.000 € / 60<br>Variante 3:   1.492.600 € / 100 | 34.933 € | 20.317 € | 14.926 € |
| **200  Objektmanagementkosten**<br>pauschal | 1.250 € | 1.250 € | 1.250 € |
| **371  Steuern**<br>Variante 1:   5.400 €<br>Variante 2:   6.600 €<br>Variante 3:   7.250 € | 5.400 € | 6.600 € | 7.250 € |
| **300  Betriebskosten**, ohne 371 Steuern<br>pauschal | 12.000 € | 12.000 € | 12.000 € |
| **400  Instandsetzungskosten**<br>Variante 1:   1.048.000 € · 0,012<br>Variante 2:   1.219.000 € · 0,012<br>Variante 3:   1.492.600 € · 0,012 | 12.576 € | 14.628 € | 17.911 € |
| **Nutzungskosten pro Gebäude im Jahr**<br>**pro m² NF im Monat** | **93.279 €**<br>**3,89 €** | **84.480 €**<br>**3,52 €** | **83.526 €**<br>**3,48 €** |
| Rangfolge | 3 | 2 | 1 |

**Abb. 3-50** Wirtschaftlichkeitsvergleich mittels Nutzungskosten (Fortsetzung)

Bei den Folgekosten wird der jeweils angegebene Betrag des ersten Jahres ange-setzt. Dies entspricht einer inflationsbereinigten Betrachtungsweise. Dementspre-chend werden auch die Kapitalkosten inflationsbereinigt, d. h. mit einem Realzins-satz von 3 % p. a. (6 % p. a. Nominalzins abzüglich ca. 3 % p. a. Teuerung), be-rechnet. Die Variante 3 ist über die jeweilige Nutzungszeit betrachtet die kosten-günstigste Variante.

**Lösung zu Aufgabe 6:  Barwert der Ausgaben für Heizenergie**

Ermittlung der Ausgaben für Heizenergie im ersten Jahr:

$$HE = P \cdot (h_a \cdot U \cdot D) / (H_u \cdot \eta)$$
$$= 0,60 \text{ €/l} \cdot (1.600 \text{ h/a} \cdot 0,45 \text{ W/(m}^2\cdot\text{K)} \cdot 32 \text{ K}) / (10.000 \text{ W} \cdot\text{h/l} \cdot 0,75)$$
$$\underline{= 1,84 \text{ €/m}^2\cdot\text{a}}$$

Ermittlung des Barwertes der Ausgaben für Heizenergie:

$$\text{Barwert (HE)} = HE \cdot (f/q) \cdot \frac{(f/q)^n - 1}{(f/q) - 1} \qquad f/q = 1{,}05/1{,}06 = 0{,}9906$$

$$= 1{,}84 \cdot 0{,}9906 \cdot \frac{0{,}9906^{50} - 1}{0{,}9906 - 1}$$

$$\underline{= 72{,}98 \ \text{€/m}^2}$$

Dieser Barwert besagt, dass es ausreicht, zum Bezugszeitpunkt 72,98 €/m² zu 6 % p. a. anzulegen, um daraus 50 Jahre lang die Ausgaben für Heizenergie unter Berücksichtigung einer 5 %igen Teuerung bestreiten zu können.

### Lösung zu Aufgabe 7:  Barwert der Ausgaben für Instandsetzung

Es ist die Summe der Barwerte der einzelnen Instandsetzungsmaßnahmen zu bilden. Dazu sind die Barwertfaktoren unter Berücksichtigung der erwarteten Preissteigerungen zu ermitteln. Zu unterscheiden sind solche Maßnahmen, die im 15. und 45. Jahr anfallen, und solche, die nur im 30. Jahr anfallen. Man beachte, dass in der dritten Spalte der Abbildung 3-45 die Instandsetzungsintervalle und nicht die Instandsetzungszeitpunkte angegeben sind.

Barwertfaktoren (BF) bei einer Preissteigerungsrate von 4 % p. a. und einem Kalkulationszinsfuß von 6 % p. a.:

$$f = 1 + e/100 , \quad e = 4\,\% \qquad q = 1 + p/100 , \quad p = 6\,\%$$
$$BF = (f/q)^n = 0{,}9811^n$$

| Zeitpunkt n der Maßnahme (Jahr) | Barwertfaktor $(BF_n)$ |
|---|---|
| 15. | 0,7515 |
| 30. | 0,5647 |
| 45. | 0,4244 |

Kumulierter Barwert der Instandsetzungs- bzw. Wartungsmaßnahmen (wegen der Ersatzbeschaffung entfällt die Wartung im 30. Jahr!):

| Zeitpunkte n der Wartungsmaßnahme (Jahr) | Barwertfaktor $(BF_n)$ |
|---|---|
| 15. und 45. | 1,1758 |

Das in Abbildung 3-51 ermittelte Ergebnis bedeutet, dass es ausreicht, zum Bezugszeitpunkt 7.194,12 € zu 6 % anzulegen, um davon die aufgeführten Instandsetzungsmaßnahmen über einen Zeitraum von 50 Jahren zu bezahlen, sofern die Preissteigerung der Instandsetzungsmaßnahmen durchschnittlich 4 % p. a. beträgt.

| Bauteil | Lebens-dauer (Jahre) | Instand-setzungs-zeitpunkte (Jahre) | Kosten der Instand-setzungs-maßnahmen (€ /Einheit) | Menge | Barwert-faktor | Barwerte der ein-zelnen Maßnahmen (€) |
|---|---|---|---|---|---|---|
| Dachdeckung Pappdach | 30 | I : 15 + 45 E : 30 | 30,00 45,00 | 90 m² 90 m² | 1,1758 0,5647 | 3.174,66 2.287,04 |
| Dachrinne Zinkblech | 30 | W : 15 + 45 E : 30 | 5,00 25,00 | 20 m 20 m | 1,1758 0,5647 | 117,58 282,35 |
| Laubfangkorb | 30 | E : 30 | 10,00 | 2 St. | 0,5647 | 11,29 |
| Schornstein über Dach | 30 | W : 15 + 45 E : 30 | 200,00 1.250,00 | 1 St. 1 St. | 1,1758 0,5647 | 235,16 705,88 |
| Schornstein-abdeckung | 30 | E : 30 | 65,00 | 1 St. | 0,5647 | 36,71 |
| Schornstein-einfassung Zinkblech | 30 | W : 15 + 45 E : 30 | 100,00 400,00 | 1 St. 1 St. | 1,1758 0,5647 | 117,58 225,88 |
| **Barwert der Ausgaben für Instandsetzung** | | | | | | 7.194,12 |
| I  = Ausgaben für Instandsetzungsarbeiten   E = Ausgaben für Ersatzbeschaffung W = Ausgaben für Wartung und Pflege | | | | | | |

**Abb. 3-51** Barwert der Ausgaben für Instandsetzung (Lösung)

**Lösung zu Aufgabe 8:  Nutzungsbarwert**

Im oberen Teil der Abbildung 3-52 werden die Summe der Ausgaben für das Bauwerk (Bauwerkskosten) sowie die jährlichen Ausgaben für Heizenergie und Instandsetzungsmaßnahmen ermittelt. Für die weitere Berechnung sind die Barwertfaktoren nach folgender Formel zu berechnen:

$$\text{Barwertfaktor} = (f/q) \cdot \frac{(f/q)^n - 1}{(f/q) - 1}$$

f = Preisteigerungsfaktor = 1,05 (Heizenergie) bzw. 1,04 (Instandsetzung)
q = Zinsfaktor = 1,06
n = Nutzungsdauer = 50 Jahre

Danach ergeben sich ein Barwertfaktor von 39,6326 für die Heizenergieausgaben und ein Barwertfaktor von 31,9379 für die Instandsetzungsmaßnahmen.

| Grobelement | Menge | Bauwerk | | Heizenergie | | Instandsetzung | |
|---|---|---|---|---|---|---|---|
| | | Kennwert (€/ME ) | Ausgaben (€ ) | Kennwert (€ /a) | Ausgaben (€ /a) | Kennwert (€ /a) | Ausgaben (€ /a) |
| Baugrube | 120,00 m³ | 20,00 | 2.400 | - | - | - | - |
| Gründungs- fläche | 63,89 m² | 148,00 | 9.456 | 1,00 | 64 | 0,75 | 48 |
| Außenwand- fläche | 333,07 m² | 274,00 | 91.261 | 2,00 | 666 | 3,65 | 1216 |
| Innenwand- fläche | 102,83 m² | 147,00 | 15.116 | - | - | 1,05 | 108 |
| Decken- fläche | 132,52 m² | 233,00 | 30.877 | - | - | 0,85 | 113 |
| Dachfläche | 65,11 m² | 224,00 | 14.585 | 1,50 | 98 | 2,75 | 179 |
| Sonstige Bau- konstruktionen | pausch. | - | 4.976 | - | - | 50,00 | 50 |
| Technische Anlagen | pausch. | - | 30.478 | - | - | 800 | 800 |
| Summe | | - | 199.149 | - | 828 | - | 2513 |
| Barwertfaktor | | | 1,0000 | | 39,6326 | | 31,9379 |
| Barwert (€ ) | | | 199.149 | | 32.804 | | 80.269 |
| Nutzungs- barwert (€) | | | | | 312.222 | | |

**Abb. 3-52** Nutzungsbarwert (Lösung)

Das Ergebnis besagt, dass der Bauherr, wenn ihm zum Bezugszeitpunkt 312.222 €
zur Verfügung stehen, damit alle auf ihn zukommenden Ausgaben für das Bauwerk, die Heizung und die Instandsetzung einschließlich der angegebenen Preissteigerungen bezahlen kann, sofern er die noch nicht benötigten Beträge zu einem
Zinssatz von 6 % p. a. anlegt.

**Lösung zu Aufgabe 9: Wirtschaftlichkeitsvergleich von Bodenbelägen**

(1) Für den wirtschaftlichen Vergleich der Bodenbeläge sind alle erforderlichen
    Angaben zur Berechnung der Kostengruppen nach DIN 18960, *Nutzungskos-
    ten im Hochbau*, Voraussetzung:

   - Baukosten des eingesetzten Bodenbelages
   - Lebensdauer des Belages, auch unter dem Gesichtspunkt der Erneuerung
   - Betrachtungszeitraum (für KG 100 Kapitalkosten)
   - Betriebskosten (hier KG 330 Reinigung und Pflege von Gebäuden)
   - Art und Weise der KG 400 Instandsetzung (Bauunterhaltung)

(2) Bei der Auswahl von Bodenbelägen sind folgende technische und gestalterische
    Aspekte zu berücksichtigen bzw. bestimmen die Entscheidung maßgeblich:

   - konstruktive Möglichkeiten der Befestigung von z. B. leichten Trennwänden,
     Schalteranlagen, Informationselementen (teilweise mit Elektroversorgung)
   - Brandschutz, Bodenbelag als Brandlast

- Hygiene, Reinigungsfreundlichkeit der Bodenbeläge, z. B. im Krankenhausbau
- besondere Beanspruchung der Oberflächen durch mechanische oder chemische Einwirkungen, z. B. Nässe, Chemikalien, Punktlasten, Verkehrslasten, bei Nutzung der Flächen als Warteräume, Lagerflächen, Labor u. v. m.
- Rutsch- und Verletzungsgefahr, z. B. bei Sporthallen, Kindergärten, Schulen, Altersheimen
- optische Eignung, gegebenenfalls Berücksichtigung von Corporate Design hinsichtlich Farbe, Struktur und eventuell Ornament
- Erneuerung des Bodenbelags ist im Falle eines Mieterwechsels bei Teppichboden ggf. notwendig, bei anderen Bodenbelagsarten meistens nicht

(3) Ermittlung der Nutzungskosten der vier Bodenbeläge
Gewählte Methode: Kostenvergleichsrechnung, siehe Lehrbuch Band 1, S. 76 ff. Wegen des 50-jährigen Betrachtungszeitraumes wird auch der Natursteinbelag (trotz der Lebensdauer von 100 Jahren) über 50 Jahre abgeschrieben.

| KG | Kostenart | Berechnung | Kosten pro Jahr |
|---|---|---|---|
| 100 | Kapitalkosten (Realzins 3 %) | 154,00 €/m² · 0,5 · 0,03 | 2,31 €/m² |
| 130 | Abschreibung | 154,00 €/m² : 50 Jahre | 3,08 €/m² |
| 300 | Betriebskosten | 250 AT · 0,06 €/(AT·m²) | 15,00 €/m² |
| 400 | Instandsetzungskosten | 7,50 €/m² : 10 Jahre | 0,75 €/m² |
| **Nutzungskosten - Naturstein** | **Rang III** | | **21,14 €/m²** |

| KG | Kostenart | Berechnung | Kosten pro Jahr |
|---|---|---|---|
| 100 | Kapitalkosten (Realzins 3 %) | 41,00 €/m² · 0,5 · 0,03 | 0,62 €/m² |
| 130 | Abschreibung | 5 · 41,00 €/m² : 50 Jahre | 4,10 €/m² |
| 300 | Betriebskosten | 250 AT · 0,08 €/(AT·m²)+ 6 € | 26,00 €/m² |
| 400 | Instandsetzungskosten | 5,00 €/m² : 5 Jahre | 1,00 €/m² |
| **Nutzungskosten - Textilbelag** | **Rang IV** | | **31,72 €/m²** |

| KG | Kostenart | Berechnung | Kosten pro Jahr |
|---|---|---|---|
| 100 | Kapitalkosten (Realzins 3 %) | 93,00 €/m² · 0,5 · 0,03 | 1,40 €/m² |
| 130 | Abschreibung | 93,00 : 50 Jahre | 1,86 €/m² |
| 300 | Betriebskosten | 250 AT · 0,06 €/(AT·m²) | 15,00 €/m² |
| 400 | Instandsetzungskosten | 12,50 €/m² : 10 Jahre | 1,25 €/m² |
| **Nutzungskosten - Parkett** | **Rang II** | | **19,51 €/m²** |

| KG | Kostenart | Berechnung | Kosten pro Jahr |
|---|---|---|---|
| 100 | Kapitalkosten (Realzins 3 %) | 56,25 €/m² · 0,5 · 0,03 | 0,84 €/m² |
| 130 | Abschreibung | 2 · 56,25 € : 50 Jahre | 2,25 €/m² |
| 300 | Betriebskosten | 250 AT · 0,06 €/(AT·m²) | 15,00 €/m² |
| 400 | Instandsetzungskosten | 6,00 €/m² : 5 Jahre | 1,20 €/m² |
| **Nutzungskosten - Linoleum** | **Rang I** | | **19,29 €/m²** |

(AT = Arbeitstage)

**Abb. 3-53** Ermittlung der Nutzungskosten von Bodenbelägen

Unter den getroffenen Annahmen und bei mindestens gleich guter Erfüllung der Nutzungsanforderungen stellt sich der Linoleumbelag als am wirtschaftlichsten heraus.

### Lösung zu Aufgabe 10:  Lebenszykluskosten

Unter den Lebenszykluskosten einer Immobilie sind alle Ausgaben zu verstehen, die im Lebenszyklus dieser Immobilie erforderlich sind, um sie zu erwerben, in einen den Anforderungen entsprechenden Zustand zu versetzen und – soweit dafür erforderlich – bauliche Anlagen zu planen, zu realisieren, zu betreiben, weiterzuverwerten und schließlich abzureißen. Zu den Lebenszykluskosten gehören also sowohl die Ausgaben für den Erwerb des Baugrundstückes, für die Planung sowie für die Errichtung der baulichen Anlagen als auch die nach der Inbetriebnahme anfallenden Ausgaben.

Abzugrenzen sind die Lebenszykluskosten der Immobilie von den haushalts- bzw. betriebsspezifischen und produktionsbedingten Personal- und Sachkosten. Demzufolge gehören weder die Kosten der Nahrungsmittel eines Haushaltes noch die Lohnkosten des Frisörs und die Kosten seiner Seifenartikel zu den Lebenszykluskosten der Wohnung bzw. des Frisiersalons.

### Lösung zu Aufgabe 11:  Computereinsatz bei der Nutzungskostenoptimierung

Die Optimierung von Gebäudeentwürfen stellt sich im Regelfall als Näherungsprozess mit mehrfacher Variantenbildung, -bewertung und -auswahl dar. Der Zeitbedarf für die an sich aufwändige Variantenbewertung kann durch Computerunterstützung wesentlich reduziert werden. Dies gilt insbesondere für die Ermittlung der Nutzungskosten.

Die Anwendung der Nutzungskosten als Wirtschaftlichkeitskriterium bringt den Vorteil mit sich, dass die Baukosten (Investitionsausgabe) und die während der Nutzungsphase anfallenden Betriebs- und Instandsetzungskosten gleichermaßen Berücksichtigung finden (Die Objektmanagementkosten können bei solchen Variantenvergleichen in der Regel vernachlässigt werden). Dazu muss jedoch die anfängliche Investitionsausgabe durch den Ansatz von kalkulatorischen Zinsen und Abschreibung in jährliche Kapitalkosten transformiert werden.

Höhere Investitionsausgaben führen vielfach zu sinkenden Betriebs- und/oder Instandsetzungskosten (z. B. niedrigere Heizwärmekosten infolge dickerer Wärmedämmschicht, geringere Instandsetzungskosten durch qualitativ hochwertigere bzw. abnutzungsbeständigere Baustoffe). Bei solchen gegenläufigen Tendenzen besteht ein besonderer Anreiz das Kostenoptimum zu finden.

Zur Rationalisierung des Optimierungsprozesses empfiehlt es sich, sowohl den Gebäudeentwurf als auch die Nutzungskostenermittlung computergestützt durchzuführen. Dazu ist eine Gebäudeelementdatei anzulegen, die als Attribute sowohl den konstruktiven Aufbau als auch die anteiligen Baukosten, Instandsetzungskosten und Wärmedurchgangszahlen enthält. Auf diese Weise kann eine die einzelnen Entwurfsschritte begleitende Nutzungskostenermittlung durchgeführt werden. Durch systematische Variantenbildung ist es möglich, sich dem gesuchten Optimum weitestgehend zu nähern.

# 3.6 Erträge und Erlöse

Investoren, die ihr Geld in Bauinvestitionen anlegen und diese nicht selbst nutzen, erwarten laufende Erträge oder Verkaufserlöse aus diesen Investitionen. Und zwar erwarten sie in ihrem Wirtschaftlichkeitsstreben, dass die mit der Investition verbundenen Kosten mehr als gedeckt werden.

Hierzu haben sich in der Praxis der Wohnungswirtschaft spezielle Verfahren – wie die Ermittlung einer Kosten deckenden Miete nach der Zweiten Berechnungsverordnung oder die Deckungsbeitragsrechnung von Bauträgern – entwickelt.

Die folgenden Aufgaben sollen dazu dienen, das grundsätzliche Verständnis dieser Verfahren zu prüfen bzw. zu festigen.

### Aufgabenverzeichnis

Die hier behandelten Aufgaben beziehen sich auf Kapitel 3.8 des Lehrbuches Band 1:

1 Kalkulation des Mietpreises
2 Deckungsbeitrag

### Vorschriften und Normen

Verordnung über wohnungswirtschaftliche Berechnungen (Zweite Berechnungsverordnung - II. BV) – in der Fassung der Bekanntmachung vom 12.10.1990, zuletzt geändert durch Artikel 3 der Verordnung vom 25.11.2003

### Empfohlene Literatur zur weiteren Vertiefung

Brauer, K.-U. (Hrsg.): Grundlagen der Immobilienwirtschaft, Wiesbaden 2006
Murfeld, E. (Hrsg.): Spezielle Betriebswirtschaftslehre der Grundstücks- und Wohnungswirtschaft, Hamburg 2000
Schulte, K.-W.; St. Bone-Winkel (Hrsg.): Handbuch Immobilien-Projektentwicklung, Köln 2008

**Aufgabe 1:  Kalkulation des Mietpreises**

Ein Wohnungsunternehmen hat ein 6-Familienhaus errichtet und möchte wissen,
zu welchem Mietpreis die Wohnungen vermietet werden müssen, damit sich das
Eigenkapital mit 4 % p. a. (vor Steuern) verzinst. Dabei hält das Unternehmen die
Höchstsätze der Zweiten Berechnungsverordnung (II. BV) ein.

Folgende Daten sind bekannt:

6 Wohnungen mit jeweils 100 m² WF (Wohnfläche)

| | | |
|---|---|---|
| Kosten des Baugrundstücks | 120.000 € | |
| Baukosten | 600.000 € | 1 % Abschreibung |
| davon Sammelheizung einschl. | | |
| Wärmeversorgungsanlage | 48.000 € | zusätzlich 3 % Abschreibung |
| | | |
| Eigenkapital | 108.000 € | |
| Fremdkapital | 612.000 € | 5 % p. a.   Zinsen |
| | | 1 % p. a.   Tilgung zuzüglich ersparter Zinsen |
| | | |
| Verwaltungskosten | 259 € je Wohnung | |
| Instandhaltungskosten | 8,00 € pro m² WF | |
| Mietausfallwagnis | 2 % des Mietrohertrages | |

In den abzuschließenden Mietverträgen wird geregelt, dass die Betriebskosten
vollständig auf die Mieter umgelegt werden können.

**Aufgabe 2:  Deckungsbeitrag**

Ein Bauträger hat eine Wohnanlage mit zehn Eigentumswohnungen errichtet. Folgende Daten sind bekannt:

| | |
|---|---|
| Kosten des voll erschlossenen Baugrundstückes | 200.000 € |
| Baukosten (ohne 760 Finanzierungskosten) | 1.000.000 € |

Zwischenfinanzierung zu 5 % p. a. über folgende Zeiträume:

| | | |
|---|---|---|
| KG 100 + 200 Kosten des Grundstücks und der Erschließung | 24 Monate | |
| KG 300 – 700 Baukosten | 6 Monate (im Mittel) | |

Vertriebskosten:                    3 % des Verkaufspreises zuzüglich 19 % MwSt.

Der Bauträger erwartet einen Verkaufserlös in Höhe von 1.500.000 €. Wie groß ist
sein Deckungsbeitrag?

**Lösung zu Aufgabe 1: Kalkulation des Mietpreises**

Entsprechend den Anforderungen eines Investors an eine wirtschaftliche Investition müssen in dem Mietpreis Gegenwerte für folgende Kosten enthalten sein:

- laufende Kosten wie Fremdkapitalkosten, Verwaltungskosten (Objektmanagementkosten), Instandhaltungskosten
- Abschreibung
- entgangene Zinsen für das eingesetzte Eigenkapital
- Mietausfallwagnis.

Der so in Abbildung 3-54 ermittelte Mietrohertrag sichert die gewünschte Mindestverzinsung des Eigenkapitals in Höhe von 4 % p. a. (im 1. Jahr). Zusätzlich wird ein Gewinn erzielt, da diese Art der Berechnung die abnehmende Eigen- und Fremkapitalbindung nicht berücksichtigt.

| Gesamtkosten: | 720.000 € | Wohnungsanzahl: | 6 WE |
|---|---|---|---|
| Grundstücksanteil: | 120.000 € | Wohnfläche: | 600 m² |
| Gebäudeanteil: | 600.000 € | Eigenkapital (15 %): | 108.000 € |
| Sammelheizung: | 48.000 € | Fremdkapital (85 %): | 612.000 € |

| | Kennwert pro Jahr | Bezugsgröße | pro Wohnung und Jahr | pro m² Wohnfläche und Monat |
|---|---|---|---|---|
| Eigenkapitalkosten | 4,0 % | 108.000 € | 4.320 € | 0,60 € |
| Fremdkapitalkosten | 5,0 % | 612.000 € | 30.600 € | 4,25 € |
| Abschreibung | | | | |
| Gebäude | 1,0 % | 600.000 € | 6.000 € | 0,83 € |
| Sammelheizung | 3,0 % | 48.000 € | 1.440 € | 0,20 € |
| Verwaltungkosten | 259,00 | Wohnung | 1.554 € | 0,22 € |
| Betriebskosten | umlegbar | | 0 € | 0,00 € |
| Instandhaltungskosten | 8,00 € | m² Wohnfläche | 4.800 € | 0,67 € |
| Mietausfallwagnis | 2,0 % | Mietrohertrag | 994 € | 0,14 € |
| **Mietrohertrag** | | | **49.708 €** | **6,90 €** |

**Abb. 3-54** Mietpreiskalkulation nach der II. BV

**Lösung zu Aufgabe 2: Deckungsbeitrag**

Um den Deckungsbeitrag des Bauträgers zu erhalten, müssen zunächst die Gesamtkosten ermittelt werden. Dazu sind zu den bisher bekannten Grundstücks- und Baukosten die Finanzierungskosten bis zum Eingang der Verkaufserlöse und die Vertriebskosten hinzuzurechnen.

Der Überschuss der erwarteten Verkaufserlöse über die Gesamtkosten stellt den Deckungsbeitrag des Bauträgers dar (siehe Abbildung 3-55). Zur Vergleichbarkeit mit Projekten unterschiedlicher Größenordnung wird der Deckungsbeitrag sinnvoller Weise in Prozent der Gesamtkosten angegeben.

| Kostenermittlung | | |
|---|---|---|
| 100 + 200 Kosten des Grundstücks und der Erschließung | | 200.000 € |
| 300 - 700 Baukosten (ohne 760 Finanzierungskosten) | | 1.000.000 € |
| 760 Finanzierungskosten für das Grundstück | 200.000 € • 2 a • 5 % p. a. | 20.000 € |
| 760 Finanzierungskosten für die Baumaßnahmen | 1.000.000 € • 0,5 a • 5 % p. a. | 25.000 € |
| Zwischensumme | | 1.245.000 € |
| Vertriebskosten | 1.500.000 € • 3,57 % | 53.550 € |
| Gesamtkosten | | 1.298.550 € |

| Ermittlung des Deckungsbeitrages | |
|---|---|
| Erwarteter Verkaufserlös | 1.500.000 € |
| abzügl. Gesamtkosten | 1.298.550 € |
| **Deckungsbeitrag** | **201.450 €** |
| in Prozent der Gesamtkosten | **15,5%** |

**Abb. 3-55** Deckungsbeitrag eines Bauträgers

# 3.7 Ökologisches und kostengünstiges Bauen

Ökologisches Bauen ist langfristig die wirtschaftlichste Art des Bauens. Kostengünstiges Bauen – im Sinne niedriger Baukosten – ist nur dann wirtschaftlich, wenn die Baukostenvorteile nicht durch Folgekosten bzw. Folgebelastungen überkompensiert werden.

Wirtschaftlichkeitsbeurteilungen im ganzheitlichen Sinne müssen daher die monetären und ökologischen Konsequenzen im Lebenszyklus eines Bauwerks und darüber hinaus berücksichtigen.

Die folgenden Aufgaben sollen dazu dienen, die grundsätzlichen Zusammenhänge von Baukosten, Folgekosten und ökologischen Auswirkungen zu vertiefen.


**Aufgabenverzeichnis**

Diese Aufgaben beziehen sich auf Kapitel 3.9 des Lehrbuches Band 1:

1  Zusammenhang zwischen Bau- und Folgekosten
2  Ökobilanz


**Vorschriften und Normen**

DIN EN ISO 14 040:2006-10, Umweltmanagement – Ökobilanz – Grundsätze und Rahmenbedingungen
DIN EN ISO 14 044:2006-10, Umweltmanagement – Ökobilanz – Anforderungen und Anleitungen


**Empfohlene Literatur zur weiteren Vertiefung**

Bauer, M., P. Mösle, M. Schwarz: Green Building – Konzept für nachhaltige Architektur, München 2007
Gruhler, K., C. Deilmann: Ökobilanzierung im Kontext planerischer Interessen – Bewertungsverfahren für Bauprodukte, Dresden 1999
Hofstetter, P., O. Tietje: Ökobilanz-Bewertungsmethoden. State-of-the-art, Neuentwicklungen 1998, Perspektiven, Nachbearbeitung des 6. Diskussionsforums Ökobilanzen vom 12.03.1998 ETH Zürich
Kohler, N.: Stand der Ökobilanzierung von Gebäuden und Gebäudebeständen, Institut für Industrielle Bauproduktion der Universität Karlsruhe, 1999
Spritzendorfer, J.: Nachhaltiges Bauen mit ‚wohngesunden Baustoffen'. Heidelberg 2007

**Aufgabe 1: Zusammenhang zwischen Bau- und Folgekosten**

Die Veränderungen der Baukosten und der Folgekosten erfolgen nicht bei allen Entwurfsentscheidungen in der gleichen Richtung. Nennen Sie Beispiele für Entwurfsvarianten bei denen

(1) eine Erhöhung der Baukosten mit einer Steigerung der Folgekosten

oder

(2) eine Erhöhung der Baukosten mit einer Senkung der Folgekosten

verbunden ist.


**Aufgabe 2: Ökobilanz**

Was versteht man unter einer Ökobilanz und in welchen Schritten ist sie zu erstellen?

**Lösung zu Aufgabe 1: Zusammenhang zwischen Bau- und Folgekosten**

(1) Unter sonst gleichen Voraussetzungen führt z. B.

- die Vergrößerung eines Bauwerks
- die Erhöhung des Außenwand- oder Dachanteils eines Gebäudes
- der Ersatz eines manuell zu bedienenden durch ein motorisch betriebenes Garagentor

  sowohl zu einer Erhöhung der Baukosten als auch der Folgekosten.

(2) Die Verstärkung der Wärmedämmschicht oder der Einbau einer Wärmerückgewinnungsanlage führt zu einer Erhöhung der Baukosten, aber zu einer Senkung der Heizenergiekosten.

Der Einbau von Naturwerksteinbelag an Stelle von Linoleum- oder textilem Bodenbelag führt zu erhöhten Baukosten, aber verminderten Instandsetzungskosten.

Die Anordnung von Balkonen vor Glasfassaden hat eine Erhöhung der Baukosten, aber eine Minderung der Fensterreinigungskosten zur Folge.


**Lösung zu Aufgabe 2: Ökobilanz**

Eine Ökobilanz dient der Abschätzung der potenziellen Umweltwirkungen von Betrieben, Prozessen und Produkten.

Die Erstellung einer Ökobilanz soll in folgenden Schritten erfolgen:

(1) Festlegung des Ziels und des Untersuchungsrahmens
(2) Aufstellung einer Sachbilanz
(3) Ableitung einer Wirkungsbilanz
(4) Bilanzbewertung.

Nach Festlegung des Untersuchungsgegenstandes (einzelnes Bauteil, gesamtes Gebäude, Stadt(-teil) u. a.) und der Grenzen der Untersuchung (Erfassung von Produktionsvorstufen, zeitlicher Horizont) sind Art und Menge der einzusetzenden (Bau-)Stoffe zu ermitteln. Mittels Ökoinventaren lässt sich dann auf die Stoff- und Energieflüsse während des gesamten Lebenszyklusses des Untersuchungsgegenstandes schließen und damit die Sachbilanz erstellen.

Aus dieser Sachbilanz ist die Wirkungsbilanz abzuleiten, wobei wegen der unübersehbar großen Zahl von Einzelwirkungen eine Zusammenfassung zu wenigen Wirkungskategorien (Treibhauseffekt, Versäuerung, Humantoxizität u. a.) erforderlich ist. Diese Aggregation erfolgt mit Hilfe von Äquivalenzzahlen. So wird z. B. die Versäuerung in kg ausgestoßenes Schwefeldioxid $SO_2$ gemessen und 1 kg angefallene Salzsäure HCl mit 0,88 kg $SO_2$ angesetzt.

Abschließend ist das Ergebnis zu bewerten und eine entsprechende Schlussfolgerung daraus zu ziehen: Erteilung eines Umweltzertifikates, Weiterentwicklung mit dem Ziel einer Verbesserung der Ökobilanz oder Rücknahme wegen ökologischer Bedenklichkeit.

# 3.8 Baufinanzierung

Unter Baufinanzierung versteht man die Beschaffung der zur Durchführung eines Bauvorhabens erforderlichen Mittel. Zum Nachweis der ausreichenden Mittel wird ein Finanzierungsplan erstellt, zu dem auch die Ermittlung der laufenden Belastung gehört.

Für die optimale Zusammenstellung einer Baufinanzierung ist die Kenntnis der Darlehensangebote auf dem Kapitalmarkt ebenso unerlässlich wie die der vielfältigen staatlichen Förderungsangebote. Die öffentliche Förderung setzt sich zusammen aus Darlehen, Zuschüssen, Steuervorteilen, Lastenzuschüssen und der Sparförderung. In Abhängigkeit von der wirtschaftlichen Entwicklung werden Förderungsart und -umfang angepasst. Eine laufende Aktualisierung des Kenntnisstandes ist demzufolge unerlässlich.

Das Aufstellen des Finanzierungsplanes sowie die Mitwirkung bei der Kreditbeschaffung kann der Architekt als *Besondere Leistung* in der Leistungsphase 2. Vorplanung nach HOAI übernehmen. Er sollte sich daher in den Grundlagen der Finanzierung auskennen und in der Lage sein, einen Finanzierungsplan aufzustellen.

### Aufgabenverzeichnis

Die folgenden Aufgaben beziehen sich auf Kapitel 4. des Lehrbuches Band 1:

1  Endkapital
2  Spardauer
3  Restdarlehen
4  Darlehenslaufzeit
5  Effektivzins und Steuervorteil infolge Disagios
6  Finanzierungsplan
7  Finanzierungsoptimierung
8  Reihenfolge der Finanzierungsbausteine
9  Selbsthilfe

### Vorschriften und Normen

Verordnung über wohnungswirtschaftliche Berechnungen (Zweite Berechnungsverordnung - II. BV) – in der Fassung der Bekanntmachung vom 12.10.1990, zuletzt geändert am 25.11.2003

Zeichnung: Gabor Benedek

**Empfohlene Literatur zur weiteren Vertiefung**

Gerhards H., Keller, H.: Lexikon Baufinanzierung, Wiesbaden 2002
Glücklich, D.: Energie- und kostenbewußtes Bauen von Wohnhäusern, Köln-
    Braunsfeld 1985
Jenkis, H.: Grundlagen der Wohnungsbaufinanzierung, München 1995
Klein, R.: Die richtige Baufinanzierung, München 2003
Laux, H.: Die Bausparfinanzierung, Frankfurt am Main 2005
Peters, H.: Selbsthilfe am Bau, Wiesbaden, Berlin 1984
Reifner, U.: Risiko Baufinanzierung, Neuwied, Kriftel /Ts., Berlin 1996
Schulze, E./ Stein, A.: Praxisratgeber Baufinanzierung, München 2005
Sternberger-Frey, B: Handbuch rund ums Geld: alles über Bankgeschäfte, Bau-
    finanzierung, Geldanlage, Berlin 1996

### Aufgabe 1: Endkapital

Ein Bausparer zahlt jährlich vorschüssig 3.000 € auf seinen Bausparvertrag ein.
Wie hoch ist sein Bausparguthaben nach 5 Jahren bei 3 %iger Verzinsung?

### Aufgabe 2: Spardauer

Wie lange dauert es, bis man einen Bausparvertrag zu 40 % angespart hat, wenn
man jährlich nachschüssig den Regelsparbeitrag von 4,8 % der Bausparsumme
einzahlt und das Sparguthaben mit 3 % p. a. verzinst wird?

### Aufgabe 3: Restdarlehen

Ein Bauherr hat ein Hypothekendarlehen über 50.000 € zu folgenden Konditionen
aufgenommen:

| | |
|---|---|
| Zins | 6 % p. a. |
| Tilgung | 1 % p. a. zuzüglich ersparter Zinsen |
| Zahlungsweise | vierteljährlich nachschüssig |
| Tilgungsverrechnung | vierteljährlich. |

Wie hoch ist die Restschuld nach Ablauf der Zinsfestschreibungsdauer von 10 Jahren?

### Aufgabe 4: Darlehenslaufzeit

Wie lange dauert es, bis das Hypothekendarlehen von Aufgabe 3 bei unveränderlichem Zinssatz von 6 % p. a. vollständig getilgt ist?

### Aufgabe 5: Effektivzins und Steuervorteil infolge Disagios

Dem Bauherrn eines Mietwohngebäudes wird ein Darlehen wahlweise zu folgenden Konditionen angeboten:

| Variante | A | B |
|---|---|---|
| Auszahlungskurs (%) | 100,0 | 96,0 |
| Nominalzins (% p. a.) | 7,0 | 6,0 |
| Tilgung (% p. a.) | 1,0 | 1,0 |
| Zinsfestschreibungsdauer (Jahre) | 5,0 | 5,0 |
| Zahlungsweise | jährlich nachschüssig | |

Wie hoch ist der Effektivzins mit bzw. ohne Berücksichtigung des Einkommens-
teuervorteils infolge der Absetzung des Disagios? Gehen Sie von einem Steuersatz
von 50 % aus und vernachlässigen Sie den Zeitabstand von der Darlehensauszah-
lung bis zur Steuerrückzahlung.

Zur Beantwortung dieser Frage ist die Abb. 4-3 aus dem Lehrbuch Band 1 im
Folgenden auszugsweise wiedergegeben.

| Dauer * | Nominal- | Auszahlungskurs (%) | | | | | |
|---------|----------|------|------|------|------|------|------|
|         | zins (%) | 95 | 96 | 97 | 98 | 99 | 100 |
| 5 | 3,00 | 4,15 | 3,91 | 3,68 | 3,45 | 3,22 | 3,00 |
|   | 4,00 | 5,18 | 4,94 | 4,70 | 4,46 | 4,23 | 4,00 |
|   | 5,00 | 6,22 | 5,97 | 5,72 | 5,48 | 5,24 | 5,00 |
|   | 6,00 | 7,25 | 7,00 | 6,74 | 6,49 | 6,24 | 6,00 |
|   | 7,00 | 8,29 | 8,02 | 7,76 | 7,50 | 7,25 | 7,00 |
|   | 8,00 | 9,32 | 9,05 | 8,78 | 8,52 | 8,26 | 8,00 |
|   | 9,00 | 10,36 | 10,08 | 9,80 | 9,53 | 9,26 | 9,00 |
|   | 10,00 | 11,39 | 11,11 | 10,82 | 10,55 | 10,27 | 10,00 |
| * Dauer der Zinsfestschreibung (in Jahren) | | | | | | | |
| Tilgungssatz 1 % p. a., Zahlungsweise: jährlich nachschüssig | | | | | | | |

**Abb. 3-56** Effektivzins bei 5-jähriger Zinsfestschreibung in Abhängigkeit von Nominalzins und Auszahlungskurs

## Aufgabe 6: Finanzierungsplan

Die Gesamtkosten eines Bauvorhabens betragen 150.000 € (ohne Disagio). Der Bauherr verfügt über 50.000 € Eigenkapital. Der Rest soll über einen noch abzu-schließenden und vorzufinanzierenden Bausparvertrag mit folgenden Konditionen finanziert werden. Die Bausparsumme ist auf volle 1.000 € zu runden.

|  | Bankvoraus-darlehen | Bausparvertrag | |
|--|------|------|------|
|  |  | monatlich | jährlich |
| Auszahlungskurs (%) | 95,0 | | |
| Nominalzins (% p. a.) | 5,25 | 5,0 | |
| Tilgung (% p. a., zuzüglich ersparter Zinsen) | 0,0 | | |
| Guthabenzins (% p. a.) | - | 3,0 | |
| Regelsparbeitrag (% p. a. der Bausparsumme) | - | 0,4 | 4,8 |
| Annuität des Bauspardarlehens (% p. a. der Bausparsumme) | | 0,6 | 7,2 |

Der Bausparvertrag wird mit Erreichen eines Sparguthabens von 40 % der Bau-sparsumme nach rund 8 Jahren zugeteilt. Stellen Sie den Finanzierungsplan auf und ermitteln Sie die monatliche Belastung bis zur vollständigen Tilgung des Bau-spardarlehens.

**Aufgabe 7: Finanzierungsoptimierung**

Ersetzen Sie bei der in Aufgabe 6 angegebenen Finanzierung das Bankvorausdarlehen und den Bausparvertrag durch ein Hypothekendarlehen (Auszahlungskurs 95,0 %, Nominalzins 5,5 % p. a., Tilgung 1,0 % p. a.) und vergleichen Sie beide Finanzierungsvarianten mit Hilfe der Kapitalwertmethode (Kalkulationszinsfuß 6,0 % p. a., alle Zahlungen jährlich nachschüssig).

**Aufgabe 8: Reihenfolge der Finanzierungsbausteine**

In welcher Reihenfolge sollte man die verschiedenen Kapital- und Darlehensarten einsetzen, um in erster Annäherung ein günstiges Finanzierungsergebnis zu erreichen?

**Aufgabe 9: Selbsthilfe**

Eigenleistungen in Form von Selbsthilfe kommen vor allem bei kleineren Wohnbauten (Einfamilienhäuser, Reihenhäuser, Erweiterungen) in Betracht.

(1) Schätzen Sie den prozentualen Anteil der Kosten des Bauwerks, der durch Selbsthilfe von Laien mit oder ohne Anleitung durch Fachkräfte geleistet werden kann.

(2) Wie kann – ausgehend von einer Entwurfsplanung mit differenzierter Erfassung der Mengen- und Preisansätze nach Baukonstruktionen und Gewerken – der Selbsthilfeanteil sinnvoll gesteigert werden?

**Lösung zu Aufgabe 1:  Endkapital**

Gefragt ist nach dem Endkapital einer vorschüssigen Rente ($RE_V$):

$$RE_V = r \cdot REF_V$$

Der Endwertfaktor einer vorschüssigen Rente ($REF_V$) über 5 Jahre beträgt bei einer jährlichen 3 %igen Verzinsung 5,468 (siehe Abbildung 3-20, S. 57). Dann beläuft sich bei einer jährlichen Zahlung von r = 3.000 € das Bausparguthaben nach 5 Jahren auf

$$RE_V = 3.000 \ € \cdot 5,468$$

$$\underline{= \mathbf{16.404 \ €}}.$$


**Lösung zu Aufgabe 2:  Spardauer**

Bei der Frage, wann bei einer Rentenzahlung (regelmäßig wiederkehrende Zahlung von gleich bleibender Höhe) ein bestimmtes Endkapital erreicht wird, ist von der Formel für den Rentenendwert auszugehen:

$$RE_n = r \cdot (q^n - 1) / (q - 1)$$

Diese Formel ist nach der gesuchten **Laufzeit** n aufzulösen:

$$n = \log \ [RE_n \cdot (q - 1) / r + 1] / \log q$$

Eingabedaten: Endwert $RE_n$ = 40 % ; Zinsfaktor q = 1,03 ; Rente r = 4,8 %

Somit ergibt sich:

$$n = \log [40 \cdot (1,03 - 1) / 4,8 + 1] / \log 1,03$$

$$\underline{= \mathbf{7,54 \ Jahre}}$$

Nach (abgerundet) 7,5 Jahren ist das 40 %ige Sparguthaben erreicht, wobei am Ende dieser Zeit noch eine Zahlung in Höhe etwa eines halben Jahresbeitrages fällig ist.

Überschlägig kann man die Spardauer auch mit Hilfe der Rentenendwertfaktoren in Abb. 3-22 ermitteln, indem man die obige Formel nach dem erforderlichen Rentenendwertfaktor ($REF_n$) auflöst:

$$RE_n = r \cdot (q^n - 1) / (q - 1) = r \cdot REF_n$$

$$REF_n = RE_n / r$$

$$= 40 \% / 4,8 \%$$

$$\underline{= \mathbf{8,33}}$$

Der Rentenendwertfaktor von 8,33 wird laut Abb. 3-22 beim Zinssatz von 3 % p. a. zwischen 7 und 8 Jahren (interpoliert nach 7,3 Jahren) erreicht.

**Lösung zu Aufgabe 3: Restdarlehen**

Ein Restdarlehen RD ermittelt sich bei nachschüssiger Zahlungsweise und unterjährlicher Tilgungsverrechnung nach folgender Formel (siehe Lehrbuch Band 1, Kapitel Grundlagen der Baufinanzierung, S. 204):

$$RD_n = D \cdot \{1 - 100 \cdot t_0 \cdot [(1 + p / 100 \cdot m)^{m \cdot n} - 1] / p\}$$

Eingabedaten:

| | |
|---|---|
| (Nominal-)Darlehensbetrag D | 50.000 € |
| Anfangstilgung $t_O$ | 0,01 |
| Zinssatz p | 6 % p.a. |
| Unterjährlichkeitsfaktor m | 4 |
| Zinsfestschreibungsdauer n | 10 Jahre |

Danach ergibt sich nach 10 Jahren ein Restdarlehen in Höhe von:

$$RD_n = 50.000 \text{ €} \cdot \{1-100 \cdot 0,01 \cdot [(1 + 6 / (100 \cdot 4))^{4 \cdot 10} - 1] / 6\}$$
$$= \underline{\mathbf{43.217\ €}}.$$


**Lösung zu Aufgabe 4: Darlehenslaufzeit**

Die Frage nach der Gesamtlaufzeit eines Darlehens bei unveränderlichem Zinssatz lässt sich mit Hilfe der folgenden Formel (Lehrbuch Band 1, Kapitel Grundlagen der Baufinanzierung, S. 204) beantworten:

$$\text{Gesamtlaufzeit } n_n = \log ( a / t_0)/[m \cdot \log (1 + p / 100 \cdot m)]$$

Eingabedaten:

| | |
|---|---|
| Annuität a | 0,07 |
| Anfangstilgung $t_o$ | 0,01 |
| Unterjährlichkeitsfaktor m | 4 |
| Zinssatz p | 6 % p. a. |

Das Hypothekendarlehen ist vollständig getilgt nach einer Gesamtlaufzeit von:

$$n_n = \log (0,07 / 0,01)/[4 \cdot \log (1 + 6 / 100 \cdot 4)]$$
$$= \underline{\mathbf{32,67\ Jahren}}.$$

**Lösung zu Aufgabe 5: Effektivzins und Steuervorteil infolge Disagios**

Den Effektivzins der beiden Varianten kann man der Abbildung 3-56 auf S. 169 entnehmen:

Variante A        7,00 % p. a.

Variante B        7,00 % p. a. (ohne Berücksichtigung des Steuervorteils)

Bei der Variante B bekommt der Bauherr aufgrund des 4 %igen Disagios die Hälfte davon vom Finanzamt zurück (angenommener Steuersatz 50 %), die Auszahlungsminderung beträgt dann im Ergebnis nur 2 %, d. h. die Auszahlung einschließlich der Steuerrückzahlung beträgt 98 %. Dann ergibt sich nach Abb. 3-56 ein Effektivzins von

Variante B        6,49 % p. a. (mit Berücksichtigung des Steuervorteils).


**Lösung zu Aufgabe 6: Finanzierungsplan**

Bei der vorliegenden Aufgabenstellung ergibt sich der in Abbildung 3-57 dargestellte **Finanzierungsplan**:

Zur Deckung des Kapitalbedarfs ist ein Bankvorausdarlehen über nominal 105.300 € aufzunehmen und ein Bausparvertrag über die selbe Höhe abzuschließen. Die Belastung beträgt in den ersten 8 Jahren 888 € monatlich und in den folgenden 11 Jahren 636 € monatlich.

| Ermittlung des Kapitalbedarfs | | | Gesamtkosten ohne Disagio | | 150.000 € | |
|---|---|---|---|---|---|---|
| | | | Disagio | | 5.300 € | |
| | | | Gesamtkosten nach DIN 276-1 | | 155.300 € | |

| Finanzierungsmittel und monatliche Belastung | | | | | | |
|---|---|---|---|---|---|---|
| Finanzierungs-mittel | Konditionen | Nominalbetrag | | Disagio | Auszah-lungs-betrag | Monatliche Belastung |
| | (%) | (€) | (€) | (€) | (€) | 1. - 8. Jahr (€) / 9. - 19. Jahr (€) |
| Bankvoraus-darlehen | A = 95,0  p = 5,25  t = 0,0 | 106.000 | | 5.300 | 100.700 | 464 / - |
| Bauspardarlehen | A = 100,0  a = 12 • 0,6 = 7,2  s = 12 • 0,4 = 4,8 | Bausparsumme 106.000,00 | | - | | 424 / 636 |
| Eigenmittel | | 50.000 | | - | 50.000 | - / - |
| Summe Über-/Unterdeckung | | 156.000  + 700 | | 5.300 | 150.700  + 700 | 888 / 636 |
| Steuervorteil | | | | | | 0 |
| effektive Belastung | | | | | | 888 / 636 |

A = Auszahlungskurs   p = Darlehenszinssatz   t = Tilgungssatz   a = Annuität des Bauspardarlehens
s = Sparbeitrag

**Abb. 3-57** Finanzierungsplan

**Lösung zu Aufgabe 7:  Finanzierungsoptimierung**

Entsprechend der Abbildung 4-7 (Lehrbuch Band 1, Abschnitt 4, S. 218) berechnet
sich der Barwert der beiden Finanzierungsvarianten folgendermaßen:

| Finanzierungsmittel | Nominal-betrag (€) | Annuität p = 5,5 % t = 1,0 % (€) | Laufzeit (Jahre) | Rentenbar-wertfaktor bei p = 6 % | Barwert (€) |
|---|---|---|---|---|---|
| Hypothekendarlehen | 106.000 | 6.890 | 0 – 35,0 | 14,498 | 99.891 |
| Eigenmittel | 50.000 | - | - | 1 | 50.000 |
|  | 156.000 |  |  |  |  |
| **Barwert** |  |  |  |  | **149.891** |

**Abb. 3-58** Barwert der Finanzierungsvariante Hypothekendarlehen

| Finanzierungsmittel | Nominal-betrag (€) | Annuität (% p. a.) | Annuität (€) | Laufzeit (Jahre) | Renten-barwert-faktor bei p = 6 % | Barwert (€) |
|---|---|---|---|---|---|---|
| Bankvorausdarlehen | 106.000 | 5,25 | 5.565 | 0 - 7,6 | 5,963 | 33.184 |
| Bausparvertrag Ansparen | (106.000) | 12 · 0,4 = 4,8 *) | 5.088 | 0 - 7,6 | 5,963 | 30.340 |
| Darlehen |  | 12 · 0,6 = 7,2 *) | 7.632 | 7,6 - 18,6 | 5,065 | 38.656 |
| Eigenmittel | 50.000 | - | - | - | 1,000 | 50.000 |
|  | 156.000 |  |  |  |  |  |
| **Barwert** |  |  |  |  |  | **152.180** |

*) bezogen auf die Bausparsumme

**Abb. 3-59** Barwert der Finanzierungsvariante Bankvorausdarlehen/Bausparvertrag

Danach ist der Barwert der Finanzierungsvariante Hypothekendarlehen um 2.289 €
oder 1,5 % günstiger als der der Variante Bankvorausdarlehen/Bausparvertrag. Dies
ist eine nicht sehr erhebliche Differenz. Bedenken sollte man bei der Finanzierungs-
entscheidung auch, dass sich die Vorteilhaftigkeit bei einem Kalkulationszinsfuß von
5,53 % p. a. und weniger zugunsten des vorfinanzierten Bausparvertrages umkehrt.

**Lösung zu Aufgabe 8:  Reihenfolge der Finanzierungsbausteine**

Die günstigste Reihenfolge der **Finanzierungsbausteine** ist abhängig von dem Ziel, das der Bauherr verfolgt: Minimierung der Anfangsbelastung oder Maximierung des Vermögens?

Bei der Minimierung der Anfangsbelastung ist folgende Reihenfolge empfehlenswert:

(1) verfügbares Eigenkapital (einschließlich unverzinsliche und nicht rückzahlbare Darlehen) und mögliche Selbsthilfe
(2) zinsfreie oder zinsverbilligte Darlehen (möglichst mit Tilgungsaussetzung am Anfang)
  - von Verwandten und Freunden
  - vom Arbeitgeber
  - vom Staat
(3) weitgehend angesparte oder zuteilungsreife Bausparverträge
(4) sonstige Darlehen (vorrangig erststellige Hypothekendarlehen).

Verfolgt der Bauherr das Ziel der Vermögensmaximierung und verfügt er über mehr Eigenkapital, als zur Kreditgewährung erforderlich ist, so wird er prüfen, ob er für diesen Teil des Eigenkapitals auf dem Kapitalmarkt mehr Geld verdienen kann, als er im anderen Fall, nämlich beim Finanzierungseinsatz, sparen kann. Bei einem am Kapitalmarkt erzielbaren Habenzinssatz von über 5 % p. a. würde dieser überschüssige Eigenkapitalanteil an die vorletzte oder letzte Stelle in der obigen Reihe rücken.


**Lösung zu Aufgabe 9:  Selbsthilfe**

Entscheidend für die Selbsthilfemöglichkeit sind neben der zur Verfügung stehenden Zeit die Kenntnisse der Ausführenden sowie die Art der Konstruktionen und der Materialien, die sich von Gewerk zu Gewerk unterschiedlich auf den möglichen Selbsthilfeumfang auswirken.

(1) Gemessen an den Kosten des Bauwerks kann der Selbsthilfeanteil etwa 10 % bei Ausführung ohne Anleitung und etwa 20 % bei Ausführung mit Anleitung betragen.

(2) Ausgehend von einer genauen Analyse der zu beurteilenden Planung eines Gebäudes, bietet es sich an, die Planung dahingehend zu optimieren, dass solche Konstruktionen bzw. Gewerke mit geringerer Selbsthilfemöglichkeit durch solche mit hoher Selbsthilfemöglichkeit ersetzt werden, z. B. Holz- statt Metallkonstruktionen, Fertigteile oder -elemente statt konventionelle Bauweise, Leichtbauweise statt Massivbauweise usw. Dabei ist darauf zu achten, dass die Einsparungen durch Selbsthilfe wirtschaftlich sinnvoll sind. Zwar kann man auch Einsparungen erzielen, wenn man den Baugrubenaushub in Selbsthilfe durchführt, nur stehen im Allgemeinen die Einsparungen in keinem akzeptablen Verhältnis zu dem erforderlichen Zeitaufwand.

# 3.9 Honorarordnung für Architekten und Ingenieure (HOAI)

Bei der Vergabe von Architektenleistungen gilt der Grundsatz, dass diese mittels Leistungswettbewerb und nicht mittels Preiswettbewerb erfolgen soll. Da also die Preisbildung für Architektenleistungen nicht dem Wettbewerb auf dem Markt überlassen bleiben soll, ist die Ermittlung des Architektenhonorars in der Honorarordnung für Architekten und Ingenieure (HOAI) festgelegt. Ihre Kenntnis ist für den Architekten auch im eigenen Interesse unverzichtbar.

Leider hat sich die Bundesregierung bzw. der Bundesrat bei der zum 1.1.2002 in Kraft getretenen letzten Novellierung der HOAI nicht entschließen können, die jeweils aktuelle Ausgabe der DIN 276 als Grundlage der Honorarermittlung festzulegen, vielmehr sind auch weiterhin die anrechenbaren Kosten unter Zugrundelegung der DIN 276:1981-04 zu ermitteln. Da jedoch für Kostenermittlungen die DIN 276 ab Ausgabe 1993-06 besser geeignet ist, sollte der Architekt mit seinem Auftraggeber vertraglich vereinbaren, dass die anrechenbaren Kosten nach der aktuellen Ausgabe der DIN 276 zu ermitteln sind. Andernfalls sind die Kostenermittlungen für die Honorarermittlung in die Kostengliederung der DIN 276:1981-04 zu überführen. Eine entsprechende Gegenüberstellung ist in der DIN 276:1993-06 noch enthalten, in den jüngeren Ausgaben ist diese Gegenüberstellung jedoch nicht mehr zu finden.

Die Planungskosten und damit auch das Architektenhonorar gehen als Teil der Baunebenkosten in die Gesamtkosten des Bauvorhabens (nach DIN 276-1) ein. Eine ungefähre Vorstellung von dem Ausmaß und der prozentualen Zusammensetzung der Baunebenkosten ist daher für eine hinreichend genaue Kostenermittlung hilfreich.

Die Aufgaben dieses Abschnittes sollen dazu dienen, folgende Kenntnisse und Fähigkeiten zu überprüfen bzw. zu vervollständigen:

- Ermittlung des Architektenhonorars für verschiedene Gebäudearten und in den wesentlichen Sonderfällen
- Zusammensetzung der Baunebenkosten
- Rechtsfragen bei mündlichem Vertrag und bei vorzeitiger Kündigung.

Grundlage für die Lösungen dieser Aufgaben ist die HOAI in der Bekanntmachung vom 4.3.1991 und der seit 1.1.2002 gültigen Honorartafel (siehe Abbildung 3-60). Seit dem gelten folgende Stundensätze:

(1) für den Auftragnehmer — 38 bis 82 €
(2) für Mitarbeiter, die technische oder wirtschaftliche Aufgaben erfüllen, soweit sie nicht unter (3) fallen — 36 bis 59 €
(3) für Technische Zeichner und sonstige Mitarbeiter mit vergleichbarer Qualifikation, die technische oder wirtschaftliche Aufgaben erfüllen — 31 bis 43 €

## Aufgabenverzeichnis

Die folgenden Aufgaben beziehen sich auf Kapitel 5. des Lehrbuches Band 1.

1 Vorgehensweise bei der Honorarermittlung
2 Vorgehensweise bei der Rechnungslegung
3 Honorarermittlung für ein Einfamilienhaus

4 Honorarermittlung für ein Hochschulgebäude
5 Kostensteigerung und Honorar
6 Kosteneinsparung und Honorar
7 Honorar für mehrere gleiche Gebäude
8 Honorar bei Modernisierung mit Selbsthilfe
9 Honorar bei Neubau mit Eigenleistung
10 Teilleistung oder Einzelleistung
11 Honorar bei Großbauvorhaben
12 Baunebenkosten
13 Mangel beim Abschluss des Architektenvertrages
14 Entgangener Gewinn bei Kündigung des Architektenvertrages

Zeichnung: Ernst Hürlimann

**Vorschriften und Normen**

Honorarordnung für Architekten und Ingenieure (HOAI) in der Fassung der Fünften Änderungsverordnung in der Bekanntmachung vom 4.3.1991, letzte Änderung zum 10.11.2001
DIN 276:1981-04 und 1993-06, Kosten von Hochbauten
DIN 276-1:2008-12, Kosten im Bauwesen – Teil 1: Hochbau

**Empfohlene Literatur zur weiteren Vertiefung**

Enseleit, D., W. Osenbrück: HOAI-Praxis, Wiesbaden 2006
Jochem, R.: HOAI-Kommentar zur Honorarordnung für Architekten und Ingenieure, Wiesbaden 2003
Locher, H. und U., W. Koeble, W. Frik: Kommentar zur HOAI, München-Unterschleißheim 2006
Motzke, G., R. Wolff: Praxis der HOAI – Ein Leitfaden für Architekten, Ingenieure, Sachverständige, Bauherren und deren Berater, München 2004
Wirth, A., S. Theiß: Architekt und Bauherr – Fallorientierte Erläuterungen zum Architekten- und Ingenieurvertrag, Essen 1997

| Anrechenbare Kosten € | Zone I von € | Zone I bis € | Zone II von € | Zone II bis € | Zone III von € | Zone III bis € | Zone IV von € | Zone IV bis € | Zone V von € | Zone V bis € |
|---|---|---|---|---|---|---|---|---|---|---|
| 25 565 | 1 984 | 2 413 | 2 413 | 2 991 | 2 991 | 3 855 | 3 855 | 4 433 | 4 433 | 4 862 |
| 30 000 | 2 325 | 2 826 | 2 826 | 3 497 | 3 497 | 4 498 | 4 498 | 5 169 | 5 169 | 5 670 |
| 35 000 | 2 719 | 3 299 | 3 299 | 4 075 | 4 075 | 5 236 | 5 236 | 6 012 | 6 012 | 6 593 |
| 40 000 | 3 101 | 3 762 | 3 762 | 4 647 | 4 647 | 5 968 | 5 968 | 6 853 | 6 853 | 7 513 |
| 45 000 | 3 494 | 4 234 | 4 234 | 5 221 | 5 221 | 6 702 | 6 702 | 7 689 | 7 689 | 8 429 |
| 50 000 | 3 881 | 4 697 | 4 697 | 5 780 | 5 780 | 7 413 | 7 413 | 8 496 | 8 496 | 9 312 |
| 100 000 | 7 755 | 9 278 | 9 278 | 11 311 | 11 311 | 14 360 | 14 360 | 16 393 | 16 393 | 17 916 |
| 150 000 | 11 635 | 13 753 | 13 753 | 16 578 | 16 578 | 20 818 | 20 818 | 23 644 | 23 644 | 25 761 |
| 200 000 | 15 510 | 18 115 | 18 115 | 21 586 | 21 586 | 26 792 | 26 792 | 30 263 | 30 263 | 32 868 |
| 250 000 | 19 385 | 22 384 | 22 384 | 26 380 | 26 380 | 32 373 | 32 373 | 36 369 | 36 369 | 39 368 |
| 300 000 | 22 484 | 25 983 | 25 983 | 30 650 | 30 650 | 37 643 | 37 643 | 42 309 | 42 309 | 45 808 |
| 350 000 | 25 060 | 29 131 | 29 131 | 34 561 | 34 561 | 42 700 | 42 700 | 48 131 | 48 131 | 52 201 |
| 400 000 | 27 272 | 31 922 | 31 922 | 38 127 | 38 127 | 47 432 | 47 432 | 53 637 | 53 637 | 58 287 |
| 450 000 | 29 144 | 34 382 | 34 382 | 41 362 | 41 362 | 51 840 | 51 840 | 58 820 | 58 820 | 64 059 |
| 500 000 | 30 671 | 36 488 | 36 488 | 44 243 | 44 243 | 55 876 | 55 876 | 63 631 | 63 631 | 69 447 |
| 1 000 000 | 55 293 | 65 535 | 65 535 | 79 193 | 79 193 | 99 682 | 99 682 | 113 340 | 113 340 | 123 582 |
| 1 500 000 | 80 167 | 94 804 | 94 804 | 114 317 | 114 317 | 143 592 | 143 592 | 163 105 | 163 105 | 177 742 |
| 2 000 000 | 105 005 | 124 033 | 124 033 | 149 401 | 149 401 | 187 455 | 187 455 | 212 823 | 212 823 | 231 851 |
| 2 500 000 | 129 845 | 153 271 | 153 271 | 184 503 | 184 503 | 231 352 | 231 352 | 262 584 | 262 584 | 286 006 |
| 3 000 000 | 155 660 | 182 183 | 182 183 | 217 541 | 217 541 | 270 581 | 270 581 | 305 940 | 305 940 | 332 462 |
| 3 500 000 | 181 605 | 211 053 | 211 053 | 250 321 | 250 321 | 309 221 | 309 221 | 348 488 | 348 488 | 377 937 |
| 4 000 000 | 207 550 | 239 927 | 239 927 | 283 101 | 283 101 | 347 856 | 347 856 | 391 030 | 391 030 | 423 407 |
| 4 500 000 | 233 491 | 268 798 | 268 798 | 315 877 | 315 877 | 386 495 | 386 495 | 433 574 | 433 574 | 468 881 |
| 5 000 000 | 259 435 | 297 672 | 297 672 | 348 656 | 348 656 | 425 135 | 425 135 | 476 119 | 476 119 | 514 356 |
| 10 000 000 | 518 870 | 589 823 | 589 823 | 684 426 | 684 426 | 826 334 | 826 334 | 920 937 | 920 937 | 991 890 |
| 15 000 000 | 778 305 | 877 041 | 877 041 | 1 008 690 | 1 008 690 | 1 206 165 | 1 206 165 | 1 337 814 | 1 337 814 | 1 436 550 |
| 20 000 000 | 1 037 740 | 1 159 131 | 1 159 131 | 1 320 989 | 1 320 989 | 1 563 771 | 1 563 771 | 1 725 629 | 1 725 629 | 1 847 020 |
| 25 000 000 | 1 297 175 | 1 442 062 | 1 442 062 | 1 635 242 | 1 635 242 | 1 925 012 | 1 925 012 | 2 118 192 | 2 118 192 | 2 263 075 |
| 25 564 594 | 1 326 470 | 1 474 024 | 1 474 024 | 1 670 759 | 1 670 759 | 1 965 861 | 1 965 861 | 2 162 596 | 2 162 596 | 2 310 145 |

**Abb. 3-60**  Ab 1.1.2002 gültige Honorartafel zu § 16 (1) HOAI

**Aufgabe 1: Vorgehensweise bei der Honorarermittlung**

Stellen Sie in einer Checkliste die für die Ermittlung des Architektenhonorars wichtigsten zu prüfenden Fragen, Arbeitsschritte und Formeln zusammen.

**Aufgabe 2: Vorgehensweise bei der Rechnungslegung**

Eine **Honorarschlussrechnung** nach § 15 HOAI muss vom Bauherrn nachvollziehbar und auf ihre rechtliche sowie rechnerische Richtigkeit hin überprüfbar sein.

Erstellen Sie eine Checkliste mit den Angaben, die Voraussetzung für die Prüffähigkeit einer solchen Schlussrechnung sind.

**Aufgabe 3: Honorarermittlung für ein Einfamilienhaus**

Im Abschnitt 3.5.1 Kosten im Hochbau, Aufgaben 5 und 6, ist für ein Einfamilienhaus eine Kostenschätzung nach der Elementmethode anzufertigen bzw. angefertigt worden. Dieser Kostenschätzung sind folgende Daten entnommen:

| KG | Kostengruppe nach DIN 276-1:2008-12 | Kosten incl. 19 % MwSt. |
|----|-------------------------------------|-------------------------|
| 100 | Grundstück | 64.000 € |
| 200 | Herrichten und Erschließen | 7.169 € |
| 300 | Bauwerk - Baukonstruktionen | 168.671 € |
| 400 | Bauwerk - Technische Anlagen *) | 30.478 € |
| 470 | Nutzungsspezifische Anlagen *) | 1.542 € |
| 500 | Außenanlagen | 12.148 € |
| 610 | Ausstattung **) | 8.000 € |

*) vom Architekten weder geplant noch überwacht - Die Kostengruppe 470 ist hier separat aufgeführt und gehört abweichend von den Angaben in Aufgabe 6 (siehe S. 134) zur Summe der KG 400 (mit insgesamt 32.020 €).
**) Mitwirkung des Architekten bei der Beschaffung

**Abb. 3-61** Kostendaten zur Honorarermittlung für ein Einfamilienhaus

(1) Wie hoch ist das Architektenhonorar für die Leistungsphasen 1 bis 3 (Grundleistungen) nach Mindestsatz?

(2) Können *Besondere Leistungen* abgerechnet werden?

(3) Für die bisherige Planungsarbeit haben Sie (Inhaber eines Architekturbüros) 20 Arbeitsstunden und Ihr Mitarbeiter 60 Arbeitsstunden verwendet. Ist diese Planung im Sinne eines wirtschaftlichen Bürobetriebes erfolgreich gewesen oder nicht?

Zur Kalkulation eigener Planungsleistungen sollten eigene Kostendaten verwendet werden. Liegen diese nicht vor, so sind die **Stundensätze** nach § 6 HOAI eine hilfreiche Orientierung.

### Aufgabe 4: Honorarermittlung für ein Hochschulgebäude

Ihr Büro hat den Neubau eines Institutsgebäudes für Chemieingenieurwesen geplant, überwacht und einrichten lassen. Gestalterische und konstruktive Anforderungen sowie die Anforderungen an die Einbindung des Gebäudes ins Gelände waren durchschnittlich zu bewerten. Überdurchschnittliche Planungsanforderungen wurden hinsichtlich der Anzahl der Funktionsbereiche, an die technische Ausrüstung und den Ausbau des Gebäudes gestellt. Folgende Daten der Kostenberechnung und Kostenfeststellung liegen übereinstimmend (!) vor:

| Code | Kostengruppe nach DIN 276:1981-04 | Kosten (ohne MwSt.) |
|------|-----------------------------------|---------------------|
| 1.1 | Wert des Baugrundstücks | 112.050 € |
| 2.1 | Öffentliche Erschließung | 1.446.650 € |
| 3.1 | Baukonstruktionen | 15.847.900 € |
| 3.2/3.3 | Installationen und Zentrale Betriebstechnik | 6.145.950 € |
| 3.4 | Betriebliche Einbauten | 1.421.100 € |
| 3.5.2-3.5.4 | Besondere Bauausführungen | 32.600 € |
| 6 | Zusätzliche Maßnahmen | 16.015 € |
| 7 | Baunebenkosten (noch ohne Architektenhonorar) | 1.518.400 € |

**Abb. 3-62**  Kostendaten eines Hochschulgebäudes zur Honorarermittlung

(1) In welche **Honorarzone** ordnen Sie die Planungsaufgabe ein? Ermitteln Sie diese nach Punkten anhand folgender in der Praxis empfohlener Matrix:

| Honorarzone (Punkte nach § 11 (2)) | I (bis 10) | II (11-18) | III (19-26) | IV (27-34) | V (35-42) |
|---|---|---|---|---|---|
| Planungsanforderungen | sehr gering | gering | durch- schnittlich | überdurch- schnittlich | sehr hoch |
| 1 Einbindung in die Umgebung | 1 | 2 | 3-4 | 5 | 6 |
| 2 Anzahl der Funktionsbereiche | 1-2 | 3-4 | 5-6 | 7-8 | 9 |
| 3 Gestalterische Anforderungen | 1-2 | 3-4 | 5-6 | 7-8 | 9 |
| 4 Konstruktive Anforderungen | 1 | 2 | 3-4 | 5 | 6 |
| 5 Technische Gebäudeausrüstung | 1 | 2 | 3-4 | 5 | 6 |
| 6 Ausbau | 1 | 2 | 3-4 | 5 | 6 |

Für die einzelnen Qualifizierungsgrade der Planungsanforderungen soll in diesem Fall die jeweils höchste Punktzahl gewählt werden.

(2) Wie hoch ist die Honorarforderung Ihres Büros für die Leistungsphasen 1 bis 9 (Grundleistungen) nach **Mindestsatz**?

## Aufgabe 5:  Kostensteigerung und Honorar

Um wieviel Prozent steigt das Architektenhonorar, wenn die anrechenbaren Kosten des Einfamilienhauses (Aufgabe 3) durch eine nicht vorhersehbare Teuerung um 15 % steigen?

## Aufgabe 6:  Kosteneinsparung und Honorar

Sie haben Ihrem Bauherrn eine Vorplanung für ein Einfamilienhaus mit einer Kostenschätzung in Höhe von 149.000 € (anrechenbare Kosten) vorgelegt. Dies ist dem Bauherrn jedoch zu teuer. Nach erneuter Bearbeitung können Sie eine gleichwertige Variante für voraussichtlich 131.000 € vorlegen. Haben sich Ihre Bemühungen gelohnt?

## Aufgabe 7:  Honorar für mehrere gleiche Gebäude

(1) Wenn das von Ihnen geplante, in Aufgabe 3 beschriebene Einfamilienhaus nicht nur einmal, sondern gleich sechsmal als Hausgruppe gebaut werden würde, welchen Einfluss hätte dieser Umstand auf das Gesamthonorar (Leistungsphasen 1 - 9)? Berechnen Sie die Höhe des sich in diesem Fall ergebenden Honorars!

(2) Wäre es unter dem Gesichtspunkt des Honorars vorteilhafter gewesen, anstelle der sechs gleichen Einfamilienhäuser ein 6-Familienhaus zu planen?

## Aufgabe 8:  Honorar bei Modernisierung mit Selbsthilfe

Sie haben im Schwarzwald ein altes Bauernhaus in eine Jugendherberge umgeplant (bis einschließlich Genehmigungsplanung). Die Bauausführung wird vom Träger der Jugendherberge, einer gemeinnützigen Organisation, und freiwilligen Helfern vollkommen eigenständig durchgeführt (Selbsthilfe).

Die Berechnung der Kosten des Bauwerks ergab einen Betrag in Höhe von 302.050 € (ohne MwSt.). Dabei wurden die Materialkosten mit 210.750 € angesetzt und die Selbsthilfeleistungen zu marktüblichen Preisen mit 91.300 € bewertet.

(1) Wie hoch ist Ihr Honoraranspruch mindestens?

(2) Welches ist das nach HOAI höchstzulässige Honorar für diese Leistungen unter Berücksichtigung der besonderen Aufgabenstellung?

Die Kosten für Installationen, die Zentrale Betriebstechnik und Betriebliche Einbauten, die der Auftragnehmer nicht plant und auch nicht überwacht, betragen weniger als 25 vom Hundert der sonstigen anrechenbaren Kosten.

**Aufgabe 9: Honorar bei Neubau mit Eigenleistung**

Ein handwerklich sehr geschickter Bauherr führt auf der Grundlage einer Architektenplanung wesentliche Teile der Innenausbauarbeiten (Estrich- und Fliesenarbeiten, Malerarbeiten, Elektroinstallationen) selbst aus. Das Material kauft er im Baumarkt. Die Bauarbeiten führt er nach Feierabend und am Wochenende durch. Nach Fertigstellung und Abnahme des Gebäudes wird der auch mit der Bauüberwachung beauftragte Architekt dem Bauherrn seine Honorarrechnung vorlegen.

Welche Auswirkungen hat die Eigenleistung des Bauherrn auf den Honoraranspruch des Architekten?

**Aufgabe 10: Teilleistung oder Einzelleistung**

Eine Bauträgergesellschaft hat das Architekturbüro A beauftragt, einen Einfamilienhaustyp zu entwerfen. Im Architektenvertrag wird schriftlich vereinbart, dass dem Büro A alle Leistungsphasen für zunächst einen Prototyp übertragen werden. Der Bau weiterer Gebäude gleichen Typs wird diskutiert, jedoch von Seiten der Gesellschaft nicht zugesagt.

Der Inhaber des Büros A stellt daraufhin einen weiteren Mitarbeiter ein und beginnt mit der Arbeit. Sechs Wochen später legt A nach Durchführung der Grundlagenermittlung und Vorplanung eine im Sinne der HOAI vollständige Entwurfsplanung vor.

Die vorliegenden Daten der Kostenberechnung sind in Abbildung 3-63 aufgeführt.

| Code | Kostengruppe nach DIN 276:1981-4 | Kosten (ohne MwSt.) |
|---|---|---|
| 3.1 | Baukonstruktionen | 122.150 € |
| 3.2/3.3 | Installationen und Zentrale Betriebstechnik *) | 21.400 € |
| 3.4/3.5 | Betriebliche Einbauten u. a. *) | 1.850 € |
| 4 | Gerät *) | 500 € |
| *) weder Planung noch Überwachung der Ausführung bzw. Mitwirkung bei der Beschaffung durch den Architekten | | |

**Abb. 3-63** Kostendaten des Berechnungsobjektes zur Honorarermittlung bei Teil- und Einzelleistungen

(1) Wie hoch ist der Honoraranspruch (Mindestsatz) für die bisher erbrachten Leistungen von Büro A?

(2) Da dieser Entwurf nicht auf die volle Zustimmung der Gesellschafter trifft, wird zusätzlich Büro B beauftragt, auf der Basis der Vorplanung von A eine alternative Entwurfsplanung durchzuführen. Dieser Alternativvorschlag führt zu denselben Kosten wie der Entwurf von A, wird aber verworfen, da er gegenüber A keine Vorteile aufweist.

Wie hoch kann die Honorarforderung des Architekturbüros B für die erbrachte Entwurfsplanung sein, wenn der Mindestsatz angesetzt wird?

**Aufgabe 11:  Honorar bei Großbauvorhaben**

Bei Großbauvorhaben ergeben sich nicht nur für die Planung und Durchführung besondere Bedingungen, auch Fragen der Honorierung sind abweichend von solchen bei kleinen und mittleren Projekten besonders zu regeln.

Ein Großprojekt von schätzungsweise 70 Millionen € anrechenbaren Kosten (Stand Vorplanung und Kostenschätzung) soll nach mehrfachen Alternativvorschlägen zur Realisierung kommen. Die weitere Planungszeit und die Bauzeit werden voraussichtlich 3 Jahre in Anspruch nehmen.

Erläutern Sie an diesem Beispiel, welche Probleme hier auftreten können und welche Lösungen denkbar sind, wenn

(1) Sie berücksichtigen, dass in der Honorartafel des § 16 (1) HOAI das Honorar nur für anrechenbare Kosten bis rund 25 Millionen € geregelt ist,

(2) Sie bereits im ersten Jahr mit sehr hohen Kosten Ihres Architekturbüros rechnen müssen,

(3) die geplante Planungs- und Bauzeit über die vorgesehenen 3 Jahre hinausgeht,

(4) im weiteren Verlauf der Planung und Ausführung Planungsänderungen anfallen.

**Aufgabe 12:  Baunebenkosten**

Wie hoch ist die Summe der Baunebenkosten (incl. MwSt.) für das Hochschulgebäude nach Aufgabe 4 (errechnetes Architektenhonorar gerundet auf volle 1.000 €), wenn sie sich zusammensetzt aus dem Architektenhonorar, den Ingenieurhonoraren und den sonstigen Baunebenkosten?

Wie ist in etwa die prozentuale Zusammensetzung der Baunebenkosten, wenn der Anteil der Ingenieurhonorare 25,0 % beträgt?

**Aufgabe 13:  Mangel beim Abschluss des Architektenvertrages**

Ein Bekannter beauftragt Sie (Inhaber eines 2-Personen-Architekturbüros), von einer Geschosswohnung, die er umzubauen beabsichtigt, ein genaues Aufmaß anzufertigen. Über ein Honorar werde man sich später einigen.

In der darauf folgenden Woche sind Sie 8 Stunden mit dem Vermessen der Wohnung und den weiteren Berechnungen beschäftigt. Ihr Mitarbeiter (Technischer Zeichner) benötigt 5 Stunden für die Reinzeichnung.

Als Sie dem Auftraggeber die Zeichnung vorbeibringen, teilt er Ihnen mit, dass er es sich anders überlegt habe, ein Honorar würde sich demzufolge erübrigen.

(1) Haben Sie einen Honoraranspruch und – wenn ja – in welcher Höhe?

(2) Die Nachkalkulation hat ergeben, dass Ihnen durch das Aufmaß der Wohnung 480 € Selbstkosten (ohne MwSt.) entstanden sind. Unter welchen Voraussetzungen hätten Sie ein kostendeckendes Honorar erzielen können – welche Stundensätze müssten angesetzt werden, um kostendeckend zu arbeiten?

**Aufgabe 14:  Entgangener Gewinn bei Kündigung des Architektenvertrages**

Obwohl das Architekturbüro A von der Bauträgergesellschaft mit dem gesamten Leistungsbild (Grundleistungen) der Objektplanung eines Einfamilienhaustyps beauftragt worden war, vergibt die Bauträgergesellschaft den gleichen Auftrag, zunächst nur bis zur Entwurfsplanung, an das Architekturbüro B, nachdem das Büro A die Grundleistungen der Phasen 1 bis 3 vollständig erbracht hat.

Die Entwurfsplanung von Büro B findet die volle Zustimmung des Auftraggebers, Büro B wird mit allen weiteren Leistungsphasen betraut. Die Bauträgergesellschaft kündigt den Architektenvertrag mit Büro A.

Besteht seitens des Büros A ein Anspruch auf Schadenersatz und – wenn ja – in welcher Höhe, da entgegen vorheriger Abmachungen der Vertrag vorzeitig gekündigt worden ist? Der Honoraranspruch für die Leistungsphasen 1 bis 9 beläuft sich auf 10.680 € zuzüglich 19 % MwSt.

**Lösung zu Aufgabe 1:  Vorgehensweise bei der Honorarermittlung**

Vorschlag für eine Checkliste

(1) Prüfen der vertraglichen Grundlagen: Wurde ein schriftlicher Architektenvertrag abgeschlossen? Welche Vereinbarungen wurden getroffen (§ 4 HOAI)?

(2) Auf welcher Grundlage ist das Honorar zu ermitteln: nach Stundensätzen (§ 6 HOAI) oder nach anrechenbaren Kosten (§ 10 HOAI, DIN 276)?

(3) Welcher Art sind die erbrachten Arbeiten: Leistungen bei Gebäuden, Freianlagen usw. (§§ 10 ff. HOAI)? Im Folgenden werden nur Leistungen bei Gebäuden berücksichtigt.

(4) Ermittlung der **anrechenbaren Kosten** unter Zugrundelegung der Kostenermittlungsarten nach DIN 276:1981-04, sofern nicht nach Stundensätzen abgerechnet wird (HOAI § 10 (2)):
- für die Leistungsphasen 1 bis 4 nach der Kostenberechnung, solange diese nicht vorliegt, nach der Kostenschätzung
- für die Leistungsphasen 5 bis 7 nach dem Kostenanschlag, solange dieser nicht vorliegt, nach der Kostenberechnung
- für die Leistungsphasen 8 und 9 nach der Kostenfeststellung, solange diese nicht vorliegt, nach dem Kostenanschlag.

Grundlage sind die Kostenermittlungen nach DIN 276-1. Die auf die Kosten von Objekten entfallende Umsatzsteuer (z. Z. 19 % MwSt.) ist nicht Bestandteil der anrechenbaren Kosten (§ 9 (2) HOAI).

(5) Feststellung der **Honorarzone**, der das betreffende Objekt angehört (Honorarzonen I bis V), Bewertungsmerkmale nach § 11 HOAI bzw. Objektliste nach § 12 HOAI.

(6) Wird das vollständige Leistungsbild (§ 15 HOAI) bzw. ein Teil davon oder nur eine Einzelleistung (§ 19 HOAI) abgerechnet?

(7) Welcher Honorarsatz wurde vereinbart (Spanne zwischen Mindest- und Höchstsätzen der Honorartafel zu § 16 (1) HOAI)?

(8) Ermittlung des Honorars für die Grundleistungen aus der Honorartafel zu § 16 (1) HOAI (lineare Interpolation, § 5a HOAI):

$$H = H_N + (H_H - H_N) \cdot \frac{AK - AK_N}{AK_H - AK_N}$$

$H$ = Honorar für die zugrunde zu legenden anrechenbaren Kosten
$H_N$ = Honorar für den nächst niedrigeren in der Honorartafel angegebenen Wert der anrechenbaren Kosten
$H_H$ = Honorar für den nächst höheren in der Honorartafel angegebenen Wert der anrechenbaren Kosten
$AK$ = zugrunde zu legende anrechenbare Kosten
$AK_N$ = nächst niedrigerer in der Honorartafel angegebener Wert der anrechenbaren Kosten
$AK_H$ = nächst höherer in der Honorartafel angegebener Wert der anrechenbaren Kosten

(9) Sind für das Honorar Minderungen zu berücksichtigen oder wurden Erhöhungen vereinbart (schriftlicher Architektenvertrag)?

Es sind zu prüfen:

§ 20 HOAI Mehrere Vor- und Entwurfsplanungen (Erhöhung)
§ 21 HOAI Zeitliche Trennung der Ausführung (Erhöhung)
§ 22 HOAI Auftrag für mehrere Gebäude (Minderung)
§ 24 HOAI Umbauten und Modernisierungen (Erhöhung)
§ 25 HOAI Leistungen des raumbildenden Ausbaus (Erhöhung).

(10) Zusammenstellung des Honoraranspruchs für Grundleistungen (netto) zuzüglich 19 % MwSt.
= Honoraranspruch für Grundleistungen (brutto).

(11) Wurden Vorauszahlungen bzw. Abschlagszahlungen geleistet?

(12) Weiterhin sind zu prüfen:

Honorar für Besondere Leistungen   (§ 5 HOAI)
Honorar für Zusätzliche Leistungen (Teil III HOAI)
Nebenkosten (§ 7 HOAI).

**Lösung zu Aufgabe 2:  Vorgehensweise bei der Rechnungslegung**

Um die Prüffähigkeit bei Leistungen nach § 15 HOAI gewährleisten zu können, müssen in der **Honorarschlussrechnung** folgende Angaben enthalten sein:

- Objektname und Vertragsgrundlage
- Anrechenbare Kosten nach Kostenberechnung für die Bemessung der Leistungsphasen 1 bis 4, alternativ Honorarermittlungsvereinbarung nach § 4a HOAI
- Anrechenbare Kosten nach Kostenanschlag für die Bemessung der Leistungsphasen 5 bis 7 (entfällt bei Anwendung des § 4a)
- Anrechenbare Kosten nach Kostenfeststellung für die Bemessung der Leistungsphasen 8 und 9 (entfällt bei Anwendung des § 4a)
- Honorarzone und Honorarsatz
- erbrachte Grundleistungen und ggf. Mehrleistungen, ggf. nicht erbrachte Grundleistungen
- Zu- bzw. Abschläge nach den §§ 19 bis 24
- ggf. Abzüge für ersparte Aufwendungen (bei nicht oder nur teilweise erbrachten Grundleistungen)
- Besondere Leistungen
- Honorarberechnung nach den Tabellen ab § 16 einschl. Darstellung der Interpolation nach § 5a
- Zusatzhonorar für Mehrleistungen oder für Verlängerung von Planungs- und Bauzeiten
- Erfolgshonorar, falls vereinbart
- Nebenkosten nach Vereinbarung bzw. auf Nachweis
- Mehrwertsteuer.

(Checkliste nach G. Motzke 2004, S. 229)

**Lösung zu Aufgabe 3: Honorarermittlung für ein Einfamilienhaus**

(1) **Honorarermittlung** anteilig für die Leistungsphasen 1 bis 3 nach Mindestsatz

Nach HOAI § 10 (2) muss die Honorarberechnung hinsichtlich der anrechenbaren Kosten auf Grundlage der DIN 276:1981-04 angefertigt werden. Da generell die Kostenermittlung jedoch nach der gültigen Kostengliederung der DIN 276-1 zu erfolgen hat (wie auch im Abschnitt 3.5.1 in Aufgabe 6), ist es erforderlich, für die Honorarermittlung die Kostendaten nach DIN 276:1993-06 (S.16 ff. Tabelle 3) anzupassen.

| KG (2008) | Kostengruppen nach DIN 276:1981-04 | | Kosten (incl.19% MwSt.) |
|---|---|---|---|
| 100 | 1 | Baugrundstück | 64.000 € |
| 200 | 2.1 | Öffentliche Erschließung | 7.169 € |
| 300 | 3.1 | Baukonstruktionen | 168.671 € |
| 400 | 3.2/3.3 | Installationen und Zentrale Betriebstechnik *) | 30.478 € |
| 470 | 3.4/3.5 | Betriebliche Einbauten u. a. *) | 1.542 € |
| 610 | 4 | Gerät **) | 8.000 € |
| 500 | 5 | Außenanlagen | 12.148 € |

\* vom Architekten weder geplant noch überwacht
\*\* Mitwirkung des Architekten bei der Beschaffung

**Abb. 3-64** An die DIN 276:1981-04 zur Honorarermittlung angepasste Kostendaten eines Einfamilienhauses

Für das Wohnhaus (mit durchschnittlicher Ausstattung) wird Honorarzone III angesetzt. Da die auf die Kosten von Objekten entfallende Umsatzsteuer nicht Bestandteil der anrechenbaren Kosten ist (HOAI § 9 (2)), müssen die in der Aufgabenstellung angegebenen Kosten durch 1,19 dividiert werden.

Die aufgeführten Kostengruppen 1, 2.1 und 5 zählen laut HOAI § 10 (5) 1., 3. und 5. nicht zu den anrechenbaren Kosten.

| **Anrechenbare Kosten (4)** | | HOAI § 10 (4) | nicht HOAI § 10 |
|---|---|---|---|
| 3.1 | Baukonstruktionen | | 168.671 € |
| 3.2/3.3 | Installationen und Zentrale Betriebstechnik | 30.478 € | |
| 3.4/3.5 | Betriebliche Einbauten u. a. | 1.542 € | |
| 4.0 | Gerät (in diesem Fall anrechenbar, da der Architekt bei der Beschaffung mitwirkte, § 10 (5) HOAI) | | 8.000 € |
| Zwischensumme | | 32.020 € | 176.671 € |

Übertrag                               32.020 €                    176.671 €

davon bis zu 25 v. H. der sonstigen
anrechenbaren Kosten voll, § 10 (4) HOAI

$$176.671 € \cdot 0,25 = 44.168 €$$

$$32.020 € < 44.168 €$$                          32.020 €

mit dem 25 v. H. der sonstigen anrechenbaren Kosten
übersteigenden Betrag zur Hälfte, § 10 (4) HOAI(entfällt)              0 €

Anrechenbare Kosten                                                208.691 €

**Honorar**

Prozentualer Anteil der Leistungsphasen 1 bis 3: 3 % + 7 % + 11 % = 21 %

$$H(1 \text{ bis } 3) = 0,21 \cdot (H_N + (H_H - H_N) \cdot \frac{AK - AK_N}{AK_H - AK_N})$$

$$H(1 \text{ bis } 3) = 0,21 \cdot (21.586 + (26.380 - 21.586) \cdot \frac{208.691 - 200.000}{250.000 - 200.000}) €$$

$$H(1 \text{ bis } 3) = 0,21 \cdot (21.586 + 4.794 \cdot 0,17382) €$$

$$= 0,21 \cdot 22.419 €$$

$$= 4.708 € \text{ zuzüglich 19 \% MwSt.}$$

$$= \underline{\textbf{5.603 €}} \textbf{ Honoraranspruch (brutto)}$$
für die Grundleistungen der Leistungsphasen 1 bis 3

(2) **Besondere Leistungen**

Als Besondere Leistung kann z. B. eine Kostenberechnung mittels Bauelementkatalog abgerechnet werden. Voraussetzung ist die zuvor erfolgte, schriftliche Vereinbarung dieser Leistung und des dafür anfallenden Honorars.

(3) **Nachkalkulation** des Planungsaufwandes

Zur Nachkalkulation des Planungsaufwandes wird hilfsweise das **Zeithonorar** (Mindestsätze) nach § 6 HOAI herangezogen.

20 h  Auftragnehmer à 38 €/h    =   760 €
60 h  Mitarbeiter       à 36 €/h    = 2.160 €
                                  2.920 € zuzüglich 19 % MwSt.

                                  = **3.475 €**

Das zu beanspruchende Honorar in Höhe von 5.603 € ist gemessen an dem Zeithonorar (Mindestsätze) nach § 6 HOAI bei dem hier angefallenen Aufwand mehr als ausreichend für einen wirtschaftlichen Bürobetrieb.

**Lösung zu Aufgabe 4:  Honorarermittlung für ein Hochschulgebäude**

**Honorarermittlung** für die Leistungsphasen 1 bis 9:

(1) Für das Institutsgebäude besteht die Möglichkeit, sowohl **Honorarzone** IV als auch Honorarzone V anzusetzen. Um in einem solchen Fall Sicherheit in der Wahl der Honorarzone zu erlangen, ist es sinnvoll, die Ermittlung der Honorarzone nach Punkten vorzunehmen (siehe H. Locher u. a., 2006, S. 363 ff.).

Die Punkteverteilung würde nach allgemeiner Qualifizierung der Planungsanforderungen folgendermaßen aussehen:

| Planungsanforderung | Punkte | Planungsanforderung | Punkte |
|---|---|---|---|
| 1. Einbindung in die Umgebung | 4 | 4. Konstruktive Anforderungen | 4 |
| 2. Anzahl der Funktionsbereiche | 8 | 5. Technische Gebäudeausrüstung | 5 |
| 3. Gestalterische Anforderungen | 6 | 6. Ausbau | 5 |
| | | Summe - Punktanzahl | 32 |

Nach HOAI § 11 (2) gilt für eine Punktanzahl von 27 - 34 Punkten die Honorarzone IV. In diese ist das Institutsgebäude einzuordnen.

(2) Vereinbart sind **Honorarzone** IV und Grundleistungen nach Mindestsatz.

| Anrechenbare Kosten | | HOAI § 10 (4) | nicht HOAI § 10 (4) |
|---|---|---|---|
| 3.1 | Baukonstruktionen | | 15.847.900 € |
| 3.2/3.3 | Installationen und Zentrale Betriebstechnik | 6.145.950 € | |
| 3.4 | Betriebliche Einbauten | 1.421.100 € | |
| 3.5.2-4 | Besondere Bauausführungen | 32.600 € | |
| Kostengruppen 3.2 bis 3.5 | | 7.599.650 € | |

bis zu 25 v. H. der sonstigen anrechenbaren Kosten voll, § 10 (4) HOAI

15.847.900 € · 0,25 = 3.961.975 €

| | |
|---|---|
| 7.599.650 € > 3.961.975 € | 3.961.975 € |

der 25 v. H. der sonstigen anrechenbaren Kosten übersteigende Betrag zur Hälfte (§ 10 (4) HOAI)

| | |
|---|---|
| (7.599.650 € - 3.961.975 €) / 2 = | 1.818.838 € |
| Summe | **21.628.713 €** |

**Honorar:**

$$H(1 \text{ bis } 9) = H_N + (H_H - H_N) \cdot \frac{A_K - AK_N}{AK_H - AK_N}$$

$$= 1.563.771 + (1.925.012 - 1.563.771) \cdot \frac{21.628.713 - 20.000.000}{25.000.000 - 20.000.000} \, \text{€}$$

$$= 1.563.771 + 361.241 \cdot 0,325743 \, \text{€}$$

$$= 1.681.443 \, \text{€} \text{ zuzüglich 19 \% MwSt.}$$

$$= \underline{\mathbf{2.000.917 \, \text{€}}} \text{ Honoraranspruch für Grundleistungen (brutto)}$$

### Lösung zu Aufgabe 5: Kostensteigerung und Honorar

Anrechenbare Kosten vor Kostensteigerung (Aufgabe 3):      208.691 €
Honorar für Leistungsphasen 1 bis 3 bei
Honorarzone III und Mindestsatz (Aufgabe 3):     5.603 € incl. 19 % MwSt.

Anrechenbare Kosten nach Kostensteigerung um 15 % :     239.995 €

Honorar für Leistungsphasen 1 bis 3 bei Honorarzone III und Mindestsatz:

$$H(1 \text{ bis } 3) = 0,21 \cdot (21.586 + (26.380 - 21.586) \cdot \frac{239.995 - 200.000}{250.000 - 200.000}) \, \text{€}$$

$$= 0,21 \cdot (21.586 + 4.794 \cdot 0,7999) \, \text{€}$$

$$= 0,21 \cdot 25.421 \, \text{€}$$

$$= 5.338 \, \text{€} \text{ zuzüglich 19 \% MwSt.}$$

$$= \mathbf{6.352 \, \text{€}} \text{ Honoraranspruch nach Kostensteigerung}$$

Vergleich: $\dfrac{\text{Honorar nach Kostensteigerung}}{\text{Honorar vor Kostensteigerung}} = \dfrac{6.352 \; \text{€}}{5.603 \; \text{€}} = 1,133 \approx 1,13$

Die 15 %ige Baukostensteigerung führt in diesem Fall zu einer 13 %igen Honorarsteigerung. Wegen der degressiven Honorarfunktion steigt das Honorar unterproportional zu den anrechenbaren Kosten.

### Lösung zu Aufgabe 6: Kosteneinsparung und Honorar

Ja, die Bemühungen haben sich gelohnt, wenn vor Auftragsbearbeitung mit dem Bauherrn schriftlich ein Erfolgshonorar vereinbart wurde (§ 5 (4a) HOAI).

Dieses betrüge in diesem Fall maximal 4.284 € brutto.

149.000 € - 131.000 € = 18.000 € eingesparte Kosten (netto)

Erfolgshonorar max. 20 vom Hundert der eingesparten Kosten:

$$0,2 \cdot 18.000 \, \text{€} = 3.600 \, \text{€} \text{ zuzüglich 19 \% MwSt.}$$

$$= \underline{\mathbf{4.284 \, \text{€}}}$$

Ohne vorherige schriftliche Vereinbarung ist eine besondere Vergütung in der Regel nicht zu erwarten, da die Untersuchung alternativer Lösungsmöglichkeiten (einschließlich Kostenschätzung nach DIN 276-1) auch als Bestandteil der Grundleistungen der Leistungsphase 2 anzusehen ist. Dann ist vielmehr das Gegenteil der Fall: Da das Architektenhonorar an die anrechenbaren Kosten gekoppelt ist, müssen Sie eine Honorarminderung in Kauf nehmen.

**Lösung zu Aufgabe 7: Honorar für mehrere gleiche Gebäude**

(1) Das Honorar für sechs gleiche Einfamilienhäuser beträgt nicht das Sechsfache des Honorars für ein Haus, auch dann nicht, wenn unberücksichtigt bleibt, dass die Wiederholung gleicher Gebäude in der Bauausführung durch die Rationalisierung bzw. durch Mengenrabatte zu Preissenkungen führen könnte. Vielmehr ist nach § 22 HOAI das Honorar für die Leistungsphasen 1 bis 7 bei der 1. bis 4. Wiederholung um 50 % und bei allen weiteren Wiederholungen um 60 % zu mindern.

Für ein Haus besteht für die Leistungsphasen 1 – 9 ein Honoraranspruch von

22.419 € (s. Aufgabe 3).

Haus 1:
H(1 bis 9) = 1,00 · 22.419 € vollständig                                   22.419 €

Haus 2 bis 5 (1. bis 4. Wiederholung) jeweils:
H(1 bis 7)   = 0,66 · 22.419 € zu 50 v. H.        = 7.398 €
H(8 und 9)   = 0,34 · 22.419 € vollständig        = 7.622 €
pro Haus                                          15.020 €

Haus 2 bis 5 gesamt:        15.020 €· 4 Häuser = 60.080 €        60.080 €

Haus 6:
H(1 bis 7)   = 0,66 · 22.419 € zu 40 v. H.        = 5.919 €
H(8 und 9)   = 0,34 · 22.419 € vollständig        = 7.622 €
                                                  13.541 €
Haus 6 gesamt:                                                   13.541 €

alle 6 Häuser zusammen (ohne MwSt.)                             96.040 €

**Honorar** (incl. 19 % MwSt.)                                 **114.288 €**

Die Honorarforderung beträgt 114.288 € (incl. 19 % MwSt.), das macht im Durchschnitt pro Haus 19.048 € anstatt (22.419 € · 1,19 =) 26.679 € für das gleiche Gebäude als Einzelplanung aus.

Häufig handelt es sich bei solchen Bauvorhaben nicht um vollständig gleiche, sondern nur um im Wesentlichen gleichartige Gebäude, bei denen in der Kostenberechnung und vor allem in der Kostenfeststellung die anrechenbaren Kosten mehr oder weniger geringfügig differieren. Dann ist der Prozentsatz der Honorarminderung auf alle sechs Häuser gleichmäßig zu verteilen, also:

$$(4 \cdot 50 \% + 1 \cdot 60 \%) : 6 = 43{,}33 \%$$ Honorarminderung bei jedem Haus
(in den Leistungsphasen 1 bis 7).

(2) Das Honorar für das 6-Familienhaus wäre nicht durch die Minderung des § 22 HOAI geschmälert worden, auch wenn die Wohnungsgrundrisse in diesem einen Gebäude alle gleich gewesen wären. Insofern wäre diese Planungsaufgabe unter Honoraraspekt vorteilhafter gewesen.

**Lösung zu Aufgabe 8:  Honorar bei Modernisierung mit  Selbsthilfe**

(1) Honorar für die Leistungsphasen 1 bis 4 bei Honorarzone III nach **Mindestsatz** zuzüglich eines Umbau-Zuschlags von 20 v. H. (bei durchschnittlichem Schwierigkeitsgrad, sofern nichts anderes vereinbart ist)

Anrechenbare Kosten:

Kosten des Bauwerks (KG 3)        302.050 €

Die Kosten der Kostengruppen 3.2/3.3, 3.4 und 3.5 betragen weniger als 25 v. H. der sonstigen anrechenbaren Kosten, so dass sie voll anrechenbar sind.

Grundlage der Honorarermittlung sind die in der Kostenberechnung angenommenen marktüblichen Preise.

Das Honorar bzw. die anrechenbaren Kosten werden durch Selbsthilfe (Eigenleistungen = Art der Kapitalbeschaffung) nicht berührt.

Honorar nach Mindestsatz:

$$H \,(1 \text{ bis } 4) \;= 0{,}27 \cdot (H_N + (H_H - H_N) \cdot \frac{AK - AK_N}{AK_H - AK_N})$$

$$= 0{,}27 \cdot (30.650 + (34.561 - 30.650) \cdot \frac{302.050 - 300.000}{350.000 - 300.000}) \,€$$

$$= 0{,}27 \cdot (30.650 + 3.911 \cdot 0{,}041) \,€$$

$$= 0{,}27 \cdot 30.810 \,€$$

$$= 8.319 \,€$$

$$+ \; 1.664 \,€ \text{ Zuschlag 20 v. H.}$$

$$= 9.983 \,€ \text{ zuzüglich 19 \% MwSt.}$$

$$\underline{\underline{= \mathbf{11.880 \,€} \text{ Honoraranspruch nach Mindestsatz}}}$$
**mit Zuschlag von 20 v. H.** (brutto)

(2) Höchstzulässiges Honorar

Unter Berücksichtigung der besonderen Aufgabenstellung könnte der Honorarrahmen bis zum **Höchstsatz** ausgeschöpft werden. Zusätzlich kann bei durchschnittlichem Schwierigkeitsgrad der Leistungen das Honorar nach § 24 HOAI Umbauten und Modernisierungen um (20 bis) 33 v. H. erhöht werden. Beides muss schriftlich vereinbart werden.

Honorar:

$$H(1 \text{ bis } 4) = 0{,}27 \cdot (37.643 + (42.700 - 37.643) \cdot \frac{302.050 - 300.000}{350.000 - 300.000}) \, €$$

$$H(1 \text{ bis } 4) = 0{,}27 \cdot (37.643 + 5.057 \cdot 0{,}041) \, €$$

$$= 0{,}27 \cdot 37.850 \, €$$

$$= 10.220 \, €$$

$$+ \quad 3.373 \, € \quad \text{Zuschlag 33 v. H.}$$

$$= 13.593 \, € \quad \text{zuzüglich 19 \% MwSt.}$$

$$\underline{= 16.176 \, €} \text{ höchstzulässiger Honoraranspruch (brutto)}$$

**Lösung zu Aufgabe 9: Honorar bei Neubau und Eigenleistung**

Die Eigenleistung des Bauherrn mindert zwar die von ihm zu leistenden Zahlungen für die Bauleistungen (Lohnleistungen werden in Form von Eigenleistungen erbracht), aber auf die Höhe des Architektenhonorars hat die Eigenleistung des Bauherrn keinen Einfluss, da die für die Errichtung des Bauwerks geplanten Leistungen vollständig erbracht wurden – unabhängig davon, wer sie erbracht hat.

In der Honorarermittlung werden in einem solchen Fall die in der Kostenberechnung angenommenen marktüblichen Preise zugrunde gelegt.

**Lösung zu Aufgabe 10: Teilleistung oder Einzelleistung**

(1) Honoraranspruch für die bisher erbrachten Leistungen von Büro A

Honorarermittlung für die Leistungsphasen 1 bis 3:

Für das Einfamilienhaus ist Honorarzone III anzusetzen. Da nichts Weiteres vereinbart ist, sind die Grundleistungen nach Mindestsatz zu berechnen.

| Anrechenbare Kosten: | | HOAI § 10 (4) | nicht HOAI § 10 |
|---|---|---|---|
| (4) | | | |
| 3.1 | Baukonstruktionen | | 122.150 € |
| 3.2/3.3 | Installationen und Zentrale Betriebstechnik | 21.400 € | |
| 3.4 | Betriebliche Einbauten | 1.850 € | |
| 3.2-3.4 | Zwischensumme | 23.250 € | |

davon bis zu 25 v. H. der sonstigen anrechenbaren Kosten voll:

| | | |
|---|---|---|
| 122.150 € · 0,25 = 30.538 € | | |
| 23.250 € < 30.538 € | | 23.250 € |
| der 25 v. H. der sonstigen anrechenbaren Kosten | | |
| übersteigende Betrag zur Hälfte (entfällt) | | 0 € |
| | | **145.400 €** |

Die Kosten der KG 4 Gerät sind nach § 10 (5) in diesem Fall nicht anrechenbar.

$$H_{(1 \text{ bis } 3)} = 0{,}21 \cdot (H_N + (H_H - H_N) \cdot \frac{AK - AK_N}{AK_H - AK_N})$$

$$= 0{,}21 \cdot (11.311 + (16.578 - 11.311) \cdot \frac{145.400 - 100.000}{150.000 - 100.000}) \, €$$

$$= 0{,}21 \cdot (11.311 + 5.267 \cdot 0{,}908) \, €$$

$$= 0{,}21 \cdot 16.093 \, €$$

$$= 3.380 \, € \qquad \text{zuzüglich 19 \% MwSt.}$$

$$= \underline{\mathbf{4.022 \, €}} \qquad \textbf{Honoraranspruch für Grundleistungen} \text{ (brutto)} \\ \textbf{von Büro A}$$

(2) Honorarforderung für erbrachte Teilleistung von Büro B

Anrechenbare Kosten (wie (1)):                                    145.400 €

Honorarforderung auf Grundlage von § 19 HOAI als Einzelleistung

$$H_{(3)} = 0{,}18 \cdot 16.093 \, €$$

$$= 2.897 \, € \qquad \text{zuzüglich 19 \% MwSt.}$$

$$= \underline{\mathbf{3.447 \, €}} \qquad \textbf{Honoraranspruch für die Entwurfsplanung als} \\ \textbf{Einzelleistung} \text{ (brutto)}$$

Dieses Beispiel zeigt, dass die Einzelleistung Entwurfsplanung nach § 19 fast so hoch (18 % statt 21 %) honoriert wird wie die Leistungsphasen 1 bis 3 nach § 16 HOAI.

**Lösung zu Aufgabe 11:  Honorar bei Großbauvorhaben**

Zu den vorgestellten Punkten ist zu überlegen, ob nicht folgende Lösungen sinnvoll sind:

(1) Honorarberechnung

Die genaue Ermittlung des Architektenhonorars unter Berücksichtigung von Honorarzone sowie Mindest- bis Höchstsatz ist nur für anrechenbare Kosten zwischen 25.565 € und 25.564.594 € vorgesehen.

Liegen die anrechenbaren Kosten über 25.564.594 €, sollte man zunächst prüfen, ob der entsprechende Prozentsatz, der für den Bereich zwischen 25.000.000 € und 25.564.594 € gilt, auch für die über 25.564.594 € hinausgehenden anrechenbaren Kosten auskömmlich ist. Der entsprechende Prozentsatz gibt das zusätzliche Honorar für jeden zusätzlichen € anrechenbare Kosten an. Er beträgt im Bereich zwischen 25.000.000 € und 25.564.594 €:

| Honorarzone | Honorar (in % der anrechenbaren Kosten) |
|---|---|
| III | 6,29 bis 7,24 |
| IV | 7,24 bis 7,86 |
| V | 7,86 bis 8,34 |

Objekte mit über 25 Mio. € anrechenbaren Kosten dürften in den Honorarzonen I und II kaum vorkommen. Objekte dieser Größenordnung, insbesondere solche der Honorarzone V sind z. T. so komplex, dass diese Prozentsätze nicht auskömmlich sind und dementsprechend höhere Sätze vereinbart werden müssen.

(2) Zahlungseingänge

Der Architekten- und Ingenieurvertrag unterliegt dem Werkvertragsrecht, verankert im BGB, § 631 bis § 650. Der enthaltene § 641 besagt, dass „ ... die Vergütung erst bei Abnahme des Werkes zu entrichten ... " ist. „Etwas anderes gilt nach dieser BGB-Vorschrift nur dann, wenn das Werk in Teilen abzunehmen ist und die Vergütung für die einzelnen Teile ausreichend bestimmt ist. Entsprechendes muss zwischen den Vertragsparteien allerdings erst vereinbart werden." (A. Wirth, S. Theis 1997, S. 518)

Nach § 8 (2) HOAI können in angemessenen zeitlichen Abständen Abschlagszahlungen für nachgewiesene Leistungen gefordert werden. Jedoch ist diese Regelung in der Rechtssprechung umstritten, da sie nicht dem § 641 BGB entspricht. Daher ist es ratsam, die Geltung des § 8 HOAI oder einen gesondert aufgestellten Zahlungsplan ausdrücklich vertraglich mit dem Bauherrn zu vereinbaren.

Um die **Liquidität** des Architekturbüros zu sichern, ist bei Großprojekten bzw. solchen Projekten, die einen wesentlichen Teil des Honoraraufkommens des Büros ausmachen, unbedingt zur Vereinbarung eines **Zahlungsplan**es mit regelmäßigen Zahlungen zu raten.

(3) Verlängerung der Planungs- und Bauzeit

Dies ist dann unkritisch, wenn sich gleichzeitig das Bauvolumen erhöht. Gerade Großbauvorhaben sind diesbezüglich durch eine gewisse Eigendynamik gekennzeichnet. Wird allerdings nur der Baufortschritt verzögert, so sind die Konsequenzen für das Büro zu beachten. So muss der gleiche Erlös für eine längere Dauer verwendet werden, sofern nicht eine Vereinbarung über § 21 HOAI *Zeitliche Trennung der Ausführung* getroffen wurde.

Anderenfalls muss der Personalbestand – bezogen auf diesen Auftrag – angepasst werden. Als Kompensation hierfür sollten rechtzeitig kleinere Aufträge akquiriert werden, um das Büro vor einer unerwarteten Illiquidität zum Projektende zu bewahren.

Anmerkung:

Die Honorareinkünfte bei Aufträgen dieser Größenordnung liegen im Bereich mehrerer Millionen €. Häufig wachsen kleinere oder mittlere Büros mit Erlangung eines so großen Auftrages schlagartig an. Die hierbei entstehende Einarbeitungs- und Organisationsphase ist kostenintensiv und vorerst wenig produktiv. Daher ist über die ganze Projektdauer eine fortlaufende Einsatzplanung und Erlösplanung das einzige Mittel, um das Büro vor einem unerwarteten Konkurs zum Projektende zu bewahren. Ein derartiger Konkurs ist dann zu befürchten, wenn alle Honorare verwendet sind, der Bauherr aber noch Leistungen des Planers in erheblichem Umfang beanspruchen darf.

(4) Alternativ- und Änderungsplanungen

Planungsänderungen sind gerade bei großen und lange andauernden Projekten fast Planungsalltag. Die Honorierung von solchen Planungsleistungen, die nicht zu den Grundleistungen gehören wie z. B. Untersuchungen von Lösungsmöglichkeiten nach grundsätzlich verschiedenen Anforderungen (Besondere Leistung der Leistungsphase 2. *Vorplanung*), ist vertraglich frühzeitig zu regeln.

**Lösung zu Aufgabe 12: Baunebenkosten**

Das errechnete Architektenhonorar beläuft sich auf ca. 2 Mio. € (incl. MwSt.). Die Baunebenkosten (noch ohne Architektenhonorar) betragen nach Aufgabe 4 1.518.400 € (ohne MwSt.) bzw. rund 1.807.000 € (incl. MwSt.).

Dann beträgt die Summe der Baunebenkosten:

| | | |
|---|---|---|
| Architektenhonorar (incl. MwSt.) | 2.000.000 € | |
| Sonstige Baunebenkosten (incl. MwSt.) | 1.807.000 € | |
| Summe Baunebenkosten ca. | **3.807.000 €** | = 100 % |

Die Ingenieurhonorare machen mit anteilig 25,0 % 951.750 € aus. Daraus ergeben sich die neuen sonstigen Nebenkosten (incl. MwSt.) in einer Höhe von 855.250 €. Auf einige Anteile der sonstigen Baunebenkosten (Gebühren, Zinsen) entfällt keine Umsatzsteuer, so dass die Summe dieser sonstigen Baunebenkosten i. d. R. etwas geringer ausfällt.

Die prozentuale Zusammensetzung der gesamten Baunebenkosten ergibt sich wie folgt:

| | | |
|---|---|---|
| **Architektenhonorar** (incl. MwSt.) | 2.000.000 € | ≈ **52,5 %** |
| **Ingenieurhonorare** (incl. MwSt.) | 951.750 € | **25,0 %** |
| **Sonstige Baunebenkosten** (incl. MwSt.) | 855.250 € | ≈ **22,5 %** |
| **Baunebenkosten** | 3.807.000 € | **100,0 %** |

**Lösung zu Aufgabe 13: Mangel beim Abschluss des Architektenvertrages**

(1) Sie haben mit Ihrem Bekannten einen mündlichen Werkvertrag nach § 631 BGB abgeschlossen. Da Sie Ihren Verpflichtungen als Auftragnehmer voll entsprochen haben, haben Sie selbstverständlich Anspruch auf die entsprechende Vergütung.

Die Honorarforderung für die von Ihnen erbrachte Besondere Leistung kann über den Zeitaufwand (§ 6 HOAI) ermittelt werden. Mangels besonderer Vereinbarungen ist nur der jeweilige Mindestsatz anzusetzen.

| | | | |
|---|---|---|---|
| 8 h  Auftragnehmer | à 38 €/h | = | 304 € |
| 5 h  Technischer Zeichner | à 31 €/h | = | 155 € |
| Zwischensumme | | | 459 €  zuzüglich 19 % MwSt. |

**Honoraranspruch nach Zeitaufwand**    **546 €**

(2) Eine Vorkalkulation hätte ergeben, dass die Mindestsätze nach HOAI für Ihr Büro nicht kostendeckend sind. Wenn Sie dagegen bei der Auftragserteilung z. B. folgende Stundensätze

| | | |
|---|---|---|
| Auftragnehmer | 50 € | (Diese Stundensätze liegen zwischen den Mindest- und Höchstsätzen.) |
| Technischer Zeichner | 35 € | |

schriftlich vereinbart hätten, wäre das Honorar, das Sie beanspruchen könnten, kostendeckend.

| | | | |
|---|---|---|---|
| 8 h  Auftragnehmer | à  50 €/h | = | 400 € |
| 5 h  Technischer Zeichner | à  35 €/h | = | 175 € |
| Honorar (ohne MwSt.) | | | 575 €  > 480 € Selbstkosten (ohne MwSt.) |
| **Honorar** (incl. 19 % MwSt.) | | | **684 €** |

**Lösung zu Aufgabe 14:  Entgangener Gewinn bei Kündigung des Architektenvertrages**

Der Architekt hat bei einer von ihm nicht zu vertretenden Kündigung einen Anspruch auf entgangenen Gewinn (§ 649 BGB) in Höhe des Honoraranteils, der auf die noch nicht erbrachte Leistung entfällt, abzüglich der ersparten Aufwendungen.

Die ersparten Aufwendungen, also die Kosten, die dem Architekten bei der Bearbeitung des Auftrages entstanden wären und die er infolge der Vertragsaufhebung spart, sind je Einzelfall durch den Architekten nachzuweisen.

Angenommen, dem Büro A würden durch die vorzeitige Vertragskündigung seitens des Bauherrn Aufwendungen in Höhe von 40 % des Honorars erspart, dann setzte sich der Honoraranspruch des Büros wie folgt zusammen:

H(4 bis 9) = 0,79 · 10.680 €

= 8.437 € davon 60 %

= 5.062 € zuzüglich 19 % MwSt.

= **6.024 € entgangener Gewinn** (brutto)

Zuzüglich zum Honorar für die Leistungsphasen 1 bis 3 hat das Architekturbüro A bei ersparten Aufwendungen in Höhe von 40 % des Honorars Anspruch auf entgangenen Gewinn in Höhe von 6.024 €.

# 4. Aufgaben und Lösungen zum Band 2

## 4.1 Organisation der Bauplanung und -ausführung

Nicht nur die Frage, wie die Planung zu organisieren ist, sondern auch die Form der Beauftragung der Bauleistungen ist zu Beginn eines Bauprojektes sorgfältig zu erörtern. Denn die Wahl von Unternehmenseinsatzformen, z. B. eines Generalunternehmers oder eines Totalunternehmers, hat großen Einfluss auf die Art und den Umfang der Planung, die Kosten und die Risiken der Projektarbeit.

### Aufgabenverzeichnis

Die folgenden Aufgaben beziehen sich auf Kapitel 1 des Lehrbuches Band 2.

1  General- und Totalunternehmer und -übernehmer
2  Unterschiedliche Risiken von Unternehmenseinsatzformen
3  Unternehmenseinsatzformen und ihre Funktionen im Vergleich

### Vorschriften und Normen

Bundesministerium für Verkehr, Bau und Stadtentwicklung (Hrsg.): VHB – Vergabe- und Vertragshandbuch für die Baumaßnahmen des Bundes, Stand 07/2008
Vergabe- und Vertragsordnung für Bauleistungen (VOB Teil A, B und C, Ausgabe 2006)
Verdingungsordnung für Leistungen (VOL Teil A) Ausgabe 2006
Verdingungsordnung für freiberufliche Leistungen (VOF) Ausgabe 2006

### Empfohlene Literatur zur weiteren Vertiefung

Kalusche, W.: Projektmanagement für Bauherren und Planer, München, Wien 2002
Kochendörfer, B.: Bau-Projekt-Management: Grundlagen und Vorgehensweisen, Wiesbaden 2007

**Aufgabe 1:  General- und Totalunternehmer und -übernehmer**

Viele ausführende Firmen, also Bauunternehmen, haben in den letzten Jahrzehnten ihr Leistungsspektrum erweitert. So sind zu den Bauleistungen (im Sinne der Vergabe- und Vertragsordnung für Bauleistungen VOB und des Vergabehandbuches VHB) häufig Planungsleistungen (im Sinne der Honorarordnung HOAI), teilweise auch Bauherrenaufgaben oder der Betrieb von Bauwerken oder baulichen Anlagen zusätzlich übernommen worden. Beschreiben Sie die Leistungen der folgenden Unternehmenseinsatzformen entsprechend der grundsätzlichen Inhalte und nicht der in der Praxis vereinzelt anzutreffenden Beliebigkeit:

a)  Generalunternehmer

b)  Totalunternehmer

c)  Totalübernehmer

**Aufgabe 2:  Unterschiedliche Risiken von Unternehmenseinsatzformen**

Häufig übernehmen ausführende Firmen, die bisher in der Durchführung von Rohbauarbeiten erfolgreich waren, darüber hinaus auch Planungsaufgaben. In Einzelfällen treten sie sogar als Bauherren auf, erwerben Baugrundstücke, entwickeln das Bauprogramm und führen das Projekt, meist unter Einschaltung von Nachunternehmern, selbst vollständig aus. Soweit sie das Objekt nicht für eigene Zwecke benötigen, versuchen sie es mit möglichst hohem Gewinn zu veräußern.

(1) Welche beiden Unternehmenseinsatzformen sind hier angesprochen?

(2) Welche Risiken sind für die jeweilige Unternehmenseinsatzform mit den erweiterten bzw. vollständigen Leistungen verbunden?

**Aufgabe 3: Unternehmenseinsatzformen und ihre Funktionen im Vergleich**

Stellen Sie die im Bauwesen bekannten Unternehmenseinsatzformen Projektentwickler, Totalunternehmer (Totalübernehmer), Generalunternehmer (Generalübernehmer), Fachunternehmer, Baustoffhersteller und ihre Funktion als produzierender Betrieb, ausführende Firma, Planer und Bauherr als Matrix dar, indem Sie die entsprechenden Zuordnungen treffen und zusätzlich in Stichworten erläutern.

**Lösung zu Aufgabe 1:  General- und Totalunternehmer und -übernehmer**

Die Unternehmenseinsatzformen Generalunternehmer, Totalunternehmer und Totalübernehmer sind durch die folgenden Leistungen gekennzeichnet:

a) Als Generalunternehmer wird derjenige Hauptauftragnehmer bezeichnet, der sämtliche für ein Bauwerk erforderliche Bauleistungen (im Sinne von VOB und VHB) zu erbringen hat. Dabei schließt der Auftraggeber einen Vertrag für alle Bauleistungen mit dem Generalunternehmer ab. Wesentliche Teile davon (z. B. die Rohbauarbeiten) führt er selbst aus. Über die Fachleistungen hinaus hat er umfangreiche Koordinationsaufgaben zu erbringen und ein höheres Risiko zu tragen, was bei der Preisbildung bzw. bei der Abgabe des Angebotes berücksichtigt werden muss (Generalunternehmerzuschlag).

b) Der Totalunternehmer erbringt über die Bauleistungen hinaus auch den vollen Umfang der Planungsleistungen im Sinne der HOAI. Der Auftraggeber (Bauherr) wird damit von der Koordination und Steuerung der Planungsleistungen weitestgehend entlastet.

c) Als Übernehmer werden diejenigen Auftragnehmer (General- oder Totalübernehmer) bezeichnet, die sich einerseits mit umfassenden Leistungen als Generalunternehmer oder Totalunternehmer beauftragen lassen, jedoch andererseits die hierfür erforderlichen Fachleistungen nicht selbst erbringen, sondern hiermit in vollem Umfang  Nachunternehmer (Subunternehmer) beauftragen. So erbringen Totalübernehmer z. B. ausschließlich Managementleistungen für die beauftragten Planungs- bzw. Bauleistungen.

**Lösung zu Aufgabe 2:  Unterschiedliche Risiken von Unternehmenseinsatzformen**

(1) Übernehmen ausführende Firmen über die Bauausführung, z. B. Rohbauarbeiten, hinaus weitere Leistungen, dann handelt es sich

- bei der zusätzlichen Übernahme von Planungsleistungen um einen **Totalunternehmer** und

- im Fall der vollständigen Projektdurchführung einschließlich Erwerb und Entwicklung des Grundstücks bis zum Verkauf des bebauten Grundstücks um einen **Bauträger** (in der Regel beim Wohnungsbau) oder einen **Developer** (in der Regel beim Gewerbebau).

(2) Beschränkt sich das Risiko einer ausführenden Firma auf die mängelfreie sowie kosten- und termingerechte Ausführung der beauftragten Bauarbeiten (Ausführungsrisiko), so treten im Fall erweiterter Leistungsumfänge zahlreiche Risiken hinzu, wie die Abbildung 4-1 zeigt.

```
┌─────────────────────────────────────────────────────────┐
│ Gesamtrisiko des Bauträgers oder Developers               │
│                                                           │
│              - Standortrisiko                             │
│              - Entwicklungsrisiko                         │
│              - Genehmigungsrisiko                         │
│   ┌──────────────────────────────────┐                   │
│   │  - Planungsrisiko                │  Risiken des       │
│   │  - Ausführungsrisiko             │  Totalunternehmers │
│   │                                  │                    │
│   │  - Finanzierungsrisiko           │                    │
│   │  - Absatzrisiko                  │                    │
│   │  - Nutzungsrisiko                │                    │
│   └──────────────────────────────────┘                   │
└─────────────────────────────────────────────────────────┘
```

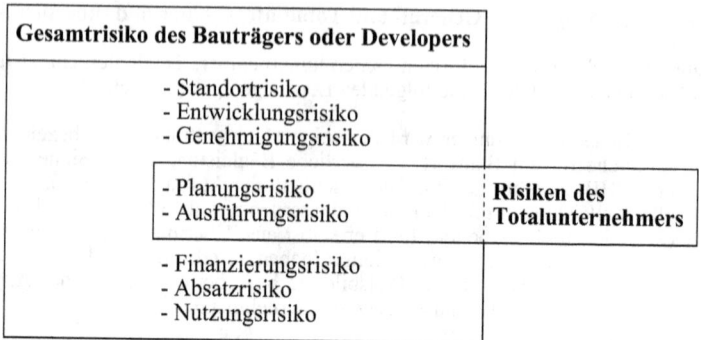

**Abb. 4-1** Erweiterte Risiken beim Bauträger bzw. Developer und beim Totalunternehmer

**Lösung zu Aufgabe 3:  Unternehmenseinsatzformen und ihre Funktionen im Vergleich**

| Unternehmenseinsatzformen und ihre Funktion | Produzierender Betrieb | Ausführende Firma | Planer | Bauherr |
|---|---|---|---|---|
| Projektentwickler als Developer | - | + [1] | + [1] | + |
| Totalunternehmer (Totalübernehmer) [5] | - | + [2] | + [1] | - |
| Generalunternehmer (Generalübernehmer) [5] | - | für alle Gewerke[1] | - [3] | - |
| Fachunternehmer | - [4] | für einzelne Gewerke | - | - |
| Baustoffhersteller | liefert Baustoffe | - | - | - |

1) übernimmt Leistungen verantwortlich (Außenverhältnis) und vergibt unabhängig davon Teile der Leistungen an Subunternehmer (Innenverhältnis)
2) Leistung wird häufig als Schlüssel-Fertig-Bau (SFB) bezeichnet
3) häufig Übernahme von Teilleistungen der Planer (Koordination der Gewerke, Ausführungsplanung bei Leistungsbeschreibung mit Leistungsprogramm)
4) teilweise Herstellung von Baustoffen
5) Generalübernehmer und Totalübernehmer erbringen Leistungen nicht selbst, sondern vergeben diese an Nachunternehmer

**Abb. 4-2** Matrix der Unternehmenseinsatzformen

# 4.2 Bauplanung

Eine der wichtigsten Aufgaben der Bauplanung ist es, die Wünsche des Bauherrn bzw. die Nutzungsanforderungen mit den örtlichen Randbedingungen und insbesondere den rechtlichen Anforderungen in Einklang zu bringen.

Die Genehmigungsplanung steht ganz im Zeichen des öffentlichen Baurechts. Dieses umfasst:

- das öffentliche Planungsrecht (einschließlich Bodenordnungsrecht)
  niedergelegt im Baugesetzbuch (BauGB) und in der Baunutzungsverordnung
  (BauNVO)

- das Bauordnungsrecht
  niedergelegt in den einzelnen Landesbauordnungen und in den örtlichen Bauvorschriften

- sonstige Rechtsvorschriften
  wie Bundesimmissionsschutzgesetz (BImSchG), Denkmalschutzgesetz (DSchG), Naturschutzgesetz (NatSchG), Energieeinsparverordnung (EnEV), Abfallgesetz (AbfG) u. a.

Das öffentliche Baurecht – wie auch das Berufsrecht – scheint die schöpferische Tätigkeit des Planenden zunächst einzuengen und zu reglementieren, jedoch muss man anerkennen, dass es der individuellen und der öffentlichen Sicherheit sowie der planvollen funktionalen und gestalterischen Entwicklung unserer Bauwerke und Städte dient bzw. dienen soll.

Die Nichtbeachtung und Verstöße gegen dieses Regelwerk können zu Umplanungen und Verzögerungen bis hin zur Baustilllegung oder Nichtabnahme bei Fertigstellung führen. Ärger, Zeitverlust und zusätzliche Kosten sind die Folge.

Die Gesamtheit von Vorschriften und Normen, die der Architekt zu beachten hat, ist fast unübersehbar. Keinesfalls kann es Aufgabe der Planungs- und Bauökonomie sein, alle damit zusammenhängenden Fragen zu behandeln.

Wichtig aber erscheint es, die Koordinations- und Integrationsaufgabe des Architekten sowie den Genehmigungsablauf in seinen Grundzügen und die daraus resultierenden Anforderungen an die Planung zu kennen. Dazu gehört auch die Frage des Bauvorlagerechts. Diese Kenntnisse zu überprüfen und zu vervollständigen ist Anliegen der folgenden Aufgaben, die sich auf das Kapitel 2 des Lehrbuches Band 2 beziehen.

## Aufgabenverzeichnis

1 Koordination und Integration in der Bauplanung
2 Bauvorlageberechtigung
3 Planungsablauf und Baugenehmigung
4 Bauvorlagen
5 Gestattungsverfahren

**Vorschriften und Normen**

Baugesetzbuch (BauGB) in der Fassung der Bekanntmachung vom 23.09.2004,
    zuletzt geändert am 13.12.2006
Baunutzungsverordnung (BauNVO) in der Fassung vom 23.1.1990, geändert
    durch Artikel 3 des Gesetzes vom 22. April 1993
Bauvorlagenverordnung (BauVorlVO, für das jeweilige Bundesland)
Landesbauordnung (für das jeweilige Bundesland)
Musterbauordnung (MBO) von November 2002
Verordnung des Sächsischen Staatsministeriums des Innern zur Durchführung der
    Sächsischen Bauordnung (DVOSächsBO) vom 2.9.2004

**Empfohlene Literatur zur weiteren Vertiefung**

Dammert, B.: Die neue Sächsische Bauordnung, Heidelberg 2005
Fickert, H.: Baunutzungsverordnung - Kommentar, Stuttgart 2002
Hammer, G.: Die neue Bauordnung im Bild - Praxisgerechte, schnelle und rechts-
    sichere Antworten zum Bauordnungs- und Bauplanungsrecht von A-Z, 2007
Jäde, H.: Baugesetzbuch, Baunutzungsverordnung: Kommentar, Stuttgart 2005
Otto, Chr.-W.: Brandenburgische Bauordnung, Dresden 2007
Söfker, W. (Hrsg.): Baugesetzbuch, München 2007

Zeichnung: Gabor Benedek

**Aufgabe 1: Koordination und Integration in der Bauplanung**

Was ist unter Koordination und Integration in der Bauplanung zu verstehen und welche Bedeutung kommt ihnen zu?

**Aufgabe 2: Bauvorlageberechtigung**

Ein Hochschulabsolvent einer Architekturfakultät (Dipl.-Ing., bisher ohne Berufserfahrung) möchte für folgende Vorhaben den Bauantrag und die Bauvorlagen einreichen:

(1) eine Doppelgarage mit 35 m² Nutzfläche

(2) ein Wohnhaus mit 2 Vollgeschossen und 120 m² Grundfläche

(3) eine 4,80 m hohe Lagerhalle mit 240 m² Grundfläche

(4) eine eingeschossige Erweiterung eines unter Denkmalschutz stehenden Rathauses um 100 m² Nutzfläche.

Für welche Vorhaben besitzt er die Bauvorlageberechtigung, wenn er noch nicht in die Architektenliste eingetragen ist?

**Aufgabe 3: Planungsablauf und Baugenehmigung**

Die Planung von Gebäuden ist oft von rechtlichen Schwierigkeiten begleitet, die Baugenehmigung wird nicht selten zunächst versagt. Meist liegt dies an mangelnder Information, unzureichender Abstimmung mit Behörden und Nachbarn sowie an Formfehlern. Durch welche Maßnahmen können solche Behinderungen der Planung und Baugenehmigung vermieden werden?

**Aufgabe 4: Bauvorlagen**

Wie setzen sich die Bauvorlagen zusammen? In wie vielfacher Ausfertigung müssen die einzelnen Unterlagen eingereicht werden?

**Aufgabe 5: Gestattungsverfahren**

Welchem Gestattungsverfahren unterliegen die folgenden Vorhaben in Sachsen?

(1) Errichtung einer Werbeanlage, die einer Zulassung nach Straßenrecht bedarf

(2) Neubau eines Zweifamilienhauses im Innenbereich

(3)   Bau eines Gartenhäuschens von 3 m Länge und 2,5 m Breite, das nicht im
      Außenbereich liegt

(4)   Errichtung eines Wohnhochhauses im Geltungsbereich eines Bebauungspla-
      nes

(5)   Erweiterung eines Einfamilienhauses, die den Festsetzungen des Bebauungs-
      planes entspricht und zu der sich die Gemeinde innerhalb von sechs Wochen
      nach Eingang der Bauvorlagen nicht geäußert hat.

(6)   Neubau eines Hochschulinstitutes, dessen Entwurfsarbeiten und Bauüberwa-
      chung von eines Dienststelle des Freistaates Sachsen geleitet werden.

**Lösung zu Aufgabe 1:   Koordination und Integration in der Bauplanung**

Die Bedeutung der Koordination und Integration in der Bauplanung hat erheblich zugenommen. Konnten noch vor 40 Jahren die meisten Bauwerke durch ein oder vielleicht drei Büros geplant und überwacht werden, so sind heute nicht selten fünf bis zehn Fachingenieurbüros neben dem Objektplaner tätig. Dies liegt daran, dass die inzwischen erforderlichen Fachqualifikationen nur noch von mehreren Planern zusammen bereitgestellt werden können.

Der Erfolg eines Bauvorhabens hängt deshalb weniger von den technischen Möglichkeiten, als vielmehr von der Qualität der Projektorganisation ab. Die Koordination der Beteiligten und Integration der Beiträge der Beteiligten im Hinblick auf das Planungsziel zählen mit zu den wichtigsten Aufgaben.

Dabei ist **Koordination** grundsätzlich prozessorientiert und auf das Zusammenwirken der in der Regel zahlreichen Projektbeteiligten in der Planung und Ausführung ausgerichtet.

**Integration** ist dagegen ergebnisbezogen und auf die ganzheitliche Lösung der Bauaufgabe orientiert. Sie umfasst die zielgerichtete Einbeziehung der Beiträge anderer Beteiligter in den eigenen Leistungsbeitrag.

So haben bei der Bauplanung im Grundsatz der Bauherr und gegebenenfalls sein Projektsteuerer im Rahmen der Bauherrenaufgaben vor allem die Koordination und die Steuerung der Projektbeteiligten wahrzunehmen.

Dem Objektplaner für Gebäude oder Ingenieurbauwerke und Verkehrsanlagen kommt schwerpunktmäßig eine Integrationsfunktion, vorrangig im Zusammenwirken der verschiedenen Fachbereiche zu.

**Lösung zu Aufgabe 2:   Bauvorlageberechtigung**

Zur Beantwortung der Frage nach der Bauvorlageberechtigung wird § 65 der Musterbauordnung bzw. der Sächsischen Bauordnung in Verbindung mit der Verwaltungsvorschrift des Sächsischen Staatsministeriums des Inneren zur Sächsischen Bauordnung (VwVSächsBO) herangezogen. Hier steht, dass die Einschränkung der Bauvorlageberechtigung auf z. B. Architekten bei technisch einfachen Gebäuden nicht gilt, und in der genannten Verwaltungsvorschrift ist unter Nr. 65.3.2 festgelegt, was technisch einfache Gebäude sind. Hierzu gehören:

„- freistehende Gebäude bis 50 m² Bruttogrundfläche und mit nicht mehr als zwei Geschossen,
- Gebäude ohne Aufenthaltsräume bis 100 m² Bruttogrundfläche und mit nicht mehr als zwei Geschossen,
- Behelfsbauten, untergeordnete Gebäude,
- eingeschossige gewerbliche Gebäude und landwirtschaftliche Betriebsgebäude bis zu 250 m² Grundfläche und bis zu 5 m Wandhöhe, gemessen von der Geländeoberfläche bis zur Schnittlinie zwischen Dachhaut und Außenwand."

Dementsprechend können die Bauvorlagen zu den Vorhaben (1) bis (3) von dem noch nicht in die Architektenliste eingetragenen Absolventen einer Architekturfakultät eingereicht werden. Dagegen gehört die geplante Rathauserweiterung nicht zu den technisch einfachen Gebäuden, so dass der Absolvent hierfür keine Bauvorlageberechtigung besitzt.

## Lösung zu Aufgabe 3:  Planungsablauf und Baugenehmigung

Folgende „Gebrauchsanweisung" kann für den erfolgreichen Planungsablauf und einen erfolgreichen Antrag auf Baugenehmigung hilfreich sein:

In welcher Art und in welchem Maß kann das Grundstück bebaut werden?

Klärung planungsrechtlicher Voraussetzungen: Einsicht in den Bebauungsplan und die dazugehörigen Vorschriften

§§ 29 - 35 Baugesetzbuch (BauGB) und Baunutzungsverordnung (BauNVO) Welche nutzungsspezifischen und landesrechtlichen Vorschriften sind zu beachten?

Durchsicht der Landesbauordnung (LBO), der Ausführungsverordnung, einschlägiger DIN-Normen und der Verwaltungsvorschriften, z. B. Gaststättenverordnung, Versammlungsstättenverordnung, Geschäftshausverordnung, Garagenverordnung

Zusätzlich sind zu beachten:

Landschaftsschutz, Naturschutz, Wasserschutz
Sanierungsgebiete u. a.
Denkmalschutz
Baumschutz (BaumschutzVO)
Kfz-Stellplatznachweis (Garagenerlass)
Gestaltungsvorschriften in Ortssatzung und Bebauungsplan
Anfragen beim Bezirksschornsteinfegermeister bezüglich der Feuerungsanlage und Schornsteine
Feststellung der Eigentümer aller angrenzenden Nachbargrundstücke und Erkundigung möglicher Konflikte.

Welche Informationen sind über die natürliche und technische Beschaffenheit des Baugrundstücks notwendig?

Beschaffung eines amtlichen Lageplanes vom Vermessungs- und Liegenschaftsamt, gegebenenfalls Aufmaß durch Vermessungsingenieur, dabei besondere Berücksichtigung von eventuell vorhandener Nachbarbebauung (Fundamente, Fassaden, Trauf- und Firsthöhen) und eventuell vorhandener Gebäudereste auf dem Baugrundstück (Trümmergrundstücke, alte Leitungen)

Anfrage bei Ver- und Entsorgungsträgern über vorhandene technische Infrastruktur (Gas, Wasser, Strom)

Anfrage beim zuständigen Sachbearbeiter des Bauordnungsamtes über besondere Bedingungen oder – in schwierigen Fällen – Bauvoranfrage zu einzelnen Fragen mit rechtsverbindlicher Klärung

Aufnahme des vorhandenen Baumbestandes und Erkundigungen beim Gartenbauamt, ob einzelne Bäume unter Naturschutz stehen

Information des Bauherrn und gegebenenfalls Korrektur der Aufgabenstellung; Formulierung eines gemeinsamen Zielkatalogs und spätestens jetzt Informationsbeschaffung zur Finanzierung bei den entsprechenden Kreditinstituten

Vorentwurf, gegebenenfalls unter Entwicklung verschiedener Lösungsvarianten, in Form von Zeichnungen und Modell

Voranfrage zur beabsichtigten Planung beim Bauordnungsamt über die voraussichtliche Genehmigungsfähigkeit oder mögliche Dispense

Eigene Durchführung der Nachbarverständigung und Erlangung der schriftlichen Zustimmung für das Bauvorhaben von den Nachbarn

Entwurf und Anfertigung des Bauantrages
Sachliche und formelle Prüfung der Unterlagen mit Hilfe von § 1 und § 8 der Durchführungsverordnung zur Sächsischen Bauordnung (siehe anschließende Aufgabe 4).

Zusammenfassend ist zu sagen, dass eine zügige Abwicklung des Verfahrens dann erreicht wird, wenn rechtzeitig die richtigen und vollständigen Unterlagen in ausreichender Qualität an der richtigen Stelle eingereicht werden.

**Lösung zu Aufgabe 4:  Bauvorlagen**

In Sachsen ist in § 1 der Durchführungsverordnung zur Sächsischen Bauordnung (DVOSächsBO) festgelegt, welche Bauvorlagen mit dem Bauantrag einzureichen sind. Dies sind:

„1.  der Lageplan und ein Auszug aus einer Liegenschaftskarte

2.  die Bauzeichnungen

3.  die Baubeschreibung

4.  der Standsicherheitsnachweis, der Brandschutznachweis und andere bautechnische Nachweise

5.  … eine Erklärung des Tragwerksplaners zur Erforderlichkeit einer Prüfung des Standsicherheitsnachweises …

6.  die erforderlichen Angaben über die Wasserversorgungs- und Abwasserentsorgungsanlagen einschließlich eines Leitungsplans der Wasser- und Abwasserleitungen auf dem Grundstück

7.  die erforderlichen Angaben zur Energieversorgung

8.  bei Vorhaben im Geltungsbereich eines Bebauungsplans einen Auszug aus dem Bebauungsplan mit Eintragung des Grundstücks und eine prüffähige Berechnung über die zulässige, die vorhandene und die geplante Grundfläche und Grundflächenzahl, Geschossfläche und Geschossflächenzahl und soweit erforderlich, Baumasse und Baumassenzahl auf dem Baugrundstück

9.  der Erhebungsbogen des Statistischen Landesamtes …" (DVOSächsBO, § 1)

In § 8 DVOSächsBO ist die Anzahl der einzureichenden Bauvorlagen festgelegt. Danach sind die Bauvorlagen grundsätzlich in dreifacher Ausfertigung bei der unteren Bauaufsichtsbehörde einzureichen. Für jede weitere am Genehmigungsverfahren zu beteiligende Stelle ist jeweils eine Mehrfertigung vorzusehen. Die bautechnischen Nachweise sind nur zweifach einzureichen.

## Lösung zu Aufgabe 5:  Gestattungsverfahren

(1)   Errichtung einer Werbeanlage
      Wie in der Aufgabenstellung schon gesagt, bedarf die Werbeanlage einer
      Zulassung nach Straßenrecht. Wegen des Vorrangs eines anderen Gestat-
      tungsverfahrens bedarf die Werbeanlage keiner Genehmigungsfreistellung,
      Baugenehmigung oder Zustimmung (§ 60 SächsBO)

(2)   Neubau eines Zweifamilienhauses
      Da das Bauvorhaben nicht im Geltungsbereich eines Bebauungsplanes, son-
      dern im Innenbereich liegt und nicht zu den Sonderbauten zählt, kommt das
      vereinfachte Baugenehmigungsverfahren zur Anwendung.

(3)   Bau eines Gartenhäuschens von 3 m Länge und 2,5 m Breite.
      Da das Gartenhäuschen nicht im Außenbereich liegt und seine Brutto-Grund-
      fläche nicht über 10 m² beträgt, ist es verfahrensfrei.

(4)   Errichtung eines Wohnhochhauses
      Hochhäuser sind Sonderbauten und bedürfen des Baugenehmigungsverfah-
      rens nach § 64 SächsBO.

(5)   Erweiterung eines Einfamilienhauses
      Die Erschließung des bestehenden Einfamilienhauses kann als gesichert gel-
      ten; da mit der Erweiterung die Festsetzungen des Bebauungsplanes ein-
      gehalten werden und die Gemeinde nicht innerhalb von drei Wochen die
      Durchführung des vereinfachten Baugenehmigungsverfahrens oder die vor-
      läufige Untersagung verlangt hat, ist das Vorhaben von der Genehmigung
      freizustellen.

(6)   Neubau eines Hochschulinstitutes
      Da die Leitung der Entwurfsarbeiten und die Bauüberwachung von einer
      Dienststelle des Landes wahrgenommen werden, bedarf das Hochschulinsti-
      tut der Zustimmung der oberen Bauaufsichtsbehörde.

# 4.3 Vergabewesen

Unter Vergabewesen versteht man die Gesamtheit der Verfahren und Regelungen zur Vergabe von Leistungen. Die Leistungsvergabe durch öffentliche Auftraggeber ist durch Verdingungsordnungen – nämlich durch die *Verdingungsordnung für Leistungen (VOL), die Verdingungsordnung für freiberufliche Leistungen (VOF)* und die für das Bauwesen besonders wichtige *Vergabe- und Vertragsordnung für Bauleistungen (VOB)* – geregelt.

Laut VOB Teil A, § 9 ist „die Leistung ... eindeutig und so erschöpfend zu beschreiben, dass alle Bewerber die Beschreibung im gleichen Sinne verstehen müssen und ihre Preise sicher und ohne umfangreiche Vorarbeiten berechnen können. ..." Die **Leistungsbeschreibung** muss „vollständig, eindeutig und technisch aktuell" sein. **Standardisierte Leistungstexte** sind eine gute Hilfe, um diese Anforderungen an Leistungsbeschreibungen zeitsparend zu erfüllen. Als Beispiel für standardisierte Leistungstexte ist im Lehrbuch Band 2, Abschnitt 3.3.1.3 das **Standardleistungsbuch (STLB)** in der Fassung von 1998 vorgestellt worden.

Das STLB wird zweimal jährlich vom *DIN Institut für Normung e.V.* auf Aktualität geprüft, gegebenenfalls angepasst oder erweitert und neu herausgegeben. Durch diese Aktualisierungen der fachlichen Regeln ist die VOB-Konformität im Sinne des o. g. § 9 VOB gegeben.

Inzwischen hat das neue datenbankorientierte und dynamische Textsystem **Standardleistungsbuch-Bau** das Standardleistungsbuch abgelöst. Der hierarchische Aufbau des neuen STLB-Bau umfasst die folgenden vier Ebenen:

- Leistungsbereiche
- Teilleistungsgruppen
- Bauteile
- Parameter.

In Abbildung 4-3.1 ist dieser hierarchische Aufbau am Beispiel einer Bauwerkssohle aus Ortbeton dargestellt. Ergänzend dazu ist in Abbildung 4-3.2 der daraus generierte Standardleistungstext wiedergegeben. Die Datenbank des STLB-Bau liefert daneben einen Kurz- und einen Langtext (siehe Lösung Aufgabe 7) sowie einen geschätzten Baupreis, der lediglich informativen Charakter hat und nicht Bestandteil der Ausschreibung ist.

Die Aufgaben dieses Abschnittes sollen insbesondere der Überprüfung und Vervollständigung der folgenden Kenntnisse dienen:

- Rechtscharakter der VOB
- Vergabearten und die Voraussetzungen für ihre Anwendung
- Kriterien der Losbildung
- Leistungsbeschreibung mit Leistungsverzeichnis und Leistungsprogramm
- Nebenleistungen und Besondere Leistungen
- Mengenermittlung
- Prüfung und Wertung von Angeboten
- Abrechnung von Bauleistungen.

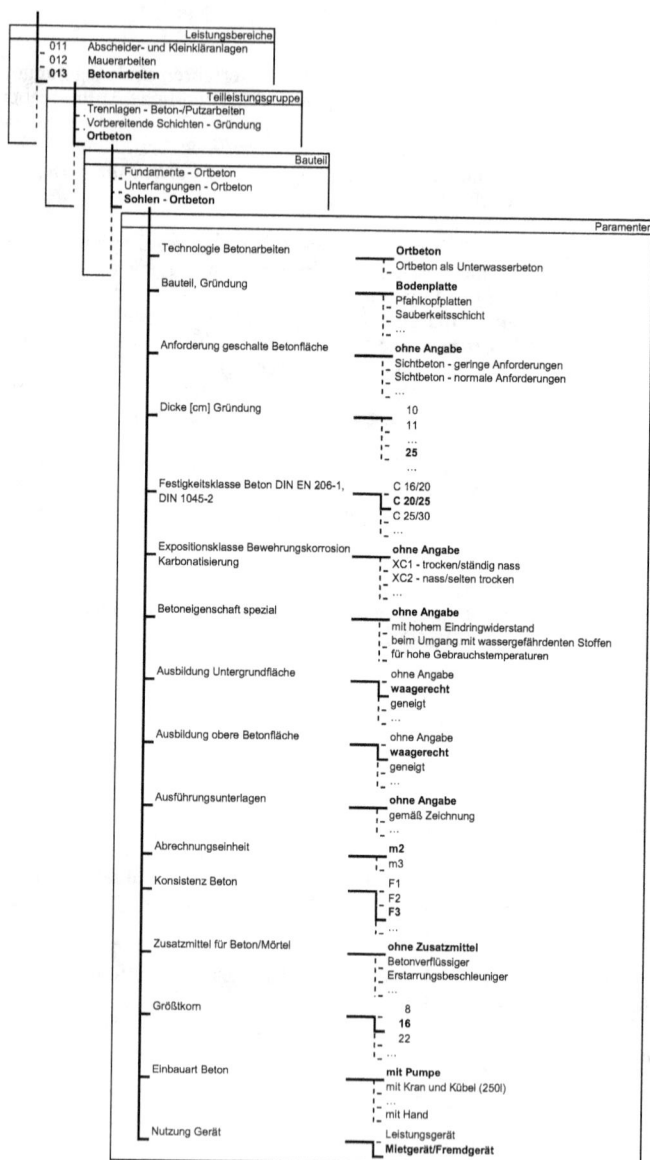

**Abb. 4-3.1** Hierarchischer Aufbau des STLB-Bau
Quelle: Standardleistungsbuch-Bau, Dynamische BauDaten 04/2008
   (www.baupreislexikon.de)

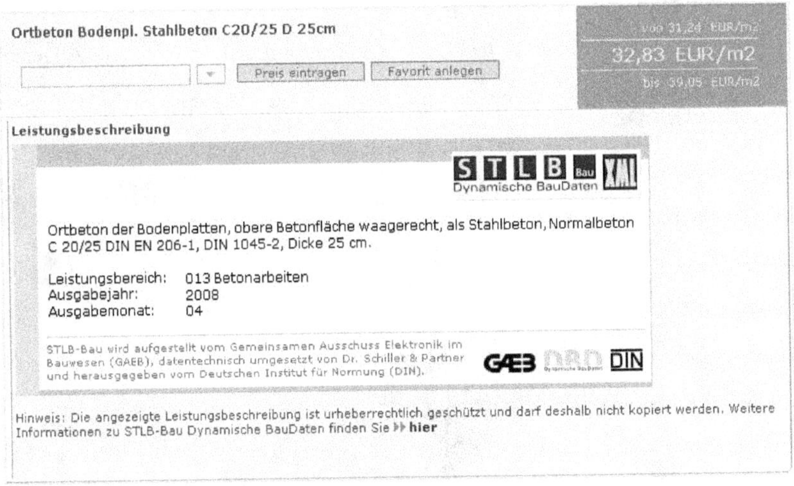

**Abb. 4-3.2** Leistungsbeschreibung einer STLB-Position, Beispiel Leistungsbereich *013 Betonarbeiten,* Dynamische BauDaten 04/2008 (www.baupreislexikon.de; Baupreise ohne MwSt.)

## Aufgabenverzeichnis

Die folgenden Aufgaben beziehen sich auf Kapitel 3 des Lehrbuches Band 2:

1 Rechtscharakter der VOB
2 Vorratsproduktion und Auftragsfertigung
3 Vergabearten und die Voraussetzungen für ihre Anwendung
4 Losbildung bei Ausschreibung und Vergabe
5 Arten von Bauleistungen
6 Mengenermittlung für Betonarbeiten
7 Leistungsverzeichnis auf der Grundlage des STLB-Bau (Dynamische BauDaten)
8 Prüfung von Angeboten
9 Angebotsprüfung am Beispiel von Malerarbeiten
10 Bewertung eines Angebotes für Natursteinarbeiten
11 Prüfung von Pauschalangeboten
12 Leistungsbeschreibung mit Leistungsprogramm (Funktionale Leistungsbeschreibung)
13 Vor- und Nachteile der Funktionalen Leistungsbeschreibung
14 Bietergespräch
15 Vergütungsanspruch bei Bauleistungen
16 Nachtragsforderungen

**Vorschriften und Normen**

Bürgerliches Gesetzbuch §§ 631 - 651 (Werkvertrag) und §§ 305 - 310 (Allgemeine Geschäftsbedingungen)

DIN 1960:2006, Allgemeine Bestimmungen für die Vergabe von Bauleistungen (VOB/A)

DIN 1961:2006, Allgemeine Vertragsbedingungen für die Ausführung von Bauleistungen (VOB/B)

DIN 18 299:2006 bis 18 451:2006, Allgemeine Technische Vertragsbedingungen für Bauleistungen (ATV) (VOB/C), im Speziellen die DIN 18331:2005-01, Betonarbeiten

Zeichnung: Ernst Hürlimann

**Empfohlene Literatur zur weiteren Vertiefung**

Damerau, H. v. d., A. Tauterat, W. Stern: VOB im Bild, Köln 2007

Hauptverband der Deutschen Bauindustrie e.V./Zentralverband des Deutschen Baugewerbes e.V. (Hrsg.): Kosten- und Leistungsrechnung der Bauunternehmen – KLR-Bau, Wiesbaden, Berlin, Düsseldorf 2001

Hauptverband der Deutschen Bauindustrie e. V. (Hrsg.) unter Mitwirkung zahlreicher Fachleute der Bauindustrie: BGL – Baugeräteliste 2007: Technisch-wirtschaftliche Baumaschinendaten, Gütersloh 2007

Heiermann, W., R. Riedl, M. Rusam, J. Kuffer: Handkommentar zur VOB, Wiesbaden, 2007

Ingenstau, H., H. Korbion: VOB – Teile A und B - Kommentar, Neuwied 2007

Keil, W., U. Martinsen, R. Vahland, J. Fricke: Kostenrechnung für Bauingenieure, Neuwied 2008

Bundesministerium für Verkehr, Bau und Stadtentwicklung (Hrsg.): VHB – Vergabe- und Vertragshandbuch für die Baumaßnahmen des Bundes, Stand 07/2008

**Aufgabe 1:  Rechtscharakter der VOB**

Ist die VOB generell rechtsverbindlich? Welche Vorteile ergeben sich aus ihrer
Anwendung?

**Aufgabe 2:  Vorratsproduktion und Auftragsfertigung**

Beschreiben Sie die Vorratsproduktion im Gegensatz zur Auftragsfertigung und
nennen Sie für beide Fertigungsarten einige Beispiele.

**Aufgabe 3:  Vergabearten und die Voraussetzungen für ihre Anwendung**

Welche Vergabearten gibt es und unter welchen Voraussetzungen sind die einzelnen Vergabearten anzuwenden?

**Aufgabe 4:  Losbildung bei Ausschreibung und Vergabe**

Bei der Ausführung von Bauleistungen kann besonders bei großen Bauvorhaben
die Trennung gleicher oder ähnlicher Leistungen in zwei oder mehr Lose sinnvoll
sein. Dies setzt natürlich voraus, dass gleiche Leistungen von zwei oder mehr Firmen gleichzeitig oder nacheinander ausgeführt werden können. Beurteilen Sie, ob
die in Abbildung 4-4 aufgeführten Leistungen bei dem Neubau eines Klinikums in
einem oder zwei bzw. mehreren Losen ausgeschrieben und vergeben werden sollen, und begründen Sie Ihre Entscheidung.

| Ausgewählte Bauleistungen | Zuordnung und Begründung | |
|---|---|---|
| | ein Los | zwei bzw. mehrere Lose |
| Die gesamten und sehr umfangreichen Mauerarbeiten sollen in möglichst kurzer Zeit ausgeführt werden, um noch vor dem Winter die Gebäudehülle weitgehend fertig stellen zu können. | | |
| In mehreren Geschossen sind umfangreiche Arbeiten für Bodenbeläge – besonders in den Fluren – aus einem besonderen Naturstein auszuführen. | | |
| Ein Teil der Stahlbauarbeiten gehört zur Rohbaukon-struktion, weitere Stahlbauarbeiten fallen bei der Er-stellung der Balkone an. | | |
| Die Fliesenarbeiten sowie Lieferung und Einbau von Geräten für die Großküche greifen eng ineinander und sind aufeinander abzustimmen. | | |
| Ein Teil der Einbauleuchten befindet sich in abgehäng-ten Metalldecken, ein anderer Teil in abgehängten Gips-Karton-Decken. | | |
| Die gesamte Fassade soll aus vorgefertigten Elementen bestehen. Die Art der Elemente erfordert eine vollstän-dige Vorfertigung (Serie), die Montage soll in kurzer Zeit im Taktbetrieb erfolgen. | | |

**Abb. 4-4** Losbildung (Aufgabenstellung)

## Aufgabe 5: Arten von Bauleistungen

Die VOB kennt verschiedene Arten von Bauleistungen mit jeweils unterschiedlicher rechtlicher Bedeutung.

Was versteht man unter

(1)  Leistungen,

(2)  Nebenleistungen,

(3)  Besonderen Leistungen?

(4)  Welchen dieser Leistungsarten sind die in Tabelle 4-5 aufgeführten Maßnahmen aus dem Leistungsbereich Betonarbeiten (DIN 18 331) zuzuordnen?

| Maßnahmen | Leistungen | Neben-leistungen | Besondere Leistungen |
|---|---|---|---|
| Sichern von Leitungen, Kabeln, Dränen, Kanälen, Grenzsteinen, Bäumen, Pflanzen und dergleichen | | | |
| Beseitigen von Verunreinigungen (z. B. Abfälle und Bauschutt), die von den Arbeiten des Auftragnehmers herrühren | | | |
| Herstellen von Aussparungen und Schlitzen, die nach Art, Lage, Größe und Anzahl im Leistungsverzeichnis angegeben sind | | | |
| Herstellen von Bewegungs- und Scheinfugen sowie Fugendichtungen | | | |
| Leistungen zum Nachweis der Güte der Stoffe, Bauteile und der Konformität des Betons nach den Bestimmungen der DIN 1045 | | | |
| Verwendung von Beton besonderer Zusammensetzung | | | |

**Abb. 4-5** Leistungen, Nebenleistungen und Besondere Leistungen
(Aufgabenstellung)

## Aufgabe 6: Mengenermittlung für Betonarbeiten

Für die in Abbildung 4-6 dargestellte Werkhalle sollen die Betonarbeiten für die Tragkonstruktion ausgeschrieben werden.

Ermitteln Sie die Mengen für das vorliegende Beispiel nach DIN 18 331 Betonarbeiten!

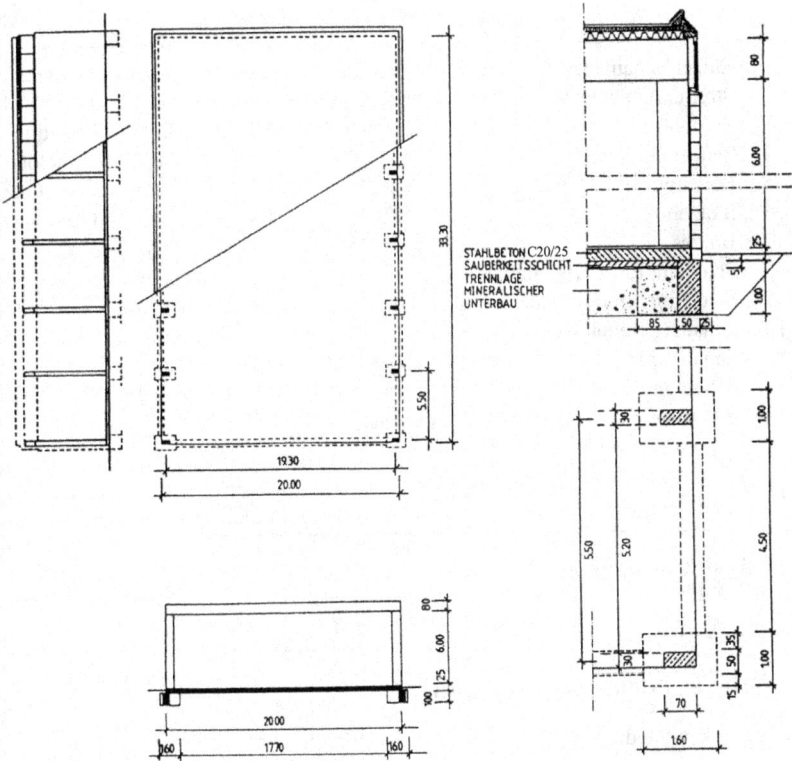

STAHLBETON C20/25
SAUBERKEITSSCHICHT
TRENNLAGE
MINERALISCHER
UNTERBAU

**Abb. 4-6** Werkhalle (Grundrisse, Schnitte und Seitenansicht)

**Aufgabe 7: Leistungsverzeichnis auf der Grundlage des STLB-Bau (Dynamische BauDaten)**

Für eine Werkhalle sind die Mengen der Betonarbeiten nach DIN 18 331 ermittelt worden (Aufgabe 6).

Formulieren Sie auf der Grundlage der Zeichnung (siehe Abbildung 4-6), der folgenden unvollständigen Angaben und der ermittelten Mengen ein Leistungsverzeichnis unter Verwendung des Standardleistungsbuch-Bau Leistungsbereich *013 Betonarbeiten* – zweckmäßigerweise mit Hilfe eines computergestützten Ausschreibungsprogramms. (www.baupreislexikon.de)

| Pos. | Bauteil | Baustoff | Abmessungen/ Mengen | Ausführung |
|------|---------|----------|---------------------|------------|
| 1 | Einzelfundamente | C 12/15 | s. Zeichnung | Ortbeton |
| 2 | Streifenfundamente | C 20/25 | s. Zeichnung | Ortbeton |
| 3 | Trennlage | Kunststofffolie | s. Zeichnung | PE-Folie |
| 4 | Sauberkeitsschicht | C 12/15 | Dicke 5 cm | Ortbeton |
| 5 | Bodenplatte | C 20/25 | Dicke 25 cm | Ortbeton |
| 6 | Stützen | C 20/25 | s. Zeichnung | Ortbeton*) |
| 7 | Binder | C 20/25 | s. Zeichnung | Ortbeton*) |
| 8 | Schalung Einzelfundamente | | s. Zeichnung | k.A. |
| 9 | Schalung Streifenfundamente | | s. Zeichnung | k.A. |
| 10 | Schalung Bodenplatte | | s. Zeichnung | k.A. |
| 11 | Schalung Stützen | | s. Zeichnung | *) |
| 12 | Schalung Binder | | s. Zeichnung | *) |
| 13 | Bewehrung Betonstabstahl (Bodenplatte) | | 5.700 kg | |
| 14 | Bewehrung Betonstabstahl (Stützen) | | 600 kg | |
| 15 | Bewehrung Betonstabstahl (Balken) | | 1.200 kg | |
| 16 | Bewehrung Betonstahlmatten | | 9.500 kg | (Zeichnungsm.) |

*) für sichtbar bleibende Oberfläche

## Aufgabe 8: Prüfung von Angeboten

Beschreiben Sie die Vorgehensweise bei der Prüfung von Angeboten.

## Aufgabe 9: Angebotsprüfung am Beispiel von Malerarbeiten

Es wurden Maler-, Tapezier- und Korrosionsschutzarbeiten für ein größeres Wohn- und Geschäftshaus ausgeschrieben. Da für viele Bereiche wie Läden und Büros noch keine Nutzer gefunden wurden, ist auch die Planung noch unvollständig. Damit fehlen für schätzungsweise ein Drittel der auszuführenden Malerarbeiten die genauen Mengenermittlungen.

Der Bauherr war nicht bereit, die Bauausführung zu verzögern. Der Architekt hat deswegen für alle Bereiche, für die eine Ausführungsplanung erstellt werden konnte, eine Leistungsbeschreibung mit Leistungsverzeichnis erstellt und für die restlichen der erforderlichen Arbeiten Eventualpositionen in die Leistungsbeschreibung aufgenommen, damit nach der vollständigen und mit den Nutzern abgestimmten Planung entsprechende Leistungen nachbeauftragt werden können. Die Bieter geben in diesem Fall Einheitspreise pro Position (z. B. in €/m²) an, erhalten aber keine Angaben zu den voraussichtlichen Mengen.

Die Prüfung von zehn Angeboten ergibt bei Wertung aller Normalpositionen, dass die Firma Pinselfix deutlich günstiger ist als alle anderen Mitbewerber.

Dies liegt vor allem daran, dass dieser Bieter die 4.200 m² Wandanstrich mit Dispersionsfarbe (Normalposition) mit 2,50 €/m² zu einem vergleichsweise niedrigen Einheitspreis angeboten hat. Die Eventualpositionen hat er ebenfalls angeboten.

Dies sind unter anderem:

| | | | |
|---|---|---|---|
| E 01.01.0001 | Spachtelung von Beton- und Deckenflächen | 13,00 | €/m² |
| E.01.01.0021 | Ölbeständiger Anstrich in Technikräumen | 10,75 | €/m² |
| E 01.01.0022 | Chlor-Kautschuk-Anstrich in Technikräumen | 14,25 | €/m² |

(1) Sind Architekt und Bauherr aufgrund der vorliegenden Angebote in der Lage, den günstigsten Anbieter zu ermitteln?

(2) Welche Auswirkung hat die Beauftragung ausgeschriebener Eventualpositionen auf die spätere Abrechnungssumme?

(3) Ist es richtig, den voraussichtlich vollen Umfang der Maler-, Tapezier- und Korrosionsschutzarbeiten in einer Leistungsbeschreibung zusammenzufassen und auch einer Firma den Auftrag hierüber zu erteilen?

(4) Welches Risiko geht der Bauherr ein, wenn er auf der Grundlage des vorliegenden Angebotes die Firma Pinselfix beauftragt, bzw. worauf hat der bauüberwachende Architekt besonders zu achten?

(5) Was hätte man, wenn bei den Fragen (1) bis (4) Probleme erkannt werden, anders machen müssen?


## Aufgabe 10: Bewertung eines Angebotes für Natursteinarbeiten

Die Böden und Wände der Eingangshalle einer Bank sollen mit hochwertigem Naturstein unterschiedlicher Formate und Qualitäten bekleidet werden. Auch ein Teil der Außenanlagen soll ein Natursteinpflaster erhalten.

Der Nutzer wünscht aus gestalterischen Gründen sogar im Innenbereich Plattenformate von 135/135 cm bei Wand- und Bodenbelägen, welche vom Architekten als Alternativpositionen zu dem von ihm empfohlenen Plattenformat 67,5/67,5 cm ausgeschrieben werden.

Von fünf Bietern gibt die Firma Steinteam das mit großem Abstand günstigste Angebot ab. Der Bauherr möchte baldmöglichst beauftragen. Der Architekt prüft dennoch sorgfältig alle Angebote und stellt beim günstigsten Bieter Folgendes fest:

- die Firma Steinteam wurde vor eineinhalb Jahren gegründet

- die vom Bieter genannten zwei Referenzobjekte befinden sich in anderen Bundesländern

- die Firma Steinteam bietet alle Bodenbeläge - unabhängig von Plattenformat und Verlegeart - einheitlich mit 116,00 €/m² an.

(1) Wie ist eine Entscheidung zu treffen und zu begründen?

(2) Soll die Firma beauftragt werden?

**Aufgabe 11: Prüfung von Pauschalangeboten**

Die Prüfung von Pauschalangeboten erfolgt durch den Vergleich der Angebotssummen untereinander sowie mit dem entsprechenden Wert der Kostenplanung – unabhängig von deren Detaillierung – und gegebenenfalls ergänzend auf der Grundlage einer durch den Auftraggeber vom Bieter geforderten Untergliederung des Angebotes.

Diese Untergliederung kann nach Leistungsbereichen (Gewerken) erfolgen oder sich auf die Vorgabe wichtiger Einheitspreise stützen. Welche Angaben vom Bieter sinnvollerweise zu verlangen sind, ist sowohl von den Planungsvorgaben als auch von der Art der Leistungsbeschreibung abhängig.

Beim nachfolgenden Beispiel wurde nach der Entwurfsplanung sowie der erteilten Baugenehmigung eine Werkhalle mit Büro- und Sozialräumen ausgeschrieben. Trotz einiger Sondervorschläge lagen alle Angebote (Pauschalsummen) über dem entsprechenden Wert der vom Bauherrn (Hersteller von Möbelbeschlägen) freigegebenen Kostenberechnung.

Die in der Ausschreibung geforderten Angaben zu wichtigen Einheitspreisen erlauben dem Bauherrn und dem Architekten auch zu prüfen, ob

- die Kostenberechnung fehlerfrei und angemessen war und

- bei welchen Konstruktionen Vereinfachungen oder Standardreduzierungen möglich wären.

Im Zuge der Angebotsbewertung stellen Bauherr und Architekt fest, dass keines der Angebote ein aus der Sicht des Bauherrn wirtschaftliches Ergebnis darstellt. Der Architekt schlägt vor, zunächst einmal die Abweichungen zwischen Kostenberechnungen und Angeboten genauer zu untersuchen. Hierzu dienen die Gegenüberstellungen in den Abbildungen 4-7 und 4-8.

(1) Hat der Bauherr die Möglichkeit, ohne erneute Ausschreibung kurzfristig, d. h. ohne Terminverzögerung, zu günstigeren Angeboten zu kommen, um das Gebäude termingerecht erstellen zu lassen?

(2) Bei welchen Positionen gibt es auffällige Unterschiede zwischen der Kostenberechnung und den Angeboten bzw. dem Angebot des günstigsten Bieters 1?

| Position | Men-gen-einhe | Einheitspreise (€) | | | |
|---|---|---|---|---|---|
| | | Kostenbe-rechnung | Angebote | | |
| | | | Bieter 1 | Bieter 2 | Bieter 3 |
| Fundamentplatte | m² | 215,- | 195,- | 208,- | 145,- |
| Außenwandschalung | m² | 36,- | 34,- | 34,- | 33,- |
| Deckenschalung | m² | 38,- | 31,- | 36,- | 33,- |
| Betondecke, d = 20 cm | m³ | 125,- | 108,- | 118,- | 170,- |
| Stahlkonstruktion Halle | t | 2.400,- | 2.725,- | 2.375,- | 3060,- |
| Stabstahl BST 500 S | t | 1.200,- | 1.280,- | 1.180,- | 1.425,- |
| Stahlmatten BST 500 S | t | 1.250,- | 1.360,- | 1.210,- | 1.200,- |
| Metallfenster | m² | 475,- | 655,- | 490,- | 580,- |
| Fassadenbekleidung | m² | 225,- | 290,- | 310,- | 348,- |
| Gips-Karton-Ständerwand | m² | 90,- | 83,- | 89,- | 104,- |
| Glastrennwand | m² | 235,- | 410,- | 413,- | 398,- |
| Metallkassettendecke | m² | 80,- | 73,- | 68,- | 84,- |
| Sonnenschutz | m² | 190,- | 210,- | 203,- | 270,- |
| Baustelleneinrichtung | psch | 225.000,- | 213.000,- | 253.000,- | 301.000,- |
| Plattenheizkörper | m² | 485,- | 510,- | 435,- | 620,- |
| Zu-/Abluftgerät | St | 14.000,- | 12.300,- | 10.900,- | 17.000,- |
| Niederspannungs-Verteil. | St | 5.750,- | 5.400,- | 6.800,- | 7.300,- |
| Unterflurkanal | m | 145,- | 135,- | 158,- | 173,- |
| Schrankenanlage | St | 10.500,- | 9.250,- | 9.800,- | 11.400,- |

**Abb. 4-7** Gegenüberstellung wichtiger Einheitspreise aus der Kostenberechnung und den Angeboten

| Position | Men-gen-einheit | Mengen Kostenbe-rechnung | Einheitspreise (€) | | | Differenz je Position (€) |
|---|---|---|---|---|---|---|
| | | | Kostenbe rechnung | Angebot Bieter 1 | Differenz | |
| Fundamentplatte | m² | 219 | 215,- | 195,- | - 20,- | - 4.380,- |
| Außenwandschalung | m² | 3.100 | 36,- | 34,- | - 2,- | - 6.200,- |
| Deckenschalung | m² | 2.170 | 38,- | 31,- | - 7,- | -15.190,- |
| Betondecke, d = 20 | m³ | 520 | 125,- | 108,- | - 17,- | - 8.840,- |
| Stahlkonstruktion | t | 28 | 2.400,- | 2.725,- | + 325,- | + 9.100,- |
| Stabstahl BST 500 S | t | 90 | 1.200,- | 1.280,- | + 80,- | + 7.200,- |
| Stahlmatten BST 500 | t | 105 | 1.250,- | 1.360,- | + 110,- | +11.550,- |
| Metallfenster | m² | 410 | 475,- | 655,- | + 180,- | +73.800,- |
| Fassadenbekleidung | m² | 1.040 | 225,- | 290,- | + 65,- | +67.600,- |
| Gips-Karton- | m² | 1.350 | 90,- | 83,- | - 7,- | - 9.450,- |
| Glastrennwand | m² | 480 | 235,- | 410,- | + 175,- | +84.000,- |
| Metallkassettendecke | m² | 1.290 | 80,- | 73,- | - 7,- | - 9.030,- |
| Sonnenschutz | m² | 315 | 190,- | 210,- | + 20,- | + 6.300,- |
| Baustelleneinrichtung | psch | 1 | 225.000,- | 213.000,- | -12.000, | -12.000,- |
| Plattenheizkörper | m² | 52 | 485,- | 510,- | + 25,- | + 1.300,- |
| Zu-/Abluftgerät | St | 1 | 14.000,- | 12.300,- | -1.700,- | - 1.700,- |
| Niederspannungs- | St | 10 | 5.750,- | 5.400,- | - 350,- | - 3.500,- |
| Unterflurkanal | m | 240 | 145,- | 135,- | + 10,- | - 2.400,- |
| Schrankenanlage | St | 2 | 10.500,- | 9.250,- | -1.250,- | - 2.500,- |
| Differenz gesamt | | | | | | +194.690, |

**Abb. 4-8** Gegenüberstellung wichtiger Einheitspreise aus der Kostenberechnung mit dem Angebot des Bieters 1

**Aufgabe 12:  Leistungsbeschreibung mit Leistungsprogramm (Funktionale Leistungsbeschreibung)**

Was versteht man unter einer Funktionalen Leistungsbeschreibung?

(1)   Beschreiben Sie dieses Verfahren.

(2)   Nennen Sie beispielhaft zwei Leistungen, durch die die Bandbreite der Anwendungsmöglichkeiten der Funktionalen Leistungsbeschreibung deutlich wird.

(3)   Nennen Sie Vor- und Nachteile dieses Verfahrens.


**Aufgabe 13:  Vor- und Nachteile der Funktionalen Leistungsbeschreibung**

Die Funktionale Leistungsbeschreibung (Leistungsbeschreibung mit Leistungsprogramm) ist unter Bauherren und Architekten nicht unumstritten. Welche Vor- und Nachteile sollten vor der Entscheidung über die Art der Leistungsbeschreibung zu folgenden Aspekten erörtert werden:

(1) Gestaltung
(2) Kostensicherheit bezüglich der Baukosten
(3) Rolle und Einflussmöglichkeiten des (freien) Architekten
(4) Nutzbarkeit und Folgeaufwand
(5) Festlegung von Planungsinhalten
(6) Angebotsprüfung?


**Aufgabe 14:  Bietergespräch**

Das Bietergespräch dient in erster Linie der wirtschaftlichen Prüfung des Bewerbers bzw. der Bewerber. Zum Bietergespräch soll zunächst das Unternehmen eingeladen werden, dessen Angebot mit Hilfe des Preisspiegels als das günstigste ermittelt wurde. Es soll im Weiteren die Eignung des Bieters geprüft werden, und es können Fragen zur Ausführung geklärt werden. Formulieren Sie die wichtigsten Punkte des zu führenden Gesprächs.


**Aufgabe 15:  Vergütungsanspruch bei Bauleistungen**

Welche Voraussetzungen müssen erfüllt sein, damit ein Vergütungsanspruch des Bauunternehmers gegenüber dem Bauherrn gegeben ist?


**Aufgabe 16:  Nachtragsforderungen**

Für zusätzliche Leistungen (gemäß VOB/B, § 2.6) hat der Rohbauunternehmer, nachdem er diese dem Auftraggeber zuvor angekündigt hatte, 150 Baufacharbeiter-Stunden zu einem Tariflohn von 13,00 €/h erbracht.

Zusammen mit dem Angebot hatte der Auftragnehmer die folgenden Zuschlag-
sätze angegeben (siehe Lehrbuch Band 2, Abschnitt 3.6 Grundverständnis der
Baubetrieblichen Kalkulation, S. 115 f.):

| | |
|---|---|
| Lohnzuschläge | 105 % |
| Allgemeine Geschäftskosten | 10 % |
| Wagnis und Gewinn | 5 % |

Außerdem hat der Rohbauunternehmer auf Verlangen des Auftraggebers das
Steckrahmengerüst (mittlerer Neuwert 6.000 €) weitere zwei Monate über die
eigene Benutzungsdauer hinaus vorgehalten. Entsprechend der Baugeräteliste
2007 (U 2.10, Seite U25) sind als monatlicher Abschreibungs- und Verzinsungs-
satz 3,0 % und als monatlicher Satz für Reparaturkosten 1,8 % des Neuwertes
anzusetzen.

Welche Nachtragsforderungen kann der Rohbauunternehmer stellen?

**Lösung zu Aufgabe 1: Rechtscharakter der VOB**

Die Vergabe von Bauleistungen findet ihren Abschluss in dem Bauvertrag zwischen Bauherrn und Unternehmer, der in der Regel ein Werkvertrag ist (§ 631 BGB). Diese Regelungen im Bürgerlichen Gesetzbuch sind jedoch nicht zwingend, sondern gelten nur, wenn nichts anderes vereinbart wurde oder das Vereinbarte unwirksam ist.

Die VOB ist als Ergänzung der Bestimmungen des BGB anzusehen, um den speziellen Bedürfnissen des Bauvertrages gerecht zu werden. Sie ist weder Gesetz noch Rechtsverordnung, noch Gewohnheitsrecht, sondern eine vorbereitete Rechtsordnung, die nur bei ausdrücklicher Vereinbarung Vertragsbestandteil wird. Allerdings ist die Anwendung der VOB im Bereich der öffentlichen Hand haushaltsrechtlich bindend vorgeschrieben.

Als wesentliche Vorteile, die sich aus der Anwendung der VOB ergeben, sind zu nennen:

- Klare und einheitliche Grundsätze für die Vergabe und Ausführung von Bauleistungen: Regelung des Vergabeverfahrens und der Vertragsbedingungen
- Weitgehender Interessenausgleich zwischen den beiden Vertragsseiten – Auftragnehmer und Auftraggeber
- Vereinfachung für die ausschreibende Stelle
- Vereinfachung der Preisermittlung durch standardisierte Bedingungen.


**Lösung zu Aufgabe 2: Vorratsproduktion und Auftragsfertigung**

Unter Vorratsproduktion versteht man die Produktion für den anonymen Markt, d. h. bei Produktionsbeginn steht der Abnehmer der Güter noch nicht fest.

Beispiele: Ziegelsteine, Schrauben, standardisierte Küchenmöbel.

Unter Auftragsfertigung versteht man hingegen die Produktion für einen konkreten und bekannten Auftraggeber. Dabei wird erst nach Erteilung des Auftrages mit der Planung und der Produktion begonnen.

Beispiele: ein Passagierschiff, ein Mehrfamilienhaus, ein Maßanzug.

Mischformen gibt es z. B. im Automobilbau und im Fertighausbau; dort werden dem Auftraggeber Varianten für verschiedene Bauteile angeboten, aus denen er auswählen kann. Die einzelnen Varianten werden für den anonymen Markt produziert, aber der endgültige Zusammenbau erfolgt erst auf Bestellung.


**Lösung zu Aufgabe 3: Vergabearten und die Voraussetzungen für ihre Anwendung**

In der VOB Teil A werden folgende Vergabearten unterschieden:

| § 3 | § 3a |
|---|---|
| - Öffentliche Ausschreibung | - Offenes Verfahren |
| - Beschränkte Ausschreibung | - Nichtoffenes Verfahren |
| | - Wettbewerblicher Dialog |
| - Freihändige Vergabe | - Verhandlungsverfahren. |

Bei der Vergabe öffentlicher Bauaufträge, die den Schwellenwert von 5.278.000 € ohne Umsatzsteuer erreichen oder überschreiten, sind die Verfahren nach VOB/A § 3a anzuwenden.

Die **Öffentliche Ausschreibung** bzw. das **Offene Verfahren** verlangt durch die öffentliche Bekanntmachung einen zusätzlichen Aufwand an Zeit und Kosten (gegenüber den anderen Vergabearten). Nach VOB/A § 3 Nr. 2 ist von der Öffentlichen Ausschreibung abzusehen, wenn der dadurch verursachte Aufwand zu dem erreichbaren Vorteil oder dem Wert der Leistung im Missverhältnis stehen würde. Davon ist bei kleineren Bauvorhaben auszugehen.

Bei der **Beschränkten Ausschreibung** (i. Allg. 3 bis 8 Teilnehmer, VOB/A § 8 Nr. 2 (2)) spricht die ausschreibende Stelle ihr geeignet erscheinende Bieter direkt an. Dadurch ist sichergestellt, dass dieser Bieterkreis über die Ausschreibung informiert ist. Da bei einer geringeren Teilnehmerzahl die Erfolgsaussichten für die Bieter größer sind, kann im Allgemeinen mit einer größeren Teilnahmebereitschaft der angesprochenen Unternehmer gerechnet werden. Diese Gründe sprechen bei privaten Bauherren im Allgemeinen für die Beschränkte Ausschreibung (von großen Bauvorhaben abgesehen). Das **Nichtoffene Verfahren** entspricht der Beschränkten Ausschreibung nach Öffentlichem Teilnahmewettbewerb.

Der **Wettbewerbliche Dialog** ist ein Verfahren zur Vergabe komplexer Aufträge, bei dem eine Aufforderung zur Teilnahme und anschließend Verhandlungen mit ausgewählten Unternehmen über alle Einzelheiten des Auftrags erfolgen (VOB/A § 3a Nr. 1c). Dieses Verfahren ist zulässig, „ wenn der Auftraggeber objektiv nicht in der Lage ist, ... die technischen Mittel anzugeben, mit denen seine Bedürfnisse und Ziele erfüllt werden können, oder ... die rechtlichen oder finanziellen Bedingungen des Vorhabens anzugeben." (VOB A § 3a Nr. 4 (1))

Eine „**Freihändige Vergabe** ist zulässig, wenn die Öffentliche Ausschreibung oder Beschränkte Ausschreibung unzweckmäßig ist, besonders

- weil für Leistungen aus besonderen Gründen (z. B. Patentschutz, besondere Erfahrung oder Geräte) nur ein bestimmter Unternehmer in Betracht kommt,

- weil die Leistung nach Art und Umfang vor der Vergabe nicht eindeutig und erschöpfend festgelegt werden kann,

- weil sich eine kleine Leistung von einer vergebenen größeren Leistung nicht ohne Nachteil trennen lässt,

- weil die Leistung besonders dringlich ist,

- weil nach Aufhebung einer Öffentlichen Ausschreibung oder Beschränkten Ausschreibung eine erneute Ausschreibung kein annehmbares Ergebnis verspricht,

- weil die auszuführende Leistung Geheimhaltungsvorschriften unterworfen ist."
(VOB/A § 3 Nr. 4 a - f).

Bei Freihändiger Vergabe ist der Preiswettbewerb ausgeschaltet, es besteht die Gefahr eines überteuerten Angebots.

Zur Freihändigen Vergabe kann i. Allg. nur geraten werden, wenn der Bauunternehmer aus früherer, vertrauensvoller Zusammenarbeit als fachkundig, zuverlässig und kostengünstig bekannt ist oder zwingende Gründe vorliegen.

Bei öffentlichen Bauaufträgen, die den o. a. Schwellenwert überschreiten, tritt an die Stelle der Freihändigen Vergabe das **Verhandlungsverfahren**. Dabei verhandelt der Auftraggeber – ggf. nach öffentlicher Vergabebekanntmachung – mit einem oder mehreren ausgewählten Unternehmern über den Auftragsinhalt (VOB § 3a Nr. 1d)).

Die Voraussetzungen für die Anwendung des Verhandlungsverfahrens mit und ohne öffentliche Vergabebekanntmachung verfolgen sinngemäß die gleichen Ziele wie die der Freihändigen Vergabe und sind in VOB § 3a Nr. 5 und 6 nachzulesen.

**Lösung zu Aufgabe 4: Losbildung bei Ausschreibung und Vergabe**

Für die Ausschreibung und Vergabe in einem Los sprechen:

(1) das enge Ineinandergreifen von Bauleistungen

(2) Anforderungen an die technische wie gestalterische Einheitlichkeit einer Leistung einschließlich der Gewährleistung, Ersatzteillieferung und Wartung/ Instandsetzung

(3) Kostendegression bei der Ausführung großer Mengen (ggf. verstärkt durch Rationalisierung) und demzufolge die Möglichkeit eines besonders günstigen Angebotes.

Folgende Gründe legen eine Ausschreibung und Vergabe in zwei bzw. mehreren Losen nahe:

(4) möglichst kurze Bauzeit

(5) unterschiedliche Anforderungen an die Art und Qualität von Leistungen gleicher oder ähnlicher Leistungsbereiche

(6) Verhältnis vom Umfang der Leistung zu Größe und Leistungsfähigkeit der in Frage kommenden Firmen einschließlich des Gesichtspunktes der Mittelstandsförderung (häufig bei öffentlichen Auftraggebern).

Dementsprechend ergeben sich die in Abbildung 4-9 angegebenen Losbildungen bei dem vorgesehenen Klinikumsneubau.

| Ausgewählte Bauleistungen | Zuordnung und Begründung | |
|---|---|---|
| | ein Los | zwei bzw. mehrere Lose |
| Die gesamten und sehr umfangreichen Mauerarbeiten sollen in möglichst kurzer Zeit ausgeführt werden, um noch vor dem Winter die Gebäudehülle weitgehend fertig stellen zu können. | | (4) (6) |
| In mehreren Geschossen sind umfangreiche Arbeiten für Bodenbeläge – besonders in den Fluren – aus einem besonderen Naturstein auszuführen. | (2) (3) | |
| Ein Teil der Stahlbauarbeiten gehört zur Rohbaukonstruktion, weitere Stahlbauarbeiten fallen bei der Erstellung der Balkone an. | | (4) (5) |
| Die Fliesenarbeiten sowie Lieferung und Einbau von Geräten für die Großküche greifen eng ineinander und sind aufeinander abzustimmen. | (1) (2) | |
| Ein Teil der Einbauleuchten befindet sich in abgehängten Metalldecken, ein anderer Teil in abgehängten Gips-Karton-Decken. | (2) | (5) (4) *) |
| Die gesamte Fassade soll aus vorgefertigten Elementen bestehen. Die Art der Elemente erfordert eine vollständige Vorfertigung (Serie), die Montage soll in kurzer Zeit im Taktbetrieb erfolgen. | (2) (3) | |

*) Einerseits spricht der Gesichtspunkt der Ersatzteillieferung und Wartung / Instandhaltung für die Bildung nur eines Loses (vgl. 2), andererseits sollte im Hinblick auf den Bauablauf die Montage der Einbauleuchten gleichzeitig mit der Montage der abgehängten Decken (und zwar jeweils von dem die Decke erstellenden Unternehmen) erfolgen. Es kann nicht davon ausgegangen werden, dass eine Metallbaufirma auch Trockenbau-/Gipsmontagearbeiten ausführt. Hinsichtlich der einzubauenden Leuchten sind Fabrikate und ggf. auch der Lieferant festzulegen.

**Abb. 4-9** Losbildung (Lösung)


**Lösung zu Aufgabe 5: Arten von Bauleistungen**

(1) Bauleistungen

**Bauleistungen** sind Arbeiten jeder Art, durch die eine bauliche Anlage hergestellt, instand gehalten, geändert oder beseitigt wird. (VOB/A § 1).

Die Bauleistungen sind eindeutig und erschöpfend im Leistungsverzeichnis zu beschreiben, z. B. mit Hilfe des Standardleistungsbuchs Bau (StLB).

(2) Nebenleistungen

**Nebenleistungen** sind Leistungen, die auch ohne Erwähnung im Vertrag zur vertraglichen Leistung gehören (VOB/C DIN 18 299, 4.1). Solche Leistungen ergeben sich aus VOB/B § 2.1, wonach durch die vereinbarten Preise alle Leistungen abgegolten werden, „die nach der Leistungsbeschreibung, den Besonderen Vertragsbedingungen, den Zusätzlichen Vertragsbedingungen, den Zusätzlichen Technischen Vertragsbedingungen, den Allgemeinen Technischen Vertragsbedingungen für Bauleistungen und der gewerblichen Verkehrssitte zur vertraglichen Leistung gehören."

(3) Besondere Leistungen

**Besondere Leistungen** sind keine Nebenleistungen im Sinne von (2) und müssen in der Leistungsbeschreibung besonders erwähnt werden, um zur vertraglichen Leistung zu gehören.

(4) Zuordnung der Maßnahmen

Die in der Aufgabenstellung genannten Leistungen sind gemäß Abb. 4-10 den verschiedenen Leistungsarten zuzuordnen:

| Maßnahmen | Leistungen | Neben-leis-tungen | Besondere Leistungen |
|---|---|---|---|
| Sichern von Leitungen, Kabeln, Dränen, Kanälen, Grenzsteinen, Bäumen, Pflanzen und dergleichen | | | DIN 18 299 4.2.18 |
| Beseitigen von Verunreinigungen (z.B. Abfälle und Bauschutt), die von den Arbeiten des Auftragnehmers herrühren | | DIN 18 299 4.1.11 | |
| Herstellen von Aussparungen und Schlitzen, die nach Art, Lage, Größe und Anzahl im Leistungsverzeichnis angegeben sind | DIN 18 331 0.2.10 | | |
| Herstellen von Bewegungs- und Scheinfugen sowie Fugendichtungen | | | DIN 18 331 4.2.13 |
| Leistungen zum Nachweis der Güte der Stoffe, Bauteile und der Konformität des Betons nach den Bestimmungen der DIN 1045 | | DIN 18 331 4.1.3 | |
| Verwendung von Beton besonderer Zusammensetzung | DIN 18 331 0.2.2/0.2.3 | | |

**Abb. 4-10** Leistungen, Nebenleistungen und Besondere Leistungen nach VOB/C Stand 2006 (Lösung)

**Lösung zu Aufgabe 6: Mengenermittlung für Betonarbeiten**

Für die geplante Werkhalle ergibt sich unter Zugrundelegung der DIN 18 331 Betonarbeiten die in Abbildung 4-11 dargestellte Mengenermittlung.

| Position (siehe Aufg. 7) | Leistungen | Anzahl | 1. Dim. (m) | 2. Dim. (m) | Fläche (m²) | 3. Dim. (m) | Raum-inhalt (m³) |
|---|---|---|---|---|---|---|---|
| 1 | Einzelfundamente C 12/15 | 14 | 1,60 | 1,00 | | 1,00 | 22,40 |
| 8 | Schalung 2 · (1,00 + 1,60 - 0,50) | 14 | 4,20 | 1,00 | 58,80 | | |
| 2 | Streifenfundamente C 20/25 | 12 2 | 4,50 17,70 | 0,50 0,50 | | 1,00 1,00 | 27,00 17,70 44,70 |
| 9 | Schalung | 24 4 | 4,50 17,70 | 1,00 1,00 | 108,00 70,80 178,80 | | |
| 3 | Trennlage | | 33,30 | 20,00 | 666,00 | | |
| 4 | Sauberkeitsschicht | | 33,30 | 20,00 | 666,00 | | |
| 5 | Bodenplatte C 20/25 | | 33,30 | 20,00 | 666,00 | | |
| 10 | Schalung 2 · (33,30 + 20,00) | | 106,60 | 0,25 | 26,65 | | |
| 6 | Stützen C 20/25 | 14 | | | | 6,00 | |
| 11 | Schalung 2 · (0,70 + 0,30) | 14 | 2,00 | 6,00 | 168,00 | | |
| 7 | Balken C 20/25 | 7 | | | | 20,00 | |
| 12 | Schalung 2 · 0,80 + 0,30 | 7 14 | 1,90 0,80 | 20,00 0,30 | 266,00 3,36 269,36 | | |

**Abb. 4-11** Mengenermittlung für Betonarbeiten

## Lösung zu Aufgabe 7: Leistungsverzeichnis auf der Grundlage des STLB-Bau (Dynamische BauDaten)

Das **Leistungsverzeichnis mit Kurztexten** unter Verwendung des Standardleistungsbuches-Bau, *LB 013 Betonarbeiten* ergibt sich wie folgt: (www.baupreislexikon.de)

| Ordnungszahl (Pos.-Nr.) | Bezeichnung | Einheitspreis EUR | Gesamtbetrag EUR |
|---|---|---|---|
| 01.0 | 22,40m3 <br> **Ortbeton Einzelfundament unbewehrt C12/15 1-2m3** | ..................... | ..................... |
| 02.0 | 44,70m3 <br> **Ortbeton Streifenfundament unbewehrt C12/15 B 40-50cm** | ..................... | ..................... |
| 03.0 | 666,00m2 <br> **Trennlage PE-Folie D 0,2mm** | ..................... | ..................... |
| 04.0 | 666,00m2 <br> **Ortbeton Sauberkeitsschicht unbewehrt C12/15 D 5cm** | ..................... | ..................... |
| 05.0 | 666,00m2 <br> **Ortbeton Bodenpl. Stahlbeton C20/25 D 25cm** | ..................... | ..................... |
| 06.0 | 84,00m <br> **Ortbeton Stütze Stahlbeton C20/25 SB1 rechteckig B/H 30/70cm L 550-600cm** | ..................... | ..................... |
| 07.0 | 140,00m <br> **Ortbeton Balken Stahlbeton C20/25 SB1 B/H 30/80cm L 19,8-20m** | ..................... | ..................... |
| 08.0 | 58,80m2 <br> **Schalung Einzelfundament H 0,5-1m** | ..................... | ..................... |

| Ordnungszahl (Pos.-Nr.) | Bezeichnung | Einheitspreis EUR | Gesamtbetrag EUR |
|---|---|---|---|
| 09.0 | 178,80m2 | ..................... | ..................... |
|  | **Schalung Streifenfundament H 0,5-1m** | | |
| 10.0 | 26,65m2 | ..................... | ..................... |
|  | **Schalung Bodenpl. H 15-25cm** | | |
| 11.0 | 168,00m2 | ..................... | ..................... |
|  | **Schalung Stütze SB1 H 5-6m** | | |
| 12.0 | 269,36m2 | ..................... | ..................... |
|  | **Schalung Balken SB1 GF-Schalungspl. H 5-6m** | | |
| 13.0 | 5.700,00kg | ..................... | ..................... |
|  | **Betonstabstahl BSt500S alle Durchmesser** (Bauteil: Bodenplatte) | | |
| 14.0 | 600,00kg | ..................... | ..................... |
|  | **Betonstabstahl BSt500S alle Durchmesser** (Bauteil: Stützen) | | |
| 15.0 | 1.200,00kg | ..................... | ..................... |
|  | **Betonstabstahl BSt500S alle Durchmesser** (Bauteil: Balken) | | |
| 16.0 | 9.500,00kg | ..................... | ..................... |
|  | **Betonstahlmatte BSt500M Zeichnungsmatte 8-10kg/m2** | | |
|  | Zwischensumme | | ..................... |
|  | Nachlass | | ..................... |
|  | **Angebotssumme netto** | | ..................... |
|  | Umsatzsteuer (19,00%) | | ..................... |
|  | **Angebotssumme brutto** | | ..................... |

Unter Verwendung des Standardleistungsbuches, *LB 013 Betonarbeiten* ergibt sich folgender **Langtext des Leistungsverzeichnisses,** beispielhaft für die vorgenannte Pos. 1 (www.baupreislexikon.de):

01.0                              22,400m3                    ....................
            **Ortbeton Einzelfundament unbewehrt C12/15 1-2m3**

            Technologie Betonarbeiten: Ortbeton,
            Bauteil, Gründung: Einzelfundament,
            Ausbildung obere Betonfläche: waagerecht,
            Einteilung Beton nach Bewehrung: unbewehrter Beton,
            Einteilung Beton nach Rohdichte/Verwendung: Normalbeton,
            Festigkeitsklasse Beton DIN EN 206-1, DIN 1045-2: C 12/15,
            Normung Beton: DIN EN 206-1, DIN 1045-2,
            Expositionsklasse Bewehrungskorrosion Karbonatisierung:
            ohne Angabe,
            Betoneigenschaft speziell: ohne Angabe,
            Anforderung geschalte Betonfläche: ohne Angabe,
            Volumenbereich [m3] Fundament: über 1 bis 2,
            Ausführungsunterlagen: ohne Angabe,
            Einbauart Beton: mit Pumpe,
            Nutzung Gerät: Mietgerät/Fremdgerät,
            Konsistenz Beton: F3,
            Größtkorn [mm]: 16,
            Zusatzmittel für Beton/Mörtel: ohne Zusatzmittel

**Lösung zu Aufgabe 8: Prüfung von Angeboten**

Von der Wertung werden nach VOB/A § 25 diejenigen Angebote ausgeschlossen,

- die im Eröffnungstermin dem Verhandlungsleiter bei Öffnung des ersten Angebotes nicht vorgelegen haben

- die nach VOB/A § 21.1 (1) nicht mit einer rechtsverbindlichen Unterschrift bzw. entsprechender elektronischer Signatur versehen sind

- bei denen Änderungen des Bieters an seinen Eintragungen nicht zweifelsfrei sind

- bei denen Änderungen an den Verdingungsunterlagen vorgenommen worden sind

- deren Bieter in Bezug auf die Ausschreibung Abreden getroffen haben, die unzulässige Wettbewerbsbeschränkungen darstellen

- bei denen über das Vermögen des Bieters das Konkursverfahren oder das Vergleichsverfahren eröffnet oder die Eröffnung beantragt worden ist

- deren Bieter sich in Liquidation befinden

- deren Bieter nachweislich eine schwere Verfehlung begangen haben, die ihre Zuverlässigkeit in Frage stellt

- deren Bieter ihre Verpflichtung zur Zahlung von Steuern und Abgaben sowie der Beiträge zur gesetzlichen Sozialversicherung nicht ordnungsgemäß erfüllt haben

- deren Bieter im Vergabeverfahren vorsätzlich unzutreffende Erklärungen in Bezug auf ihre Fachkunde, Leistungsfähigkeit und Zuverlässigkeit abgegeben haben und

- deren Bieter sich nicht bei der Berufsgenossenschaft angemeldet haben.

Angebote, bei denen einer dieser Sachverhalte vorab festgestellt wird, brauchen nicht weiter geprüft zu werden. Die übrigen Angebote sind nach VOB/A § 23.2 rechnerisch, technisch und wirtschaftlich zu prüfen.

## (1) Rechnerische Prüfung

Beim **Einheitspreisvertrag** (VOB/A § 5.1 a)) sind die angebotenen Einheitspreise verbindlich. Eventuelle Rechenfehler bei den Gesamtbeträgen der Einzelpositionen, bei Zwischensummen und bei der Angebotssumme (Endsumme) sind zu korrigieren, damit anhand der Angebotssummen der Preisvergleich durchgeführt werden kann.

Beim **Pauschalvertrag** (VOB/A § 5.1 b)) gilt die angebotene Pauschalsumme ohne Rücksicht auf die damit möglicherweise nicht zu vereinbarenden Einzelpreise. Ist der Bieter aufgrund von gravierenden Rechenfehlern zu einer Pauschalsumme gekommen, die er bei richtiger Kenntnis der Sachlage nicht angeboten hätte, bleibt ihm nur die Möglichkeit der Anfechtung seines Angebotes wegen Irrtums, was im Erfolgsfalle den Ausschluss des Angebotes zur Folge hätte.

## (2) Technische Prüfung

„Die Prüfung hat sich zunächst darauf zu richten, ob die Angebote – einschließlich vorgesehener Textergänzungen und Bieterangaben – vollständig sind. Außerdem ist zu prüfen, ob die angebotene mit der geforderten Leistung übereinstimmt. Nebenangebote der Bieter sind daraufhin zu untersuchen, ob sie den Vertragszweck erfüllen.

Soweit erforderlich, ist zu prüfen, ob

- das vorgesehene Arbeitsverfahren technisch möglich und für eine vertragsgemäße Ausführung geeignet ist,

- die vorgesehenen Maschinen und Geräte dem Arbeitsverfahren entsprechen,

- der vorgesehene Maschinen- und Geräteeinsatz für die Ausführung der Leistung in der vorgeschriebenen Bauzeit ausreicht.

Angebote über Leistungen mit von der Leistungsbeschreibung abweichenden Spezifikationen sind daraufhin zu prüfen, ob sie mit dem geforderten Schutzniveau in Bezug auf Sicherheit, Gesundheit und Gebrauchstauglichkeit gleichwertig sind und die Gleichwertigkeit nachgewiesen ist."

(Vergabehandbuch für die Durchführung von Bauaufgaben des Bundes im Zuständigkeitsbereich der Finanzbauverwaltungen, Ausgabe 2002, Nr. 2.2 zu § 23 VOB/A)

## (3) Wirtschaftliche Prüfung

Die wirtschaftliche Prüfung bezieht sich auf die Angemessenheit der Angebotssumme insgesamt und auf die Angemessenheit der angegebenen Arbeitsdauer, des geplanten Einsatzes von Arbeitskräften und Maschinen sowie auf die ökonomische Leistungsfähigkeit des Unternehmens. Angebotene Preise, die in offenbarem Missverhältnis zur Leistung stehen, führen zum Ausschluss des Angebotes.

Sehr informativ für die ausschreibende Stelle ist die anschließende Aufstellung eines **Preisspiegels** nach Teilleistungen, in dem die maßgeblichen (Einheits-) Preise der einzelnen Angebote einander gegenübergestellt werden. Hieraus ergeben sich meistens Ansatzpunkte für Verhandlungen mit den Bietern über Preisnachlässe – Verhandlungen, die allerdings nach VOB/A § 24.3 unstatthaft sind, „außer wenn sie bei Nebenangeboten oder Angeboten aufgrund eines Leistungsprogramms nötig sind, um unumgängliche technische Änderungen geringen Umfangs und daraus sich ergebende Änderungen der Preise zu vereinbaren."

## Lösung zu Aufgabe 9: Angebotsprüfung am Beispiel von Malerarbeiten

(1) Der Architekt kann für die Ermittlung der Angebotssumme der einzelnen Bieter und für den Vergleich aller Angebote in Form eines Preisspiegels nur für die Normalpositionen heranziehen, für die auch genaue Mengenermittlungen je Position des Leistungsverzeichnisses vorliegen. Die Eventualpositionen gehen nicht in die Ermittlung der Angebotssumme ein.

Beim Vergleich aller angebotenen Preise mit den abgerechneten Einheitspreisen seiner Baukostendokumentation wird der Architekt feststellen, dass die Angebotspreise der Eventualpositionen weit über dem ortsüblichen Durchschnitt liegen.

Für eine vollständige Angebotsbewertung und damit die Ermittlung des günstigsten Bieters fehlt dem Architekten die notwendige Mengensicherheit, denn aufgrund ausschließlich der Normalpositionen lässt sich nicht sicher genug beurteilen, welcher Bieter für den vollen Umfang der Arbeiten der günstigste sein wird.

(2) Nach Durchsicht der Planunterlagen und unter Berücksichtigung des Planungszieles schätzt der Architekt, dass die Eventualpositionen nach Abschluss aller Arbeiten etwa die Hälfte des gesamten Leistungsumfanges ausmachen werden. Die Abrechnung aller erforderlichen Leistungen im Fall der Beauftragung der Firma Pinselfix wird dann voraussichtlich zeigen, dass die Arbeiten zu teuer sind.

(3) Es ist grundsätzlich richtig, die Leistungen eines Gewerkes in einer Leistungsbeschreibung zusammenzufassen, da hierdurch

- bei größeren Mengen günstigere Einheitspreise erwartet werden können und

- Beauftragung, Koordination und Abwicklung sowie
- die Gewährleistung für das Gewerk auf einen Auftragnehmer gerichtet ist.

Im vorliegenden Fall hat im Gegensatz dazu die Aufteilung der Arbeiten in zwei oder mehr Teillose den Vorteil, dass für

- das erste Los die notwendige Mengensicherheit und eine zuverlässige Angebotsbewertung erreicht werden kann
- das oder die weiteren Lose noch später ausreichend genaue Mengenermittlungen vor der Beauftragung erfolgen können.

Von der Ausschreibung des vollen Leistungsumfanges mit zahlreichen Eventualpositionen – wie oben beschrieben – ist abzuraten.

(4) Für den Bauherrn besteht das Risiko, dass der Auftragnehmer sehr große Mengen der Eventualpositionen ausführen muss und abrechnet. Der Auftragswert der Malerarbeiten kann dann wesentlich höher ausfallen als geplant.

Der Architekt muss während der Bauausführung verstärkt darauf achten, dass

- nicht mehr Leistungen ausgeführt werden als erforderlich sind und
- alle Leistungen, die in Rechnung gestellt werden, auch festgestellt und aufgemessen werden können.

Dies könnte hier z. B. für das Spachteln des Anstrichuntergrundes oder andere vorbereitende Arbeiten zutreffen, deren Menge und Qualität nach dem darauf folgenden Arbeitsgang, z. B. Deckanstrich, vom Bauherrn oder Architekten nicht oder nur schwer festgestellt werden kann.

(5) Die vollständige Planung aller Bereiche, insbesondere des baulichen Ausbaus, vor der Beauftragung aller bzw. wesentlicher Gewerke ist in der Praxis meist nicht möglich. Fehlen z. B. Nutzervorgaben, dann sind viele Leistungen in zwei Ausführungsphasen aufzuteilen. Damit steigt zwar der Planungs- und Koordinationsaufwand, aber die oben beschriebenen Risiken bzw. Fehleinschätzungen können wirksam gemindert werden. Die Ausschreibung von zwei oder mehreren Losen für die Malerarbeiten wäre richtig gewesen.

### Lösung zu Aufgabe 10:  Bewertung eines Angebotes für Natursteinarbeiten

(1) Die Bewertung der Angebote beschränkt sich nicht auf die Einheitspreise und die Angebotssumme. Es ist vor allem auch zu prüfen, ob die einzelnen Bieter fachkundig, leistungsfähig und zuverlässig sind.

Im Fall des Bieters Steinteam handelt es sich um eine noch sehr junge Firma, was allein jedoch nichts über die Fachkunde und Leistungsfähigkeit aussagen muss. In der Nähe sind keine Referenzobjekte vorhanden. Daraus muss geschlossen werden, dass bisher weder Personal noch technische Ausstattung vor Ort vorhanden sind.

Die im Vergleich mit den anderen Bietern niedrige Angebotssumme und die in der Höhe gleichen Angebotspreise (€/m²) für qualitativ sehr unterschiedliche Leistungen legen die Schlussfolgerung nahe, dass der Bieter

- sich zu wenig Zeit genommen hat, um eine sorgfältige und kostengerechte (Selbstkosten-)Angebotskalkulation aufzustellen oder

- fachlich nicht in der Lage ist bzw. zu wenig Erfahrung bei der Kalkulation und Abrechnung gesammelt hat, um die unterschiedlichen Leistungen zumindest überschlägig richtig zu bewerten bzw.
- die geforderte Leistung nur unter Selbstkosten oder kostendeckend unter Inkaufnahme von Qualitätsminderungen erbringen kann oder will.

(2) Der Architekt sollte dem Bauherrn dringend davon abraten, der Firma Steinteam kurzfristig den Auftrag zu erteilen. Überhaupt sollte der Bauherr sich nur für den Fall, dass alle Zweifel ausgeräumt werden können, zu einer Beauftragung entschließen. Ein Gespräch, die Besichtigung ausgeführter Arbeiten und eine Bankauskunft wären hierzu mindestens notwendig.

Natursteinarbeiten liegen in der Terminplanung häufig auf dem kritischen Weg. Kann der Auftragnehmer für dieses Gewerk die Vertragstermine nicht einhalten, bringt er mangelhafte Leistungen mit der Notwendigkeit einer Mängelbeseitigung schon während der Ausführung oder fällt die Firma aus, bevor die Leistungen vollständig erbracht sind (z. B. Konkurs), wird der gesamte Bauablauf in der meist ohnehin knapp bemessenen Ausbauphase erheblich gestört. Die daraus zu erwartenden Mehrkosten sind erfahrungsgemäß weit höher als Einsparungen bei einer Vergabe, wie es hier der Fall wäre.

## Lösung zu Aufgabe 11: Prüfung von Pauschalangeboten

(1) Der Bauherr – in diesem Fall handelt es sich um einen privatrechtlichen Auftraggeber, der nicht an die VOB/A gebunden ist – hat die Möglichkeit, die Ausschreibung ohne weiteres aufzuheben und mit den Bietern zu verhandeln.

Solche Verhandlungen beschränken sich nicht auf die Angebotspreise allein, sondern der Bauherr sollte sich von den Bietern dahingehend beraten lassen, ob und durch welche Alternativlösungen bei geringstmöglicher Vereinfachung des Gebäudes die Baukosten im notwendigen Umfang (Finanzierung, Wirtschaftlichkeit) verringert werden können.

(2) Auffällige Unterschiede zwischen der Bewertung von Konstruktionen in der Kostenberechnung und den Angeboten gibt es für

- Metallfenster
- Fassadenbekleidung und
- Glastrennwände.

Bauherr und Architekt sollten überlegen, ob nicht nach Aufhebung der Ausschreibung zusammen mit dem günstigsten Bieter eine Veränderung des Entwurfes dahingehend vorgenommen werden kann, dass entweder

- die Anzahl hochwertiger (teurer) Elemente von der Menge her (Stück, m²) reduziert werden kann oder
- die hochwertigen (teuren) Elemente wie Metallfenster, Fassadenbekleidung und Glastrennwände durch einfachere bzw. kostengünstigere Konstruktionen ersetzt werden können,

um den Auftragswert insgesamt zu reduzieren.

So könnte man z. B. die Anzahl der Fenster verringern oder die Metallfenster durch Kunststofffenster ersetzen, die Fassadenbekleidung in einem anderen Material ausführen oder durch einen Anstrich ersetzen bzw. statt der Glastrennwände teilweise oder ganz Gips-Karton-Wände vorsehen.

**Lösung zu Aufgabe 12:  Leistungsbeschreibung mit Leistungsprogramm**
**(Funktionale Leistungsbeschreibung)**

(1) Unter einer **Funktionalen Leistungsbeschreibung** versteht man eine Leistungsbeschreibung mit Leistungsprogramm. Es werden dabei nicht die Bauleistungen in all ihren Einzelheiten beschrieben, sondern nur die funktionalen und zum Teil technischen Anforderungen zusammengestellt.

(2) Das Spektrum der Funktionalen Leistungsbeschreibung kann sich von einer technischen Detaillösung (z. B. flexible Innenwandelemente) bis zur Planung und Ausführung eines gesamten Bauvorhabens (z. B. einer schlüsselfertigen Turnhalle) erstrecken.

(3) Durch die Funktionale Leistungsbeschreibung werden zusätzliche Potenziale wirtschaftlichen Bauens erschlossen, da die Unternehmer nicht eine im einzelnen festgelegte Leistung anbieten müssen, sondern die aus ihrer Sicht kostengünstigste Ausführungsart auswählen können, die die gestellten funktionalen und technischen Anforderungen erfüllt.

Da bei der Funktionalen Leistungsbeschreibung auch der Entwurf dem Wettbewerb unterworfen sein kann, kommt es in solchen Fällen (teilweise) zu einer Verbindung von Preis- und Qualitätswettbewerb.

Der Aufwand der Leistungsbeschreibung ist im Allgemeinen bei der Funktionalen Leistungsbeschreibung viel geringer als bei der Leistungsbeschreibung mit Leistungsverzeichnis. Andererseits ist bei der Funktionalen Leistungsbeschreibung für verlangte Entwürfe, statische Berechnungen, Mengenberechnungen u. a. einheitlich für alle Bieter in der Ausschreibung eine angemessene Entschädigung festzusetzen, die jedem Bieter zusteht, der seine Unterlagen vollständig und pünktlich einreicht (VOB/A § 20 Nr. 2(1)).

**Lösung zu Aufgabe 13:  Vor- und Nachteile der Funktionalen Leistungsbeschreibung**

Aufgrund häufig unterschiedlicher Zielsetzungen von Bauherren und Architekten können bei einzelnen Aspekten auch unterschiedliche Positionen vertreten werden.

(1) Gestaltung:

Für den planenden Architekten hat die Gestaltung des Gebäudes oft einen höheren Stellenwert als für den Bauherrn. Deswegen und um einem Zielkonflikt zwischen Kostenwirtschaftlichkeit und Gestaltung vorzubeugen, sollte die Funktionale Leistungsbeschreibung hinsichtlich der zu verwendenden Materialien und Detaillösungen möglichst ausführlich und eindeutig sein. So kann die Leistungsbeschreibung durch Skizzen oder Leitdetails ergänzt werden.

(2) Kostensicherheit bezüglich der Baukosten:

Wird ein gesamtes Bauvorhaben funktional ausgeschrieben, so bekommt der Bauherr in einem frühen Stadium – nämlich ohne dass der Architekt die zeitaufwändige Ausführungsplanung durchgeführt haben muss – Angebotspreise (Marktpreise) für das geplante Gebäude. Die Kostensicherheit ist somit im Allgemeinen höher, als wenn zu diesem Zeitpunkt nur eine Kostenberechnung (Vergleichspreise) vorliegt. Dabei muss aber auch kritisch gefragt werden:

- Ist die Leistungsbeschreibung vollständig und eindeutig gewesen?
- Sind nach Beauftragung Mehrkosten aufgrund von z. B. Änderungen und Ergänzungen zu erwarten?

(3) Rolle und Einflussmöglichkeiten des (freien) Architekten:

Die Objektplanung für das Gebäude erfolgt teilweise durch den (freien) Architekten und teilweise durch angestellte oder beauftragte Architekten und Ingenieure der ausführenden Firma (z. B. Generalunternehmer bzw. Totalunternehmer). Damit werden Rolle und Selbstverständnis der Architekten berührt; nur ein Teil der gesamten Planungsleistung wird von ihnen in der Eigenschaft als freie Architekten und „Treuhänder" des Bauherrn erbracht. Die Ausführungsplanung sowie weitere Leistungen werden im Auftrag der ausführenden Firma erstellt, wobei wirtschaftliche Aspekte (Fertigung, Ausführungsorganisation) ein vergleichsweise größeres Gewicht haben.

(4) Nutzbarkeit und Folgeaufwand:

Grundsätzlich bestehen in der Phase der Ausführungsplanung noch erhebliche Optimierungspotenziale im baulichen und technischen Ausbau. Gerade für die Integration von Optimierungsvorschlägen der fachlich Beteiligten (Heizung/Klima/Lüftung u. a.) bestehen bei der Ausführungsplanung und der Leistungsbeschreibung mit Leistungsverzeichnis sehr gute Chancen.

Diese sind bei der Funktionalen Leistungsbeschreibung für den Architekten nicht mehr gegeben. Die Bieter geben ein aus ihrer Sicht optimiertes Preis- und Leistungsangebot ab. Die Nutzbarkeit und die Verringerung des Folgeaufwandes hat hierbei praktisch immer einen geringeren Stellenwert als der Angebotspreis (Wettbewerb). Hieraus können Nachteile für den Bauherrn bzw. für die Nutzer entstehen.

(5) Festlegung von Planungsinhalten und Änderungen:

Der Bauherr muss alle nutzungsrelevanten Entscheidungen sehr früh treffen; dies kann eine zeitaufwendigere Planung erfordern. Änderungen nach Abschluss des Bauvertrages führen in der Regel zu Nachforderungen der ausführenden Firma.

(6) Angebotsprüfung:

Da ein Preis- und Leistungsvergleich notwendig wird, ist die Prüfung von Angeboten auf Grundlage einer Funktionalen Leistungsbeschreibung wesentlich aufwendiger als der Preisvergleich von Angeboten auf Grundlage einer Leistungsbeschreibung mit Leistungsverzeichnis.

Deswegen ist mehr Zeit für die Angebotsprüfung einzuplanen. In vielen Fällen sind fachliche Stellungnahmen, z. B. für ein bestimmtes Raumluftkonzept, einzuholen. Preise und Nutzungseigenschaften sind sorgfältig gegeneinander abzuwägen.

**Lösung zu Aufgabe 14: Bietergespräch**

Folgende Punkte sollten beim Bietergespräch – in Abhängigkeit vom Einzelfall – berücksichtigt werden:

- Identität der Gesprächsteilnehmer und ihre Stellung zum Unternehmen feststellen (Namen, Anschrift, Telefon, Telefax bzw. E-Mail-Adresse, soweit dies nicht aus dem Anschreiben zum Angebot hervorgeht).

- Rechtsform der Unternehmung feststellen (im Hinblick auf Haftungsfragen).

- Leistungsfähigkeit der Unternehmung feststellen. Dazu gehören Anzahl und Qualifikation der Mitarbeiter (Meister, Facharbeiter, Lehrlinge) sowie Sondernachweise, z. B. Großer Schweißnachweis bei Schlosserarbeiten, ggf. erforderliche Neueinstellungen für den bevorstehenden Auftrag, Einsatz von Leiharbeitern.

- Finanzielle Situation der Unternehmung prüfen. Dazu gehören Eigenkapitalanteil, Bankreferenzen, Nachweis gezahlter Gehälter und Sozialleistungen (Nachweis der Allgemeinen Ortskrankenkasse, Berufsgenossenschaft, Bankbürgschaft u. a.).

- Nachweis ausgeführter Projekte hinsichtlich Umfang und Standard. Würde der Auftrag dann mehr als die Hälfte der Kapazität des Anbieters binden? Wird er damit vom zu vergebenden Auftrag mittel- bis langfristig abhängig?

- Ist die Unternehmung in der Lage, Planungs- und Koordinationsaufgaben wahrzunehmen (Technische Zeichnungen, statische Berechnungen in Eigen- oder Fremdfertigung, eigenes Bauleitungsbüro für die Baustelle)?

- Zeitliche Koordination der Ausführung: Sind die vorgegebenen Termine (Zusätzliche Vertragsbedingungen) so ausgelegt, dass alle Leistungen ohne Probleme ausgeführt werden können? Es soll ein Detailterminplan zur Ergänzung des Rahmenterminplans durch den Auftragnehmer ausgearbeitet werden. Die Abstimmung mit anderen Gewerken bzw. Firmen ist sicherzustellen.

**Lösung zu Aufgabe 15: Vergütungsanspruch bei Bauleistungen**

Für einen Vergütungsanspruch ist es zunächst einmal notwendig, dass nach erfolgter Leistungserstellung die Vergütung gefordert wird. Eine solche Forderung wird z. B. mit der Einreichung der Schlussrechnung gestellt. Der Zahlungsanspruch besteht nur bei Fälligkeit der Forderung. Für die Fälligkeit der Schlusszahlung müssen nach VOB folgende Voraussetzungen erfüllt sein:

(1)  das Werk muss vollendet und abgenommen sein,

(2)  eine prüffähige Schlussrechnung muss eingereicht worden sein,

(3)  die Rechnung muss geprüft worden sein, oder zwei Monate müssen nach Zugang der prüffähigen Schlussrechnung vergangen sein.

Hinweis: Mit der bloßen Fälligkeit der Rechnung befindet sich der Bauherr noch nicht in Verzug. Erst nach erfolgter Mahnung und Fristsetzung zur Zahlung durch den Unternehmer wird der Bauherr mit Beendigung dieser Frist in Verzug gesetzt. Von da an stehen dem Unternehmer so genannte Verzugszinsen zu.

**Lösung zu Aufgabe 16: Nachtragsforderungen**

Die Einheitspreise für die Stundenlohnarbeiten und die monatliche Gerüstvorhaltung ermitteln sich folgendermaßen:

|   | | |
|---|---|---|
|   | Stundenlohn | 13,00 €/h |
| + | 105 % Lohnzuschläge | 13,65 €/h |
| = | Herstellkosten | 26,65 €/h |
| + | 10 % Zuschlag für Allgemeine Geschäftskosten | 2,67 €/h |
| = | Selbstkosten | 29,32 €/h |
| + | 5 % Zuschlag für Wagnis und Gewinn | 1,47 €/h |
| = | Einheitspreis | 30,79 €/h |

|   | | | | |
|---|---|---|---|---|
| + | Abschreibung und Verzinsung  6.000 € · 0,030 | = | 180,00 €/Monat |
|   | Reparaturkosten (BGL 2007)  6.000 € · 0,018 | = | 96,00 €/Monat |
| = | Herstellkosten | = | 276,00 €/Monat |
| + | 10 % Zuschlag für Allgemeine Geschäftskosten | = | 27,60 €/Monat |
| = | Selbstkosten | = | 303,60 €/Monat |
| + | 5 % Zuschlag für Wagnis und Gewinn | = | 15,18 €/Monat |
| = | Einheitspreis | = | 318,78 €/Monat |

Danach ergibt sich folgende Rechnungsstellung:

| | | | |
|---|---|---|---|
| 150 Baufacharbeiter-Stunden | 30,79 €/h | = | 4.618,50 € |
| 2 Monate Gerüstvorhaltung | 318,78 €/Monat | = | 637,56 € |
| Summe | | = | 5.256,06 € |
| 19 % MwSt. | | = | 998,65 € |
| **Rechnungsbetrag (inkl. MwSt.)** | | = | **6.254,71 €** |

# 4.4 Ausführung

Die Bauausführung bringt für den Architekten eine Reihe verantwortungsvoller Aufgaben mit sich. Zum einen wird ihn der Bauherr zum Bauleiter gemäß Landesbauordnung bestellen. Als solcher hat er „darüber zu wachen, dass die Baumaßnahme entsprechend den öffentlich-rechtlichen Anforderungen durchgeführt wird, und die dafür erforderlichen Weisungen zu erteilen. Er hat im Rahmen dieser Aufgabe auf den sicheren bautechnischen Betrieb der Baustelle, insbesondere auf das gefahrlose Ineinandergreifen der Unternehmer zu achten." (SächsBO § 56)

Weiterhin hat der bauüberwachende Architekt im Interesse des Bauherrn dafür Sorge zu tragen, dass die beauftragten Bauleistungen in der vertragsgemäßen Qualität zu den veranschlagten Kosten termingerecht erbracht werden. Um dieses Ziel zu erreichen, bedarf es einer Reihe von Voraussetzungen, die in den Abschnitten *4.4.1 Baustelleneinrichtung* und *4.4.2 Ablauf- und Terminplanung* behandelt werden.

Nach erfolgter Baustelleneinrichtung und Aufstellung eines Ablauf- und Terminplanes können die beauftragten Unternehmen mit der Ausführung der Bauleistungen beginnen. Dabei ist es Aufgabe des Architekten, die Ausführung des Objektes auf Übereinstimmung mit der Baugenehmigung, den Ausführungsplänen, den Leistungsbeschreibungen und den allgemein anerkannten Regeln der Technik sowie weiterer einschlägiger Vorschriften zu überwachen. (*4.4.3 Bauüberwachung*). Um das Erreichen des Termin- und vor allem des Kostenziels zu gewährleisten, ist eine laufende Überwachung, Kontrolle und gegebenenfalls Steuerung erforderlich. Hierauf wird im Abschnitt *4.4.4 Kostenplanung im Zuge der Bauausführung* eingegangen.

Der darauf folgende Abschnitt ist der Abrechnung des Bauvorhabens gewidmet (*4.4.5 Bauabrechnung*). Hierbei geht es um die Rechnungsprüfung und damit zusammenhängende Fragen. Und schließlich werden Winterbaumaßnahmen und gestörte Bauabläufe im Abschnitt *4.4.6 Besondere Bedingungen der Bauausführung* behandelt.

## 4.4.1 Baustelleneinrichtung

Baustelleneinrichtungen betreffen vorrangig die ausführenden Firmen, also die Auftragnehmer, bilden sie doch deren technische und organisatorische Voraussetzungen für die Durchführung der Baumaßnahmen. Doch auch der Bauherr als Auftraggeber hat bezüglich der Baustellenorganisation Verpflichtungen gegenüber den ausführenden Firmen. Daher ist die Baustelleneinrichtung auch Gegenstand der Bauverträge und natürlich Teil der Kosten der Bauleistungen insgesamt.

### Aufgabenverzeichnis

Die folgenden Aufgaben beziehen sich auf das Kapitel 4.1 des Lehrbuches Band 2:

1   Pflichten des Auftraggebers gegenüber dem Auftragnehmer
2   Elemente der Baustelleneinrichtung
3   Kosten der Baustelleneinrichtung

**Vorschriften und Normen**

DIN 1961:2006, Allgemeine Vertragsbedingungen für die Ausführung von Bau-
   leistungen (VOB B)
DIN 18 299:2006, Allgemeine Technische Vertragsbedingungen für Bauleistungen
   (ATV) – Allgemeine Regelungen für Bauarbeiten jeder Art (VOB C), Stand


**Empfohlene Literatur zur weiteren Vertiefung**

Böttcher, P., H. Neuenhagen: Baustelleneinrichtung, Wiesbaden, Berlin 1997
Leimböck, E., A. Iding: Bauwirtschaft – Grundlagen und Methoden, 2. Auflage,
   Wiesbaden 2005
Schach, R.: Baustelleneinrichtung: Grundlagen, Planung, Praxishinweise, Vor-
   schriften und Regeln, Wiesbaden 2008

**Aufgabe 1: Pflichten des Auftraggebers gegenüber dem Auftragnehmer**

Bauherren haben in ihrer Eigenschaft als Auftraggeber gegenüber den ausführenden Firmen als ihren Auftragnehmern nicht nur Rechte, sondern auch Pflichten. Dies gilt auch in Bezug auf die Baustelleneinrichtung.

Nennen Sie die diesbezüglichen Pflichten des Auftraggebers und geben Sie einen Hinweis auf ein entsprechendes Regelwerk.


**Aufgabe 2: Elemente der Baustelleneinrichtung**

Zu den Voraussetzungen der Bauausführung gehören vor allem bei Großprojekten zahlreiche Elemente der Baustelleneinrichtung in Form von Anlagen und Regelungen.

Nennen Sie die wesentlichen Elemente, welche im Rahmen der Projektorganisation für die Baustelleneinrichtung zu berücksichtigen sind.


**Aufgabe 3: Kosten der Baustelleneinrichtung**

Die Elemente der Baustelleneinrichtung sind, soweit diese nicht vom Auftraggeber gesondert vorbereitet und beauftragt werden, Teil des Bauvertrages von mehreren Fachunternehmen oder eines Generalunternehmers.

Wie gehen die Kosten der Baustelleneinrichtung in die Leistungsbeschreibung und den Bauvertrag ein? Beschreiben Sie die beiden grundsätzlichen Möglichkeiten.

**Lösung zu Aufgabe 1:  Pflichten des Auftraggebers gegenüber dem Auftrag-
nehmer**

Die Vergabe- und Vertragsordnung für Bauleistungen (VOB) gibt vor, wenn nichts
anderes vereinbart ist, dass dem Auftragnehmer unentgeltlich zur Mitbenutzung
überlassen werden:

-   die notwendigen Lager- und Arbeitsflächen auf der Baustelle
-   vorhandene Zufahrtswege und Anschlussgleise
-   vorhandene Anschlüsse für Wasser und Energie.
(vgl. hierzu VOB/B 2006, § 4 Nr. 4)

Im Übrigen hat der Auftraggeber für die Aufrechterhaltung der allgemeinen Ordnung auf der Baustelle zu sorgen und das Zusammenwirken der verschiedenen
Unternehmen zu regeln. Er hat ferner die erforderlichen öffentlich-rechtlichen
Genehmigungen und Erlaubnisse (nach Baurecht, Straßenverkehrsrecht, Wasser-
recht, Gewerberecht) herbeizuführen.
(vgl. hierzu VOB/B 2006, § 4 Nr. 1)

**Lösung zu Aufgabe 2:  Elemente der Baustelleneinrichtung**

Zu den Elementen der Baustelleneinrichtung, besonders bei Großprojekten, gehören:

-   Baustraßen
-   Verkehrsregelungen
-   Fahrzeugwaschanlage
-   Zäune und Tore
-   Wach- und Sicherheitsdienst
-   Notrufsystem
-   Baubüros
-   Wohnunterkünfte
-   Baustrom-, Gas- und Wasserversorgung
-   Lager- und Arbeitsplätze
-   Beschilderung.

**Lösung zu Aufgabe 3:  Kosten der Baustelleneinrichtung**

Die Kosten der Baustelleneinrichtung sind im Bauvertrag entweder

-   als Baustellengemeinkosten in den Einheitspreisen enthalten, soweit in der
    Leistungsbeschreibung dafür keine eigenen Positionen vorhanden sind (vgl.
    DIN 18 299 und VOB/B 2006 § 2 Nr. 1) oder

-   werden, soweit sie in der Leistungsbeschreibung in der Form eigener Positio-
    nen enthalten sind, gesondert angeboten, beauftragt und abgerechnet.

Anmerkung:

Die Kosten der Baustelleneinrichtung, z. B. für Baubaracken und Bauzäune, entstehen aus deren zeitlicher Bereitstellung. Verlängert sich die Bauzeit der Vertragsleistung, so können bei gesonderten Positionen hierfür die daraus entstehenden zeitproportionalen Mehrkosten eindeutig ermittelt werden. Dies erleichtert die Vereinbarung zwischen den Vertragspartnern im Fall von gerechtfertigten Nachforderungen des Auftragnehmers.

246

## 4.4.2 Ablauf- und Terminplanung

Die Zeit ist ein wichtiger Einflussfaktor der Wirtschaftlichkeit. Die Nicht-Nutzung von Arbeitskräften, Geräten, Geld und eines mit Verzögerung fertig werdenden Gebäudes verursacht Kosten (ggf. auch in Form eines entgangenen Gewinns). Deswegen ist die termingerechte Baufertigstellung für den Bauherrn von besonderer Bedeutung.

Der Architekt muss sich daher in den Grundlagen der Ablauf- und Terminplanung und -steuerung auskennen, wenn er vermeiden will, dass der (anspruchsvolle oder verunsicherte) Bauherr diese Grundleistung einem Spezialisten überträgt oder gleich ein schlüsselfertiges Gebäude bestellt.

Die Aufgaben dieses Abschnittes sollen dazu dienen, folgende Kenntnisse und Fähigkeiten zu überprüfen bzw. zu vervollständigen:

- prinzipielle Vorgehensweise bei der Aufstellung eines Terminplanes
- Vor- und Nachteile von Balken- und Netzplänen
- ökonomische Folgen von Verzögerungen und Beschleunigungen.


**Aufgabenverzeichnis**

Die folgenden Aufgaben beziehen sich auf das Kapitel 4.2 des Lehrbuches Band 2:

1  Vorgehensweise bei der Ablauf- und Terminplanung
2  Terminplanung der am Projekt Beteiligten
3  Meilensteine
4  Zusammenhang von Projektdauer und Kosten
5  Randbedingungen bei der Terminplanoptimierung
6  Terminplan für eine Umbaumaßnahme
7  Planungsänderungen während der Ausführung
8  Beschleunigung der Baudurchführung
9  Inbetriebnahme
10  Bedeutung von Terminen

Zeichnung: Ernst Hürlimann

**Vorschriften und Normen**

DIN 69 900:1987-08, Netzplantechnik
- Teil 1 Projektwirtschaft, Netzplantechnik, Begriffe
- Teil 2 Projektwirtschaft, Netzplantechnik, Darstellungstechnik

**Empfohlene Literatur zur weiteren Vertiefung**

Altrogge, G.: Netzplantechnik, München, Wien 1996
Rösch, W., W. Volkmann: Bau-Projektmanagement: Terminplanung mit System, Köln 1994
Schwarze, J.: Projektmanagement mit Netzplantechnik, Herne, Berlin 2006
Schwarze, J.: Übungen zur Netzplantechnik, Herne, Berlin 2006

**Aufgabe 1:  Vorgehensweise bei der Ablauf- und Terminplanung**

Beschreiben Sie die prinzipielle Vorgehensweise zur Aufstellung eines Terminplanes für den Bau eines Mehrfamilienhauses.

**Aufgabe 2:  Terminplanung der am Projekt Beteiligten**

Der Bauherr, der Architekt und die ausführenden Firmen haben jeweils unterschiedliche Aufgaben in der Terminplanung zu übernehmen. Sie sind teilweise auf die Projektbeteiligten und teilweise auf den materiellen Entstehungsprozess des Bauwerkes gerichtet.

Zählen Sie die wichtigsten dieser Aufgaben getrennt nach den drei genannten Projektbeteiligten auf.

**Aufgabe 3:  Meilensteine**

Was versteht man unter einem Meilenstein in der Terminplanung? Geben Sie hierzu eine kurze Erläuterung und nennen Sie einige Beispiele für Meilensteintermine.

**Aufgabe 4:  Zusammenhang von Projektdauer und Kosten**

Welcher Zusammenhang besteht zwischen der Projektdauer eines Bauvorhabens und den Gesamtkosten desselben, insbesondere bei Bauzeitverzögerungen?

**Aufgabe 5:  Randbedingungen bei der  Terminplanoptimierung**

Die Terminplanoptimierung ist mit dem Ziel der kostenminimalen Baudurchführung unter Einhaltung eines ggf. vorgegebenen Endtermines zu betreiben. Denkbare Optimierungsansätze scheiden häufig aufgrund vorgegebener Randbedingungen aus, wie z. B.

(1) Beschränkung der Finanzmittel

(2) Beschränkung der Planungs- und Ausführungskapazitäten

(3) Organisation der Baustelle.

Begründen Sie diese Feststellung.

**Aufgabe 6:  Terminplan für eine Umbaumaßnahme**

Im Operationstrakt eines Klinikums werden zur Verbesserung der hygienischen Verhältnisse Umbaumaßnahmen notwendig. Die dazu erforderlichen Maßnahmen (Vorgänge), ihre Dauer sowie ihre gegenseitigen Abhängigkeiten sind in Abbildung 4-12 angegeben.

(1) Stellen Sie den Bauablauf als **Netzplan** dar. Ermitteln Sie die frühest möglichen bzw. spätest zulässigen Anfangs- und Endtermine der Tätigkeiten und tragen Sie den kritischen Weg ein.

(2) Welche Auswirkungen hätte es, wenn

    (2.1) mit der Renovierung der Anästhesiearbeitsräume erst 15 Arbeitstage nach dem frühest möglichen Termin begonnen wird?

    (2.2) der Umbau der Zentralsterilisation in 25 statt 40 Arbeitstagen erfolgt?

(3) Stellen Sie den Bauablauf als **Balkenplan** dar.

(4) Vergleichen Sie den Netzplan mit dem Balkenplan und nennen Sie die Vor- und Nachteile.

| Nr. | Vorgang | Dauer (Arbeitstage) | unmittelbarer Vorgänger | Nachfolger |
|---|---|---|---|---|
| 0 | Start (Scheinvorgang) | 0 | - | 1, 3, 4 |
| 1 | Umbau Klimaanlage in Operationsraum IV | 20 | 0 | 2 |
| 2 | Umbau Klimaanlage in Operationsraum V | 25 | 1 | 5, 6 |
| 3 | Patientenschleuse bestellen und Lieferung | 35 | 0 | 10 |
| 4 | Anästhesiearbeitsräume renovieren | 10 | 0 | 7 |
| 5 | Umbau der Zentralsterilisation | 40 | 2 | 11 |
| 6 | Umbau Personalaufzug | 15 | 2 | 9, 10 |
| 7 | WC renovieren | 12 | 4 | 8 |
| 8 | Sanitärobjekte installieren | 4 | 7 | 12 |
| 9 | Umbau Personalschleuse | 12 | 6 | 11 |
| 10 | Einbau Patientenschleuse | 18 | 3, 6 | 11 |
| 11 | Umbau Sozial- und Lagerräume | 14 | 5, 9, 10 | 12 |
| 12 | Ende (Scheinvorgang) | 0 | 8, 11 | - |

**Abb. 4-12** Vorgangsliste

**Aufgabe 7: Planungsänderungen während der Ausführung**

Ein Bürogebäude ist vom Architekten in Abstimmung mit dem Bauherrn in Stahlbeton-Skelettbauweise geplant worden und befindet sich in der Bauausführung. Ausschreibung und Vergabe der zu erbringenden Leistungen am Bau sind bereits abgeschlossen. Die Werkpläne wurden an die ausführenden Firmen übergeben.

Nach der Fertigstellung des Rohbaus ist nun mit dem Innenausbau begonnen worden. Der Einbau der Trennwände aus Gips-Karton und der Fußbodenaufbauten wird absehbar im Zeitraum von einer Woche abgeschlossen sein.

Nach der Baustellenbegehung erscheinen dem Bauherrn einige Büroräume zu groß. Infolgedessen wünscht er die nachträgliche Aufteilung dieser großen Büroräume in jeweils zwei kleinere eigenständige Raumeinheiten durch das Einziehen von Gips-Karton-Wänden. Welche Auswirkungen hat diese Ausführungsänderung auf Bauablauf und Planung sowie auf die Baukosten des Projektes?

## Aufgabe 8:  Beschleunigung der Baudurchführung

Beschleunigungsmaßnahmen können erforderlich werden, um die geplante Bauzeit zu verkürzen oder um einen drohenden Terminverzug zu verhindern. Durch die Inkaufnahme des hierfür erforderlichen Mehraufwandes (Beschleunigungskosten) sollen schwerwiegende Nachteile in Form von größeren Kostensteigerungen (Konventionalstrafen, Bauzeitzinsen) oder Terminabweichungen (Nichteinhaltung eines geplanten Eröffnungstermines eines Betriebes) vermieden werden.

Erörtern Sie die verschiedenen Möglichkeiten und Gesichtspunkte der Beschleunigungsmaßnahmen und schätzen Sie die tendenziell zu erwartenden Auswirkungen auf die Kosten ein.

## Aufgabe 9:  Inbetriebnahme

Die Inbetriebnahme als bestimmende Vorgabe durch den Bauherrn für die Terminplanung ist je nach der Nutzung des geplanten Gebäudes von unterschiedlichen Randbedingungen abhängig.

Welche sind dies bei folgenden Projekten?

(1) Schule/ Universität
(2) Kaufhaus
(3) Flughafen/ Bahnhof
(4) Hotel

## Aufgabe 10:  Bedeutung von Terminen

Planung und Ausführung von Bauwerken sind mit einer großen Zahl von einzelnen Terminen und Dauern verbunden. Bei der Terminplanung ist darauf zu achten, für welchen Beteiligten (Bauherr, Architekt, ausführende Firma usw.) welche Termine von Bedeutung sind und vor allem auch zu welcher Zeit Termine festgelegt oder geprüft werden müssen.

Dabei gilt: Terminpläne sind umso einfacher aufzustellen, darzustellen und zu überwachen, je weniger Termine sie beinhalten. Auf der anderen Seite müssen für den Projektablauf wichtige Termine frühzeitig bei der Ermittlung, Kontrolle und Steuerung berücksichtigt werden.

Wodurch unterscheiden sich die erforderlichen Termininformationen für die zahlreichen Beteiligten bei Planung, Ausführung und Nutzung?

| Termine bzw. Dauern (ungeordnet) | Bauherr | Architekt | ausführende Firma | Nutzer |
|---|---|---|---|---|
| Inbetriebnahme | | | | |
| Zahlungsfristen | | | | |
| Ende des Anspruchs auf Mängelbeseitigung | | | | |
| Abnahmetermine | | | | |
| Submissionstermine (Eröffnungstermine) | | | | |
| Schalungsdauern für z. B. Betonarbeiten | | | | |
| Erstellung von Leistungsverzeichnissen | | | | |
| Lieferfrist für z. B. Bewehrungsstahl | | | | |
| Werk- und Montageplanung, z. B. Metallfassaden | | | | |
| Entscheidung zum Raum- und Funktionsprogramm | | | | |

**Abb. 4-13** Übersicht zu Terminen und Dauern und deren Bedeutung für die Projektbeteiligten (Aufgabenstellung)

**Lösung zu Aufgabe 1: Vorgehensweise bei der Ablauf- und Terminplanung**

Bevor die **Terminplanung** im Einzelnen beginnen kann, muss zunächst die Ablaufstruktur der Baumaßnahme geklärt werden. Dazu untergliedert man zweckmäßigerweise das Projekt in überschaubare Arbeitspakete und stellt dann für jedes Arbeitspaket (z. B. Rohbauarbeiten) die erforderlichen Tätigkeiten (z. B. Dachstuhl errichten) zusammen. Anschließend ermittelt man die Reihenfolge (z. B. Einschalen, Bewehrung verlegen, Betonieren, Ausschalen) und Abhängigkeiten (z. B. Ausschalfristen nach DIN 1045) zwischen den einzelnen Tätigkeiten. Auf der Grundlage dieser Informationen kann der **Ablaufstrukturplan** zunächst für das einzelne Arbeitspaket und dann als Verbund aller Arbeitspakete dargestellt werden.

Arbeitet man anschließend die einzelnen Tätigkeits- bzw. Vorgangsdauern in den Ablaufstrukturplan ein, so erhält man den Terminplan. Die Darstellung kann als Terminliste, Balkenplan, Weg-Zeit-Diagramm oder Netzplan erfolgen.

**Lösung zu Aufgabe 2: Terminplanung der am Projekt Beteiligten**

Der Bauherr, der Architekt und die ausführenden Firmen haben folgende Terminplanungsaufgaben wahrzunehmen:

Zu den projektorientierten Aufgaben des Bauherrn als oberstem Projektmanager zählen:

-   Vorgabe eines realistischen Terminzieles für das Gesamtprojekt
-   terminliche und inhaltliche Koordination der Projektbeteiligten, insbesondere der Nutzer
-   oberste Terminkontrolle in Bezug auf das Gesamtprojekt.

Zu den objektorientierten – d. h. auf den materiellen Entstehungsprozess des Bauwerkes bezogenen – Aufgaben auf der Seite des Architekten zählen:

-   Terminplanung und -überwachung der Arbeiten für das einzelne Bauvorhaben im Architekturbüro auch im Abgleich mit anderen Aufgaben
-   terminliche Disposition und Steuerung von Koordination und Integration der Leistungen der fachlich Beteiligten (Fachingenieure für Tragwerksplanung und technische Anlagen) bei der Planung, Vergabe und Objektüberwachung
-   terminliche und fachliche Koordination von Leistungen der ausführenden Firmen in der Vorbereitung und im Rahmen der Objektüberwachung.

Zu den auftragsorientierten Aufgaben im Rahmen des Bauvertrages auf der Seite der ausführenden Firmen zählen:

-   Rahmenvorgabe des Architekten überprüfen, gegebenenfalls Sondervorschlag für die Durchführung unterbreiten
-   Detailablaufplanung für die Arbeiten auf der Baustelle erstellen
-   Kontrolle und Optimierung der Bauprozesse – nicht nur in terminlicher Hinsicht – durchführen.

**Lösung zu Aufgabe 3: Meilensteine**

Als Meilenstein bezeichnet man in der Netzplantechnik (vgl. DIN 69 900) ein Ereignis oder einen Vorgang mit besonderer Bedeutung. Solche Ereignisse oder Vorgänge können im Bauwesen beispielsweise für ein Wohngebäude wie folgt festgelegt werden:

- Planungsbeginn
- Baugenehmigung
- Grundsteinlegung
- Rohbaubeginn
- Richtfest
- Beginn Rohmontage Technische Anlagen
- regenfester Rohbau
- wetterfester Rohbau
- winterfester Rohbau
- Beginn „nasser" Ausbau
- Inbetriebnahme
- Nutzungsbeginn.

Besonders für den (im Bauen noch nicht erfahrenen) Bauherrn ist die terminliche Orientierung an den Meilensteinen interessant. So stellen beispielsweise Grundsteinlegung, Richtfest und Inbetriebnahme wesentliche Höhepunkte für den Bauherrn dar.

**Lösung zu Aufgabe 4: Zusammenhang von Projektdauer und Kosten**

Der Zusammenhang zwischen der Projektdauer und den Gesamtkosten eines Bauvorhabens besteht in mehrfacher Hinsicht. Hierbei sollte unterschieden werden, ob es um den Zusammenhang der Gesamtkosten mit einer kurzen bzw. verkürzten Projektdauer oder mit einer langen bzw. verlängerten Projektdauer geht

Ein Zusammenhang zwischen einer kurzen bzw. verkürzten Projektdauer und den Gesamtkosten besteht

- bei fehlender Zeit zur Optimierung der Planung (daraus resultieren oft zu hohe Bau- und Folgekosten)
- wenn zu wenig Zeit bleibt, um geeignete Baufirmen auszuwählen (es wird zu teuer gebaut oder es werden ungeeignete Baufirmen beauftragt).
- durch die Gefahr eines gestörten Bauablaufes (Mehrkosten in der Baudurchführung)

Ein Zusammenhang zwischen einer langen bzw. verlängerten Projektdauer und den Gesamtkosten besteht,

- da im Bauprojekt Kapital gebunden ist und daher die Kapitalkosten (Zinsen für Fremdkapital und kalkulatorische Verzinsung des Eigenkapitals) vor Nutzungsbeginn die Gesamtkosten eines Bauprojektes mit zunehmender Projektdauer und bei Bauzeitverzögerungen erhöhen, denn diese machen häufig z. B.

die längere Vorhaltung der Baustelleneinrichtung oder eines Baugerüstes (Mehrkosten im Rahmen der Bauverträge) notwendig

- im Fall eines verspäteten Nutzungsbeginns. Dieser kann zu Schadenersatzforderungen von Nutzern führen, wenn diesen die Betriebsaufnahme im neuen Gebäude nicht, wie geplant bzw. vertraglich vereinbart, möglich ist (Kosten aus Rechtsstreit).

## Lösung zu Aufgabe 5:  Randbedingungen bei der Terminplanoptimierung

### (1) Beschränkung der Finanzmittel

Wegen des Kapitals, das in der Baustelle bzw. in dem noch nicht nutzbaren Gebäude gebunden ist, sollte die Bauzeit möglichst kurz sein. Dies setzt voraus, dass das erforderliche Kapital entsprechend frühzeitig zur Verfügung steht. Während die Bereitstellung von Fremdkapital, wenn es einmal bewilligt ist, i. Allg. ohne Probleme dem Baufortschritt – sei er besonders zügig oder eher langsam – angepasst werden kann, ist die Verfügbarkeit des Eigenkapitals oft weniger flexibel. So kommt es insbesondere bei öffentlichen Bauvorhaben häufig vor, dass die Bautätigkeit sich nach den Terminen der Mittelbereitstellung bzw. nach den Haushaltsjahren richten muss.

### (2) Beschränkung der Planungs- und Ausführungskapazitäten

Zu Baubeginn ist die Planung von Architekten und Fachingenieuren in den seltensten Fällen völlig abgeschlossen. Es ist daher sicherzustellen, dass alle Planunterlagen (Werkpläne, Bewehrungspläne u. a.) rechtzeitig vorliegen. Behinderungen der ausführenden Baufirmen durch fehlende Unterlagen führen zu Nachtragsforderungen für die zusätzliche Vorhaltung von Baustelleneinrichtung, Gerät und Personal bzw. für Beschleunigungsmaßnahmen, um Verzögerungen aufzuholen. Die erste grobe Terminplanung (Rahmenterminplan) ist mit den ausführenden Firmen abzusprechen und über Feinterminpläne pro Leistungsbereich oder Los zu ergänzen. Sind die Ausführungszeiten für einzelne Leistungen zu kurz bemessen, dann kalkulieren die ausführungsinteressierten Firmen bereits im Angebot zusätzlichen Aufwand für die Beschleunigung (Überstunden, erhöhter Geräteeinsatz u. a.) häufig mit 5 bis 10 % der eigentlichen Leistung zusätzlich ein.

### (3) Organisation der Baustelle

Für jede Baustelle gilt, dass jeweils nur ein begrenzter Teil der Leistungen gleichzeitig ausgeführt werden kann. Die Vorhaltung von Baustelleneinrichtungen (Gerät, Unterkünfte, Kantine u. a.) sollte in Grenzen gehalten werden. Engpässe können ebenfalls bei Lagerflächen für Baustoffe und Bauteile (Bewehrungsmatten, Fertigteile u. a.) sowie beim Baustellenverkehr auftreten. Neben dem reinen Mengenaufkommen (Personen, Fahrzeuge, Hebezeuge) sind auch der Aspekt der gegenseitigen Behinderung und die Unfallgefahr bei übermäßig erhöhter Bauintensität zu beachten.

**Lösung zu Aufgabe 6: Terminplan für eine Umbaumaßnahme**

(1) Der Terminplan für die Umbaumaßnahme im Operationstrakt ist in Abbildung 4-14.1 als **Netzplan** dargestellt.

(2) Auswirkungen auf den kritischen Weg

(2.1) Die Auswirkungen eines um 15 Arbeitstage verspäteten Beginns der Anästhesieraum-Renovierung bestehen lediglich in einem um 15 Arbeitstage späteren Beginn der Tätigkeiten 7 *WC renovieren* und 8 *Sanitärobjekte installieren.* Der frühest mögliche Termin der Fertigstellung der gesamten Umbaumaßnahme (kritischer Weg) wird wegen ausreichender Pufferzeiten nicht berührt.

(2.2) Die Auswirkungen auf den Bauablauf, wenn der Umbau der Zentralsterilisation in 25 statt 40 Arbeitstagen erfolgt, sind in Abbildung 4-14.2 dargestellt.

(3) In Abbildung 4-15 ist der Bauablauf als **Balkenplan** dargestellt.

(4) Vorteile des Netzplans:

+ Gute Ablesbarkeit der Projekt-Ablaufstruktur und damit der Abhängigkeiten zwischen den einzelnen Vorgängen
+ Darstellung des kritischen Weges
+ Angabe von frühest möglichen und spätest zulässigen Terminen, von Pufferzeiten und damit Ablesbarkeit von beinahe kritischen Vorgängen
+ einfache Ermittlung der Konsequenzen von Steuerungsmaßnahmen (z.B. neuer kritischer Weg)

Nachteile des Netzplans:

- i. Allg. wenig übersichtliche Darstellung
- keine zeitproportionale Darstellung

Vorteile des Balkenplans:

+ zeitproportionale Darstellung
+ damit gute zeitliche Orientierung hinsichtlich
    des momentanen Zeitpunktes
    des verbleibenden Zeitraumes
    der Vorgangsdauern
    Terminüberschreitungen
+ insgesamt gute Ablesbarkeit des Projektfortschritts

Nachteile des Balkenplans:

- Abhängigkeiten kommen nicht zum Ausdruck
- Konsequenzen von Terminverzügen und Steuerungsmaßnahmen sind nur bedingt ablesbar.

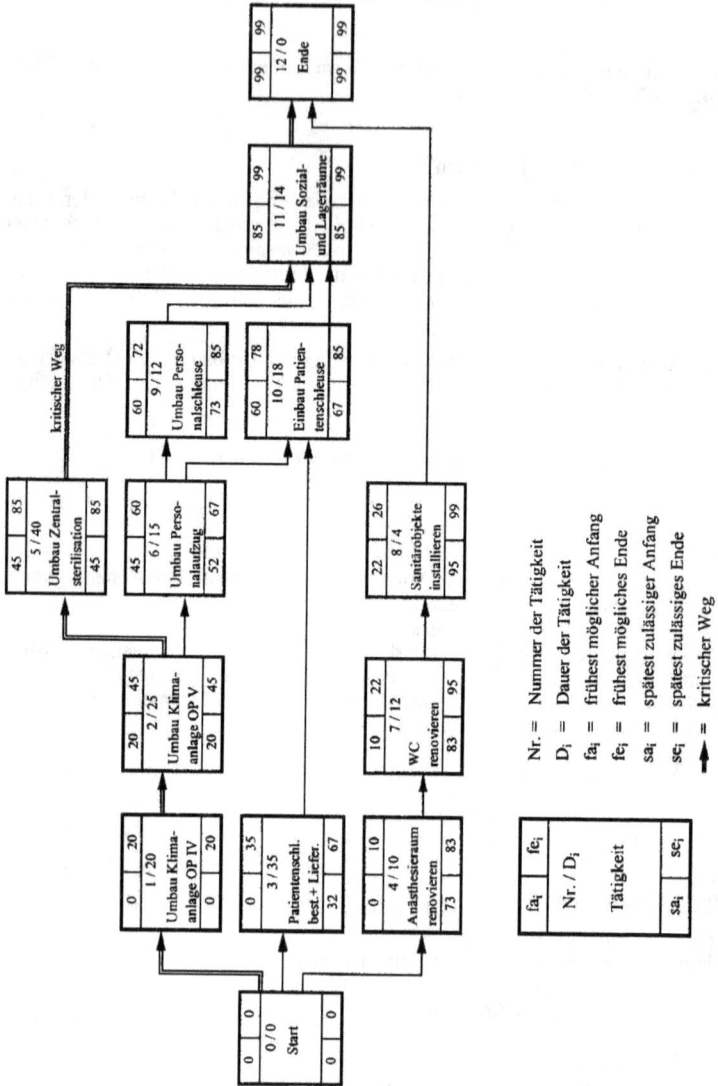

**Abb. 4-14.1** Netzplan für eine Umbaumaßnahme

Der kritische Weg wird bestimmt durch die Tätigkeiten 0 + 1 + 2 + 5 + 11 + 12 mit einer Dauer von 99 Arbeitstagen.

Nr. = Nummer der Tätigkeit

$D_i$ = Dauer der Tätigkeit

$fa_i$ = frühest möglicher Anfang

$fe_i$ = frühest mögliches Ende

$sa_i$ = spätest zulässiger Anfang

$se_i$ = spätest zulässiges Ende

➤ = kritischer Weg

| $fa_i$ | | $fe_i$ |
|---|---|---|
| Nr. / $D_i$ | | |
| Tätigkeit | | |
| $sa_i$ | | $se_i$ |

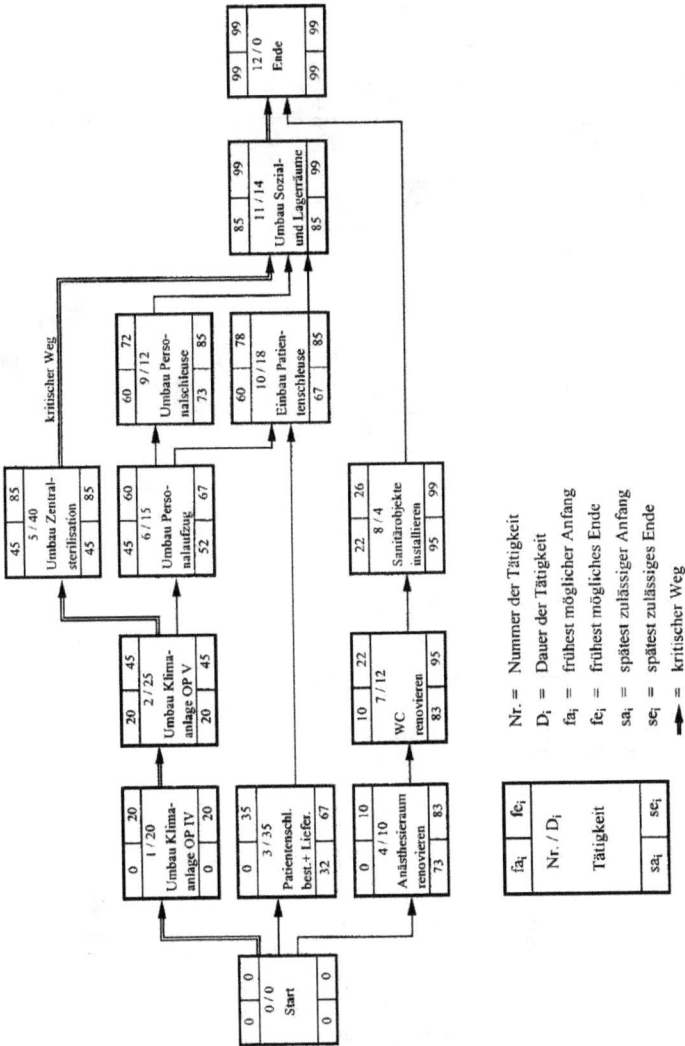

**Abb. 4-14.2** Netzplan mit neuem kritischen Weg

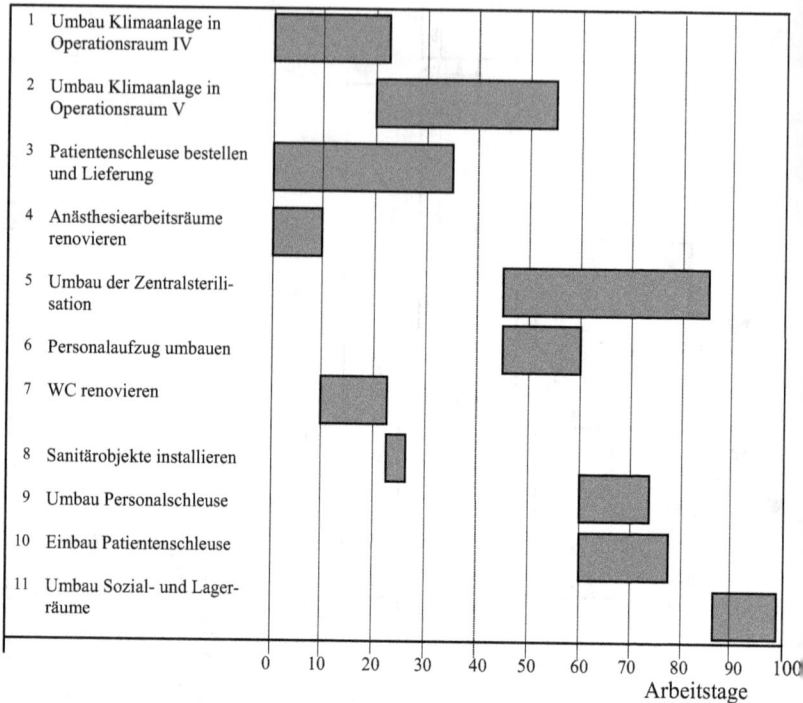

**Abb. 4-15** Balkenplan für eine Umbaumaßnahme

## Lösung zu Aufgabe 7: Planungsänderungen während der Ausführung

Bei Planungsänderungen während der Ausführung sollte der Architekt den Bauherrn genau über den zu erwartenden Umfang der dadurch notwendigen zusätzlich anfallenden Arbeiten, Kosten und damit verbundenen Risiken informieren und ihn zu seiner Entscheidung beraten.

Nach Auffassung des Bauherrn scheint die Änderung auf den ersten Blick einfach zu sein. Er zieht lediglich den Einbau einer zusätzlichen Gips-Karton-Wand und einer separaten Tür pro zu unterteilendem Raum zum Flur in Betracht.

Außer den Leistungen der Trockenbauarbeiten und des Einbaus der Türen sind jedoch gegebenenfalls noch weitere Leistungen betroffen, wie:

- Heizung, Klima, Lüftung
- Doppelböden, Bodenkanäle
- Unterdecken
- Elektroinstallation.

- Sonnenschutzeinrichtungen
- Bodenbeläge
- Abbrucharbeiten und Entsorgung

Bei der Umplanung für die Teilung eines Büroraumes sind zu berücksichtigen:

- Lage von Auslässen der Doppelböden oder Bodenkanäle
- Anschlüsse von leichten Trennwänden an die Fassade sowie gegebenenfalls Änderungen an tragenden Wänden
- entstehende Schallbrücken beim Einbau von Trennwänden auf durchlaufendem Estrich mit fertig gestelltem Bodenbelag
- Anschlüsse von Unterdecken an Fassade, Wände und Decken
- Materialien und Farben der Bodenbeläge hinsichtlich Mengen und Qualitäten
- Art und Anschlagrichtung der Türen (links- oder rechtsbündig), Lage der Türstopper
- Schaltkreise der Elektroinstallationen, Lage und Anzahl der Lichtschalter und Deckenleuchten, zusätzliche Anschlüsse für Telekommunikation und EDV
- vorgesehene Steuerung von Sonnenschutzeinrichtungen
- Regelkreise, Dimensionierung und Lage der Heizkörper oder Raumluftauslässe
- gegebenenfalls der Umfang von Abbrucharbeiten, z. B. Herstellen von Tür-öffnungen oder Trennen des Estrichs zum Einbringen einer Schallschutzfuge, einschließlich der Beseitigung des Bauschutts.

Je nach Baufortschritt ist damit zu rechnen, dass die ausführenden Firmen für

- erhöhten Koordinationsaufwand
- Rückbau bzw. Demontage sowie
- Mehraufwand in Form von Überstunden oder Wochenendarbeit

ihre Mehrkosten geltend machen werden. Außerdem ist ein – durch erneute Planungs- und Ausführungskoordination sowie zusätzliche Lieferfristen bedingter – möglicher Zeitverzug der Fertigstellung des Objektes zu berücksichtigen. Dieser hätte wiederum Einfluss auf den Inbetriebnahmetermin des Objektes und gegebenenfalls damit verbundene bestehende Vertragstermine und Mieteinnahmen.

Der Architekt sollte zu erwartende Mehraufwendungen und Risiken zusammenstellen und dem Bauherrn zur Entscheidung vortragen.

**Lösung zu Aufgabe 8: Beschleunigung der Baudurchführung**

Als Möglichkeiten der Beschleunigung bieten sich an (wobei diese i. Allg. zu den im folgenden genannten Kostenauswirkungen führen):

- Überstunden bei gleicher kapazitiver Grundausstattung (Mannschaft, Geräte u. a.):

Im Verhältnis zur mehr erbrachten Leistung steigen die Kosten überproportional, da Überstunden mit Zuschlägen bezahlt werden.

- Kapazitätserhöhungen:

    Damit ist ein Mehraufwand für zusätzliche Baustelleneinrichtung sowie Planungs- und Koordinationsaufwand verbunden, was sich auch kostenmäßig niederschlägt.

- Losbildung bzw. stärkere Bindung des Auftragnehmers an das Projekt:

    In der Phase der Vergabe kann durch eine entsprechende Losbildung eine Verkürzung der voraussichtlichen Bauzeit erreicht werden. Dies kann auch durch eine verstärkte kapazitive Bindung des zur Beauftragung vorgesehenen Unternehmers an das Projekt bewirkt werden. In der Regel versuchen Unternehmen ihre Kapazität auf mehrere Aufträge zu verteilen, um Risiken zu vermindern und eine kontinuierliche Auslastung sicherzustellen. Durch eine verstärkte Bindung an einen einzelnen Auftrag mit dem Ziel der Beschleunigung der Bauausführung wird dies erschwert oder ganz verhindert. Zum Ausgleich für dieses Risiko setzen dann die Unternehmen i. Allg. höhere Wagniszuschläge in der Angebotskalkulation an.

Beschleunigungsmaßnahmen sind tendenziell immer kostenerhöhend, wenn man davon ausgehen kann, dass der ursprünglich geplante Bauablauf optimal gestaltet war. Zwar werden durch Beschleunigungsmaßnahmen auch Bauzinsen eingespart, jedoch können diese die Mehrkosten beim Abweichen vom optimalen Ablaufplan nicht vollständig kompensieren.

**Lösung zu Aufgabe 9: Inbetriebnahme**

Neben der notwendigen Dauer für die Bauplanung und -ausführung steht für die Terminplanung der vom Bauherrn gewünschte bzw. für den Nutzungsbeginn erforderliche Inbetriebnahmetermin im Vordergrund. Im Fall der angesprochenen Nutzungsarten sind dies:

(1) Schule/ Universität

    Der Schuljahresbeginn bzw. der Beginn des Studienjahres im Wintersemester. Die Baufertigstellung eines neuen Gebäudes sollte deswegen im Sommer liegen, wobei noch einige Wochen für die vollständige Einrichtung bzw. den organisatorischen Vorlauf für das Personal der Bildungseinrichtung zur Verfügung stehen sollten.

(2) Kaufhaus

    Je nach Art des Warenangebotes soll die Inbetriebnahme rechtzeitig vor dem Monat liegen, in dem der höchste Umsatz im Jahr erwartet wird. In der Regel ist dies die Zeit vor den Weihnachtseinkäufen. Der beste Inbetriebnahmezeitraum ist deswegen der frühe November.

(3) Flughafen/ Bahnhof

    Die nationalen und internationalen Flugpläne bzw. Fahrpläne werden jeweils zweimal im Jahr umgestellt. Bei Flugplänen sind dies z. B. Mai und Oktober. Neubauten oder größere Umbauten der Verkehrsbauwerke müssen deshalb so rechtzeitig fertig gestellt werden, dass nach dem erforderlichen Probebetrieb der Neubau termingerecht mit dem jeweils neuen Flugplan oder Fahrplan in die Nutzung gehen kann.

(4) Hotel

Die Inbetriebnahme vor den Monaten mit der höchsten Belegungsrate ist bei Hotels, die von Geschäftsreisenden nachgefragt werden, und mehr noch bei Hotels für Feriengäste rechtzeitig zu gewährleisten.

Werden die oben beschriebenen wichtigen Termine nicht eingehalten, kommt es zu Überschneidungen von Bauausführung und Nutzung. Neben vertrags- und haftungsrechtlichen Problemen (Abnahme, Gefährdungshaftung) entsteht eine Beeinträchtigung der Nutzung. Diese kann natürlich auch der Akzeptanz des neuen Gebäudes abträglich sein.

Wird das Gebäude lange vor der neuen Zweckbestimmung fertig, so stellt die mit dem Gebäude verbundene Bindung von Kapital für den Bauherrn bzw. die Nutzer Kosten (Kapitalkosten, Betriebskosten u. a.) dar, denen keine entsprechenden Erlöse gegenüberstehen. Der Festlegung des richtigen Inbetriebnahmetermines und der darauf gerichteten Terminsteuerung kommt deswegen in der Terminplanung eine besondere Bedeutung zu.

**Lösung zu Aufgabe 10:  Bedeutung von Terminen**

| Termine bzw. Dauern (ungeordnet) | Bauherr | Architekt | ausführende Firma | Nutzer |
|---|---|---|---|---|
| Inbetriebnahme | (1) | (2) | - | (3) |
| Zahlungsfristen | (4) | (5) | (6) | - |
| Ende der Gewährleistung | (7) | (8) | (9) | - |
| Abnahmetermine | (10) | (10) | (10) | - |
| Submissionstermine (Eröffnungstermine) | (11) | (12) | (11) | - |
| Schalungsdauern für z. B. Betonarbeiten | - | (14) | (13) | - |
| Erstellung von Leistungsverzeichnissen | - | (15) | - | - |
| Lieferfrist für z. B. Bewehrungsstahl | - | - | (16) | - |
| Werk- und Montageplanung, z. B. Metallfassaden | - | (17) | - | - |
| Entscheidung zum Raum- und Funktionsprogramm | (18) | (20) | (19) | - |

**Abb. 4-16**  Übersicht zu Terminen und Dauern und deren Bedeutung für die Projektbeteiligten (Lösung)

Erläuterungen zu den Terminen bzw. Dauern:

(1) Der **Bauherr** muss den Inbetriebnahmetermin vorgeben.

(2) Der **Architekt** erstellt im Rahmen der Grundlagenermittlung (Klären der Aufgabenstellung) einen groben Zeitplan für Planung und Bauausführung unter Berücksichtigung des vom Bauherrn vorgegebenen **Inbetriebnahmetermines**. Diesbezüglich ist zu überprüfen, ob die Terminvorstellung des Bauherrn realistisch ist.

(3) Der **Nutzer** muss (evtl. nutzt der Bauherr selbst) den Umzug und ggf. weitere Aktivitäten und damit die Inbetriebnahme planen. Hierzu können gehören: Beschaffung von Betriebsmitteln, Einstellung von Personal, Adressenänderung u. v. m.

(4) Für erbrachte Leistungen hat der Bauherr seine Auftragnehmer zu bezahlen. Die **Zahlungsfristen** ergeben sich aus dem BGB, der VOB/VOL oder eventuell vertraglich vereinbarten Zahlungsplänen. Der Bauherr hat dafür zu sorgen, dass er Zahlungen nicht nur fristgerecht, sondern auch der Höhe nach leisten kann. Auf der Grundlage des Baufortschrittes und der Zahlungsfristen muss er eine Finanzplanung erstellen.

(5) Vorraussetzung für **Zahlungen** ist die Feststellung der in Rechnung gestellten Leistungen und Rechnungsprüfung. Im Rahmen der Objektüberwachung ist der Architekt hiermit im Auftrag des Bauherrn tätig.

(6) Die Auftragnehmer – ausführende Firmen – überwachen ab der Rechnungsstellung die Einhaltung der oben beschriebenen **Zahlungsfristen** zur Sicherung ihrer eigenen Liquidität mit dem Ziel geringstmöglichen Fremdkapitaleinsatzes.

(7) Für den Bauherrn endet der **Anspruch auf Mängelbeseitigung** nach vier (VOB) oder nach fünf Jahren (BGB). Für die Beseitigung später am Bauwerk auftretender Mängel hat der Bauherr selbst zu sorgen.

(8) Ist der Architekt mit der Leistungsphase *9. Objektbetreuung und Dokumentation* beauftragt, so obliegt ihm im Rahmen der oben genannten Fristen auch die **Verfolgung der Mängelbeseitigung**. Er hat in seinem Büro hierfür den erforderlichen personellen Aufwand zu planen.

(9) Mit **Ablauf des Anspruchs auf Mängelbeseitigung** (ohne unerledigte Mängelrügen seitens des Bauherrn) wird der Auftragnehmer – ausführende Firma – frei von Verpflichtungen gegenüber dem Bauherrn, und er hat den Anspruch auf die Auszahlung eines in der Regel vereinbarten Gewährleistungseinbehaltes.

(10) **Abnahmetermine** sollen vom Bauherrn und von der ausführenden Firma gemeinsam wahrgenommen werden. In der Regel unterstützt der Architekt den Bauherrn hierbei in fachlicher Hinsicht (Feststellung der Mängelfreiheit bzw. evtl. Mängel). Die Koordination der Abnahmetermine hat der Architekt im Rahmen der Objektüberwachung vorzunehmen.

(11) Zum **Submissionstermin** werden bei öffentlichen und beschränkten Ausschreibungen (VOB/A) die Angebote der Bieter eröffnet. Die für die meist zahlreichen Submissionen notwendigen Termine sind rechtzeitig vom Bauherrn zu koordinieren, damit die Bieter eingeladen werden können.

(12) Der Architekt kann an den **Submissionsterminen** teilnehmen.

(13) Technisch bestimmte Fristen, wie z. B. **Schalungsdauern** von Betondecken, -wänden, -stützen oder -treppen sind in erster Linie für den Rohbauunternehmer von Bedeutung und durch ihn im Rahmen der Werk- und Montageplanung terminlich zu koordinieren.

(14) Der Architekt hat im Rahmen der Objektüberwachung zu kontrollieren, dass im Hinblick auf Einhaltung der geforderten Ausführungsqualität z. B. bei Schalungsarbeiten die notwendigen Abbindezeiten eingehalten werden.

(15) Die Erstellung von **Leistungsverzeichnissen** ist Aufgabe des Architekten bzw. der Fachlich Beteiligten, z. B. Ingenieur für Heizung / Klima / Lüftung. Jeder Planer muss darauf achten, dass er die erforderliche Bearbeitungszeit für die Erstellung der Leistungsverzeichnisse richtig plant. Erschwerend ist hierbei oft die zeitliche Überschneidung von Ausführungsplanung und Erstellung der Leistungsverzeichnisse in Verbindung mit der praktisch unvermeidbaren gleichzeitigen Einarbeitung von Änderungen, z. B. aufgrund von Bauherrenwünschen.

Zu wenig Zeit für die Bearbeitung und inhaltliche Abstimmung der Fachbereiche (Objektplanung, Technische Anlagen, Tragwerksplanung) kann u. a. zu unvollständigen Leistungsbeschreibungen führen und ist dann die Ursache von Nachforderungen der ausführenden Firmen.

(16) Die rechtzeitige Bestellung bzw. die ausreichende Lagerhaltung von Baustoffen, wie z. B. Bewehrungsstahl ist in erster Linie Aufgabe des Rohbauunternehmers, also der bauausführenden Firma.

In besonderen Fällen soll auch der Architekt bedenken, dass Lieferengpässe oder lange **Lieferzeiten** von Stoffen oder Bauteilen einen Einfluss auf die Angebotskalkulation sowie die Einhaltung des geplanten Bauablaufes haben können. Kritisch sind meist: Natursteinarbeiten, Technische Anlagen, Steuerungstechnik, Lieferung von Pflanzen u .v. m.

(17) Hochwertige Leistungen wie Metallfassaden, aber auch Aufzüge, Küchenanlagen bedürfen einer sorgfältigen **Werk- und Montageplanung** durch die ausführende Firma. Insbesondere der Architekt hat dies bei der terminlichen Koordination der Ausführung und demzufolge auch bei den vorhergehenden Leistungen (Ausschreibung und Vergabe) zu berücksichtigen. Er muss u. U. auch seinem Bauherrn klar machen, dass die ausführende Firma mehrere Wochen oder evtl. sogar Monate vor der Montage beauftragt werden muss.

(18) Das **Raum- und Funktionsprogramm** muss bereits mit der Grundlagenermittlung aufgestellt werden. Es ist unabdingbare Voraussetzung für die Termineinhaltung bei Planung und Ausführung.

(19) Die Festlegung des **Raum- und Funktionsprogrammes** ohne den bzw. die Nutzer führt vielfach zu nachträglichen Änderungen der Planung und evtl.

auch der Bauausführung. Deswegen sollte auf jeden Fall versucht werden, die späteren Nutzer (Mieter, Pächter, Erwerber) frühest möglich zu finden und diese in die Planung einzubeziehen. Ist dies nicht möglich, können auch Teile oder Bereiche des Ausbaus in Planung und Ausführung zurückgestellt werden. Damit wird die Inbetriebnahme des Gebäudes von den späteren Nutzern abhängig.

An den wenigen oben angesprochenen Terminen bzw. Dauern lässt sich erkennen, wie unterschiedlich die Bedeutung von Terminen für die verschiedenen Beteiligten ist. Terminplanung bedarf deshalb umfangreicher Abstimmungen und der ständigen Kontrolle. Wichtiger als die Form der Darstellung, z. B. Balkenplan oder Netzplan, ist das Erkennen von kritischen Vorgängen und möglichen Einflüssen auf die geplante Inbetriebnahme und solche Termine und Dauern, die Bestandteil von Verträgen sind, z. B. Vertragsfristen für den Rohbauauftrag.

### 4.4.3 Bauüberwachung

Neben der im vorangegangenen Abschnitt behandelten terminlichen Überwachung der Bauausführung gehört zur Leistungsphase 8 der Objektplanung (HOAI) vor allem die qualitäts- und kostenmäßige Überwachung der Ausführung des Objektes sowie die Überwachung hinsichtlich der Übereinstimmung mit den öffentlich-rechtlichen Vorschriften und der Sicherheitsanforderungen.

Darüber hinaus stellt die Abnahme der Bauleistungen eine rechtlich sehr bedeutsame Leistung dar. Dabei geht es grundsätzlich um die Feststellung und Bestätigung der ordnungsgemäßen Erstellung der Bauleistung und ihre Übernahme.

Mit den folgenden Aufgaben sollen die für die Überwachung der Ausführung und die Abnahme von Bauleistungen grundlegenden Kenntnisse überprüft bzw. vervollständigt werden.

### Aufgabenverzeichnis

Die hier behandelten Aufgaben beziehen sich auf das Kapitel 4.3 des Lehrbuches Band 2:

1 Überwachung der Ausführung
2 Verkehrssicherungspflicht des Architekten
3 Abnahme von Bauleistungen

### Vorschriften und Normen

Bürgerliches Gesetzbuch §§ 631- 651 (Werkvertrag)
DIN 1961:2006, Allgemeine Vertragsbedingungen für die Ausführung von Bauleistungen (VOB B)
DIN 18 299:2006 bis 18 451:2006 , Allgemeine Technische Vertragsbedingungen für Bauleistungen (ATV) (VOB C)

Zeichnung: Ernst Hürlimann

## Empfohlene Literatur zur weiteren Vertiefung

Ax, T.; D. Heiduck: Mängelansprüche nach VOB und BGB, Wiesbaden 2004

Dörfler-Collin, C.: Baurecht für den Praktiker, Rennigen 2004

Engel, R., B. Korte: Bautagebuch, Neuwied 2001

Engel, R.: Projektbuch Bauausführung, Düsseldorf 2000

Hankammer, G.: Abnahme von Bauleistungen, Köln 2004

Ingenstau, H., H. Korbion: VOB: Teile A und B - Kommentar, Neuwied 2007

Locher, H. und U., W. Koeble, W. Frik: Kommentar zur HOAI, München-Unterschleißheim 2006

## Aufgabe 1: Überwachung der Ausführung

Neben terminlichen, kostenmäßigen und organisatorischen Belangen hat der objektüberwachende Architekt (Bauleiter) insbesondere die Pflicht, die Bauausführung auf ihre Übereinstimmung mit den öffentlich-rechtlichen Vorschriften und der – soweit erforderlich und erteilt – Baugenehmigung sowie der Ausführungsplanung zu überwachen. Dies beinhaltet auch eine Überprüfung der Ausführungsqualität in technischer und maßlicher Hinsicht.

Erstellen Sie zu diesem Zweck eine Prüfliste für die Mauerarbeiten eines Wohnhauses.

## Aufgabe 2: Verkehrssicherungspflicht des Architekten

Die Verkehrssicherungspflicht auf der Baustelle ist Aufgabe der ausführenden Firmen. Gilt dies gegebenenfalls auch für den überwachenden Architekten?

## Aufgabe 3: Abnahme von Bauleistungen

(1) Was bedeutet die Abnahme?

(2) Welche Formen der Abnahme nach VOB/B gibt es und wie unterscheiden sie sich?

(3) Welche Rechtsfolgen treten mit der Abnahme ein?

(4) Für die förmliche Abnahme ist keine bestimmte Form vorgeschrieben. Es empfiehlt sich aber zu Beweiszwecken, die Schriftform zu wählen. Was gehört in ein Abnahmeprotokoll hinein?

**Lösung zu Aufgabe 1:  Überwachung der Ausführung**

Vor dem Ausführungsbeginn und parallel zu den eigentlichen Ausführungsarbeiten ist zu prüfen, ob

- den ausführenden Firmen der aktuelle Planstand vorliegt,
- von Seiten der ausführenden Firmen Bedenken gegen die Plan- oder Ausschreibungsunterlagen bestehen,
- die angelieferten Materialien mit den ausgeschriebenen in Art, Farbe, Güte usw. übereinstimmen.

Die ausgeführten Arbeiten sind auf ihre Maßgenauigkeit zu überprüfen, beispielsweise:

- Sind alle Wände senkrecht gemauert und die Räume rechtwinklig angelegt?
- Sind alle Wandstärken richtig angelegt?
- Stimmen die angelegten Mauermaße, insbesondere die von Türanschlägen, Wandvorlagen, Nischen usw.?
- Sind die lichten Raumhöhen, Türhöhen, Sturzhöhen, Fensterbrüstungs- und Fensterhöhen richtig ausgeführt?
- Sind Türleibungen, Ecken, Pfeilervorlagen, Schornstein usw. senkrecht gemauert?
- Sind alle Wandschlitze und Wanddurchbrüche richtig angelegt?

Des Weiteren muss die Ausführung auf ihre Übereinstimmung mit den anerkannten Regeln der Technik und einschlägigen Vorschriften überprüft werden, beispielsweise:

- Sind die Mauerwerksfußpunkte richtig abgedichtet?
- Sind alle tragenden Wände hochgezogen und alle nicht tragenden Wände höchstens bis einen Stein unter die Decke gemauert?
- Sind alle Wände fachgerecht miteinander verzahnt?
- Sind die Brüstungen im anschließenden Mauerwerk verankert?

**Lösung zu Aufgabe 2:  Verkehrssicherungspflicht des Architekten**

Nicht nur die ausführenden Firmen, auch der überwachende Architekt selbst ist verkehrssicherungspflichtig. Er hat dafür zu sorgen, dass von der Baustelle und dem Bauvorhaben keine Gefahren ausgehen, durch die Dritte Schaden nehmen können. In erster Linie ist zwar nach wie vor der Unternehmer verkehrssicherungspflichtig, die Verkehrssicherungspflicht des überwachenden Architekten setzt aber ein,

- wenn Anhaltspunkte dafür vorliegen, dass der Unternehmer in dieser Hinsicht nicht genügend sachkundig oder zuverlässig ist,
- wenn er Gefahrenquellen erkannt hat,
- wenn er Gefahrenquellen bei gewissenhafter Beobachtung der ihm obliegenden Sorgfalt hätte erkennen können.

Übernimmt der Architekt auch die Aufgaben des **Sicherheits- und Gesundheitskoordinators** (SiGeKo), so hat er gemäß Baustellenverordnung den Bauunternehmern Hinweise zur Verkehrssicherheit zu geben, die diese beachten müssen. Dabei steht dem SiGeKo zunächst kein Weisungsrecht zu. Dies muss ihm vom Bauherrn ausdrücklich übertragen werden oder es muss Gefahr im Verzug sein.

**Lösung zu Aufgabe 3: Abnahme von Bauleistungen**

(1) Wesen der Abnahme

Mit der vorbehaltlosen Bauleistungsabnahme erkennt der Bauherr bzw. der Auftraggeber die Bauleistung des Bauunternehmers bzw. des Auftragnehmers als vertragsgemäß an. Für die Voraussetzungen und Rechtsfolgen der Abnahme ist es wichtig zu unterscheiden, ob es sich um einen Bauvertrag nach Werkvertragsrecht (BGB) oder einen Bauvertrag auf Grundlage der VOB/B handelt. Im Gegensatz zum BGB regelt die VOB/B die Abnahme und damit verbundene Mängelrechte des Bauherrn sehr detailliert. Bezüglich der Rechtsfolgen besteht jedoch kaum ein Unterschied. Die Abnahme kann in beiden Fällen wegen wesentlicher Mängel verweigert werden.

(2) Formen der Abnahme nach VOB/B

Die Formen der Abnahme können danach unterschieden werden, ob eine Abnahme verlangt wird oder nicht (vgl. Abbildung 4-17).

Wird sie verlangt, ist es eine Form der erklärten (tatsächlichen) Abnahme und kann förmlich erfolgen (gemeinsame Inaugenscheinnahme der abzunehmenden Bauleistung sowie Feststellung und Protokollierung evtl. Mängel) oder in anderer Form erklärt werden. Wird keine Abnahme verlangt, kommt sie als fiktive Abnahme zustande.

(2.1) **Erklärte Abnahme** (VOB/B § 12 Nr. 1)

Die Abnahme wird erklärt, ausdrücklich oder schlüssig auf andere Weise, z. B. stillschweigend durch vorbehaltlose Zahlung der Vergütung. Die Abnahme hat innerhalb von 12 Werktagen nach Verlangen des Auftragnehmers (in der Regel nach Fertigstellung) stattzufinden. Eine andere Frist kann vereinbart werden.

(2.2) **Förmliche Abnahme** (VOB/B § 12 Nr. 4)

Auf Verlangen des Bauherrn oder des Bauunternehmers hat eine förmliche Abnahme stattzufinden. Grundsätzlich ist die Anwesenheit beider Vertragspartner zum Abnahmetermin erforderlich. Die förmliche Abnahme kann aber auch in Abwesenheit des Auftragnehmers stattfinden, wenn der Termin vereinbart war oder der Auftraggeber mit genügender Frist dazu eingeladen hatte (VOB/B § 12 Nr. 4). Das Ergebnis der Abnahme ist dem Auftragnehmer alsbald mitzuteilen. Die Abnahme sollte innerhalb von 12 Werktagen nach Fertigstellung stattfinden (VOB/B § 12 Nr. 1).

Die Abnahme ist grundsätzlich Sache des Bauherrn bzw. Auftraggebers. Der objektüberwachende Architekt kann die Abnahme nur vollziehen, wenn er vom Bauherrn bevollmächtigt ist. Andernfalls ist die Abnahme nur eine Vorprüfung für den Bauherrn, der dann selbst die Abnahme mit seiner Unterschrift bewirkt.

Für fehlerhafte, aber unbeanstandet abgenommene Baustoffe oder Bauteile würde der objektüberwachende Architekt u. U. haften müssen.

**(2.3) Fiktive Abnahme** (VOB/B § 12 Nr. 5)

Bei der fiktiven Abnahme tritt die Abnahmewirkung unabhängig vom wirklichen Willen und selbst gegen den Willen des Bauherrn bzw. Auftraggebers ein.

Voraussetzung hierfür ist, dass keine Abnahme verweigert wird oder dass keine ausdrücklich erklärte bzw. förmliche Abnahme verlangt wird.

Es sind zwei Fälle der fiktiven Abnahme zu unterscheiden. Im ersten Fall gilt die Bauleistung mit dem Ablauf von 12 Werktagen nach der schriftlichen Mitteilung über die Fertigstellung der Leistung als abgenommen. Im zweiten Fall gilt die Abnahme nach dem Ablauf von 6 Werktagen nach Beginn der Benutzung als erfolgt (VOB/B § 12 Nr. 5).

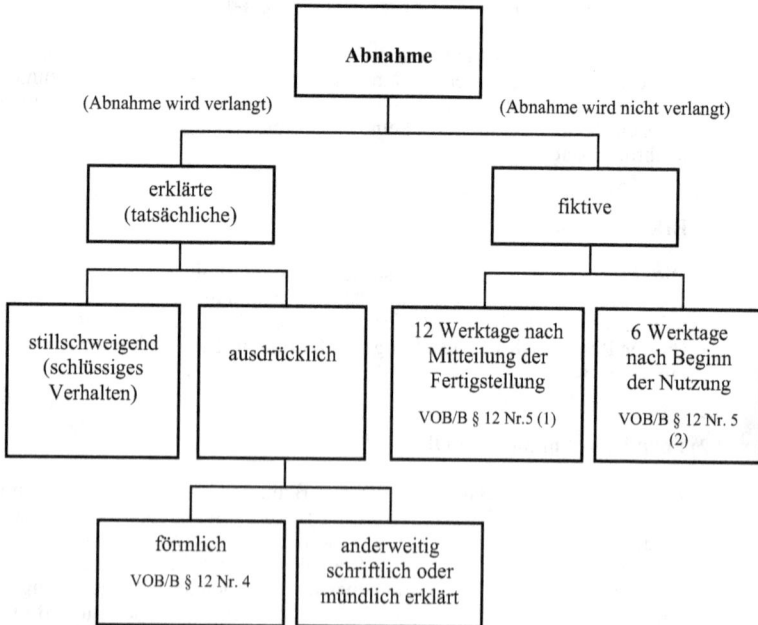

**Abb. 4-17** Formen der Abnahme nach VOB/B

(3) Die praktische Bedeutung der Abnahme zeigt sich an den Rechtsfolgen, die an sie geknüpft sind.

Während der Bauausführung und noch vor der Abnahme hat der Bauherr bzw. Auftraggeber einen uneingeschränkten Erfüllungsanspruch, der auf Herstellung des Werkes gerichtet ist (VOB/B § 4). Deshalb trägt der Bauunternehmer bzw. Auftragnehmer sowohl die Beweislast, d. h. er muss ggf. beweisen, dass die Bauleistung mangelfrei ist, als auch die Gefahr, d. h. er muss z. B. im Fall der Zerstörung die Leistung ohne zusätzliche Vergütung wiederholen.

Nach der Abnahme kann der Bauherr bzw. Auftraggeber gegenüber den Bauunternehmen bzw. Auftragnehmern **Mängelansprüche** geltend machen. Er hat einen Anspruch auf Mängelbeseitigung (VOB/B § 13 Nr. 5), Minderung (VOB/B § 13 Nr. 6) oder Schadensersatz (VOB/B § 13 Nr. 7). Der Anspruch auf Mängelbeseitigung beginnt mit der Abnahme und beträgt für Bauwerke 4 Jahre nach VOB und 5 Jahre nach BGB. Die Gefahr und die Beweislast gehen mit erfolgter Abnahme auf den Bauherrn bzw. Auftraggeber über. Wird eine anstehende Vertragsstrafe bei der Abnahme nicht vorbehalten, so ist der Anspruch auf diese Vertragsstrafe verwirkt.

Des Weiteren ist die Bauleistung endgültig abzurechnen. Der Bauunternehmer hat die **Schlussrechnung** zu stellen, und der Bauherr innerhalb von zwei Monaten nach deren Zugang gemäß VOB/B § 16 Nr. 3 die Schlusszahlung zu leisten. Hierbei ist anzumerken, dass die vorbehaltlose Annahme der als solche gekennzeichneten Schlusszahlung Nachforderungen seitens des Bauunternehmens bzw. Auftragnehmers ausschließt (wenn der Auftragnehmer über die Schlusszahlung schriftlich unterrichtet und auf die Ausschlusswirkung hingewiesen wurde). Ein eventueller Vorbehalt ist innerhalb von 24 Werktagen nach Eingang der Schlusszahlung zu erklären.

Zu erwähnen ist noch, dass nach HOAI die Leistungsphase *9. Objektbetreuung und Dokumentation* für eine Bauleistung nach deren Abnahme beginnt. Dies bedeutet nicht, dass die Leistungsphase *8. Objektüberwachung* in allen Teilen abgeschlossen sein muss, wie beispielsweise die Prüfung der Schlussrechnung nach Abnahme zeigt.

(4) In das **Abnahmeprotokoll** gehören der Name des Bauvorhabens, das Datum, die Bezeichnung der abgenommenen Bauleistung, die beteiligten Personen und die gerügten Mängel mit Mängelbeseitigungsfristen. Es sollten sowohl übereinstimmend festgestellte Mängel ausführlich beschrieben werden, als auch solche, deren Vorhandensein strittig ist.

Bei fehlender Vollmacht des Architekten (siehe Punkt (2)) sollte vermerkt sein: „Diese Abnahme wird erst wirksam durch Gegenzeichnung seitens des Bauherrn."

Wird eine vereinbarte **Vertragsstrafe** fällig, so kann der Bauherr bzw. Auftraggeber die Strafe nach Abnahme gem. VOB/B § 11 Nr. 4 nur verlangen, wenn er dies bei der Abnahme vorbehalten hat. Aus diesem Grund sollte des Weiteren auf dem Protokoll vermerkt sein: „Eine etwa verwirkte Vertragsstrafe wird hiermit vorbehalten." Sinnvollerweise sollte man für das Abnahmeprotokoll einen gängigen Vordruck benutzen (siehe z. B. Abbildung 4-18).

| **EUKIA** | **Abnahme-Protokoll** | **FB 09.2c** |
|---|---|---|
| Qualitätsmanagement | der folgenden Gesamtleistung-Teilleistung gemäß VOB/B/§12 | Rev. 0, Stand:27.01.97 |

BV / Objekt: _____   Tag der Abnahme: _____

Gewerk: _____

Bauwerkvertrag vom: _____

Auftraggeber:                              Auftragnehmer:

_____     _____

Teilnehmer: _____

_____

**1. Vorbemerkung**
Diese Abnahme ersetzt nicht eventuell erforderliche behördliche oder andere vorgeschriebene Abnahmen technischer oder verwaltungstechnischer Art. Sie ist auch keine Güteprüfung im bauaufsichtlichen Sinn. Solche hat der Auftragnehmer, sofern erforderlich, selbt zu veranlassen und deren Ergebnis (Protokoll) den unten genannten Unterlagen beizufügen und dem Bauherrn zuzuleiten.

**2. Vorbehalte des Auftraggebers**
Mängelrüge für nicht erkannte Mängel innerhalb der Gewährleistungsfrist.
Behebung der Mängel, die bisher schon schriftlich gerügt und noch nicht einwandfrei beseitigt sind.
Vertragsstrafe (Ihre Geltendmachung wird ausdrücklich vorbehalten).
Schadenersatz wegen Terminverzug, wegen vertragswidriger Leistung oder vertragswidrigem Verhalten.
Wandlung oder Minderung wegen mangelhafter Leistungen.
Haftung gemäß §10 VOB/B.
Abzüge und Gegenforderungen im Rahmen der Rechnungsprüfung.

**3. Abnahme**
☐ erfolgt im übrigen ohne Vorbehalte (Mit Ausnahme der unter Ziffer 2 aufgeführten Vorbehalte)

☐ erfolgt mit den in der Anlage erwähnten Vorbehalten wegen Leistungsmängel. Sie wird erst wirksam, wenn die beanstandeten Mängel behoben sind.

**4. Mängel**
(weitere Mängel auf beigefügter Anlage)                  Termin zur Mängelbeseitigung

_____     _____

**5. Folgen nicht rechtzeitiger Mängelbeseitigung**
Falls zum angegebenen Termin die gerügten Mängel nicht beseitigt sind, wird hiermit vorsorglich ohne weitere Fristsetzung die Mängelbehebung durch den Auftragnehmer abgelehnt und die Einschaltung einer anderen Firma zur Mängelbeseitigung auf Kosten des Auftragnehmers vorbehalten.

**6. Verjährungsfrist für Mängelbeseitigung**
beginnt laut Vertrag bzw. gemäß Vereinbarung mit folgendem Datum: _____
Sie endet nach den vertraglichen Fristen. Falls keine Fristen vereinbart, gilt das BGB.

**7. Unterlagen**
Folgende Unterlagen wurden dem Bauherrn (Vertreter des Bauherrn) hiermit übergeben:

_____

**8. Sonstiges**

_____

**9. Unterschriften**

_____          _____
Ort, Datum                               Ort, Datum

Unterschrift Auftragnehmer               Unterschrift Auftraggeber

**Abb. 4-18** Abnahmeprotokoll
http://www.baulexikon.de/Bautechnik/Begriffe_Bautechnik/a/BAUlexikon_abnahmeprot.htm
Punkt „6. Gewährleistung" ist von den Verfassern aktualisiert worden

## 4.4.4 Kostenplanung im Zuge der Bauausführung

Unter Kostenplanung ist die „Gesamtheit aller Maßnahmen der Kostenermittlung, der Kostenkontrolle und der Kostensteuerung" (DIN 276-1:2008-12) zu verstehen.

Der größte Teil der Kosten eines Bauvorhabens wird kurz vor Ausführungsbeginn oder – bei gestaffelter gewerkeweiser Beauftragung – während der Bauausführung vertraglich fixiert. Mit zunehmender Beauftragung und Ausführung der Bauleistungen wird die Kostenentwicklung eines Bauvorhabens immer weniger umkehrbar. Deswegen ist die laufende Kostenfortschreibung und -kontrolle während der Bauausführung besonders wichtig, um gegebenenfalls die verbleibenden Kostensteuerungspotenziale nutzen zu können.

### Aufgabenverzeichnis

Die folgenden Aufgaben beziehen sich auf das Kapitel 4.3 des Lehrbuches Band 2:

1 Gegenstand der Kostenfeststellung
2 Kostenkontrolle

### Vorschriften und Normen

DIN 276-1:2008-12, Kosten im Bauwesen – Teil 1: Hochbau

### Empfohlene Literatur zur weiteren Vertiefung

Engel, R.: Projektbuch Bauausführung, Düsseldorf 2000
Fröhlich, P. J.: Hochbaukosten, Flächen, Rauminhalte, Wiesbaden 2007
Locher, H. und U., W. Koeble, W. Frik: Kommentar zur HOAI, München-Unterschleißheim 2006

**Aufgabe 1:  Gegenstand der Kostenfeststellung**

Der Architekt stellt zum Abschluss des Bauvorhabens im Rahmen der Kostenfeststellung die tatsächlich entstandenen Kosten zusammen. Einen Teil der Bauleistungen, hierzu gehören unter anderem die Maler- und Fliesenarbeiten, hat in
einem konkreten Fall der Bauherr in seiner Freizeit selbst ausgeführt. Dem Architekten wurden vom Bauherrn für diese Arbeiten lediglich die Abrechnungsbelege
der entsprechenden Materialkosten vorgelegt. Wie ist zu verfahren?


**Aufgabe 2:  Kostenkontrolle**

Das Leistungsbild Objektplanung nach § 15 HOAI sieht in der Leistungsphase
7. *Mitwirkung bei der Vergabe* die Grundleistung **Kostenanschlag** und in der
anschließenden Leistungsphase *8. Objektüberwachung* die **Kostenfeststellung**
ebenfalls als Grundleistung vor. Welchen Sinn hat die in diesen Leistungsphasen
ebenfalls enthaltene Grundleistung **Kostenkontrolle**?

**Lösung zu Aufgabe 1: Gegenstand der Kostenfeststellung**

„Grundlagen für die Kostenfeststellung sind:
- geprüfte Abrechnungsbelege, z. B. Schlussrechnungen, Nachweise der Eigenleistungen,
- Planungsunterlagen, z. B. Abrechnungszeichnungen,
- Erläuterungen." (DIN 276-1)

Weiterhin heißt es in der DIN 276-1: „Der Wert von Eigenleistungen ist bei den betreffenden Kostengruppen gesondert anzugeben. Für Eigenleistungen sind die Personal- und Sachkosten einzusetzen, die für entsprechende Unternehmerleistungen entstehen würden."

Ähnliche Regelungen enthält die HOAI zur Ermittlung der anrechenbaren Kosten und des Honorars. Als anrechenbare Kosten gelten entsprechend § 10 Abs. 3 HOAI die „ortsüblichen Preise, wenn der Auftraggeber

1. selbst Lieferungen oder Leistungen übernimmt,
2. von bauausführenden Unternehmen sonst nicht übliche Vergünstigungen erhält,
3. Lieferungen oder Leistungen in Gegenrechnung ausführt oder
4. vorhandene oder vorbeschaffte Baustoffe oder Bauteile einbauen lässt."
(§ 10 Abs. 3 HOAI (11.2001))

Der Architekt hat also nicht nur die Materialkosten, sondern die Kosten der vollständigen Leistungen, insbesondere auch Lohnkosten anzusetzen. Wenn ihm keine ortsübliche Preise von anderen vergleichbaren Bauvorhaben vorliegen, so ist es ihm gestattet, diese von Firmen, Verbänden, Kammern oder Sachverständigen zu erfragen.

**Lösung zu Aufgabe 2: Kostenkontrolle**

Unter Kostenkontrolle versteht man den Vergleich einer aktualisierten mit einer vorhergehenden Kostenermittlung, z. B. den Vergleich der Kostenberechnung mit der Kostenschätzung, den Vergleich des Kostenanschlages mit der Kostenberechnung usw.

Der **Kostenanschlag** ist eine Kostenermittlung auf der Grundlage von Auftragnehmerangeboten, Eigenberechnungen unter Ansatz ortsüblicher Preise, Honorar- und Gebührenberechnungen und anderen bereits entstandenen Kosten (DIN 276-1). Der Kostenanschlag ist die in finanzieller Hinsicht wichtigste Grundlage für die Entscheidung des Bauherrn, ob das Bauvorhaben in der geplanten Form durchgeführt werden soll. Ein Vergleich mit der Kostenberechnung kann Aufschluss darüber geben, wie Kostenerhöhungen oder -unterschreitungen zustande gekommen sind.

Die **Kostenfeststellung** konstatiert das Kostenergebnis des durchgeführten Bauvorhabens. Sie zeigt im Nachhinein, ob der Kostenanschlag unterschritten, eingehalten oder überschritten worden ist.

Da erhebliche **Kostenüberschreitungen** den Bauherrn in Existenz gefährdende Probleme bringen können, reicht es nicht aus, dies im Nachhinein zu konstatieren. Daher ist es Aufgabe der **Kostenkontrolle**, durch laufenden Soll-Ist-Vergleich sich abzeichnende Kostenüberschreitungen frühzeitig anzuzeigen und damit die Möglichkeit zu eröffnen, rechtzeitig geeignete Gegen- bzw. Kompensationsmaßnahmen zu ergreifen.

## 4.4.5 Bauabrechnung

Die Auftragnehmer möchten die ihnen zustehende Vergütung für die erbrachten Leistungen erhalten und der Auftraggeber nur die vertragsgemäße Vergütung bezahlen. Aufgabe des Architekten ist es, die eingehenden Rechnungen der Bauunternehmer darauf hin zu prüfen, ob sie den vereinbarten Vertragsbedingungen entsprechen.

Die ordnungsgemäße Rechnungsprüfung, die Voraussetzungen für die Abrechnung von Stundenlohnarbeiten und die Ersatzvornahme bei der Mängelbeseitigung sind Gegenstand der folgenden Aufgaben, die sich auf das Kapitel 4.5 des Lehrbuches Band 2 beziehen.

### Aufgabenverzeichnis

1 Rechnungsprüfung
2 Stundenlohnarbeiten
3 Ersatzvornahme bei Mangel nach Abnahme

### Vorschriften und Normen

DIN 1961:2006, Allgemeine Vertragsbedingungen für die Ausführung von Bauleistungen (VOB B)
DIN 18 299:2006 bis 18 451:2006, Allgemeine Technische Vertragsbedingungen für Bauleistungen (ATV) (VOB C)

### Empfohlene Literatur zur weiteren Vertiefung

Dörfler-Collin, C.: Baurecht für den Praktiker, Rennigen 2004
Engel, R.: Projektbuch Bauausführung, Düsseldorf 2000
Ingenstau, H., H. Korbion: VOB: Teile A und B - Kommentar, Neuwied 2007
Locher, H. und U., W. Koeble, W. Frik: Kommentar zur HOAI, München-Unterschleißheim 2006
Rösel, W., A. Busch: AVA-Handbuch, Ausschreibung – Vergabe – Abrechnung, Wiesbaden 2008

## Aufgabe 1:  Rechnungsprüfung

Ein Bauherr hat mit einem Bauunternehmer einen Einheitspreisvertrag abgeschlossen. Der Unternehmer stellt die Schlussrechnung.

Da der Endbetrag der Schlussrechnung nur geringfügig von der ursprünglichen Angebotssumme abweicht, prüft der Architekt die Rechnung nur stichprobenartig und empfiehlt – da er hierbei keinen Fehler feststellt – dem Bauherrn, den Rechnungsbetrag zu überweisen.

Hat der Architekt damit die Rechnungsprüfung ordnungsgemäß durchgeführt?

## Aufgabe 2:  Stundenlohnarbeiten

Eine Malerfirma hat in einer älteren Wohnanlage die Treppenräume und Flure außerhalb der Wohnungen neu gestrichen. An zahlreichen Türlaibungen, Treppenwangen und anderen Stellen stellte der ausführende Geselle abgebrochene Kanten am Putz sowie Schäden an den Oberflächen der Wände fest. Die Leistungsbeschreibung hatte der Hausmeister der Wohnanlage erstellt. Vorsichtshalber hatte er die VOB/B zum Vertragsinhalt erklärt. Nach Abschluss der Arbeiten stellt der Malermeister dem Eigentümer 20 so genannte Regiestunden in Rechnung. Er begründet dies damit, dass in diesem Umfang Ausbesserungs- und Spachtelarbeiten objektiv erforderlich waren, um einen einwandfreien Anstrich herstellen zu können.

Im rechtskräftig geschlossenen Einheitspreisvertrag waren jedoch keine entsprechenden Positionen für ein gegebenenfalls erforderliches Ausbessern oder Spachteln solcher Schadstellen enthalten. Der Eigentümer der Wohnanlage ist sich unsicher, ob er diesen zusätzlichen Aufwand vergüten muss und bittet Sie als in der Bauüberwachung erfahrenen Architekten um Rat. Welche Auskunft können Sie ihm als Auftraggeber der Malerarbeiten erteilen?

## Aufgabe 3:  Ersatzvornahme bei Mangel nach Abnahme

Wenige Monate nach der Abnahme von Dachabdichtungsarbeiten tritt ein Schaden ein. Bei Regen dringt Wasser in erheblichen Mengen in unter dem Dach liegende Wohnräume ein. Da Sie auch mit der Leistungsphase *9 Objektbetreuung und Dokumentation* beauftragt sind, wendet sich der Bauherr an Sie, um den Schaden so schnell wie möglich beseitigen zu lassen. Sie fordern den Unternehmer, der die Dachabdichtungsarbeiten entsprechend einem VOB-Vertrag ausgeführt hat, zur unverzüglichen Schadensbehebung auf. Dieser kommt dem auch nach Wiederholung und Fristsetzung gemäß VOB/B nicht nach. Was ist zu tun?

**Lösung zu Aufgabe 1: Rechnungsprüfung**

Der Architekt verletzt mit einer nur stichprobenartigen Rechnungsprüfung seine Vertragspflichten. Er muss überprüfen, ob die Leistungen rechnerisch und fachtechnisch richtig sowie vertragsgemäß in Rechnung gestellt worden sind. Dazu gehört, dass er die Einzelpositionen der Rechnung überprüft und entweder bestätigt oder korrigiert.

Versäumt es der Architekt, Fehler in der Schlussrechnung, die zu Lasten des Bauherrn gehen, zu korrigieren, und bezahlt daher der Bauherr zu viel, so kann sich daraus ein Schadenersatzanspruch gegen den Architekten ergeben (H. und U. Locher, W. Koeble, W. Frik 2006, S. 473, Randnr. 219).

**Lösung zu Aufgabe 2: Stundenlohnarbeiten**

In der Fachliteratur werden die so genannten Regiestunden als Stundenlohnarbeiten bezeichnet. Solche Stunden- oder auch Taglohnarbeiten fallen in der Praxis häufig bei Umbau-, Instandsetzungs- und Modernisierungsarbeiten an. Diese müssen aber nicht zwangsläufig vergütet werden. Hierzu heißt es in der VOB: „Stundenlohnarbeiten werden nur vergütet, wenn sie als solche vor ihrem Beginn ausdrücklich vereinbart worden sind." (VOB/B § 2 Nr. 10) Da dies nicht der Fall war, hat der Malermeister keinen Anspruch auf Vergütung der Stundenlohnarbeiten.

Die Vereinbarung von Stundenlohnarbeiten hätte sich sowohl auf einen Stundenlohnsatz, z. B. Vergütungshöhe je geleistete Arbeitsstunde, als auch auf den betreffenden Arbeitsinhalt – so zum Beispiel auf das Verputzen von Löchern in einer Treppenhauswand – beziehen müssen. Es geht hierbei um solche Leistungen, die nicht Gegenstand des vorliegenden Einheitspreis- oder Pauschalvertrages sind. Nur wenn diese Voraussetzungen erfüllt sind, wird der Auftragnehmer für den zusätzlichen Aufwand bezahlt.

Zur Abrechnung siehe im Einzelnen § 15 VOB/B. Ergänzend hierzu ist noch folgendes Urteil zu beachten:
„1. Taglohnzettel müssen die durchgeführten Arbeiten nachvollziehbar beschreiben.
2. Der Vermerk „Arbeiten nach Angabe" ist nicht nachvollziehbar.
3. Nicht nachvollziehbare Taglohnzettel werden auch dann nicht berücksichtigt, wenn der Architekt sie unterzeichnet hat."
(OLG Karlsruhe, Urteil vom 30.11.93 – 8 U 251/93, BauR 95, S. 114)

**Lösung zu Aufgabe 3: Ersatzvornahme bei Mangel nach Abnahme**

Sie weisen den Bauherrn darauf hin, dass er eine Ersatzvornahme einleiten kann, da der beauftragte Unternehmer der Aufforderung zur Nachbesserung oder Beseitigung des eingetretenen, festgestellten Baumangels nicht nachkommt. Die Ersatzvornahme besteht darin, dass der Bauherr einen anderen Unternehmer mit der Beseitigung des Mangels beauftragt. Die hierfür anfallenden Kosten kann er zu Lasten des verursachenden Unternehmens geltend machen. (vgl. VOB/B § 4 Nr. 7 (3))

## 4.4.6 Besondere Bedingungen der Bauausführung

Zu den besonderen Bedingungen der Bauausführung gehören zum einen die Berücksichtigung der jahreszeitlichen Einflüsse, insbesondere der Winterzeit und zum anderen der Umgang mit Störungen des geplanten Ablaufes. Da die Dauern für die Bauausführung meist auf Wunsch des Bauherrn zunehmend kurz bemessen werden, kommt den angesprochenen Bedingungen eine immer größere Bedeutung zu.

**Aufgabenverzeichnis**

Die folgenden Aufgaben beziehen sich auf das Kapitel 4.6 des Lehrbuches Band 2:

1 Wirtschaftlichkeit des Winterbaus
2 Gestörter Bauablauf und Maßnahmen

**Vorschriften und Normen**

DIN 1961:2006, Allgemeine Vertragsbedingungen für die Ausführung von Bauleistungen (VOB B)
DIN 18 299:2006, Allgemeine Technische Vertragsbedingungen für Bauleistungen (ATV) – Allgemeine Regelungen für Bauarbeiten jeder Art (VOB C)

**Empfohlene Literatur zur weiteren Vertiefung**

Bundesministerium für Raumordnung, Bauwesen und Städtebau (Hrsg.): Winterbau-Schutzmaßnahmen bei verschiedenen Witterungsbedingungen, Bonn 1978
Deutsches Institut für Normung (Hrsg.): Bauzeitverzögerungen und Störungen im Bauablauf nach VOB/B, Tagungsband zur VOB-Tagung 2006, Berlin 2006
Genschow, C., O. Stelter: Störungen im Bauablauf, Düsseldorf 2004
Rohr-Suchalla, K.: Der gestörte Bauablauf – Verantwortlichkeiten, Ansprüche und Rechtsfolgen nach VOB/B, Stuttgart 2008
Schotten, M.: Der gestörte Bauablauf im privaten Baurecht, Norderstedt 2007

**Aufgabe 1: Wirtschaftlichkeit des Winterbaus**

Winterbau ermöglicht die Fortsetzung der Bauarbeiten bei ungünstigen Witterungs-
verhältnissen in der kalten Jahreszeit. Allerdings verursacht er auch Mehrkosten.

Ob bei einem Projekt der Winterbau wirtschaftlich vorteilhaft ist, muss im Einzelfall geprüft werden. Untersuchen Sie dies beispielhaft unter Berücksichtigung der
folgenden Angaben:

- Wohngebäude mit geplanten Baukosten von 1.050 €/m² BGF
- Fertigstellungsgrad der Leistungen vor der möglichen Maßnahme in Höhe von
  70% und Zahlungsstand in Höhe von 50%
- Dauer des geplanten Winterbaus und alternativ Dauer der möglichen Unterbre-
  chung aller Bauarbeiten für die Zeit von 3 Monaten
- Verzinsung des in den Planungs- und Bauleistungen gebundenen Kapitals in
  Höhe von nominal 6 % p. a.
- vorliegendes Angebot für den Winterbau von umgerechnet 5,25 €/m² BGF.


**Aufgabe 2: Gestörter Bauablauf und Maßnahmen**

Die Fertigstellung und Inbetriebnahme eines Kaufhauses ist zum 1. Oktober des
laufenden Jahres geplant. Aufgrund verschiedener Nutzerwünsche haben sich Verzögerungen eingestellt, die den Inbetriebnahmetermin ernsthaft gefährden.

Mehrere Ausbaufirmen konnten erst Wochen nach dem vertraglich vereinbarten
Termin mit ihren Arbeiten beginnen. Allen Beteiligten ist klar, dass nur durch die
Beauftragung von Terminsicherungsmaßnahmen, wie höheren Geräteeinsatz, Personaleinsatz und Überstunden, der Inbetriebnahmetermin eingehalten werden
kann.

Die Ausbaufirmen bieten diese Maßnahmen an und verlangen eine erheblich höhere Vergütung.

Erläutern Sie als bauüberwachender Architekt dem Bauherrn, welche Möglichkeiten er im Hinblick auf die weitere Baudurchführung und Inbetriebnahme hat.

**Lösung zu Aufgabe 1:  Wirtschaftlichkeit des Winterbaus**

Den Kosten des Winterbaus stehen unter anderem die Kosten der Finanzierung von bezahlten Leistungen in der Zeit bis zum Nutzungsbeginn gegenüber.

Die Kapitalkosten des Bauherrn für das im Bauprojekt gebundene Kapital bezogen auf ein m² BGF betragen:

$$1.050 \text{ €/m}^2 \text{ BGF} \cdot 0,50 \cdot 3/12 \cdot 6/100 = 7,88 \text{ €/m}^2 \text{ BGF}$$

Anmerkung:        Zahlungsstand zu Beginn des Betrachtungszeitraumes von 50% = 0,50
Unterbrechung der Arbeiten für 3 Monate = 3/12 Jahr
Zinssatz für das gebundene Kapital von 6 % = 6/100

Das Angebot für den Winterbau beträgt mit 5,25 €/m² BGF weniger als die Kapitalkosten für die Unterbrechung der Bauarbeiten im Zeitraum der in Frage kommenden drei Monate. Darüber hinaus hat die Verkürzung der Bauzeit durch Winterbau noch weitere Vorteile, wie z. B. den früheren Beginn der Nutzung. Der Winterbau ist in diesem Fall also wirtschaftlich.

**Lösung zu Aufgabe 2:  Gestörter Bauablauf und Maßnahmen**

Der Bauherr muss erkennen, dass er ohne Mehrkosten den geplanten Inbetriebnahmetermin nicht einhalten kann. Sie machen ihm deutlich, dass er die Wahl hat zwischen

- der Beauftragung von **Terminsicherungsmaßnahmen** und

- der Verschiebung des Inbetriebnahmetermins.

Beide Alternativen sollen soweit wie möglich bewertet und miteinander verglichen werden.

Der Schaden im Fall der Terminsicherungsmaßnahme lässt sich verhältnismäßig zuverlässig aus den geforderten Mehrkosten der ausführenden Firma ermitteln.

Bei einer alternativ verschobenen Inbetriebnahme sind vor allem zu berücksichtigen

- Verzinsung des im Projekt gebundenen Kapitals für die Dauer der verlängerten Bauzeit, was im Allgemeinen sehr teuer ist,

- Nachteile und gegebenenfalls Schadenersatzforderungen anderer Beteiligter aus dem verspäteten Betriebsbeginn, ferner Umsatzeinbußen in der Vorweihnachtszeit,

- Ansehensverlust bei den Kunden.

Auch ohne an dieser Stelle durchgeführte Berechnungen wird deutlich, dass in der Mehrzahl der Fälle die Inkaufnahme der Mehrkosten für die Terminsicherungsmaßnahmen das kleinere Übel darstellt. Auch noch nach erfolgreicher Inbetriebnahme hat der Bauherr grundsätzlich die Möglichkeit, die Ursache der Verzögerungen zu untersuchen, und kann die Mehrkosten von den Verursachern einfordern, sofern ihn nicht selbst maßgeblich ein Mitverschulden trifft.

# 4.5 Baunutzung

Für den wirtschaftlichen Erfolg eines Gebäudes ist sowohl die Objektplanung und -ausführung als auch das Objektmanagement maßgebend. Durch den mit der Inbetriebnahme beginnenden Gebäudebetrieb kann die Wirtschaftlichkeit der Gebäudenutzung wesentlich beeinflusst werden.

Für den Architekten ist wichtig, dass die Leistungsphase *9. Objektbetreuung und Dokumentation* im Wesentlichen in die Phase der Baunutzung fällt. Damit überlappt sich das Leistungsbild des Architekten mit der Nutzungsphase, und es schließt sich der den Fortschritt in der Architektur fördernde *Regelkreis Planung-Ausführung-Nutzung-Planung.*

Die folgenden Aufgaben sollen das Verständnis für das Objektmanagement und die Architektenaufgaben in der Leistungsphase *9 Objektbetreuung und Dokumentation* vertiefen. Sie beziehen sich auf Kapitel 5 des Lehrbuches Band 2.

Zeichnung: Ernst Hürlimann

**Aufgabenverzeichnis**

1 Objektmanagement
2 Nutzen und Aufwand der Leistungsphase 9
3 Objektdatei

**Vorschriften und Normen**

DIN 32 736:2000-08, Gebäudemanagement – Begriffe und Leistungen

**Empfohlene Literatur zur weiteren Vertiefung**

Braun, H.-P.: Dokumentation des Gebäudebestands, in Braun, H.-P.: Facility Management, Berlin Heidelberg 2007, S. 49-60
Naber, S.: Planung unter Berücksichtigung der Baunutzungskosten als Aufgabe des Architekten im Feld des Facility-Management, Europäische Hochschulschriften Reihe 37 - Architektur 24, Frankfurt am Main 2002
Schulte, K.-W.; B. Pierschke: Facilities Management, Köln 2000

**Aufgabe 1: Objektmanagement**

Was versteht man unter Objektmanagement und welche Aufgabenbereiche gehören dazu?

**Aufgabe 2: Nutzen und Aufwand der Leistungsphase 9**

Die Leistungsphase *9. Objektbetreuung und Dokumentation* erstreckt sich über einen Zeitraum von mindestens vier Jahren (VOB-Verjährungsfrist) und nicht selten über fünf Jahre (BGB-Verjährungsfrist). Auch im Hinblick darauf ist sie mit 3 % des sich nach der Honorartafel in § 16 HOAI ergebenden Honorars nicht sonderlich attraktiv bewertet. Ist es für den Architekten daher wirtschaftlicher, nur die ersten acht Leistungsphasen in Auftrag zu nehmen?

**Aufgabe 3: Objektdatei**

Ein Bauherr ist nicht bereit, seinen Architekten auch mit der Besonderen Leistung *Aufbereiten des Zahlenmaterials für eine Objektdatei* zu beauftragen. Soll der Architekt trotzdem für eigene Zwecke die Aufbereitung des Zahlenmaterials vornehmen? Welche wesentlichen Daten sollten in einer solchen Objektdatei gespeichert werden?

**Lösung zu Aufgabe 1:  Objektmanagement**

Unter Objektmanagement oder Gebäudemanagement ist „die Gesamtheit aller Leistungen zum Betreiben und Bewirtschaften von Gebäuden einschließlich der baulichen und technischen Anlagen auf der Grundlage ganzheitlicher Strategien" zu verstehen. (DIN 32 736:2000-08)

Zum Objektmanagement gehören folgende Leistungsbereiche:

- Technisches Objektmanagement
  verantwortlich für das Betreiben und Bewirtschaften der baulichen und technischen Anlagen
- Kaufmännisches Objektmanagement
  verantwortlich für die Wirtschaftlichkeit des Gebäudebetriebes und zuständig für alle kaufmännischen Leistungen
- Infrastrukturelles Objektmanagement
  zuständig für gebäudebezogene Dienstleistungen, wie Hausmeisterdienste, Gebäudereinigung, Catering usw.
- Flächenmanagement
  verantwortlich für die optimale Nutzung verfügbarer Räume durch Abstimmung von Raumeigenschaften und Raumanforderungen

**Lösung zu Aufgabe 2:  Nutzen und Aufwand der Leistungsphase 9**

Auf den ersten Blick mögen Bedenken berechtigt sein, dass die Übernahme der Leistungsphase 9 nicht wirtschaftlich sei. Bei näherer Betrachtung wird aber deutlich, dass es für den weiteren Bürobetrieb von großem Gewinn sein kann, wenn der Architekt mit dem Bauherrn und dem Objekt vertragsbedingt in Verbindung bleibt.

Der Architekt kann dabei eine Menge von Informationen erhalten über die Bewährung des Bauwerks und seiner Teile in funktionaler und technischer Hinsicht. Es gibt Architekten, die immer wieder zu nachteiligen Lösungen kommen, nur weil ihnen die Rückkopplung aus der Nutzungsphase fehlt.

Und schließlich sollte es dem Architekten lieber sein, dass sein Bauherr ihm „die Meinung sagt", als dass dieser seinem Ärger im Freundes- und Bekanntenkreis freien Lauf lässt. Insofern bietet die Objektbetreuung immer wieder Gelegenheit, dem Bauherrn zu helfen und ggf. unberechtigte Vorwürfe zu entkräften.

**Lösung zu Aufgabe 3:  Objektdatei**

Jedes Architekturbüro sollte den Aufbau und die Pflege einer Objektdatei betreiben. In den ersten Jahren seiner Berufs- bzw. Bürotätigkeit wird ein Architekt mangels eigener Erfahrungswerte auf überbetriebliche Objektdateien (z. B. auf die Baukostendatei des BKI Baukosteninformationszentrums Deutscher Architektenkammern) zurückgreifen müssen. Wichtig ist, dass der Architekt seine eigenen Objekte nach den gleichen Regeln auswertet, damit sich diese widerspruchsfrei in die Objektdatei einfügen. Dann kann er zunehmend mehr auf Kennwerte von Gebäuden zurückgreifen, die er im Detail kennt.

Während in den allgemein zugänglichen Objektdateien i. Allg. nur Daten der Objekte erfasst sind, sollte der Architekt bei seiner bürointernen Objektdatei auch Daten zur Auftragsabwicklung speichern, so dass sich z. B. folgender Aufbau ergibt:

(1)   Daten des Objektes

(1.1) Allgemeine Angaben

> Bezeichnung und Standort
> Gebäudeart
> Standortcharakteristik
> Bauzeit, Konjunktur
> Baukonstruktionen
> Technische Anlagen
> u. a.

(1.2) Flächen und Rauminhalte nach DIN 277

> Brutto-Grundfläche
> Nutzfläche
> Verkehrsfläche
> Technische Funktionsfläche
> Brutto-Rauminhalt
> und daraus abgeleitete Verhältniszahlen

(1.3) Kosten nach DIN 276-1

> Gesamtkosten
> Grundstück
> Herrichten und Erschließen
> Bauwerk – Baukonstruktionen
>> Baugrube
>> Gründungsfläche
>> Außenwandfläche
>> Innenwandfläche
>> Deckenfläche
>> Dachfläche
>> Baukonstruktive Einbauten und sonstige Maßnahmen
> Bauwerk – Technische Anlagen
> Außenanlagen
> Baunebenkosten
> und Kennziffern (€/m² NF, €/m³ BRI, u. a.)

(1.4) Nutzungskosten nach DIN 18 960:2008-02, *Nutzungskosten im Hochbau* (soweit ermittelt)

(1.5) Sonstiges

(2)   Daten zur Auftragsabwicklung

(2.1) Honorar

   Grundleistungen
   Sonstige Leistungen

(2.2) Projektleiter, -mitarbeiter

(2.3) Projektstunden nach Leistungsphasen

(2.4) Planungs- und Ausführungszeiten

(2.5) Beauftragte Unternehmer

(2.6) Wesentliche Mängel

(2.7) Sonstiges


Legt der Architekt in dieser Weise für jedes seiner Objekte eine Datei an, so gelangt er zu einem zunehmend verbesserten Datenmaterial, das ihm immer mehr Sicherheit bei Planungsentscheidungen und Kostenermittlungen gibt. Aus diesem Grunde sollte jeder Architekt bei allen seinen Objekten die Aufbereitung des Zahlenmaterials für eine Objektdatei – unabhängig von der Beauftragung durch den Bauherrn – vornehmen.

# Literaturverzeichnis

AHO-Fachkommission: Untersuchungen zum Leistungsbild, zur Honorierung und zur Beauftragung von Projektmanagementleistungen in der Bau- und Immobilienwirtschaft, Köln 2004

Altrogge, G.: Netzplantechnik, München, Wien 1996

Arentzen, U.: Gabler-Wirtschafts-Lexikon, Wiesbaden 1997

Ax, T.; D. Heiduck: Mängelansprüche nach VOB und BGB, Wiesbaden 2004

Bauer, M., P. Mösle, M. Schwarz: Green Building – Konzept für nachhaltige Architektur, München 2007

Baukosteninformationszentrum Deutscher Architektenkammern GmbH: BKI – Handbuch Kostenplanung im Hochbau, Stuttgart 2003

Baukosteninformationszentrum Deutscher Architektenkammern GmbH: Bildkommentar DIN 276/277, Stuttgart 2007

Baukosteninformationszentrum Deutscher Architektenkammern GmbH: BKI – Baukosten 2008, Teil 1 Statistische Kostenkennwerte für Gebäude, Stuttgart 2008

Baukosteninformationszentrum Deutscher Architektenkammern GmbH: BKI – Baukosten 2008, Teil 2 Statistische Kostenkennwerte für Bauelemente, Stuttgart 2008

Baukosteninformationszentrum Deutscher Architektenkammern GmbH: BKI – Baukosten 2008, Teil 3 Statistische Kostenkennwerte für Positionen, Stuttgart 2008

Baukosteninformationszentrum Deutscher Architektenkammern GmbH: BKI – Objektdaten, Kosten abgerechneter Bauwerke, Band N1 - N8 Neubau, Stuttgart 1998 - 2007

Baukosteninformationszentrum Deutscher Architektenkammern GmbH: BKI – Objektdaten, Kosten abgerechneter Bauwerke A1 - A5 Altbau, Stuttgart 2000 - 2007

Baukosteninformationszentrum Deutscher Architektenkammern GmbH: BKI – Objektdaten, Kosten abgerechneter Bauwerke G1 Technische Gebäudausrüstung, Stuttgart 2006

Binswanger, H. C., H. Frisch, H. G. Nutzinger u. a.: Arbeit ohne Umweltzerstörung, Frankfurt/Main 1983

Blecken, U., W. Hasselmann: Kosten im Hochbau – Praxis-Handbuch und Kommentar zur DIN 276, Köln 2007

Böttcher, P., H. Neuenhagen: Baustelleneinrichtung, Wiesbaden, Berlin 1997

Brauer, K.-U. (Hrsg.): Grundlagen der Immobilienwirtschaft, Wiesbaden 2006

Braun, H.-P.: Dokumentation des Gebäudebestands, in Braun, H.-P.: Facility Management, Berlin Heidelberg 2007

Bundesministerium für Verkehr, Bau und Stadtentwicklung (Hrsg.): VHB – Vergabe- und Vertragshandbuch für die Baumaßnahmen des Bundes, Stand 07/2008

Bundesministerium für Raumordnung, Bauwesen und Städtebau (Hrsg.): Winterbau-Schutzmaßnahmen bei verschiedenen Witterungsbedingungen, Bonn 1978

Damerau, H. von der, A. Tauterat, W. Stern: VOB im Bild: Hochbau- und Ausbauarbeiten - Abrechnung nach der VOB, Köln 2007

Dammert, Bernd: Die neue Sächsische Bauordnung, Heidelberg 2005

Däumler, K.-D.: Grundlagen der Investitions- und Wirtschaftlichkeitsrechnung: Aufgaben und Lösungen, Testklausur, Checklisten, Tabellen für die finanzmathematischen Faktoren, Herne 2007

Deilmann, H., J. C. Kirschmann, H. Pfeiffer: Wohnungsbau – The Dwelling – L' habitat: Nutzungstypen, Grundrißtypen, Wohnungstypen, Gebäudetypen, Stuttgart 1974 und 1980

Deutsches Institut für Normung (Hrsg.): Bauzeitverzögerungen und Störungen im Bauablauf nach VOB/B, Tagungsband zur VOB-Tagung 2006, Berlin 2006

Dickenbrock, D.: Kostenermittlung in der Altbaumodernisierung, Heidelberg, New York, Tokyo 1985

Diederichs, C. J.: Kostensicherheit im Hochbau, Essen 1984

Diederichs, C. J.: Entwicklung eines Bewertungssystems für ökonomisches und ökologisches Bauen und gesundes Wohnen, Wuppertal 2000

Dörfler-Collin, C.: Baurecht für den Praktiker, Rennigen 2004


Engel, H.: Methodik der Architekturplanung, Berlin 2002

Engel, R.: Projektbuch Bauausführung, Düsseldorf 2000

Engel, R.: Projektbuch Bauplanung, Düsseldorf 1995

Engel, R., B. Korte: Bautagebuch, Neuwied 2001

Enseleit, D., W. Osenbrück: HOAI-Praxis, Wiesbaden 2006


Fickert, H. C., H. Fieseler: Baunutzungsverordnung: Kommentar unter besonderer Berücksichtigung des Umweltschutzes mit ergänzenden Rechts- und Verwaltungsvorschriften, Stuttgart 2002

Fleischmann, H. D.: Bauorganisation, Düsseldorf 1997

Fröhlich, P. J.: Hochbaukosten – Flächen – Rauminhalte, Wiesbaden 2007

Frommhold, H., H. D. Fleischmann, S. Hasenjäger: Wohnungsbau-Normen, Düsseldorf 2006


Gerhards H., Keller, H.: Lexikon Baufinanzierung, Wiesbaden 2002

Gemeinsamer Ausschuß Elektronik im Bauwesen (GAEB) in Verbindung mit dem Deutschen Verdingungsausschuß für Bauleistungen (DVA): Das Standardleistungsbuch für das Bauwesen, Grundgedanke – Aufbau – Anwendung, Berlin 1985

Gemeinsamer Ausschuß Elektronik im Bauwesen (GAEB) in Verbindung mit dem Deutschen Verdingungsausschuß für Bauleistungen (DVA): Standardleistungsbuch (Leistungsbereiche 000-472), Berlin, Köln, Frankfurt

Genschow, C., O. Stelter: Störungen im Bauablauf, Düsseldorf 2004

Glücklich, D.: Energie- und kostenbewußtes Bauen von Wohnhäusern, Köln-Braunsfeld 1985

Gruhler, K., C. Deilmann: Ökobilanzierung im Kontext planerischer Interessen – Bewertungsverfahren für Bauprodukte, Dresden 1999

Gutenberg, E.: Einführung in die Betriebswirtschaftslehre, Wiesbaden 1990


Hammer, G.: Die neue Bauordnung im Bild – Praxisgerechte, schnelle und rechtssichere Antworten zum Bauordnungs- und Bauplanungsrecht von A-Z, 2007

Hankammer, G.: Abnahme von Bauleistungen, Köln 2004

Hauptverband der Deutschen Bauindustrie e. V. (Hrsg.) unter Mitwirkung der Bauindustrie: BAL – Baustellenausstattungs- und Werkzeugliste, Wiesbaden 2001

Hauptverband der Deutschen Bauindustrie e. V. (Hrsg.) unter Mitwirkung zahlreicher Fachleute der Bauindustrie: BGL – Baugeräteliste 2007: Technisch-wirtschaftliche Baumaschinendaten, Gütersloh 2007

Hauptverband der Deutschen Bauindustrie e. V. / Zentralverband des Deutschen Baugewerbes e. V. (Hrsg.): Kosten- und Leistungsrechnung der Bauunternehmen : KLR-Bau, Wiesbaden, Berlin, Düsseldorf 2001

Heiermann, W., R. Riedl, M. Rusam, J. Kuffer: Handkommentar zur VOB – Teile A und B, Wiesbaden 2007

Heinhold, M.: Investitionsrechnung: Studienbuch, München 1999

Höfler, H., L. Kandel, A. Linhardt: Bauen mit dem Rechenstift – Baukosten sparen beim Eigenheim – ein Ratgeber (4. Aufl. der „Baukosten-Sparfiebel") Karlsruhe 1994

Hofstetter, P., O. Tietje: Ökobilanz-Bewertungsmethoden. State-of-the-art, Neuentwicklungen 1998, Perspektiven, Nachbearbeitung des 6. Diskussionsforums Ökobilanzen vom 12.03.1998 ETH Zürich

Ingenstau, H., H. Korbion, H.: VOB Teile A und B – Kommentar, Neuwied 2007

Institut für Bauforschung e.V.: Bau-Nutzungskosten. Bau-Nutzungskosten-Kennwerte für Wohngebäude, Stuttgart 2007

Institut für Bauforschung e. V.: Grundlagen und Randbedingungen der Nutzungskostenplanung im Wohnungsbau, in: Schriftenreihe *Bau- und Wohnforschung* des Bundesamtes für Bauwesen und Raumordnung, Stuttgart 2007

Institut für Grundlagen der modernen Architektur (Hrsg.): Bewertungsprobleme in der Bauplanung, Stuttgart 1972

Isphording, S., H. Reiners: Der ideale Grundriss, Beispiele und Planungshilfen für das individuelle Einfamilienhaus, München 2006

Jäde, H.: Baugesetzbuch, Baunutzungsverordnung: Kommentar, Stuttgart 2005

Jenkis, H.: Grundlagen der Wohnungsbaufinanzierung, München 1995

Jochem, R.: HOAI-Kommentar zur Honorarordnung für Architekten und Ingenieure, Wiesbaden 2003

Joedicke, J.: Angewandte Entwurfsmethodik für Architekten, Stuttgart 1976

Kalusche, W.: Gebäudeplanung und Betrieb, Berlin, Heidelberg, New York 1991

Kalusche, W.: Bauschuttbeseitigung, in: Deutsches Architektenblatt 11/1992, S. 1821 ff.

Kalusche, W.: Die Baustelleneinrichtung aus der Sicht des Auftraggebers, in: Bautechnik 9/1993, S. 545 ff.

Kalusche, W.: Winterbau in der Altbausanierung, in: Deutsches Architektenblatt 3/1993, S. 448 f.

Kalusche, W.: Kostenkontrolle bezogen auf die Bauausführung, in: Bautechnik 2/1994, S. 77 ff.

Kalusche, W.: Pauschalierung von Bauleistungen, in: bauzentrum 4/1994, S.121 ff.

Kalusche, W.: Baulicher Ausbau - Teil 1: Kosteneinflüsse bei der Planung, in: bauzeitung 4/1995, S. 45 ff.

Kalusche, W.: Baulicher Ausbau - Teil 2: Kosteneinflüsse bei der Vergabe, in: bauzeitung 5/1995, S. 60 ff.

Kalusche, W.: Losbildung bei Ausschreibung und Vergabe, in: bauzentrum 4/1995, S. 98 ff.

Kalusche, W.: Nachträge, in: baumeister 9/1995, S. 74 ff.

Kalusche, W.: Was macht der Generalunternehmer?, in: baumeister 12/1995, S. 50 ff.

292                               Literaturverzeichnis

Kalusche, W.: Architekt und Totalunternehmer, in: Deutsches Architektenblatt 1/1997, S. 15 ff.
Kalusche, W.: Bauüberwachung - Ein Thema für angehende Architekten, in: Deutsche Bauzeitschrift 3/1998, S. 97 ff.
Kalusche, W.: Winterbau aus Bauherrensicht, in: Informationen Bau-Rationalisierung 1/1998, S. 5 ff.
Kalusche, W.: Projektmanagement für Bauherren und Planer, München, Wien 2002
Keil, W., U. Martinsen, R. Vahland, J. Fricke: Kostenrechnung für Bauingenieure, Neuwied 2008
Kirchhof, P.: EStG Kompakt Kommentar, Heidelberg 2007
Klein, R.: Die richtige Baufinanzierung, München 2003
Klocke, W.: Planungsbüros erfolgreich führen, Köln 2004
Kochendörfer, B.: Bau-Projekt-Management: Grundlagen und Vorgehensweisen, Wiesbaden 2007
Kohler, N.: Stand der Ökobilanzierung von Gebäuden und Gebäudebeständen, Institut für Industrielle Bauproduktion der Universität Karlsruhe, 1999
Kruschwitz, L.: Investitionsrechnung, München 2000
Küsgen, H.: Investitionsrechnung im Bauwesen - mit einer Einführung in die Rechnung von Energiekosten, Stuttgart 1984 (BAUÖK-Papiere 42)
Küsgen, H., N. Küsgen, C. Riepl, R. Röthlingshöfer: Planen mit Baunutzungskosten — Verfahren der Baunutzungskostenplanung, Stuttgart 1983

Laux, H.: Die Bausparfinanzierung: die finanziellen Aspekte des Bausparvertrages als Spar- und Kreditinstrument, Frankfurt am Main 2005
Leimböck, E.: Bauwirtschaft – Baubeteiligte und ihre Aufgaben, Baumarkt, Preisfindung, Marketing, Management und Organisation, Stuttgart 2007
Leimböck, E., A. Iding: Bauwirtschaft – Grundlagen und Methoden, Wiesbaden 2005
Locher, H.: Das private Baurecht, München 2005
Locher, H. und U., W. Koeble, W. Frik: Kommentar zur HOAI, München-Unterschleißheim 2006

Meyer, P.: Wohnbauten im Vergleich – Aumatt II, Zürich 1992
Möller, D.-A.: Planungs- und Bauökonomie, Band 1 : Grundlagen der wirtschaftlichen Bauplanung, München 2006
Möller, D.-A., W. Kalusche: Planungs- und Bauökonomie, Band 2 : Grundlagen der wirtschaftlichen Bauausführung, München 2007
Möller, D.-A., E. Möller: Ökologie und Ökonomie am Bau, in: Deutsche Bauzeitschrift 6/89, S. 787 ff.
Möller, E.: Unternehmen pro Umwelt, München 1989
Motzke, G., R. Wolff: Praxis der HOAI - Ein Leitfaden für Architekten, Ingenieure, Sachverständige, Bauherren und deren Berater, München 2004
Murfeld, E. (Hrsg.): Spezielle Betriebswirtschaftslehre der Grundstücks- und Wohnungswirtschaft, Hamburg 2000

Naber, S.: Planung unter Berücksichtigung der Baunutzungskosten als Aufgabe des Architekten im Feld des Facility-Management, Europäische Hochschulschriften Reihe 37 - Architektur 24, Frankfurt am Main 2002
Nixdorf, B.: Verbesserung der Wirtschaftlichkeit von Bauobjekten unter Verwendung von Investitionsrechnungsverfahren, in: Schriftenreihe „Bau- und Wohnforschung" des Bundesministers für Raumordnung, Bauwesen und Städtebau, Nr. 04.089, Bonn/Bad Godesberg 1983

Otto, Chr.-W.: Brandenburgische Bauordnung, Dresden 2007

Peters, H.: Selbsthilfe am Bau, Wiesbaden, Berlin 1984
Pfarr, K.: Handbuch der kostenbewußten Bauplanung – Ansätze zu einem den Planungs- und Bauprozeß begleitenden Kosteninformationssystem, Wuppertal 1976
Pfarr, K.: Grundlagen der Bauwirtschaft, Essen 1984
Pfeiffer, M. (Hrsg.): Architektur- und Ingenieurmanagement – Ganzheitliches Planen, Bauen und Bewirtschaften, 2004

Reifner, U.: Risiko Baufinanzierung, Neuwied, Kriftel /Ts., Berlin 1996
Rohr-Suchalla, K.: Der gestörte Bauablauf – Verantwortlichkeiten, Ansprüche und Rechtsfolgen nach VOB/B, Stuttgart 2008
Rösch, W., W. Volkmann: Bau-Projektmanagement: Terminplanung mit System, Köln 1994
Rösel, W., A. Busch: AVA-Handbuch, Ausschreibung – Vergabe – Abrechnung, Wiesbaden 2008

Sagebiehl, U.: Baunutzungskosten im Schulbau – Betriebskostendaten, Berlin 1991
Schach, R.: Baustelleneinrichtung: Grundlagen, Planung, Praxishinweise, Vorschriften und Regeln, Wiesbaden 2008
Schierenbeck, H.: Grundzüge der Betriebswirtschaftslehre, München 2008
Schotten, M.: Der gestörte Bauablauf im privaten Baurecht, Norderstedt 2007
Schmitz, H.: Geschoßwohnungsbau, in: Deutsches Architektenblatt 11 und 12/89, Stuttgart 1989
Schmitz, H., R. Oesterreich, R. Gerlach: Kostengünstiges Bauen in Beispielen, Köln-Braunsfeld 1984
Schub, A., Stark, K.: Life cycle cost von Bauobjekten, Köln 1985
Schulte, K.-W.; St. Bone-Winkel (Hrsg.): Handbuch Immobilien-Projektentwicklung, Köln 2008
Schulte, K.-W.; B. Pierschke: Facilities Management, Köln 2000
Schulze, E., A. Stein: Praxisratgeber Baufinanzierung, München 2005
Sternberger-Frey, B: Handbuch rund ums Geld: alles über Bankgeschäfte, Baufinanzierung, Geldanlage, Berlin 1996
Schwarze, J.: Projektmanagement mit Netzplantechnik, Herne, Berlin 2006
Schwarze, J.: Übungen zur Netzplantechnik, Herne, Berlin 2006
Simons, K., R. Sager: Berechnungsmethoden für Baunutzungskosten, in: Schriftenreihe „Bau- und Wohnforschung" des Bundesministers für Raumordnung, Bauwesen und Städtebau 04.063, Bonn/Braunschweig 1980
Söfker, W. (Hrsg.): Baugesetzbuch, München 2007
Spritzendorfer, J.: Nachhaltiges Bauen mit ‚wohngesunden Baustoffen'. Heidelberg 2007
Stamm-Teske, W.: Preis-werter Wohnungsbau 1990 - 96: eine Projektauswahl Deutschland, Düsseldorf 1996
Statistisches Bundesamt: Statistisches Jahrbuch für die Bundesrepublik Deutschland, Stuttgart 2007
Sternberger-Frey, B: Handbuch rund ums Geld: alles über Bankgeschäfte, Baufinanzierung, Geldanlage, Berlin 1996
Stoy, C.: Benchmarks und Einflussfaktoren der Baunutzungskosten, Zürich 2005

Wicke, L.: Umweltökonomie, München 1993
Wiesmeth, H.: Umweltökonomie, Berlin 2002

Wiegand, J., K. Aellen, Th. Keller: Wohnungs-Bewertungs-System – Ausgabe 1986, in: Schriftenreihe Wohnungswesen des Bundesamtes für Wohnungswesen, Bern 1994

Will, L.: Die Rolle des Bauherrn im Planungs- und Bauprozeß, Frankfurt/M., Bern, New York 1985

Wöhe, G.: Einführung in die allgemeine Betriebswirtschaftslehre, München 2005

Wöhe, G.: Übungsbuch zur Einführung in die allgemeine Betriebswirtschaftslehre, München 2005


Zangemeister, Chr.: Nutzwertanalyse in der Systemtechnik, München 1976

Zwicky, F.: Entdecken, Erfinden, Forschen im morphologischen Weltbild, Glarus 1989


Baugesetzbuch (BauGB) – in der Fassung der Bekanntmachung vom 23.9.2004, zuletzt geändert durch Art. 1 des Gesetzes am 21.12.2006

Baufreistellungsverordnung (BaufreistVO)

Bauvorlagenverordnung (BauVorlV), BauVorlV BB vom 1. Februar 1998, geändert durch BauVorlVÄndV BB vom 12. November 1999

Baunutzungsverordnung (BauNVO) – in der Fassung vom 23. Januar 1990, geändert durch Artikel 3 des Gesetzes vom 22. April 1993

Bürgerliches Gesetzbuch (BGB)


DIN 276-1:2008-12, Kosten im Bauwesen – Teil 1: Hochbau

DIN 277-1:2005-02, Grundflächen und Rauminhalte von Bauwerken im Hochbau – Teil 1: Begriffe, Ermittlungsgrundlagen

DIN 277-2:2005-02, Grundflächen und Rauminhalte von Bauwerken im Hochbau – Teil 2: Gliederung der Netto-Grundfläche

DIN 277-3:2005-04, Grundflächen und Rauminhalte von Bauwerken im Hochbau – Teil 3: Mengen und Bezugseinheiten

DIN 1960:2006, Allgemeine Bestimmungen für die Vergabe von Bauleistungen (VOB/A)

DIN 1961:2006, Allgemeine Vertragsbedingungen für die Ausführung von Bauleistungen (VOB/B)

DIN 18 299:2006 bis 18 451:2006, Allgemeine Technische Vertragsbedingungen für Bauleistungen (ATV) (VOB/C)

DIN 18 960:2008-02, Nutzungskosten im Hochbau

DIN 69 900:1987-08, Netzplantechnik
– Teil 1 Projektwirtschaft, Netzplantechnik, Begriffe - Stand August 1987
– Teil 2 Projektwirtschaft, Netzplantechnik, Darstellungstechnik – Stand August 1987

DIN EN ISO 14 040:2006-10, Umweltmanagement – Ökobilanz – Grundsätze und Rahmenbedingungen

DIN EN ISO 14 044:2006-10, Umweltmanagement – Ökobilanz – Anforderungen und Anleitungen


Einkommensteuergesetz (EStG), in der Fassung der Bekanntmachung vom 19. Oktober 2002, zuletzt geändert durch Artikel 1 des Gesetzes vom 14. August 2007

Grundsteuergesetz (GrStG), vom 7. August 1973, zuletzt geändert durch Artikel 6 des Gesetzes vom 1. September 2005

Honorarordnung für Architekten und Ingenieure (HOAI) in der Fassung der
Bekanntmachung vom 4. März 1991, zuletzt geändert durch Artikel 5 des
Gesetzes vom 10. November 2001

Landesbauordnungen für die einzelnen Bundesländer
Landesbauordnung für Baden-Württemberg (LBO - BW) in der Fassung vom
8.8.1995, gültig ab 1.1.1996
Bauordnung für Berlin (BauO Bln) in der Fassung vom 3.9.1997, zuletzt
geänd. durch Art. II des Baustellenkoordinierungsgesetzes vom 2.6.1999
Brandenburgische Bauordnung (BbgBO) in der Fassung vom 1.6.1994, geändert durch Gesetz zur Änderung der BbgBO und anderer Gesetze vom
18.12.1997 in der ab 1.1.1998 gültigen Fassung
Sächsische Bauordnung (Sächs BO) vom 28.05.2004

Musterbauordnung (MBO) von November 2002

Verdingungsordnung für Leistungen (VOL Teil A), Ausgabe 2006
Verdingungsordnung für freiberufliche Leistungen (VOF), Ausgabe 2006

Vergabe- und Vertragsordnung für Bauleistungen
VOB Teil A : Allgemeine Bestimmungen für die Vergabe von Bauleistungen,
DIN 1 960:2006
VOB Teil B : Allgemeine Vertragsbedingungen für die Ausführung von Bau-
leistungen, DIN 1 961:2006
Teil C – Allgemeine Technische Vertragsbedingungen für Bauleistungen
(ATV), DIN 18 299:2006 – DIN 18 451:2006
Vergabe- und Vertragshandbuch für die Baumaßnahmen des Bundes (VHB),
Stand 07/2008
Verordnung des Sächsischen Staatsministeriums des Innern zur Durchführung der
Sächsischen Bauordnung (DVOSächsBO) vom 2.9.2004
Verordnung über energiesparenden Wärmeschutz und energiesparende Anlagen-
technik bei Gebäuden (Energieeinsparverordnung – EnEV) vom 24.7.2007
Verordnung über wohnungswirtschaftliche Berechnungen (Zweite Berechnungs-
verordnung – II. BV) in der Fassung der Bekanntmachung vom 12.10.1990,
zuletzt geändert durch Artikel 3 der Verordnung vom 25.11.2003

Wohnflächenverordnung (WoFlV) vom 25. November 2003, in Kraft getreten im
Januar 2004

# Stichwortverzeichnis

Die Buchstaben vor den Seitenzahlen geben an, ob es sich um das Lehrbuch Band 1 oder Band 2 ($L_{Bd1}$ oder $L_{Bd2}$) oder um das Übungsbuch (Ü) handelt. Die Seitenangaben beziehen sich auch bei beiden Lehrbüchern auf die 5. Auflage.

a-Paragraphen der VOB Teil A $L_{Bd2}$ 61,
ABC-Analyse $L_{Bd1}$ 136 ff.
Abfallstoffe $L_{Bd2}$ 205
Ablauf- und Terminplanung $L_{Bd2}$ 135 ff. Ü 246 ff.
Ablaufstrukturplan $L_{Bd2}$ 139, Ü 252
Abnahme von Bauleistungen $L_{Bd2}$ 171 ff., Ü 265, 267 ff.
Abnahme
  behördliche ~ $L_{Bd2}$ 177 f.
  erklärte ~ $L_{Bd2}$ 173, Ü 269 f.
  fiktive ~ $L_{Bd2}$ 172, Ü 270
  förmliche ~ $L_{Bd2}$ 173, Ü 269 f.
  stillschweigende ~ $L_{Bd2}$ 173
Abnahmeprotokoll $L_{Bd2}$ 173 f., Ü 271f.
Abnahmetermin Ü 262
Abrechnung $L_{Bd2}$ 104
Abrechnungsvorschriften $L_{Bd2}$ 76, 187
Abschlagsrechnung $L_{Bd2}$ 191
Abschreibung $L_{Bd1}$ 76 ff., 184., Ü 139, 142, 149 ff., 157
Absetzung für Abnutzung (AfA) $L_{Bd1}$ 184, 214, Ü 121, 150
Abweichung $L_{Bd2}$ 46
Abzinsungsfaktoren Ü 55
Altbaumodernisierung $L_{Bd1}$ 33
Altlasten $L_{Bd2}$ 33 f.
Amortisationsdauer $L_{Bd1}$ 104
Amortisationsrechnung Ü 78 f.
Änderung des Bauentwurfes $L_{Bd2}$ 107, 122
Anfangsrentabilität $L_{Bd1}$ 81
Anfangstilgungssatz $L_{Bd1}$ 209
Angebot $L_{Bd1}$ 11
Angebotsbewertung Ü 235 f.
Angebotskalkulation $L_{Bd2}$ 76, 125
Angebotsprüfung $L_{Bd2}$ 84 ff., 100, Ü 232 ff., 238
Angebotszeit $L_{Bd2}$ 99
Anlagenbau $L_{Bd2}$ 29
Anlaufphase $L_{Bd2}$ 213
Annuität $L_{Bd1}$ 96 f., 202
Annuitätenmethode $L_{Bd1}$ 96 f., Ü 83
Anordnungsbeziehung $L_{Bd2}$ 142

anrechenbare Kosten Ü 185, 187 ff.
Anspruch, gestalterisch $L_{Bd2}$ 31
Anspruchsgrundlage $L_{Bd2}$ 124
Anzahlung $L_{Bd2}$ 190 f.
Arbeitsanleitung Ü 3 f.
Arbeitsgemeinschaft $L_{Bd2}$ 14 f.
Arbeitslosigkeit $L_{Bd1}$ 21
Arbeitspaket $L_{Bd2}$ 140
Arbeitsplatz $L_{Bd2}$ 132
Arbeitsteilung $L_{Bd2}$ 1, 164
  der Ausführenden $L_{Bd2}$ 87 f.
  der Planer $L_{Bd2}$ 87
Arbeitstemperaturen $L_{Bd2}$ 197
Architekt $L_{Bd1}$ 39 f., $L_{Bd2}$ 31, 38, 129, Ü 9 f., 262
Architektengesetz $L_{Bd1}$ 39
Architektenhaftung $L_{Bd1}$ 173 ff.
Architektenhonorar $L_{Bd1}$ 220, 226 ff., Ü 176 ff.
Architektenliste $L_{Bd1}$ 39
Architektenvertrag Ü 183, 196 f.
Architektenwettbewerb $L_{Bd2}$ 137
ARGE $L_{Bd2}$ 14 f.
Aufgaben des Bauherrn Ü 6 ff.
Auflagen $L_{Bd2}$ 53
Aufmaß $L_{Bd2}$ 104, 177
Auftraggeber $L_{Bd2}$ 10, Ü 243 f.
  Pflichten des ~ Ü 243
Auftragserteilung $L_{Bd2}$ 109 f.
Auftragsfertigung $L_{Bd2}$ 26, Ü 224
Auftragsproduktion $L_{Bd2}$ 58
Auftragsverfolgung $L_{Bd2}$ 118
Aufzinsungsfaktoren Ü 54
Ausbau, baulicher $L_{Bd2}$ 52
Ausführung Ü 241 ff., 240
Ausführungsdauer, optimale $L_{Bd2}$ 136
Ausführungsplanung $L_{Bd1}$ 223 f., $L_{Bd2}$ 49 ff., 56 f., 149
Ausgaben $L_{Bd1}$ 121
Ausnahmen $L_{Bd2}$ 46
Ausschreibung $L_{Bd2}$ 85, 89, Ü 136
  beschränkte ~ $L_{Bd2}$ 62 f., Ü 225
  öffentliche ~ $L_{Bd2}$ 62 f., Ü 225
Ausschreibung, Planungsreife der $L_{Bd2}$ 55

Ausschreibungsunterlagen $L_{Bd2}$ 102
Ausstattung, technische ~ $L_{Bd2}$ 87
Auswahl aus mehreren
   Investitionsmög-lichkeiten Ü 50 f.,
   77 ff.
Auswahlproblem Ü 50

Balkenplan $L_{Bd2}$ 142, Ü 255, 258
Barwert Ü 144 ff., 153 ff.
Barwertfaktoren,
   kumulierte ~ Ü 63
Bauablauf, gestörter ~ $L_{Bd2}$ 152 ff.,
   Ü 281 f.
Bauabrechnung $L_{Bd2}$ 187 ff., Ü 277 ff.
Bauantrag $L_{Bd2}$ 46
Bauaufsichtsbehörde $L_{Bd1}$ 42, $L_{Bd2}$
   160, Ü 6, 9, 11
Baubetreuer $L_{Bd2}$ 18
Baubetriebslehre Ü 1
Baubüro $L_{Bd2}$ 131, 134, 166
Bauen
   flächensparendes ~ Ü 18
   industrielles ~ $L_{Bd2}$ 25 ff.
   kostengünstiges ~ Ü 18, 163 ff.
   ökologisches ~ Ü 163, 165
   schlüsselfertiges ~ $L_{Bd2}$ 11, 28 ff.
   wirtschaftliches ~ Ü 18
Baufinanzierung $L_{Bd1}$ 201 ff., Ü 166 ff.
Bauführer $L_{Bd2}$ 160
Baugenehmigung $L_{Bd2}$ 46,137 f.,
   Ü 208 f.
Baugenehmigungsverfahren $L_{Bd2}$ 45,
Baugenehmigungsverfahren,
   vereinfachtes ~ $L_{Bd2}$ 45, Ü 210
Baugeräteliste $L_{Bd2}$ 116
Baugesuch $L_{Bd1}$ 27 f.,
Baugewerbe $L_{Bd2}$ 10
Bauherr(enschaft) $L_{Bd1}$ 35, $L_{Bd2}$ 157,
   Ü 6 ff., 233
Bauherrenaufgaben $L_{Bd1}$ 36 f., Ü 7 f.
Bauherrengesellschaft $L_{Bd2}$ 29
Bauherrenorganisation $L_{Bd2}$ 137
Bauinvestitionen $L_{Bd1}$ 29 f.,
Bauinvestitionsquote $L_{Bd1}$ 30
Baukoordinierungsrichtlinie $L_{Bd2}$ 58 ff.
Baukosten $L_{Bd1}$ 122
Baukostenänderungen $L_{Bd2}$ 185 f.
Baukostendateien $L_{Bd1}$ 145 ff., Ü 116
   ff.
Baukosteninformationszentrum Deut-
   scher Architektenkammern $L_{Bd1}$ 150
Baukostenvergleich Ü 72 f.

Bauleistungen Ü 227 f.
Bauleiter $L_{Bd1}$ 40
Bauleitung $L_{Bd2}$ 208
Baumanagement $L_{Bd2}$ 164 f.
Baunebenkosten $L_{Bd2}$ 100 f., Ü 196
Bauordnung, Sächsische ~ $L_{Bd2}$ 43 ff.,
   159 f.
Bauordnungen $L_{Bd2}$ 40 ff.
Bauordnungsrecht $L_{Bd2}$ 39
Baupreisdateien $L_{Bd1}$ 145 ff.
Baupreisindex $L_{Bd1}$ 145 ff., $L_{Bd2}$ 169
Baurecht, öffentliches ~ $L_{Bd2}$ 39, Ü
   203
Baurecht, privates ~ $L_{Bd2}$ 39
Bauschäden $L_{Bd2}$ 205
Bauschuttbeseitigung $L_{Bd2}$ 204 ff.
Bauschuttbeseitigung, Kosten der ~
   $L_{Bd2}$ 209
Bauschuttentsorgung $L_{Bd2}$ 36
Bausparen $L_{Bd1}$ 210 f.
Baustelleneinrichtung $L_{Bd2}$ 34, 94,
   129 ff., 157, Ü 241 f.
Baustelleneinrichtungsplan $L_{Bd2}$ 133
Baustellenfertigung $L_{Bd2}$ 21, 25 ff.
Baustellenverordnung $L_{Bd1}$ 44 f.
Baustraße $L_{Bd2}$ 130
Baustromversorgung $L_{Bd2}$ 131
Bausummenüberschreitung $L_{Bd1}$ 176 f.,
   Ü 125 f., 137 f.
   echte ~ $L_{Bd1}$ 176, $L_{Bd2}$ 185 f., Ü 126,
      137 f.
   unechte ~ $L_{Bd1}$ 176, $L_{Bd2}$ 186, Ü 126,
      137 f.
Bautagebuch $L_{Bd2}$ 176
Bauträger $L_{Bd2}$ 18 f., Ü 201 f.
Bauüberwachung $L_{Bd2}$ 26, 159 ff.,
   167 ff. Ü 265 ff.
Bauunternehmer Ü 9 ff.
Bauvermessung $L_{Bd2}$ 33
Bauvertrag $L_{Bd2}$ 109 ff.
Bauvolumen $L_{Bd1}$ 28 f.
Bauvorlage $L_{Bd2}$ 46, Ü 209
Bauvorlageberechtigung $L_{Bd1}$ 40,
   Ü 207 f.
Bauweise Ü 15 f., 24
Bauwirtschaft $L_{Bd1}$ 27 ff., $L_{Bd2}$ 24
Bedarfsplanung $L_{Bd1}$ 34, Ü 18
Bedingungen, jahreszeitliche ~ $L_{Bd2}$
   138
Befreiung $L_{Bd2}$ 46
Beheizung, provisorische ~ $L_{Bd2}$ 199
Behinderung $L_{Bd2}$ 155 ff.

Bemusterung $L_{Bd2}$ 56
Belastung $L_{Bd1}$ 216 f.
Berechnungsverordnung, Zweite ~ $L_{Bd1}$ 180, 183
Berufsverständnis $L_{Bd2}$ 100
Beschäftigung $L_{Bd1}$ 21 f.
Beschleunigung der Baudurchführung Ü 250, 259 f.
Beschleunigungsmaßnahmen $L_{Bd2}$ 151 f.
Beschränkte Ausschreibung $L_{Bd2}$ 62 f., Ü 225
Beschränkung
    der Ausführungskapazitäten $L_{Bd2}$ 151
    der Finanzmittel $L_{Bd2}$ 150
    der Planungskapazitäten $L_{Bd2}$ 151
Besondere Leistungen $L_{Bd1}$ 220 ff., Ü 188, 228
Beteiligte an der Ausführung $L_{Bd2}$ 9 ff.
Betreibermodell $L_{Bd2}$ 21
Betreibervertrag $L_{Bd2}$ 214
Betriebsbuchhaltung $L_{Bd2}$ 195
Betriebskosten $L_{Bd1}$ 181, $L_{Bd2}$ 212, Ü 28, 139
Bezirksschornsteinfegermeister $L_{Bd2}$ 49
Bezugseinheiten $L_{Bd1}$ 118
Bietergemeinschaft $L_{Bd2}$ 14
Bietergespräch Ü 222, 239
Bodenbeläge Ü 146 ff., 156 ff.
Bonität $L_{Bd1}$ 206
Bodengutachten $L_{Bd2}$ 33
Bruttobauland $L_{Bd1}$ 107 f.
Brutto-Grundfläche $L_{Bd1}$ 111, Ü 92 f., 104 f., 108 f.
Bruttoinlandsprodukt $L_{Bd1}$ 17 f.
Bruttonationaleinkommen $L_{Bd1}$ 17 f.
Brutto-Rauminhalt $L_{Bd1}$ 115 ff., Ü 93 f., 106, 108 f.
Bundesbank $L_{Bd1}$ 43

Ceteris-paribus-Bedingung $L_{Bd1}$ 3
$CO_2$-Gebäudesanierungsprogramm $L_{Bd1}$ 212
Computereinsatz $L_{Bd2}$ 188
Computergestütztes Entwerfen $L_{Bd1}$ 186
Container $L_{Bd2}$ 134

Dachabdichtungsarbeiten $L_{Bd2}$ 97 f.
Dach-ARGE $L_{Bd2}$ 15
Dachform Ü 17, 26 f..

Darlehenslaufzeit $L_{Bd1}$ 203, Ü 172
Deckungsbeitrag $L_{Bd1}$ 191 f., Ü 160 ff.
Detailmodelle $L_{Bd2}$ 51 f.
Detailpauschalvertrag $L_{Bd2}$ 111
Details $L_{Bd2}$ 54 f.
Detailterminplan $L_{Bd2}$ 148 f.
Deutsche Bundesbank $L_{Bd1}$ 43
Developer Ü 201 f.
Dezentralisation $L_{Bd2}$ 32ff.
DIN 276 $L_{Bd1}$ 121 ff., Ü 114, 123 f
DIN 277 $L_{Bd1}$ 110 ff., Ü 92 ff., 104 ff.
Disagio $L_{Bd1}$ 202 f., 209, Ü 168 f., 173
Diversifikation $L_{Bd2}$ 1
Dokumentation $L_{Bd2}$ 149, 216 ff.
    technische ~ $L_{Bd2}$ 192
Doppelböden $L_{Bd2}$ 97
Doppelhaus Ü 21 f., 24
dynamische Verfahren der
    Investitions-rechnung $L_{Bd1}$ 81 ff., Ü 50 f.

EDV-Werkzeuge $L_{Bd2}$ 36
Effektivzins $L_{Bd1}$ 203, Ü 168, 173
Eigenfinanzierung $L_{Bd1}$ 205 f., Ü 121
Eigenheimzulage $L_{Bd1}$ 214
Eigenkapital $L_{Bd1}$ 205
Eigenleistungen $L_{Bd1}$ 205 ff., Ü 193
Eigentumsprogramm $L_{Bd1}$ 211 ff.
Einheitspreis $L_{Bd2}$ 111, 121, Ü 19, 26
Einheitspreisvertrag $L_{Bd2}$ 110 f., Ü 233
Einzelinvestition $L_{Bd1}$ 56, 103 f., Ü 50
Einzelkosten Ü 19
Einzelleistung Ü 182, 193 f.
Elementmengen $L_{Bd1}$ 118, Ü 123, 132 f.
Elementmethode $L_{Bd1}$ 133, 150
Endkapital Ü 168, 171
Energieverbrauch Ü 39
Energiesparverordnung $L_{Bd1}$ 193
entgangener Gewinn Ü 184, 197 f.
Entsorgung $L_{Bd2}$ 209
Entwerfen $L_{Bd2}$ 38
Entwurfsplanung Ü 222, $L_{Bd2}$ 149
Entwurfsverfasser $L_{Bd1}$ 39 f. $L_{Bd2}$ 37 f.
Entzug eines Auftragsteiles $L_{Bd2}$ 107
Erdbau $L_{Bd2}$ 34
Ereignis $L_{Bd2}$ 141 f.
Erfolgshonorar $L_{Bd1}$ 232, Ü 10, 190
Ergebnis, wirtschaftliches ~ $L_{Bd2}$ 114
Erkenntnisgewinnung $L_{Bd1}$ 3
Erkenntnisobjekt $L_{Bd1}$ 2
erklärte Abnahme $L_{Bd2}$ 170, Ü 269 f.

Eröffnungstermin $L_{Bd2}$ 65
Ersatzinvestition $L_{Bd1}$ 56 f.
Ersatzmaßnahmen $L_{Bd2}$ 159
Ersatzvornahme $L_{Bd2}$ 194, Ü 278
Erträge $L_{Bd1}$ 187 ff.
Erwerbspersonen $L_{Bd1}$ 20
Erwerbermodell $L_{Bd2}$ 22 f.
Europäische Zentralbank $L_{Bd1}$ 43
Eventualposition $L_{Bd2}$ 123, 202

Fachbauleiter $L_{Bd1}$ 41
Fachingenieur $L_{Bd1}$ 41, Ü 9 ff.
Fachlich Beteiligte $L_{Bd2}$ 160
Fachlos $L_{Bd2}$ 83, 87 ff. 207
Fachlosvergabe $L_{Bd2}$ 99
Fachplaner $L_{Bd2}$ 38
Fachunternehmer $L_{Bd2}$ 11
Fahrzeugwaschanlage $L_{Bd2}$ 131
Faktorkombination, optimale $L_{Bd2}$ 1
Fassadenelemente $L_{Bd2}$ 96
Fehlerfreiheit $L_{Bd2}$ 51
Feinelement $L_{Bd1}$ 147 f.
Fertighaus $L_{Bd2}$ 28
Fertigteile, Detailkorrektur der ~
    $L_{Bd2}$ 173
Fertigung $L_{Bd2}$ 157
    anonyme ~ $L_{Bd2}$ 26
Festdarlehen $L_{Bd1}$ 210
fiktive Abnahme $L_{Bd2}$ 172, Ü 270
Finanzbuchhaltung $L_{Bd2}$ 195
Finanzierung
    Eigenkapital ~ $L_{Bd1}$ 205 f., Ü 150
    Fremdkapital ~ $L_{Bd1}$ 205 ff., Ü 150
Finanzierungsbausteine Ü 175
Finanzierungsinstitute Ü 9, 11
Finanzierungs-Leasing $L_{Bd2}$ 20 f.
Finanzierungsmodell $L_{Bd2}$ 21
Finanzierungsoptimierung $L_{Bd1}$ 216,
    218 ff., Ü 170, 14
Finanzierungsplan $L_{Bd1}$ 216 f., Ü 169,
    173
finanzmathematische Grundlagen
    $L_{Bd1}$ 83 ff.
Firmen, ausführende ~ $L_{Bd2}$ 151, 157,
    159
Fixkosten $L_{Bd2}$ 119 ff.
Flachdach, Kosten des ~ Ü 27
flächensparendes Bauen $L_{Bd1}$ 54, Ü 18
förmliche Abnahme $L_{Bd2}$ 173, Ü 269 f.
Formalisierung $L_{Bd2}$ 2
Fortschreibung der Planung $L_{Bd2}$ 57

Freie Güter $L_{Bd1}$ 9
Freihändige Vergabe $L_{Bd2}$ 63, Ü 225 f.
Fremdkapital $L_{Bd1}$ 206 f.
Fremdfinanzierung $L_{Bd1}$ 205 ff.
Funktionalausschreibung $L_{Bd2}$ 15
Funktionale Leistungsbeschreibung
    $L_{Bd2}$ 79, 82 f., Ü 222, 237 f.
Funktionsfläche, technische ~ $L_{Bd1}$
    113, Ü 108 ff.
Funktionsprogramm $L_{Bd2}$ 82, Ü 104,
    263

Garantierter-Maximalpreis-Vertrag
    $L_{Bd2}$ 112
Gasversorgung $L_{Bd2}$ 131
Gebäude-Betriebskosten $L_{Bd1}$ 181 f.
Gebäudegeometrie $L_{Bd2}$ 52 f.
Gebäudenutzung $L_{Bd2}$ 8
Gebäudetechnik Ü 17, 27 f.
Gebäudeverwaltung $L_{Bd2}$ 11
Gemeinkosten Ü 19
Gemeinlastprinzip $L_{Bd1}$ 26
Genehmigungsfreiheit $L_{Bd2}$ 43 ff.
Genehmigungsfreistellung $L_{Bd2}$ 44 f.
Genehmigungspflicht $L_{Bd2}$ 43 ff.
Genehmigungsplanung $L_{Bd1}$ 223,
    $L_{Bd2}$ 39, 149, Ü 203
Genehmigungsverfahren $L_{Bd2}$ 46,
Generalplaner Ü 8
Generalterminplan $L_{Bd2}$ 136, 147, 149
Generalübernehmer $L_{Bd2}$ 17 f., Ü 200
f.
Generalunternehmer $L_{Bd1}$ 42, $L_{Bd2}$ 15
    f., 83, 98 ff., 166, Ü 8, 200 ff.
Genossenschaftsbanken $L_{Bd1}$ 44
Geräteeinsatz $L_{Bd2}$ 157
Gerätekosten $L_{Bd2}$ 116
Gesamtgewerkevergabe $L_{Bd2}$ 98 ff.
Gesamturteil $L_{Bd1}$ 52
Geschäftsbesorgungsvertrag $L_{Bd2}$ 18
Geschäftskosten, allgemein $L_{Bd2}$ 116
Geschossfläche $L_{Bd1}$ 108 f., Ü 16, 25,
    91, 101 ff.
Geschossflächenzahl Ü 91, 101 ff.
Gesetzbuch, Bürgerliches ~ $L_{Bd2}$ 68 f.
Gesetze $L_{Bd2}$ 4
Gesetz gegen Wettbewerbs-
    beschränkungen $L_{Bd2}$ 59 f.
Gestaltungsbeispiele $L_{Bd2}$ 53 f.
Gestaltungsqualität $L_{Bd2}$ 53 f., 101
Gestaltungsrichtlinien $L_{Bd2}$ 34 f.

Gestattungsverfahren $L_{Bd2}$ 44, Ü 210
Gewerbebetrieb $L_{Bd2}$ 29
Gewerk $L_{Bd2}$ 102
Gewinn $L_{Bd2}$ 116
Gewinnvergleichsrechnung $L_{Bd1}$ 75, Ü 75 f., 79
Gewohnheitsrecht $L_{Bd2}$ 62
Globalpauschalvertrag $L_{Bd2}$ 111 f.
Globalziel Ü 30, 42
Grobelemente $L_{Bd1}$ 148 f., Ü 123, 127, 132 f.
Grobterminplan $L_{Bd2}$ 148 f.
Grundflächen $L_{Bd1}$ 110 ff., Ü 89 ff., 104, 108 ff.
Grundflächenzahl Ü 91, 101 ff.
Grundlagenermittlung $L_{Bd1}$ 221, $L_{Bd2}$ 149
Grundleistungen $L_{Bd1}$ 220 ff.
Grundpfandrecht $L_{Bd1}$ 206
Grundsteuer $L_{Bd1}$ 182, Ü 143, 150
Grundwasser $L_{Bd2}$ 33
Gruppen-Selbsthilfe $L_{Bd1}$ 205
Güter $L_{Bd1}$ 9

Haftung $L_{Bd2}$ 50
Haftung im Kostenbereich $L_{Bd1}$ 173 ff.
Heizenergie, Ausgaben für ~ Ü 144 f., 153 f.
Hallenbauten $L_{Bd2}$ 28
Hochrechnung $L_{Bd2}$ 183
Hochschulbau $L_{Bd1}$ 173
Höchstsatz $L_{Bd1}$ 230 f., Ü 192 f.
Honorar bei Großbauvorhaben Ü 183, 194 ff.
Honorar bei Modernisierung Ü 181, 192 f.
Honorar für mehrere gleiche Gebäude Ü 181, 191 f.
Honorarermittlung Ü 179 ff., 185 ff.
Honorarordnung für Architekten und Ingenieure (HOAI) $L_{Bd1}$ 220 ff., Ü 176 ff.
Honorarschlussrechnung Ü 179, 186
Honorartafel $L_{Bd1}$ 230 f., Ü 178
Honorarzone $L_{Bd1}$ 228 f., Ü 180 f., 185, 189
Hypothekenbanken $L_{Bd1}$ 43
Hypothekendarlehen $L_{Bd1}$ 208 f.

Idealablauf $L_{Bd2}$ 137
Inbetriebnahme $L_{Bd2}$ 8, 37, 199, Ü 250, 260 f.

~ Fachmann $L_{Bd2}$ 216
Industriebetrieb $L_{Bd2}$ 3
Index Ü 116, 129
Inflation $L_{Bd1}$ 8, 22 f.
Informationssysteme $L_{Bd2}$ 35
Inlandsprodukt $L_{Bd1}$ 17 f.
Input $L_{Bd1}$ 4ff., 55
Instandhaltungsvertrag $L_{Bd2}$ 215
Instandsetzung Ü 39
Ausgaben für ~ Ü 145, 154 f.
Instandsetzungskosten $L_{Bd1}$ 182 f., $L_{Bd2}$ 212, Ü 28, 39, 139, 149
Integration Ü 207
Integrationsaufgaben $L_{Bd2}$ 50
Interessenkonflikte Ü 6, 9 ff.
Interne Zinsfuß-Methode $L_{Bd1}$ 97 ff., Ü 76 f.
Intervallskala $L_{Bd1}$ 64
Investition $L_{Bd1}$ 54 ff.
Investition mit Rückflüssen $L_{Bd1}$ 75, 94
Investitionsmöglichkeiten, Auswahl aus mehreren ~ $L_{Bd1}$ 56, 103 ff., Ü 50 f., 68, 83 f.
Investitionsrechnung $L_{Bd1}$ 55, 72 ff., Ü 29, 50 ff.
Investitionsrechnung, dynamische Verfahren der ~ $L_{Bd1}$ 81 ff., Ü 50 f.
statische Verfahren der ~ $L_{Bd1}$ 75 ff., Ü 50 f.

Kalkulation $L_{Bd2}$ 114 ff.
Kalkulationszinssatz $L_{Bd1}$ 90
Kapazitätserhöhung $L_{Bd2}$ 151
Kapitalbedarf $L_{Bd1}$ 216 f.
Kapitalbindung $L_{Bd2}$ 158
Kapitalkosten $L_{Bd1}$ 76 f., 180, Ü 77 f., 80, 139, 151 f., 157
Kapitalwert $L_{Bd1}$ 90
Kapitalwertmethode $L_{Bd1}$ 90 ff., 218 f., Ü 73 f., 81 ff., 85
Kapitalwertmodell $L_{Bd1}$ 91
kardinale Bewertung Ü 30
kardinale Nutzenermittlung Ü 33, 42 ff.
Kennwerte $L_{Bd1}$ 168, 176, Ü 123, 131
Kennwertermittlung $L_{Bd1}$ 125 f., 131 f.
Kennwert-Kette $L_{Bd1}$ 170 f.
Kennziffer Ü 107 f.
Knappheit $L_{Bd1}$ 9
Kommunikation $L_{Bd2}$ 8
Konjunkturpolitik $L_{Bd1}$ 19

Konstruktions-Grundfläche $L_{Bd1}$ 114 f., Ü 16, 25 106, 111
Koordination $L_{Bd2}$ 170, Ü 207
Koordinationsaufgaben $L_{Bd2}$ 50
Kosten $L_{Bd1}$ 76, 122, $L_{Bd2}$ 103
Kosten im Hochbau $L_{Bd1}$ 121 f., Ü 114 ff., 133 f.
Kosten Ü 114
  anrechenbare ~ $L_{Bd1}$ 226 ff., $L_{Bd2}$ 101, Ü 185, 187 ff.
  externe ~ $L_{Bd1}$ 13, 24
  kalkulatorische ~ Ü 142, 149
  variable ~ $L_{Bd2}$ 119 ff.
  zahlungswirksame ~ Ü 142, 149
Kostenänderung $L_{Bd2}$ 182 ff.
Kostenänderung, Menge $L_{Bd2}$ 182
Kostenänderung, Standard $L_{Bd2}$ 182
Kostenänderung, Verursacher $L_{Bd2}$ 183
Kostenanschlag $L_{Bd1}$ 123 f., 130, Ü 274 f.
Kostenberechnung $L_{Bd1}$ 123 f., 127 ff., Ü 135 f.
kostenbewusste Bauplanung Ü 18
Kostenbewusstsein $L_{Bd2}$ 56
Kosteneinflüsse $L_{Bd1}$ 169, $L_{Bd2}$ 83
  interne ~ $L_{Bd2}$ 52
  externe ~ $L_{Bd2}$ 52
Kostenermittlung $L_{Bd1}$ 122 ff., 131, Ü 114, 124 f., 135 f.
Kostenermittlung nach Leitpositionen $L_{Bd1}$ 134, 136 ff.
Kostenermittlung
  Stufen der ~ $L_{Bd2}$ 180, Ü 128
Kostenfeststellung $L_{Bd1}$ 123 f., 130, $L_{Bd2}$ 184 f., Ü 274 ff.
Kostenflächenarten-Methode $L_{Bd1}$ 133 f., Ü 124, 134 f.
Kostengliederung $L_{Bd1}$ 125, 127
kostengünstiges Bauen $L_{Bd1}$ 54, Ü 163 ff.
Kostenkennwerte $L_{Bd1}$ 153 ff., Ü19
Kostenkontrolle $L_{Bd2}$ 36, 85, 181, Ü 273 ff.
Kostenkontrolle, Berichte $L_{Bd2}$ 182
kostenminimale Gebäudeform Ü 14 f., 20 ff.
Kosten-Nutzen-Analyse $L_{Bd1}$ 57 f.
Kostenplanung $L_{Bd2}$ 36, 179 ff.
Kostenplanung, Besondere Leistungen $L_{Bd2}$ 180
Kostenrahmen Ü 114

Kostenrichtwerte $L_{Bd1}$ 173 f.
Kostenschätzung $L_{Bd1}$ 123 f., 127 ff., Ü 116, 125, 127 f., 135
Kostenschätzung nach der Elementmethode Ü 116, 127 f.
Kostensicherheit $L_{Bd2}$ 51, Ü 125, 136 f.
Kostensteuerung $L_{Bd2}$ 184
Kostenüberschreitung Ü 276
Kostenverantwortung $L_{Bd2}$ 182
Kostenvergleichsrechnung $L_{Bd1}$ 76 ff., Ü 77 f.
Kostenwirksamkeit $L_{Bd2}$ 165
Kosten-Wirksamkeits-Analyse $L_{Bd1}$ 62, 64 f., Ü 29
Kostenwirtschaftlichkeit $L_{Bd1}$ 5
Kreativitätstechniken $L_{Bd1}$ 49
Kreditanstalt für Wiederaufbau $L_{Bd1}$ 43
Kreditbanken, private ~ $L_{Bd1}$ 44
Kreditinstitute $L_{Bd1}$ 43 f.,
Kritischer Weg $L_{Bd2}$ 142, 144
Kündigung des Architektenvertrages Ü 184, 197 f.

Lagerplätze $L_{Bd2}$ 132
Landesbauordnung $L_{Bd2}$ 40
Lastenzuschuss $L_{Bd1}$ 215 f.
Laufzeit $L_{Bd1}$ 204, Ü 171 f.
Leasingunternehmen $L_{Bd2}$ 20 f.
Lebensversicherung $L_{Bd1}$ 210
Lebenszyklus $L_{Bd1}$ 6 f., $L_{Bd2}$ 23
Lebenszykluskosten $L_{Bd1}$ 185 f.
Leistung
  besondere ~ $L_{Bd2}$ 136, 161, 180, Ü 188, 228
  zusätzliche ~ $L_{Bd2}$ 107, 123
Leistungsbereich $L_{Bd2}$ 102
Leistungsbeschreibung $L_{Bd2}$ 73 ff., 138, Ü 211
  funktionale ~ $L_{Bd2}$ 51, 79, Ü 222, 237 f.
Leistungsbeschreibung mit Leistungsprogramm $L_{Bd2}$ 79, 82 f., Ü 222, 237 f.
Leistungsbeschreibung mit Leistungsverzeichnis $L_{Bd2}$ 74 ff., Ü 217 f., 232 ff.
Leistungsbild der Objektplanung $L_{Bd1}$ 221 ff.
Leistungsphasen $L_{Bd1}$ 221 ff., 231
Leistungsprogramm $L_{Bd2}$ 23, 79, 82 f.

Leistungstexte, standardisierte ~
  L$_{Bd2}$ 77 f., Ü 211 ff.
Leistungsverzeichnis L$_{Bd2}$ 74 ff.,
  Ü 217 f., 232 ff., 263
Leitpositionen L$_{Bd1}$ 136,
Lieferscheine L$_{Bd2}$ 187
Lieferzeiten Ü 263
Liquidität Ü 195
Liquiditätswahrung L$_{Bd1}$ 216
Lohnkosten L$_{Bd2}$ 115
Liniendiagramm L$_{Bd2}$ 143
Losbildung L$_{Bd2}$ 91, 151, Ü 215, 226 f.

Mängelbeseitigung L$_{Bd2}$ 179, Ü 262
Makroelement L$_{Bd1}$ 149
Markt L$_{Bd1}$ 11 f.
Marktmechanismus L$_{Bd1}$ 11 f.
Marktpreis L$_{Bd1}$ 11 f.
Marktwirtschaft L$_{Bd1}$ 10 ff.
  Soziale ~ L$_{Bd1}$ 12 f.
Maßkoordination L$_{Bd2}$ 54
Maßtoleranzen L$_{Bd2}$ 54
Mechanisierungsgrad L$_{Bd2}$ 27
mehrere Investitionsmöglichkeiten Ü
  50
Meilensteine Ü 253
Mengenänderung L$_{Bd2}$ 118 ff., 125
Mengenermittlung L$_{Bd2}$ 76 ff., Ü 216
  f., 229
Mengenermittlungsvorschriften L$_{Bd2}$
  76, 187
Mengenmehrungen L$_{Bd2}$ 121
Mengenminderungen L$_{Bd2}$ 122
Mengenrisiko L$_{Bd2}$ 94
Merkmal Ü 30, 33, 40 f.
Merkmalskatalog Ü 33, 40 f.
Methode L$_{Bd1}$ 2 f.
Mieterhöhung L$_{Bd1}$ 190
Miethöhe L$_{Bd1}$ 33
Mietpreiskalkulation L$_{Bd1}$ 189 f., Ü
  136, 160 f.
Mietzuschuss L$_{Bd1}$ 215
Mindestsatz L$_{Bd1}$ 230 f.
Mindesttemperaturen L$_{Bd2}$ 199
Modell L$_{Bd1}$ 3
Modernisierung Ü 181, 192 f.
Modernisierungsförderung L$_{Bd1}$ 212 f.
Morphologischer Kasten L$_{Bd1}$ 49, 51
Multiplikatoreffekt L$_{Bd1}$ 31
Musterbauordnung L$_{Bd1}$ 35 ff.,
  L$_{Bd2}$ 40 ff., 159 f.

Nachbarn L$_{Bd1}$ 45
Nachbeauftragung L$_{Bd2}$ 84
Nachfrage L$_{Bd1}$ 11 f.
Nachhaltigkeit L$_{Bd1}$ 9 f.
Nachkalkulation Ü 188 f.
Nachlass L$_{Bd2}$ 104, 110, 125
Nachtragsangebot L$_{Bd2}$ 123
Nachtragsart L$_{Bd2}$ 124, 118 ff.
Nachtragsforderung Ü 222 f., 240
nachschüssig L$_{Bd1}$ 83, 86
Nachunternehmer L$_{Bd2}$ 11, 13
Nationaleinkommen L$_{Bd1}$ 14 ff.
Nebenleistung L$_{Bd2}$ 124, 204 f., Ü 228
Netto-Grundfläche LBd1 110 ff., Ü 93,
  105, 109 ff.
Nettonationaleinkommen L$_{Bd1}$ 17 f.
Netzplan L$_{Bd2}$ 144 f., Ü 255 ff.
Nichtoffenes Verfahren L$_{Bd2}$ 64, Ü 225
Niedrigenergiehaus L$_{Bd1}$ 184
Nominalzins L$_{Bd1}$ 203
Normen L$_{Bd1}$ 4, 54
Notrufsystem L$_{Bd2}$ 131
Nutzenermittlung
  ordinale ~ L$_{Bd1}$ 64 ff., Ü 29, 36 f.,
  46 ff.
Nutzen-Kosten-Untersuchungen
  L$_{Bd1}$ 57 ff., Ü 29 ff.
Nutzer L$_{Bd1}$ 38 f., Ü 9 f., 262
Nutzungsanforderungen L$_{Bd2}$ 26 f., 53,
  Ü 46
Nutzfläche L$_{Bd1}$ 112 f., Ü 93, 106,
  109 ff.
Nutzungsart L$_{Bd1}$ 117, L$_{Bd2}$ 88
Nutzungsbarwert Ü 50 f., 73 f., 140,
  146, 155 f.
Nutzungsdauer, unterschiedliche ~
  L$_{Bd1}$ 96 f.
Nutzungsgerechte Planung L$_{Bd2}$ 30
Nutzungskosten L$_{Bd1}$ 177 ff., Ü 139,
  143 f., 151 ff., 157
Nutzungskosten im Hochbau Ü 139
Nutzungskostengliederung L$_{Bd1}$ 178
Nutzwert Ü 44
Nutzwertanalyse L$_{Bd1}$ 59 ff., Ü 29

Oberziel Ü 30, 42, 44
Objektbegehung L$_{Bd2}$ 216
Objektbetreuung und Dokumentation
  L$_{Bd1}$ 225 f., L$_{Bd2}$ 149, 216 f., Ü 284
  ff.
Objektdatei L$_{Bd1}$ 146, Ü 285 ff.
Objektinformation L$_{Bd2}$ 211

Objektliste $L_{Bd1}$ 228 f.
Objektmanagement $L_{Bd2}$ 211, Ü 285 f.
Objektmanagementkosten Ü 139
Objektmanagement, Computereinsatz
   im ~ $L_{Bd2}$ 212
Objektplaner $L_{Bd2}$160, 162, 165
Objektplanung $L_{Bd1}$ 34, 47
Objektüberwachung $L_{Bd1}$ 225, $L_{Bd2}$
   160
Objektüberwachung, Besondere
   Leistungen der ~ $L_{Bd2}$ 161 f.
Objektüberwachung, Grundleistungen
   der ~ $L_{Bd2}$ 161
Offenes Verfahren $L_{Bd2}$ 64, Ü 225
Öffentliche Ausschreibung $L_{Bd2}$ 62 f.,
   Ü 225
Öffentliche Baudarlehen $L_{Bd1}$ 211 ff.
Öffentlichkeit $L_{Bd1}$ 45
Öko-Audit $L_{Bd1}$ 25
Ökobilanz $L_{Bd1}$ 25, 194 ff., Ü 164 f.
Ökoinventare $L_{Bd1}$ 195 f.
Ökologische Buchhaltung $L_{Bd1}$ 25
Ökologische Steuerreform $L_{Bd1}$ 22
Ökologisches Bauen $L_{Bd1}$ 193 ff., 212,
   Ü 163 ff.
Ökonomisches Prinzip $L_{Bd1}$ 9
Operatives Leasing $L_{Bd2}$ 20
Ordinale Nutzenermittlung $L_{Bd1}$ 64 ff.,
   Ü 29, 36 f., 46 ff.
Ordinalskala $L_{Bd1}$ 64
Organisation $L_{Bd2}$ 1 f., Ü 199 ff.
Organisationshilfsmittel $L_{Bd2}$ 3
Organisationssystem $L_{Bd2}$ 3
Output $L_{Bd1}$ 3 ff., 555

Paarweiser Vergleich $L_{Bd1}$ 64, 66 ff.,
   Ü 29, 35, 46, 48 f.
Passivhaus $L_{Bd1}$ 193
Pauschalangebot Ü 220 f., 236
Pauschalierung $L_{Bd2}$ 103 ff.
Pauschalsumme, Honorarermittlung
   bei ~ $L_{Bd2}$ 108 f.
Pauschalsummen $L_{Bd2}$ 108 f.
Pauschalvertrag $L_{Bd2}$18, 110 ff.,126,
   191; Ü 233
Personaleinsatz $L_{Bd2}$ 157
Personalkosten $L_{Bd1}$ 76, 177
Personalschulung $L_{Bd2}$ 214
Planung $L_{Bd1}$ 34, 45 ff.; Ü 12 ff.
Planung der Planung $L_{Bd2}$ 136

Planung, wirtschaftliche ~ $L_{Bd1}$ 48 ff.,
   Ü 12, 14, 18 f.
Planungsänderungen Ü 249 f., 258 f.
Planungsbedürftigkeit $L_{Bd2}$ 51
Planungsbetriebslehre $L_{Bd1}$ 2, Ü 1
Planungsentscheidungen $L_{Bd2}$ 165
Planungskosten $L_{Bd2}$ 27
Planungsreife $L_{Bd2}$ 55 f.
Planungssicherheit $L_{Bd2}$ 165
Planungs- und Baubeteiligte $L_{Bd1}$ 35
   ff.,
   Ü 4, 6, 9 ff.
Planverwaltung $L_{Bd2}$ 36 f.
Planwirtschaft, zentrale ~ $L_{Bd1}$ 10, 13
   ff.
Preisbildung $L_{Bd1}$ 11 f.
Preisindex $L_{Bd1}$ 23, 140 ff., Ü 116, 129
Preiskalkulation $L_{Bd2}$ 27
Preisniveaustabilität $L_{Bd1}$ 22 f.
Preisspiegel $L_{Bd2}$ 84, Ü 234
Preiswettbewerb $L_{Bd2}$ 82, 101
Privatdarlehen $L_{Bd1}$ 208
Privatrecht $L_{Bd2}$ 39
Probebetrieb $L_{Bd2}$ 214
Produktivität $L_{Bd1}$ 4
Prognoseproblematik $L_{Bd1}$ 106 f.
Projektentwicklung $L_{Bd2}$ 11
Projekthandbuch $L_{Bd2}$ 4
Projektleitung $L_{Bd1}$ 36 f.
Projektleitungsaufgaben Ü 8
Projektorganisation $L_{Bd2}$ 2, 32
Projektsteuerer $L_{Bd1}$ 37 ff.; $L_{Bd2}$ 129; Ü
   8
Projektsteuerung Ü 8
Projektstrukturplan $L_{Bd2}$ 140 f.

Prüfung
   rechnerische ~ Ü 233
   technische ~ Ü 233 f.
   wirtschaftliche ~ Ü 234
Prüfung von Angeboten Ü 218 ff.,
   232 ff.
Public Private Partnership $L_{Bd2}$ 21 ff.
Pufferzeit $L_{Bd2}$ 132

Qualität $L_{Bd2}$ 102
Qualitätswettbewerb $L_{Bd2}$ 82

Rabatt $L_{Bd2}$ 125, 189
Rahmenterminplan $L_{Bd2}$ 136, 146, 149
Rationalprinzip $L_{Bd1}$ 9

Rauminhalt $L_{Bd1}$ 110, 115 ff.; Ü 89, 108 ff.
Raumprogramm $L_{Bd2}$ 66, Ü 104, 263 f.
Raum- und Funktionsprogramm $L_{Bd1}$ 46; $L_{Bd2}$ 82, Ü 263 f.
rechnerische Prüfung Ü 233
Rechnungslegung $L_{Bd2}$ 187 f.
Rechnungsprüfung $L_{Bd2}$ 188 ff., 193; Ü 278 f.
Recht, öffentliches ~ $L_{Bd2}$ 39
Reihen-Mittelhaus Ü 24
Reinigungsarbeiten $L_{Bd2}$ 215
Restmüllentsorgung $L_{Bd2}$ 34
Recycling $L_{Bd1}$ 193 f.
Refinanzierung $L_{Bd1}$ 208
Rentabilität $L_{Bd1}$ 5 f., 79 ff.
Rentabilitätsrechnung $L_{Bd1}$ 76
Rente $L_{Bd1}$ 83, 86
Rentenbarwert $L_{Bd1}$ 84 ff.
Rentenbarwertfaktoren $L_{Bd1}$ 84 ff.; Ü 56, 58 ff.
Rentenendwert $L_{Bd1}$ 84
Rentenendwertfaktoren Ü 57, 62
Rentenrechnung $L_{Bd1}$ 83
Restdarlehen $L_{Bd1}$ 204; Ü 168, 172
Richtigkeit, technische ~ $L_{Bd2}$ 51
Risiken $L_{Bd2}$ 30, 104 f., 153
Rohbauarbeiten $L_{Bd2}$ 93 f.
Rückflüsse $L_{Bd1}$ 75

Sachkosten $L_{Bd1}$ 76
Schadenersatzansprüche $L_{Bd2}$ 126
Schätzmethoden Ü 127
Schlosserarbeiten $L_{Bd2}$ 95
Schlussrechnung $L_{Bd2}$ 192; Ü 271
Schlussrechnungsunterlagen $L_{Bd2}$ 192
Schnittstellen $L_{Bd2}$ 8
Selbsthilfe $L_{Bd1}$ 205 ff.; Ü 39, 170, 175
Sicherheitsdienst $L_{Bd2}$ 131
Sicherheitsleistung $L_{Bd2}$ 216
Sicherheits- und Gesundheitskoordinator $L_{Bd1}$ 41, Ü 268
Sicherheitszuschläge $L_{Bd2}$ 104
Skonto $L_{Bd2}$ 125
Solarstrom-Förderung $L_{Bd1}$ 212
Sonderausgaben $L_{Bd1}$ 215
Sonderfachleute $L_{Bd1}$ 41
Sondermüll $L_{Bd2}$ 208 f.
Spardauer Ü 168, 171
Sparförderung $L_{Bd1}$ 215 f.
Sparkassen $L_{Bd1}$ 44

Sparzulage $L_{Bd1}$ 215 f.
Spezialisierung $L_{Bd2}$ 1
Stabilitätsgesetz (StWG) $L_{Bd1}$ 20 f.
Stadtumbau Ost $L_{Bd1}$ 212
Stahlbauarbeiten $L_{Bd2}$ 94 f.
Standard $L_{Bd2}$ 8
Standardisierung $L_{Bd2}$ 78
Standardleistungsbuch $L_{Bd2}$ 78; Ü 211 ff., 217 f., 230 ff.
Standardleistungsbuch-Bau Ü 211
Standortfaktoren Ü 33, 41 f.
statische Verfahren der Investitionsrechnung $L_{Bd1}$ 68 f., Ü 50
Steuerreform, ökologische ~ $L_{Bd1}$ 22
Steuervorteile $L_{Bd1}$ 213 ff., Ü 173
Stillstandsverträge $L_{Bd2}$ 214 f.
Störungsbeseitigungsvertrag $L_{Bd2}$ 215
Strategien $L_{Bd1}$ 53
Strukturwandel $L_{Bd2}$ 9
Stundenlohnarbeiten $L_{Bd2}$ 123
Stundenlohnvertrag $L_{Bd2}$ 113
Stundensatz Ü 176
Submissionstermin Ü 262 f.
Systeme $L_{Bd2}$ 35 f.

Technische Anlagen Ü 124, 135
technische Prüfung Ü 208
Technisierung $L_{Bd2}$ 87
Teillos $L_{Bd2}$ 88
Teilnahmewettbewerb, öffentlicher ~ $L_{Bd2}$ 63
Teilurteil $L_{Bd1}$ 52
Teil-Unterkellerung Ü 16, 25
Teilschlussrechnung $L_{Bd2}$ 192
Termine $L_{Bd2}$ 102, Ü 261 ff.
Terminkontrolle $L_{Bd2}$ 36, 86, 150
Terminplan $L_{Bd2}$ 175
Terminplanoptimierung Ü 248, 254
Terminplanung $L_{Bd2}$ 36, 135 ff.; Ü 246 ff., 252
Terminplanung, besondere Leistung der ~ $L_{Bd2}$ 136
Terminplanung, Grundleistungen der ~ $L_{Bd2}$ 136
Terminsicherungsmaßnahmen $L_{Bd2}$ 152, 154 f., Ü 282
Terminsteuerung $L_{Bd2}$ 150
Terminverzögerung $L_{Bd2}$ 205
Teuerung, allgemeine ~ $L_{Bd2}$ 183
Tilgung $L_{Bd1}$ 202 f.

Tilgungsdarlehen, erststelliges ~ mit
konstanter Annuität $L_{Bd1}$ 208 f.
Toleranzen $L_{Bd2}$ 169
Tore $L_{Bd2}$ 131
Totalübernehmer $L_{Bd2}$ 17 f.; Ü 200 f.
Totalunternehmer $L_{Bd2}$ 16 f.; Ü 8, 200
f.
Transformationsfunktion $L_{Bd1}$ 59,61 f.
Treppe (Kosteneinfluss) Ü 16, 25 f.
Trockenbauarbeiten $L_{Bd2}$ 95 f.
Typen $L_{Bd2}$ 54

Übergabe $L_{Bd2}$ 178
Überstunden $L_{Bd2}$ 151
Überwachung der Ausführung
$L_{Bd2}$ 167 ff.; Ü 267 f.
Umbasierung $L_{Bd1}$ 142
Umweltabgaben $L_{Bd1}$ 26
Umweltlizenzen $L_{Bd1}$ 26
Umweltökonomie $L_{Bd1}$ 24 ff.
Umweltpolitik $L_{Bd1}$ 26 f.
Unterkellerung Ü 25
Unternehmen, ausführende ~ $L_{Bd2}$ 10
ff.
Unternehmensbauleiter $L_{Bd1}$ 41
Unternehmenseinsatzformen $L_{Bd2}$ 11
ff.; Ü 200 ff.
Unternehmer $L_{Bd1}$ 42
Unterziel Ü 30, 44

Variantenauswahl $L_{Bd1}$ 52
Variantenbewertung $L_{Bd1}$ 52
Variantenbildung $L_{Bd1}$ 52
Verdingungsausschuss, dt. $L_{Bd2}$ 61
Verdingungsordnung für Leistungen
$L_{Bd2}$ 61, 67
Verdingungsunterlagen $L_{Bd2}$ 65
Verfahren
nicht offenes ~ $L_{Bd2}$ 64, Ü 225
offenes ~ $L_{Bd2}$ 64, Ü 225
Verfahren der Investitionsrechnung
$L_{Bd1}$ 72 ff., Ü 50 ff., 71 ff.
Verfahren zur Beurteilung der
Vorteilhaftigkeit von Investitionen
Ü 29 ff.
Verfahrensauswahl $L_{Bd1}$ 101, 103 ff.,
Ü 51
verfahrensfreie Bauvorhaben $L_{Bd2}$ 43,
Ü 210
Vergabe $L_{Bd2}$ 83
Arten der ~ $L_{Bd2}$ 58, Ü 224 ff.
freihändige ~ $L_{Bd2}$ 63; Ü 225 f.

Grundsätze der ~ $L_{Bd2}$ 63
loseweise ~ $L_{Bd2}$ 76
Mitwirkung bei der ~ $L_{Bd1}$ 224 f.
Vorbereitung der ~ $L_{Bd1}$ 224
Vergabeart $L_{Bd2}$ 62; Ü 224 ff.
Vergabeeinheit $L_{Bd2}$ 89, 92 ff.
Vergabe- und Vertragsordnung für
Bauleistungen (VOB) $L_{Bd2}$ 61 f.,
Ü 211, 224
Vergabeunterlagen $L_{Bd2}$ 65, 85 ff.
Vergabeverfahren $L_{Bd2}$ 64 ff.
Vergabeverhandlung $L_{Bd2}$ 207
Vergabeverordnung (VgV) $L_{Bd2}$ 59 f.
Vergabevorschlag $L_{Bd2}$ 86
Vergabewesen $L_{Bd2}$ 58 ff.; Ü 211 ff.
Vergleichsobjekt Ü 116 ff., 130 f.
Vergleichswert, externer ~ $L_{Bd1}$ 103 f.
Vergütungsanspruch Ü 222, 239 f.
Verhandlungsverfahren $L_{Bd2}$ 64, Ü 226
Verkaufserlös $L_{Bd1}$ 191
Verkehrsfläche $L_{Bd1}$ 113 f., Ü 95, 111
Verkehrsregelungen $L_{Bd2}$ 130
Verkehrssicherungspflicht $L_{Bd1}$ 36,
Ü 268
Vermögensmaximierung $L_{Bd1}$ 213 f.
Vermögenswirksame Leistungen
$L_{Bd1}$ 215f.
Vermietungsmodell $L_{Bd2}$ 22
Verordnungen $L_{Bd2}$ 4
Versicherungsgesellschaften $L_{Bd1}$ 44
Versorgungsträger $L_{Bd1}$ 45
Vertragsbedingungen $L_{Bd2}$ 68 ff.
allgemeine ~ $L_{Bd2}$ 70
besondere ~ $L_{Bd2}$ 70
technische ~ $L_{Bd2}$ 71 f.
zusätzliche ~ $L_{Bd2}$ 70
Vertragsstrafe Ü 271
Vertretung des Bauherrn Ü 8
Verursacherprinzip $L_{Bd1}$ 26
Vervielfältiger $L_{Bd1}$ 192
Verwaltungskosten $L_{Bd1}$ 180 f.
VOFI-Rentabilität $L_{Bd1}$ 99 ff., Ü 86 ff.
VOL $L_{Bd2}$ 61, Ü 211
Volkswirtschaftliche Gesamtrechnung
$L_{Bd1}$ 14 f.
Vollständiger Finanzplan $L_{Bd1}$ 99 ff.,
Ü 86 ff.
Vollständiger gegenseitiger
Ausschluss Ü 64
Volumen-Zeit-Diagramm $L_{Bd2}$ 143
Vorbereitung der Vergabe $L_{Bd2}$ 149
Vorgang $L_{Bd2}$ 141 f.

Vorgangsknoten-Netzplan $L_{Bd2}$ 144
Vorhaben, verfahrensfreie ~ $L_{Bd2}$ 43, Ü 210
Vorkalkulation $L_{Bd2}$ 114
Vorplanung $L_{Bd1}$ 221 f., $L_{Bd2}$ 149
Vorratsproduktion Ü 224
vorschüssig $L_{Bd1}$ 84
Vorteilhaftigkeit $L_{Bd1}$ 5 f., 54, Ü 29, 64 ff., 72, 76 f.
Vorteilhaftigkeit von Investitionen, Verfahren zur Beurteilung der ~ $L_{Bd1}$ 54 ff., Ü 29 ff.

Wachdienst $L_{Bd2}$ 131
Wagnis $L_{Bd2}$ 116
Wagnis- und Gewinnzuschlag $L_{Bd2}$ 119
Wahl, engere ~ $L_{Bd2}$ 66
Wartungsvertrag $L_{Bd2}$ 215
Wasserhaltung $L_{Bd2}$ 34
Wasserversorgung $L_{Bd2}$ 131
Weg-Zeit-Diagramm $L_{Bd2}$ 143
Wegfall von Positionen $L_{Bd2}$ 123
Werbeträger $L_{Bd2}$ 35
Werk- und Montageplanung Ü 263
Werkvertrag $L_{Bd2}$ 68 f.
Wertstoffbehandlung $L_{Bd2}$ 34
Wettbewerblicher Dialog $L_{Bd2}$ 64, Ü 225
Wiederanlageprämisse $L_{Bd1}$ 74
Wiedergewinnungsfaktor $L_{Bd1}$ 97
Wiederholungsgrad $L_{Bd2}$ 26
Winterbau Ü 281 f.
Winterbaubeheizung $L_{Bd2}$ 198
Winterbaumaßnahmen $L_{Bd2}$ 197 f.
Winterbaumaßnahmen, Abrechnung der ~ $L_{Bd2}$ 202
Winterbauzelt $L_{Bd2}$ 198
Wirkungskategorien $L_{Bd1}$ 195, 199
Wirtschaftlichkeit $L_{Bd1}$ 4 ff., $L_{Bd2}$ 1, 28,
Wirtschaftlichkeit in weiterem Sinne $L_{Bd1}$ 5 f.
Wirtschaftlichkeitsprinzip $L_{Bd1}$ 4

Wirtschaftsgüterzuordnung $L_{Bd2}$ 194 ff.
Wirtschaftskreislauf $L_{Bd1}$ 14 ff..
Wirtschaftsordnung $L_{Bd1}$ 10 ff.
Wirtschaftspolitik $L_{Bd1}$ 18 ff.
Wirtschaftswachstum $L_{Bd1}$ 18, 20

Wirtschaftliche Investition Ü 64
wirtschaftliche Planung $L_{Bd1}$ 48 ff., Ü 12, 14, 18 f.
wirtschaftliche Prüfung Ü 234
wirtschaftliches Bauen Ü 18
Wirtschaftlichkeitsvergleich mittels Nutzungskosten Ü 143 f., 146 ff., 152 f., 156 ff.
Wissenschaft $L_{Bd1}$ 1
Wohnfläche $L_{Bd1}$ 118 ff., Ü 95, 112 f.
Wohnflächenverordnung $L_{Bd1}$ 118 ff.
Wohngebäude $L_{Bd2}$ 29
Wohngeld $L_{Bd1}$ 215
Wohnunterkünfte $L_{Bd2}$ 131
Wohnungsbau, frei finanzierter ~ $L_{Bd1}$ 32 f.
Wohnungsbau, öffentlich geförderter ~ $L_{Bd1}$ 32 f., 211 ff.
Wohnungsbauprämie $L_{Bd1}$ 215 f.
Wohnungs-Bewertungs-System $L_{Bd1}$ 59 ff.
Wohnungsnachfrage $L_{Bd1}$ 32
Wohnungswirtschaft $L_{Bd1}$ 32 f.

Zahlungen Ü 262
Zahlungsfristen Ü 262
Zahlungsplan $L_{Bd2}$ 106, 191; Ü 195
Zahlungsreihe, geometrische ~ $L_{Bd1}$ 7 f.
Zahlungsverkehr $L_{Bd2}$ 193
Zäune $L_{Bd2}$ 131
Zeithonorar $L_{Bd1}$ 232, Ü 188
Zeitplan $L_{Bd2}$ 170, 175
Zeitreihe $L_{Bd1}$ 140
Zentralisation $L_{Bd2}$ 31 ff.
räumliche ~ $L_{Bd2}$ 32
sachliche ~ $L_{Bd2}$ 32
Zentralisierung $L_{Bd2}$ 7
Zielbaum $L_{Bd1}$ 59 f., 62, Ü 29 f., 43, 45
Ziele $L_{Bd1}$ 52, 54, Ü 7, 29 f., 46
Ziele des Bauherrn Ü 6
Zielebene Ü 30
Zielerreichungsgrad Ü 30
Zielgröße Ü 29
monetäre ~ Ü 32 f., 38 ff.
nichtmonetäre ~ Ü 32 f., 38 ff.
Ziele, wirtschaftspolitische ~ $L_{Bd1}$ 18 f.
Zielsetzung $L_{Bd2}$ 6
Zielsystem $L_{Bd1}$ 57, Ü 29 f.
Zinsen $L_{Bd1}$ 202 f.
Zinsen, kalkulatorische ~ $L_{Bd1}$ 77 f.
Zinsfestschreibungsdauer $L_{Bd1}$ 209

Zusatzkosten, verzugsbedingte ~
  $L_{Bd2}$ 158
Zuschlagkalkulation $L_{Bd2}$ 114
Zustimmung der obersten Baubehörde
  $L_{Bd2}$ 45
Zweite Berechnungsverordnung
  $L_{Bd1}$ 180, 183